U0191891

建筑工程安全
标准化管理
（图解版）

曹晓岩　王金泉　殷心心　编

中国电力出版社
CHINA ELECTRIC POWER PRESS

内 容 提 要

本书共分为9章，内容包括安全生产管理制度、建筑工程安全管理组织与职责、建筑工程施工人员安全技术措施、建筑工程施工机具安全管理、建筑工程特殊作业安全防护、建筑工程施工现场临时用电安全管理、建筑工程施工现场防火防爆安全管理、建筑工程项目安全性评价、建筑工程施工现场安全事故防范措施。

本书可作为建筑企业施工管理人员和安全员的实际工作指导书，也可供相关岗位施工技术人员参考。

图书在版编目（CIP）数据

建筑工程安全标准化管理：图解版/曹晓岩，王金泉，殷心心编．—北京：中国电力出版社，2022.10
ISBN 978-7-5198-6731-7

Ⅰ.①建… Ⅱ.①曹…②王…③殷… Ⅲ.①建筑工程—安全管理—标准化管理—图解 Ⅳ.①TU714-64

中国版本图书馆CIP数据核字（2022）第074213号

出版发行：中国电力出版社
地　　址：北京市东城区北京站西街19号（邮政编码100005）
网　　址：http://www.cepp.sgcc.com.cn
责任编辑：未翠霞（010-63412611）
责任校对：黄　蓓　王海南
装帧设计：郝晓燕
责任印制：杨晓东

印　　刷：望都天宇星书刊印刷有限公司
版　　次：2022年10月第一版
印　　次：2022年10月北京第一次印刷
开　　本：787毫米×1092毫米　16开本
印　　张：14.25
字　　数：350千字
定　　价：68.00元

前　言

建筑业是一个危险性较高、事故多发的行业。建筑施工中人员流动大、露天和高处作业多、工程施工的复杂性及工作环境的多变性都易导致施工安全事故的发生。因此，很有必要对施工安全进行系统化的管理。

为了进一步加强建设工程安全管理，全面提升安全生产文明施工标准化达标水平，编者根据我国现行标准规范，精心编写了本书。

本书内容以思维导图配以图片的形式加以说明，内容翔实简洁，系统性强，便于广大读者阅读掌握。知识讲解循序渐进，具有较强的使用价值，杜绝了以往建筑类图书枯燥乏味的现状，一切从实战出发。

本书共分为9章，其内容包括安全生产管理制度、建筑工程安全管理组织与职责、建筑工程施工人员安全技术措施、建筑工程施工机具安全管理、建筑工程特殊作业安全防护、建筑工程施工现场临时用电安全管理、建筑工程施工现场防火防爆安全管理、建筑工程项目安全性评价、建筑工程施工现场安全事故防范措施。

本书不仅涵盖了国家现行法律、法规、标准，还采用三维图、施工现场施工图等来加以说明，供广大读者学习参考。本书可作为建筑企业施工管理人员和安全员的实际工作指导书，也可供相关岗位施工技术人员参考。

本书由山东建筑大学管理工程学院曹晓岩、王金泉，济南四建（集团）有限责任公司殷心心编写完成。

在本书的编写过程中，参考了一些书籍、文献和网络资料，力求做到内容充实与全面。

由于本书涉及面广，内容繁多，且科技发展日新月异，本书很难全面反映其各个方面；加之编者的学识、经验以及时间有限，书中有疏漏或不妥之处在所难免，希望广大读者批评指正。

编　者

2022.9

前　言

建筑业是一个危险性高、易发生事故的行业。建筑施工中人员流动大、露天和高处作业多，工程施工的复杂性及所在环境的多变性都导致施工安全事故易发生。因此，具有必要对建筑施工安全进行系统化的管理。

为了进一步加强建设工程安全管理，全面提升安全文明施工管理水平，[illegible]标准规范，特[illegible]本书。

本书内容以图文结合的形式展现，内容简明扼要，实用性强，[illegible]

本书共分[illegible]章，其内容包括安全生产管理制度、建筑工程安全管理机构与职责、[illegible]

本书[illegible]，可作为建筑施工企业管理人员和安全管理人员的[illegible]，也可作为相关院校的教学参考用书。

本书由[illegible]

在本书的编写过程中，参考了一些资料，文献和网络资料，在此谨向原作者表示衷心的感谢。由于编者水平有限，书中难免有疏漏和不足之处，敬请广大读者批评指正。

编　者

[illegible]

目　录

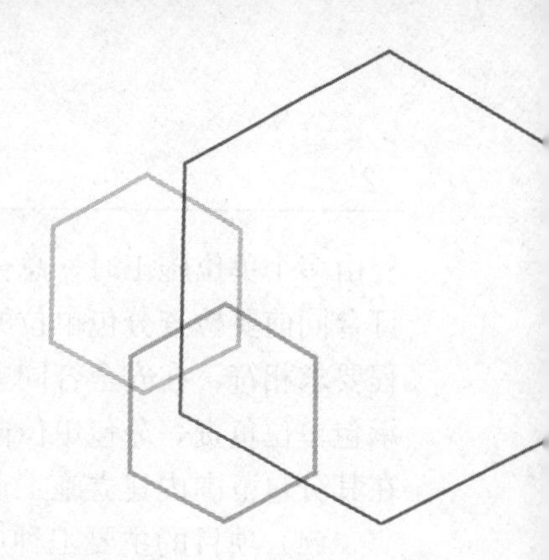

第1章 安全生产管理制度

1.1 安全生产责任制度

安全生产责任制是最基本的安全管理制度，是所有安全生产管理制度的核心。安全生产责任制是按照安全生产管理方针和“管生产的同时必须管安全”的原则，将各级负责人员、各职能部门及其工作人员和各岗位生产工人在安全生产方面应做的事情及应负的责任加以明确规定的一种制度。具体来说，就是将安全生产责任分解到相关单位的主要负责人，项目负责人、班组长以及每个岗位的作业人员身上。

根据《建设工程安全生产管理条例》和《建筑施工安全检查标准》（JGJ 59—2011）的相关规定，安全生产责任制度的主要内容如下：

（1）安全生产责任制度的主要内容，如图1-1所示。

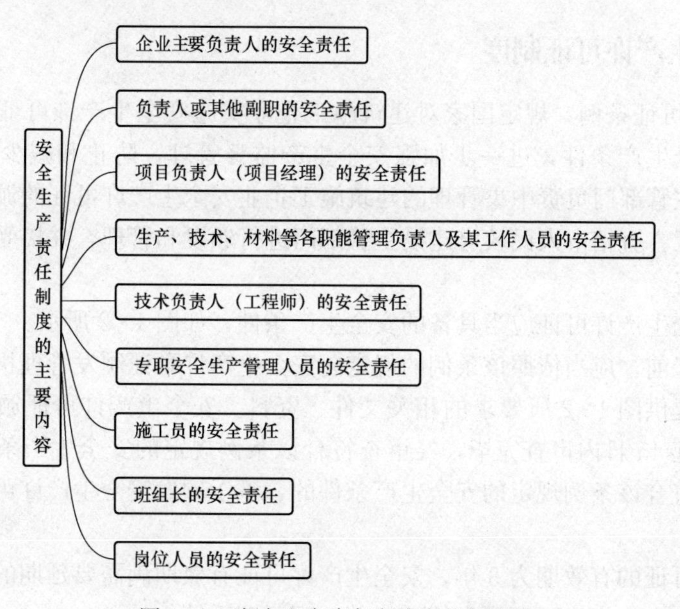
安全生产责任制度的主要内容
企业主要负责人的安全责任
负责人或其他副职的安全责任
项目负责人（项目经理）的安全责任
生产、技术、材料等各职能管理负责人及其工作人员的安全责任
技术负责人（工程师）的安全责任
专职安全生产管理人员的安全责任
施工员的安全责任
班组长的安全责任
岗位人员的安全责任

图1-1 安全生产责任制度的主要内容

（2）项目应对各级、各部门安全生产责任制规定检查和考核办法，并按规定期限进行考核，对考核结果及兑现情况应有记录。

（3）项目独立承包的工程在签订承包合同中必须有安全生产工作的具体指标和要求。工程由多个单位施工时，总分包单位在签订分包合同的同时要签订安全生产合同（协议），签订合同前要检查分包单位的营业执照、企业资质证、安全资格证等。分包队伍的资质应与工程要求相符，在安全合同中要明确总分包单位各自的安全职责，原则上，实行总承包的由总承包单位负责，分包单位向总包单位负责。分包单位服从总包单位对施工现场的安全管理，在其分包范围内建立施工现场安全生产管理制度，并组织实施。

（4）项目的主要工种应有相应的安全技术操作规程，砌筑、抹灰、混凝土、木工、电工、钢筋、机械、起重司机、信号指挥、脚手架、水暖、油漆、塔式起重机、电梯、电气焊等特殊作业应另行补充。应将安全技术操作规程列为日常安全活动和安全教育的主要内容，并应悬挂在操作岗位前。

（5）工程项目部专职安全人员的配备应按住房和城乡建设部的规定执行：1 万 m^2 以下的工程 1 人；1 万～5 万 m^2 的工程不少于 2 人；5 万 m^2 以上的工程不少于 3 人，且按专业配备专职安全生产管理人员。

总之，企业实行安全生产责任制必须做到在计划、布置、检查、总结、评比生产的时候，同时计划、布置、检查、总结、评比安全工作。其内容大体分为两个方面：

纵向，是各级人员的安全生产责任制，即从最高管理者、管理者代表到项目负责人（项目经理）、技术负责人（工程师）、专职安全生产管理人员、施工员、班组长和岗位人员等各级人员的安全生产责任制。

横向，是各个部门的安全生产责任制，即各职能部门（如安全环保、设备、技术、生产、财务等部门）的安全生产责任制。只有这样，才能建立健全的安全生产责任制，做到群防群治。

1.2 安全生产许可证制度

《安全生产许可证条例》规定国家对建筑施工企业实施安全生产许可证制度。其目的是为了严格规范安全生产条件，进一步加强安全生产监督管理，防止和减少生产安全事故发生。国务院建设主管部门负责中央管理的建筑施工企业安全生产许可证的颁发和管理，其他企业由省、自治区、直辖市人民政府建设主管部门进行颁发和管理，并接受国务院建设主管部门的指导和监督。

企业取得安全生产许可证应当具备的安全生产条件，如图 1-2 所示。

企业进行生产前，应当依照该条例的规定向安全生产许可证颁发管理机关申请领取安全生产许可证，并提供图 1-2 所要求的相关文件、资料。安全生产许可证颁发管理机关应当自收到申请之日起 45 日内审查完毕，经审查符合该条例规定的安全生产条件的，颁发安全生产许可证；不符合该条例规定的安全生产条件的、不予颁发安全生产许可证，书面通知企业并说明理由。

安全生产许可证的有效期为 3 年，安全生产许可证有效期满需要延期的，企业应当于期满前 3 个月向原安全生产许可证颁发管理机关办理延期手续。

企业在安全生产许可证有效期内，严格遵守有关安全生产的法律法规、未发生死亡事故的，安全生产许可证有效期届满时，经原安全生产许可证颁发管理机关同意，不再审核，安全生产许可证有效期延期 3 年。

企业不得转让、冒用安全生产许可证或者使用伪造的安全生产许可证。

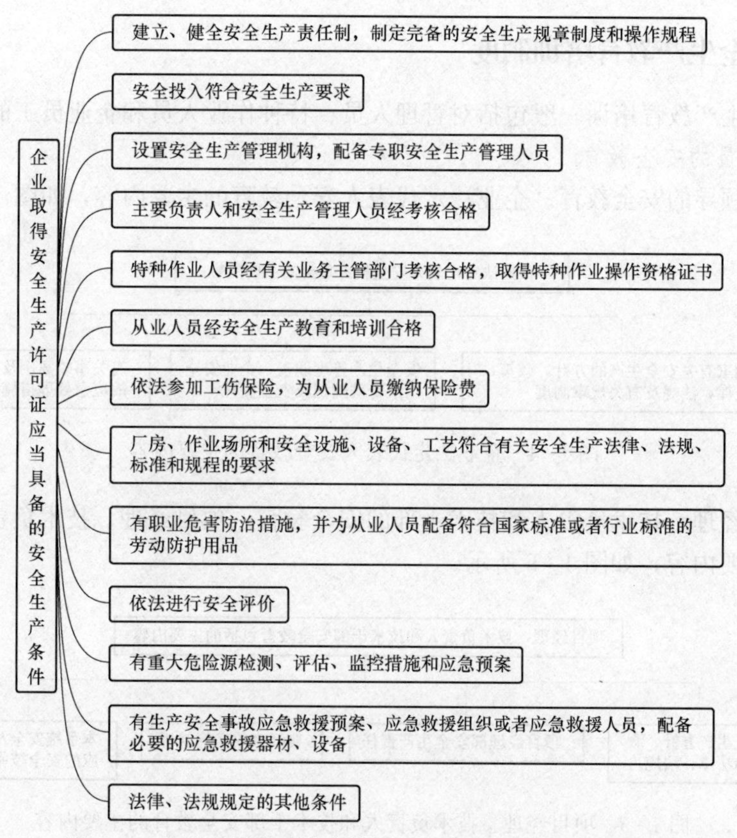
企业取得安全生产许可证应当具备的安全生产条件
建立、健全安全生产责任制，制定完备的安全生产规章制度和操作规程
安全投入符合安全生产要求
设置安全生产管理机构，配备专职安全生产管理人员
主要负责人和安全生产管理人员经考核合格
特种作业人员经有关业务主管部门考核合格，取得特种作业操作资格证书
从业人员经安全生产教育和培训合格
依法参加工伤保险，为从业人员缴纳保险费
厂房、作业场所和安全设施、设备、工艺符合有关安全生产法律、法规、标准和规程的要求
有职业危害防治措施，并为从业人员配备符合国家标准或者行业标准的劳动防护用品
依法进行安全评价
有重大危险源检测、评估、监控措施和应急预案
有生产安全事故应急救援预案、应急救援组织或者应急救援人员，配备必要的应急救援器材、设备
法律、法规规定的其他条件

图1-2 企业取得安全生产许可证应当具备的安全生产条件

1.3 政府安全生产监督检查制度

政府安全监督检查制度是指国家法律、法规授权的行政部门，代表政府对企业的安全生产过程实施监督管理。《建设工程安全生产管理条例》第五章“监督管理”对建设工程安全监督管理的规定，如图1-3所示。

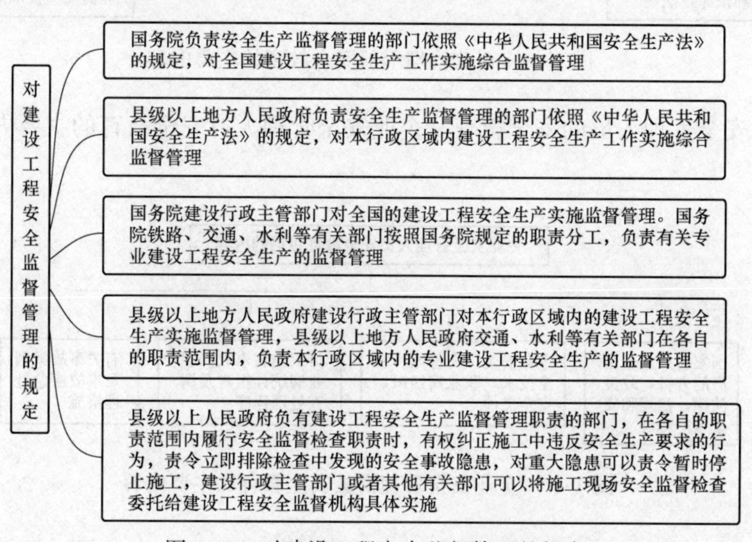
对建设工程安全监督管理的规定
国务院负责安全生产监督管理的部门依照《中华人民共和国安全生产法》的规定，对全国建设工程安全生产工作实施综合监督管理
县级以上地方人民政府负责安全生产监督管理的部门依照《中华人民共和国安全生产法》的规定，对本行政区域内建设工程安全生产工作实施综合监督管理
国务院建设行政主管部门对全国的建设工程安全生产实施监督管理。国务院铁路、交通、水利等有关部门按照国务院规定的职责分工，负责有关专业建设工程安全生产的监督管理
县级以上地方人民政府建设行政主管部门对本行政区域内的建设工程安全生产实施监督管理，县级以上地方人民政府交通、水利等有关部门在各自的职责范围内，负责本行政区域内的专业建设工程安全生产的监督管理
县级以上人民政府负有建设工程安全生产监督管理职责的部门，在各自的职责范围内履行安全监督检查职责时，有权纠正施工中违反安全生产要求的行为，责令立即排除检查中发现的安全事故隐患，对重大隐患可以责令暂时停止施工，建设行政主管部门或者其他有关部门可以将施工现场安全监督检查委托给建设工程安全监督机构具体实施

图1-3 对建设工程安全监督管理的规定

1.4 安全生产教育培训制度

企业安全生产教育培训一般包括对管理人员、特种作业人员和企业员工的安全教育。

1. 管理人员的安全教育

（1）企业领导的安全教育。企业法定代表人安全教育的主要内容，如图1-4所示。

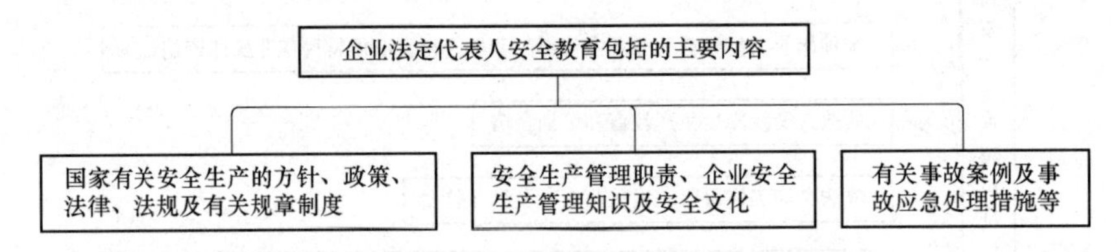
企业法定代表人安全教育包括的主要内容
国家有关安全生产的方针、政策、法律、法规及有关规章制度
安全生产管理职责、企业安全生产管理知识及安全文化
有关事故案例及事故应急处理措施等

图1-4 企业法定代表人安全教育的主要内容

（2）项目经理、技术负责人和技术干部的安全教育。项目经理、技术负责人和技术干部安全教育的主要内容，如图1-5所示。

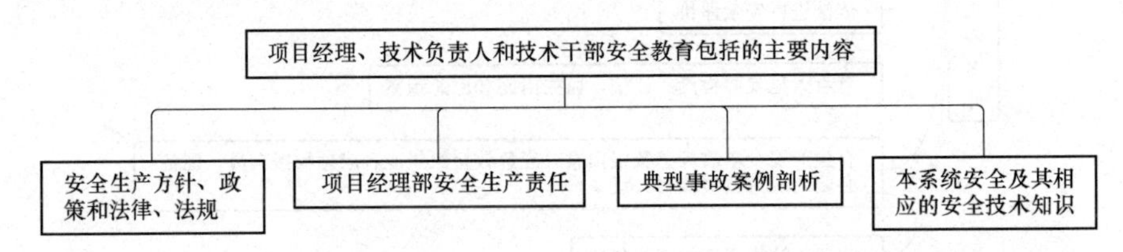
项目经理、技术负责人和技术干部安全教育包括的主要内容
安全生产方针、政策和法律、法规
项目经理部安全生产责任
典型事故案例剖析
本系统安全及其相应的安全技术知识

图1-5 项目经理、技术负责人和技术干部安全教育的主要内容

（3）行政管理干部的安全教育。行政管理干部安全教育的主要内容，如图1-6所示。

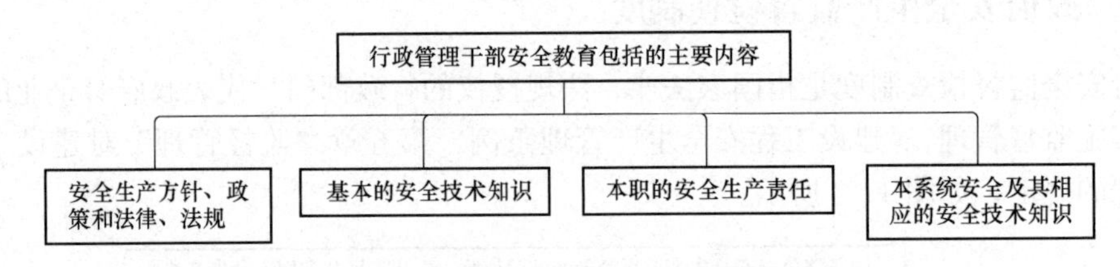
行政管理干部安全教育包括的主要内容
安全生产方针、政策和法律、法规
基本的安全技术知识
本职的安全生产责任
本系统安全及其相应的安全技术知识

图1-6 行政管理干部安全教育的主要内容

（4）企业安全管理人员的安全教育。企业安全管理人员安全教育的主要内容，如图1-7所示。

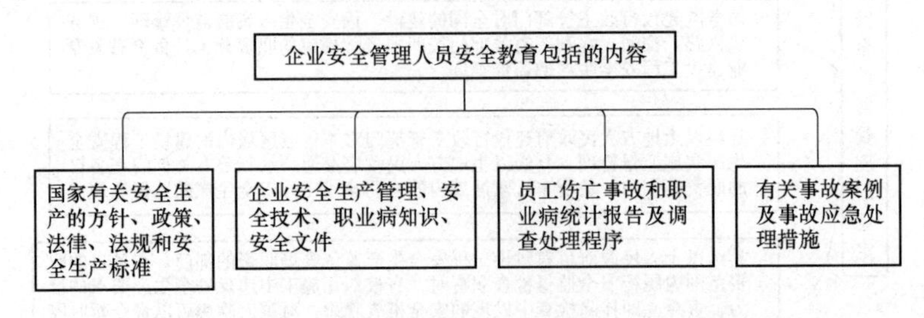
企业安全管理人员安全教育包括的内容
国家有关安全生产的方针、政策、法律、法规和安全生产标准
企业安全生产管理、安全技术、职业病知识、安全文件
员工伤亡事故和职业病统计报告及调查处理程序
有关事故案例及事故应急处理措施

图1-7 企业安全管理人员安全教育的主要内容

（5）班组长和安全员的安全教育。班组长和安全员的安全教育内容，如图 1-8 所示。

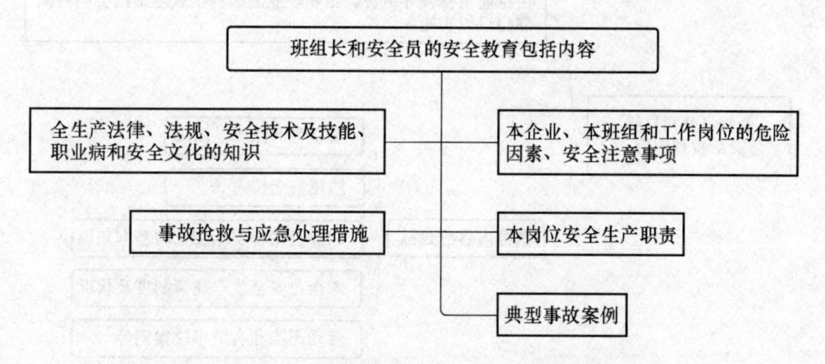
班组长和安全员的安全教育包括内容
全生产法律、法规、安全技术及技能、职业病和安全文化的知识
本企业、本班组和工作岗位的危险因素、安全注意事项
事故抢救与应急处理措施
本岗位安全生产职责
典型事故案例

图 1-8 班组长和安全员的安全教育内容

2. 特种作业人员的安全教育

特种作业人员必须经专门的安全技术培训并考核合格，取得《中华人民共和国特种作业操作证》后，方可上岗作业。

特种作业人员应当接受与其所从事的特种作业相应的安全技术理论培训和实际操作培训。已经取得职业高中、技工学校及中专以上学历的毕业生从事与其所学专业相应的特种作业，持学历证明经考核发证机关同意，可以免予相关专业的培训。

跨省、自治区、直辖市从业的特种作业人员，可以在户籍所在地或者从业所在地参加培训。

3. 企业员工的安全教育

企业员工的安全教育主要有三种形式，如图 1-9 所示。

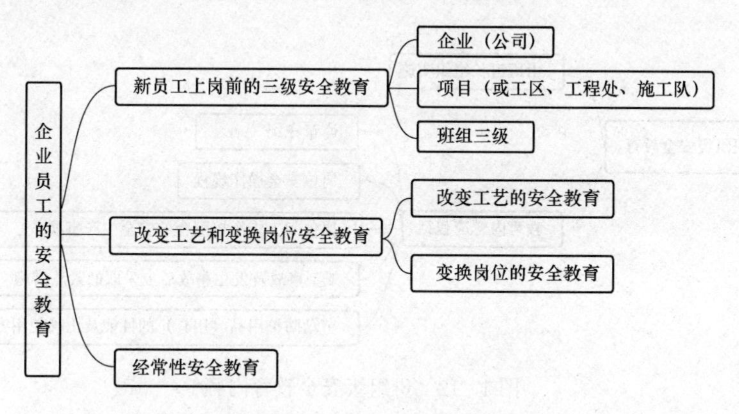
企业员工的安全教育
新员工上岗前的三级安全教育
企业（公司）
项目（或工区、工程处、施工队）
班组三级
改变工艺和变换岗位安全教育
改变工艺的安全教育
变换岗位的安全教育
经常性安全教育

图 1-9 企业员工安全教育

（1）新员工上岗前的三级安全教育。企业新员工上岗前必须进行三级安全教育，企业新员工须按规定通过三级安全教育和实际操作训练，并经考核合格后方可上岗。企业新上岗的从业人员，岗前培训时间不得少于 24 学时。

1）企业（公司）级安全教育内容，如图 1-10 所示。

2）项目（或工区、工程处、施工队）级安全教育内容，如图 1-11 所示。

3）班组级安全教育内容，如图 1-12 所示。

（2）改变工艺和变换岗位时的安全教育。

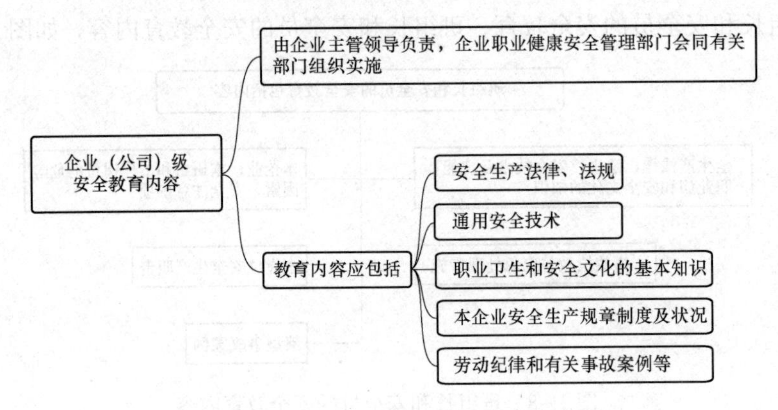
企业（公司）级安全教育内容
由企业主管领导负责，企业职业健康安全管理部门会同有关部门组织实施
教育内容应包括
安全生产法律、法规
通用安全技术
职业卫生和安全文化的基本知识
本企业安全生产规章制度及状况
劳动纪律和有关事故案例等

图 1-10　企业（公司）级安全教育内容

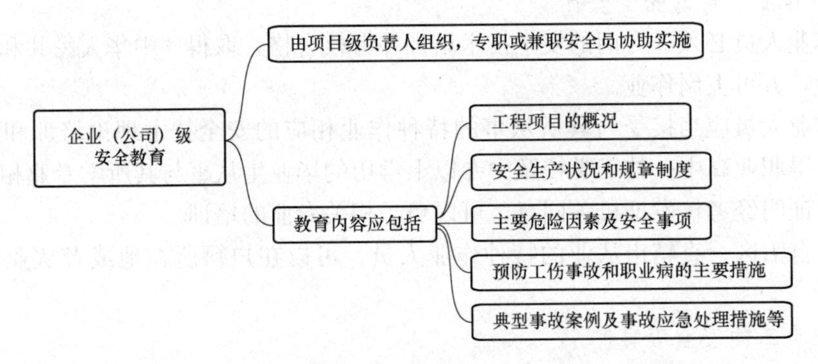
企业（公司）级安全教育
由项目级负责人组织，专职或兼职安全员协助实施
教育内容应包括
工程项目的概况
安全生产状况和规章制度
主要危险因素及安全事项
预防工伤事故和职业病的主要措施
典型事故案例及事故应急处理措施等

图 1-11　项目（或工区、工程处、施工队）级安全教育内容

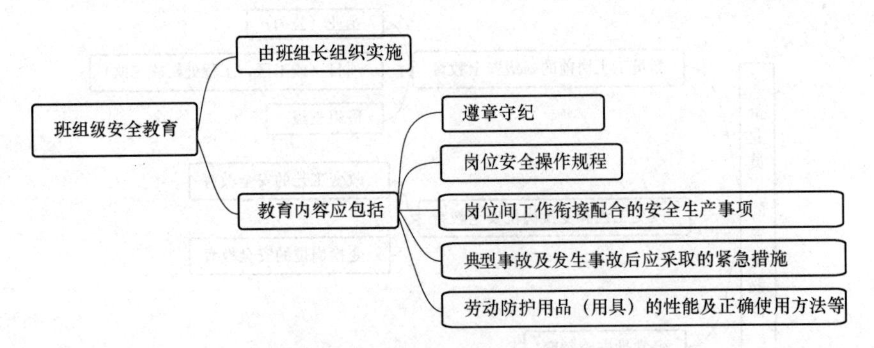
班组级安全教育
由班组长组织实施
教育内容应包括
遵章守纪
岗位安全操作规程
岗位间工作衔接配合的安全生产事项
典型事故及发生事故后应采取的紧急措施
劳动防护用品（用具）的性能及正确使用方法等

图 1-12　班组级安全教育内容

1）改变工艺的安全教育内容，如图 1-13 所示。

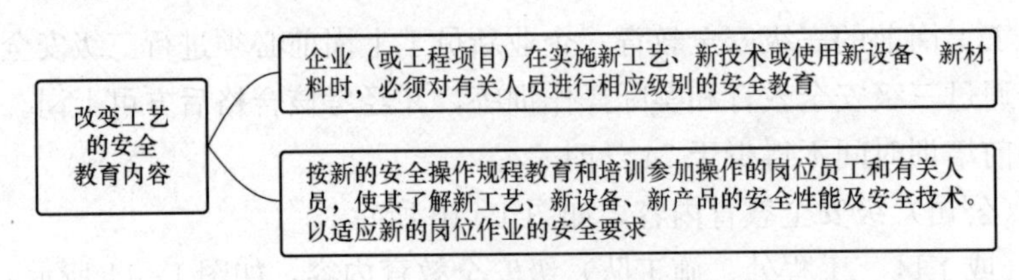
改变工艺的安全教育内容
企业（或工程项目）在实施新工艺、新技术或使用新设备、新材料时，必须对有关人员进行相应级别的安全教育
按新的安全操作规程教育和培训参加操作的岗位员工和有关人员，使其了解新工艺、新设备、新产品的安全性能及安全技术。以适应新的岗位作业的安全要求

图 1-13　改变工艺的安全教育内容

2）变换岗位的安全教育情形，如图 1 - 14 所示。

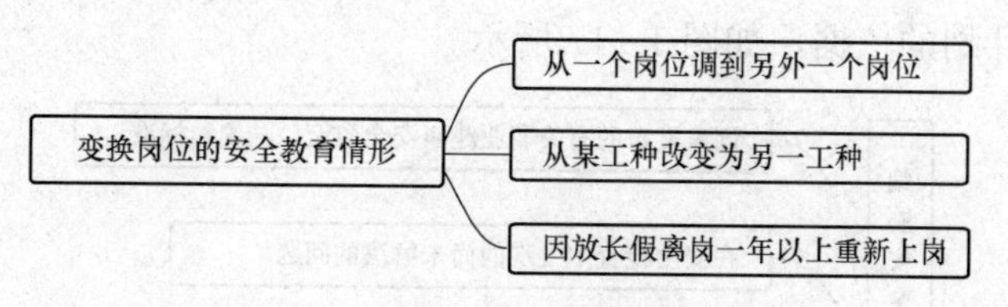
变换岗位的安全教育情形
从一个岗位调到另外一个岗位
从某工种改变为另一工种
因放长假离岗一年以上重新上岗

图 1 - 14 变换岗位的安全教育内容

（3）经常性安全教育。

经常性安全教育的形式，如图 1 - 15 所示。

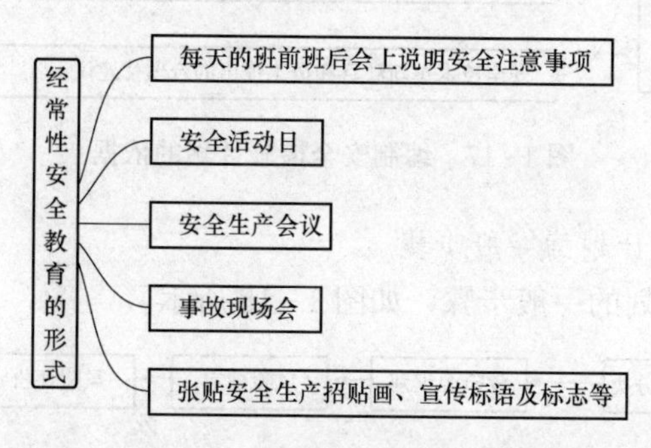
经常性安全教育的形式
每天的班前班后会上说明安全注意事项
安全活动日
安全生产会议
事故现场会
张贴安全生产招贴画、宣传标语及标志等

图 1 - 15 经常性安全教育的形式

1.5 安全措施计划制度

安全措施计划制度是指企业进行生产活动时，必须编制安全措施计划，这是企业有计划地改善劳动条件和安全卫生设施，防止工伤事故和职业病的重要措施之一。对企业加强劳动保护，改善劳动条件，保障职工的安全和健康，促进企业生产经营的发展都起着积极作用。

1. 安全措施计划的范围

安全措施计划的范围应包括改善劳动条件、防止事故发生、预防职业病和职业中毒等内容，具体包括内容，如图 1 - 16 所示。

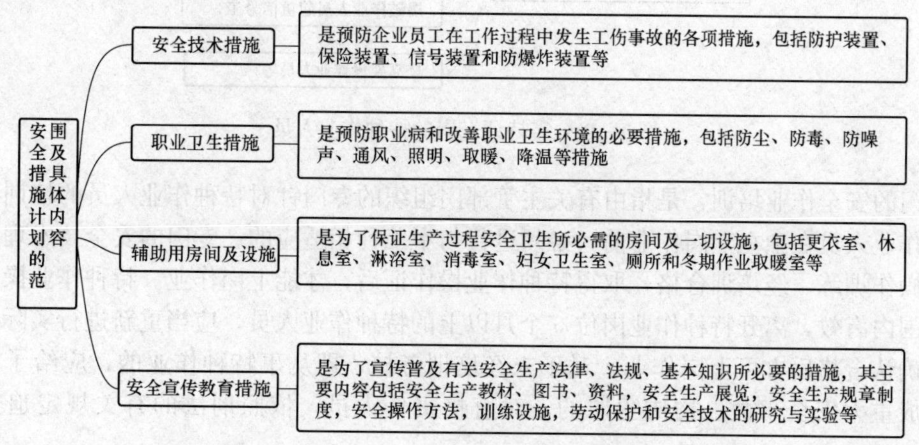
安全措施计划的范围及具体内容
安全技术措施
是预防企业员工在工作过程中发生工伤事故的各项措施，包括防护装置、保险装置、信号装置和防爆炸装置等
职业卫生措施
是预防职业病和改善职业卫生环境的必要措施，包括防尘、防毒、防噪声、通风、照明、取暖、降温等措施
辅助用房间及设施
是为了保证生产过程安全卫生所必需的房间及一切设施，包括更衣室、休息室、淋浴室、消毒室、妇女卫生室、厕所和冬期作业取暖室等
安全宣传教育措施
是为了宣传普及有关安全生产法律、法规、基本知识所必要的措施，其主要内容包括安全生产教材、图书、资料，安全生产展览，安全生产规章制度，安全操作方法，训练设施，劳动保护和安全技术的研究与实验等

图 1 - 16 安全措施计划的范围及具体内容

2. 编制安全措施计划的依据

编制安全措施计划的依据，如图 1-17 所示。

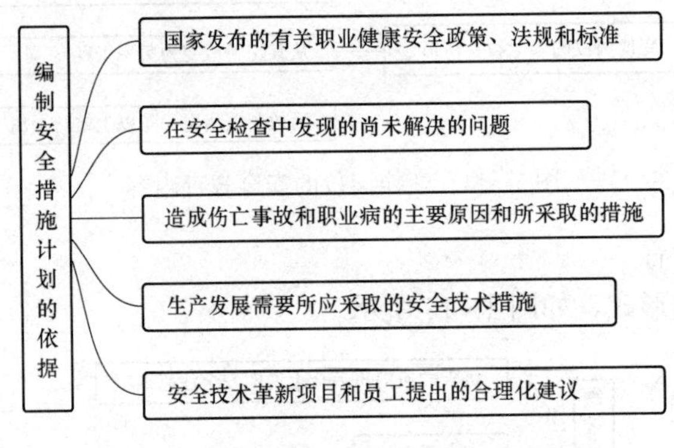
编制安全措施计划的依据
国家发布的有关职业健康安全政策、法规和标准
在安全检查中发现的尚未解决的问题
造成伤亡事故和职业病的主要原因和所采取的措施
生产发展需要所应采取的安全技术措施
安全技术革新项目和员工提出的合理化建议

图 1-17 编制安全措施计划的依据

3. 编制安全技术措施计划的一般步骤

编制安全技术措施计划的一般步骤，如图 1-18 所示。

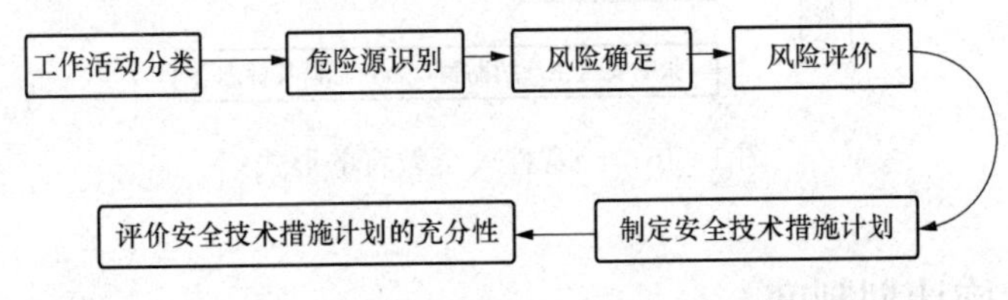
工作活动分类
危险源识别
风险确定
风险评价
制定安全技术措施计划
评价安全技术措施计划的充分性

图 1-18 编制安全技术措施计划的一般步骤

1.6 特种作业人员持证上岗制度

需持证上岗的特种作业人员，如图 1-19 所示。

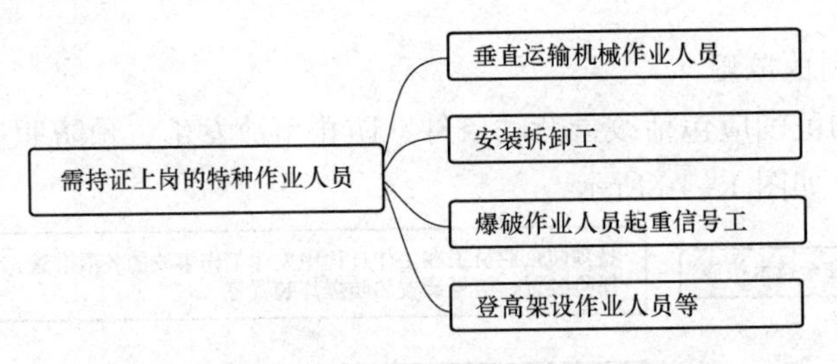
需持证上岗的特种作业人员
垂直运输机械作业人员
安装拆卸工
爆破作业人员起重信号工
登高架设作业人员等

图 1-19 需持证上岗的特种作业人员

专门的安全作业培训，是指由有关主管部门组织的专门针对特种作业人员的培训，也就是特种作业人员在独立上岗作业前，必须进行与本工种相适应的、专门的安全技术理论学习和实际操作训练，经培训合格，取得特种作业操作证后，才能上岗作业。特种作业操作证在全国范围内有效，离开特种作业岗位 6 个月以上的特种作业人员，应当重新进行实际操作考试，经确认合格后方可上岗作业。对于未经培训考核，即从事特种作业的，应给予行政处罚；造成重大安全事故、构成犯罪的，对直接责任人员，依照刑法的有关规定追究刑事责任。

中华人民共和国特种作业操作证，如图 1-20 所示。

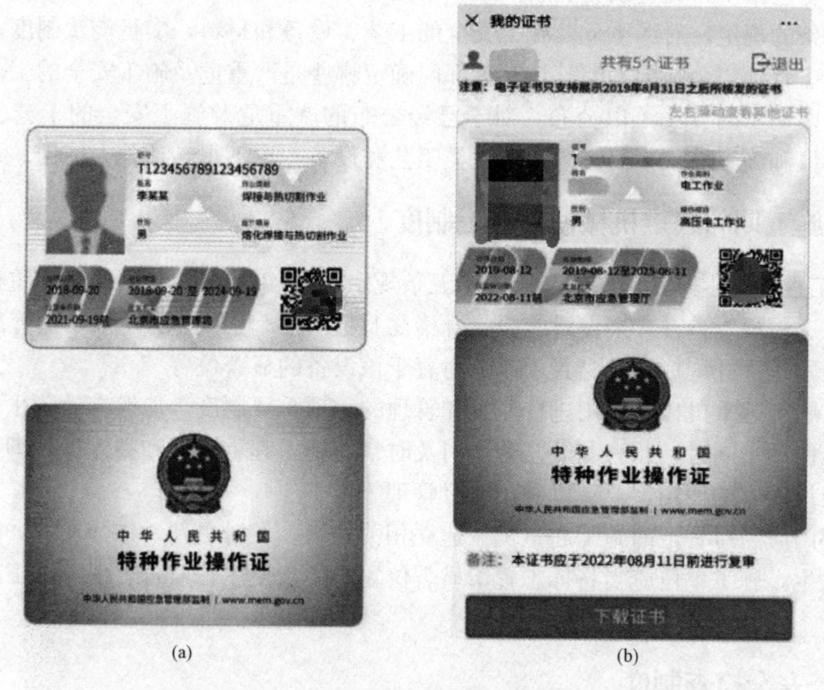
T123456789123456789
李某某
焊接与热切割作业
男
熔化焊接与热切割作业
北京市应急管理局
中华人民共和国
特种作业操作证
我的证书
共有5个证书
退出
注意：电子证书只支持展示2019年8月31日之后所核发的证书
电工作业
男
高压电工作业
北京市应急管理厅
中华人民共和国
特种作业操作证
备注：本证书应于2022年08月11日前进行复审
下载证书

(a) (b)

图 1-20 中华人民共和国特种作业操作证

(a) PVC 卡实体证书；(b) 电子证书

1.7 专项施工方案专家论证制度

依据《建设工程安全生产管理条例》第二十六条的规定："施工单位应当在施工组织设计中编制安全技术措施和施工现场临时用电方案，对下列达到一定规模的危险性较大的分部分项工程编制专项施工方案，并附具安全验算结果，经施工单位技术负责人、总监理工程师签字后实施，由专职安全生产管理人员进行现场监督：（一）基坑支护与降水工程；（二）土方开挖工程；（三）模板工程；（四）起重吊装工程；（五）脚手架工程；（六）拆除、爆破工程；（七）国务院建设行政主管部门或者其他有关部门规定的其他危险性较大的工程。"

对上述所列工程中涉及深基坑、地下暗挖工程、高大模板工程的专项施工方案、施工单位还应当组织专家进行论证、审查。

1.8 严重危及施工安全的工艺、设备、材料实行淘汰制度

严重危及施工安全的工艺、设备、材料是指不符合生产安全要求，极有可能导致生产安全事故发生，致使人民生命和财产遭受重大损失的工艺、设备和材料。

《建设工程安全生产管理条例》第四十五条规定："国家对严重危及施工安全的工艺、设备、材料实行淘汰制度，具体目录由国务院建设行政主管部门会同国务院其他有关部门制定并公布。"本条明确规定，国家对严重危及施工安全的工艺、设备和材料实行淘汰制度。这

一方面有利于保障安全生产；另一方面也体现了优胜劣汰的市场经济规律，有利于提高生产经营单位的工艺水平，促进设备更新。

根据本条的规定，对严重危及施工安全的工艺、设备和材料，实行淘汰制度，需要国务院建设行政主管部门会同国务院其他有关部门确定哪些是严重危及施工安全的工艺、设备和材料，并且以明示的方法予以公布。对于已经公布的严重危及施工安全的工艺、设备和材料，建设单位和施工单位不得继续使用此类工艺和设备，也不得转让他人使用。

1.9 施工期间起重机械使用登记制度

《建设工程安全生产管理条例》第三十五条规定："施工单位应当自施工起重机械和整体提升脚手架、模板等自升式架设设施验收合格之日起 30 日内，向建设行政主管部门或者其他有关部门登记。登记标志应当置于或者附着于该设备的显著位置。"

这是对施工起重机械的使用进行监督和管理的一项重要制度，能够有效防止不合格机械和设施投入使用；同时，还有利于监管部门及时掌握施工起重机械和整体提升脚手架、模板等自升式架设设施的使用情况、以利于监督管理。

监管部门应当对登记的施工起重机械建立相关档案，及时更新，加强监管，减少生产安全事故的发生，施工单位应当将标志置于显著位置，便于使用者监督、保证施工起重机械的安全使用。

1.10 安全检查制度

1. 安全检查的目的

安全检查的目的，如图 1 - 21 所示。

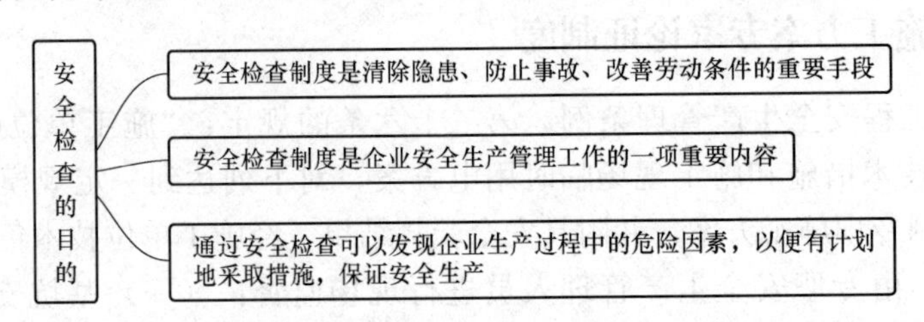
安全检查的目的
安全检查制度是清除隐患、防止事故、改善劳动条件的重要手段
安全检查制度是企业安全生产管理工作的一项重要内容
通过安全检查可以发现企业生产过程中的危险因素，以便有计划地采取措施，保证安全生产

图 1 - 21 安全检查的目的

2. 安全检查的方式

安全检查的方式，如图 1 - 22 所示。

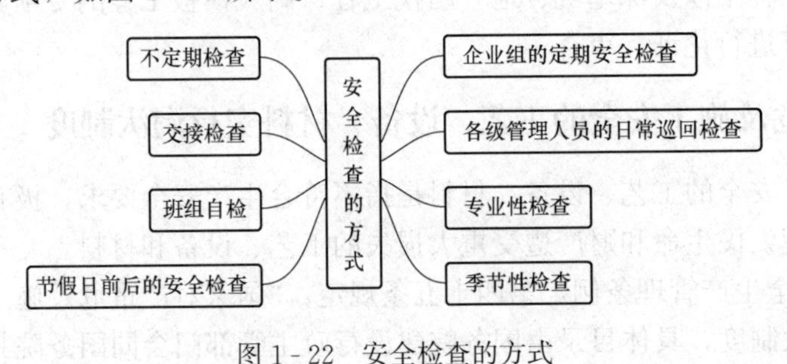
不定期检查
交接检查
班组自检
节假日前后的安全检查
安全检查的方式
企业组的定期安全检查
各级管理人员的日常巡回检查
专业性检查
季节性检查

图 1 - 22 安全检查的方式

3. 安全检查的内容

安全检查的主要内容，如图 1-23 所示。

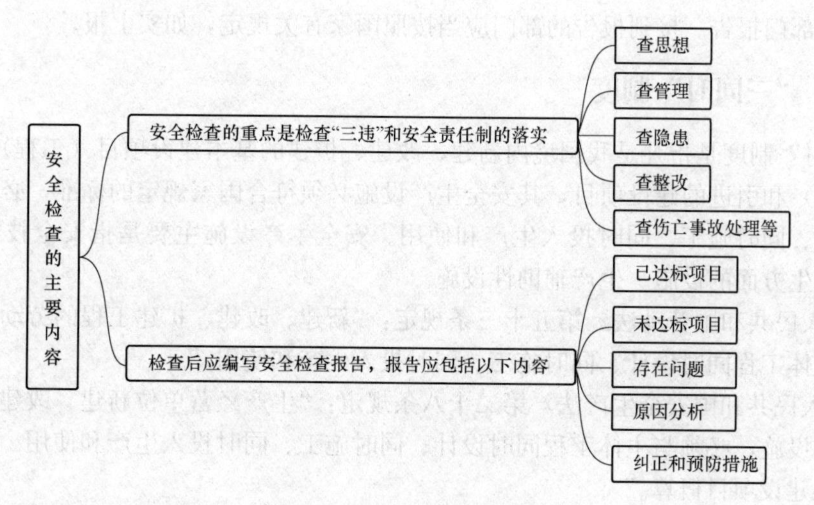
安全检查的主要内容
安全检查的重点是检查“三违”和安全责任制的落实
查思想
查管理
查隐患
查整改
查伤亡事故处理等
检查后应编写安全检查报告，报告应包括以下内容
已达标项目
未达标项目
存在问题
原因分析
纠正和预防措施

图 1-23 安全检查的主要内容

4. 安全隐患的处理程序

安全隐患的处理程序，如图 1-24 所示。

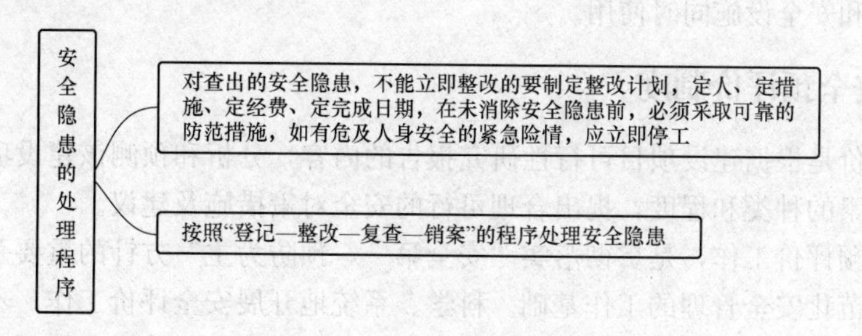
安全隐患的处理程序
对查出的安全隐患，不能立即整改的要制定整改计划，定人、定措施、定经费、定完成日期，在未消除安全隐患前，必须采取可靠的防范措施，如有危及人身安全的紧急险情，应立即停工
按照“登记—整改—复查—销案”的程序处理安全隐患

图 1-24 安全隐患的处理程序

1.11 生产安全事故报告和调查处理制度

关于生产安全事故报告和调查处理制度，《中华人民共和国安全生产法》《中华人民共和国建筑法》《建设工程安全生产管理条例》《生产安全事故报告和调查处理条例》《特种设备安全监察条例》等法律法规都对此做了相应的规定。

《中华人民共和国安全生产法》第八十条规定：“生产经营单位发生生产安全事故后，事故现场有关人员应当立即报告本单位负责人。单位负责人接到事故报告后，应当迅速采取有效措施，组织抢救，防止事故扩大，减少人员伤亡和财产损失，并按照国家有关规定立即如实报告当地负有安全生产监督管理职责的部门，不得隐瞒不报、谎报或者迟报，不得故意破坏事故现场、毁灭有关证据。”

《中华人民共和国建筑法》第五十一条规定：“施工中发生事故时，建筑施工企业应当采取紧急措施减少人员伤和事故损失，并按照国家有关规定及时向有关部门报告。”

《建设工程安全生产管理条例》第五十条规定：“施工单位发生生产安全事故，应当按照国家有关伤亡事故报告和调查处理的规定，及时、如实地向负责安全生产监督管理的部门、建设行政主管部门或者其他有关部门报告；特种设备发生事故的，还应当同时向特种设备安全监督管理部门报告。接到报告的部门应当按照国家有关规定，如实上报。”

1.12 “三同时”制度

“三同时”制度是指凡是我国境内新建、改建、扩建的基本建设项目（工程），技术改建项目（工程）和引进的建设项目，其安全生产设施必须符合国家规定的标准，必须与主体工程同时设计、同时施工、同时投入生产和使用。安全生产设施主要是指安全技术方面的设施、职业卫生方面的设施、生产辅助性设施。

《中华人民共和国劳动法》第五十三条规定：“新建、改建、扩建工程的劳动安全卫生设施必须与主体工程同时设计、同时施工、同时投入生产和使用。”

《中华人民共和国安全生产法》第二十八条规定：“生产经营单位新建、改建、扩建工程项目的安全设施，必须与主体工程同时设计、同时施工、同时投入生产和使用。安全设施投资应当纳入建设项目概算。”

新建、改建、扩建工程的初步设计要经过行业主管部门、安全生产管理部门、卫生部门和工会的审查，同意后方可进行施工；工程项目完成后，必须经过主管部门、安全生产管理行政部门、卫生部门和工会的竣工检验；建设工程项目投产后，不得将安全设施闲置不用，生产设施必须和安全设施同时使用。

1.13 安全预评价制度

安全预评价是根据建设项目可行性研究报告的内容，分析和预测该建设项目可能存在的危险、有害因素的种类和程度，提出合理可行的安全对策措施及建议。

开展安全预评价工作，是贯彻落实“安全第一，预防为主”方针的重要手段，是企业实施科学化、规范化安全管理的工作基础。科学、系统地开展安全评价工作，不仅直接起到了消除危险有害因素、减少事故发生的作用，有利于全面提高企业的安全管理水平，而且有利于系统地、有针对性地加强对不安全状况的治理、改造，最大限度地降低安全生产风险。

1.14 工伤和意外伤害保险制度

《工伤保险条例》规定了工伤保险是属于法定的强制性保险。工伤保险费的征缴按照《社会保险费征缴暂行条例》关于基本养老保险费、基本医疗保险费、失业保险费的征缴规定执行。

《中华人民共和国建筑法》第四十八条规定：“建筑施工企业应当依法为职工参加工伤保险缴纳工伤保险费。鼓励企业为从事危险作业的职工办理意外伤害保险，支付保险费。”

《中华人民共和国建筑法》与《中华人民共和国社会保险法》和《工伤保险条例》等法律法规的规定保持一致，明确了建筑施工企业作为用人单位，为职工参加工伤保险并交纳工伤保险费是其应尽的法定义务，但为从事危险作业的职投保意外伤害险并非强制性规定，是否投保意外伤害险由建筑施工企业自主决定。

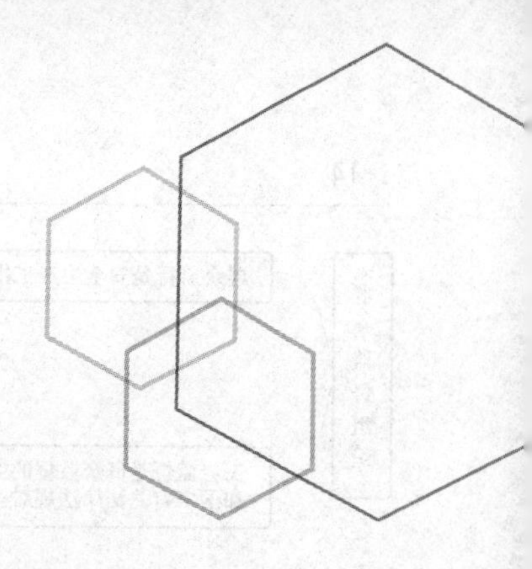

第2章　建筑工程安全管理组织与职责

2.1　国家监管组织

国家监管组织，如图2-1所示。

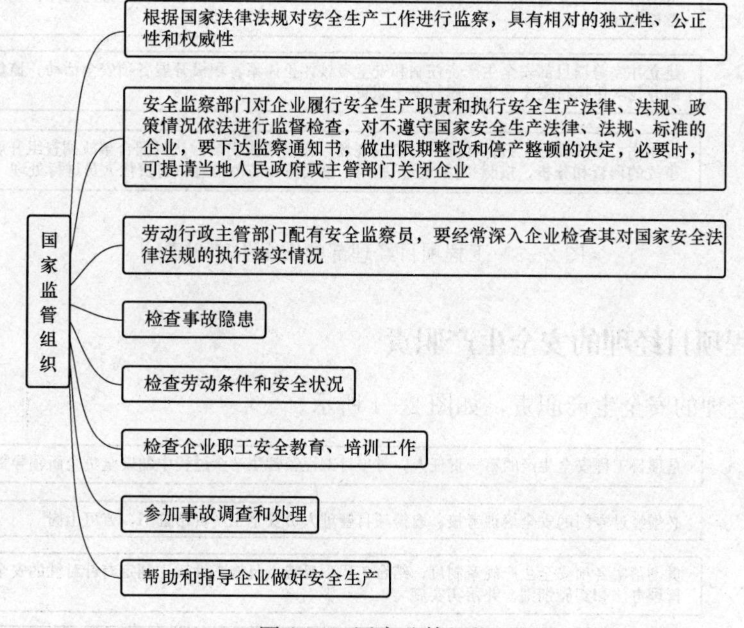
国家监管组织
根据国家法律法规对安全生产工作进行监察，具有相对的独立性、公正性和权威性
安全监察部门对企业履行安全生产职责和执行安全生产法律、法规、政策情况依法进行监督检查，对不遵守国家安全生产法律、法规、标准的企业，要下达监察通知书，做出限期整改和停产整顿的决定，必要时，可提请当地人民政府或主管部门关闭企业
劳动行政主管部门配有安全监察员，要经常深入企业检查其对国家安全法律法规的执行落实情况
检查事故隐患
检查劳动条件和安全状况
检查企业职工安全教育、培训工作
参加事故调查和处理
帮助和指导企业做好安全生产

图2-1　国家监管组织

2.2　行业管理组织

行业管理职能主要体现在行业主管部门根据国家有关的方针政策、法规和标准，对行业的安全工作进行管理和检查，通过计划、组织、协调、指导和监督检查，加强对行业所属企业以及归口管理的企业安全工作的管理，防止和控制伤亡事故和职业病。

2.3　群众监督组织

群众监督组织，如图2-2所示。

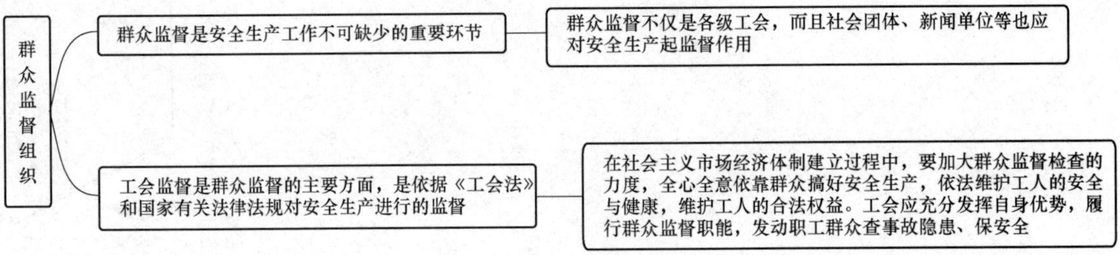

群众监督组织
群众监督是安全生产工作不可缺少的重要环节
群众监督不仅是各级工会，而且社会团体、新闻单位等也应对安全生产起监督作用
工会监督是群众监督的主要方面，是依据《工会法》和国家有关法律法规对安全生产进行的监督
在社会主义市场经济体制建立过程中，要加大群众监督检查的力度，全心全意依靠群众搞好安全生产，依法维护工人的安全与健康，维护工人的合法权益。工会应充分发挥自身优势，履行群众监督职能，发动职工群众查事故隐患、保安全

图 2-2　群众监督组织

2.4　工程项目经理部的安全生产职责

工程项目经理部的安全生产职责，如图 2-3 所示。

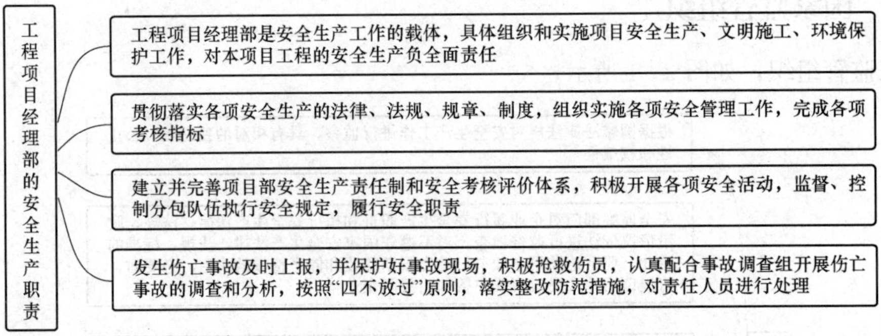

工程项目经理部的安全生产职责
工程项目经理部是安全生产工作的载体，具体组织和实施项目安全生产、文明施工、环境保护工作，对本项目工程的安全生产负全面责任
贯彻落实各项安全生产的法律、法规、规章、制度，组织实施各项安全管理工作，完成各项考核指标
建立并完善项目部安全生产责任制和安全考核评价体系，积极开展各项安全活动，监督、控制分包队伍执行安全规定，履行安全职责
发生伤亡事故及时上报，并保护好事故现场，积极抢救伤员，认真配合事故调查组开展伤亡事故的调查和分析，按照“四不放过”原则，落实整改防范措施，对责任人员进行处理

图 2-3　工程项目经理部的安全生产职责

2.5　工程项目经理的安全生产职责

工程项目经理的安全生产职责，如图 2-4 所示。

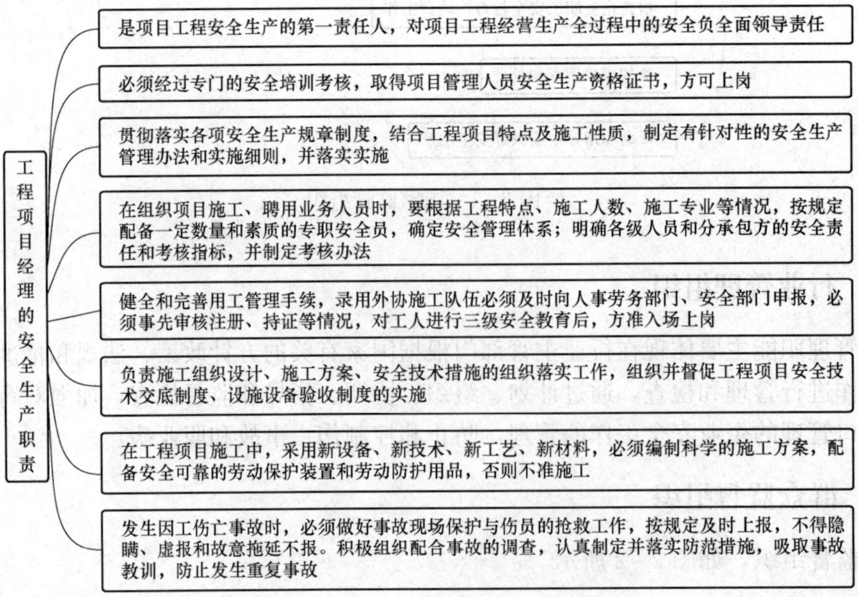

工程项目经理的安全生产职责
是项目工程安全生产的第一责任人，对项目工程经营生产全过程中的安全负全面领导责任
必须经过专门的安全培训考核，取得项目管理人员安全生产资格证书，方可上岗
贯彻落实各项安全生产规章制度，结合工程项目特点及施工性质，制定有针对性的安全生产管理办法和实施细则，并落实实施
在组织项目施工、聘用业务人员时，要根据工程特点、施工人数、施工专业等情况，按规定配备一定数量和素质的专职安全员，确定安全管理体系；明确各级人员和分承包方的安全责任和考核指标，并制定考核办法
健全和完善用工管理手续，录用外协施工队伍必须及时向人事劳务部门、安全部门申报，必须事先审核注册、持证等情况，对工人进行三级安全教育后，方准入场上岗
负责施工组织设计、施工方案、安全技术措施的组织落实工作，组织并督促工程项目安全技术交底制度、设施设备验收制度的实施
在工程项目施工中，采用新设备、新技术、新工艺、新材料，必须编制科学的施工方案，配备安全可靠的劳动保护装置和劳动防护用品，否则不准施工
发生因工伤亡事故时，必须做好事故现场保护与伤员的抢救工作，按规定及时上报，不得隐瞒、虚报和故意拖延不报。积极组织配合事故的调查，认真制定并落实防范措施，吸取事故教训，防止发生重复事故

图 2-4　工程项目经理的安全生产职责

2.6　工程项目生产副经理的安全生产职责

工程项目生产副经理的安全生产职责，如图2-5所示。

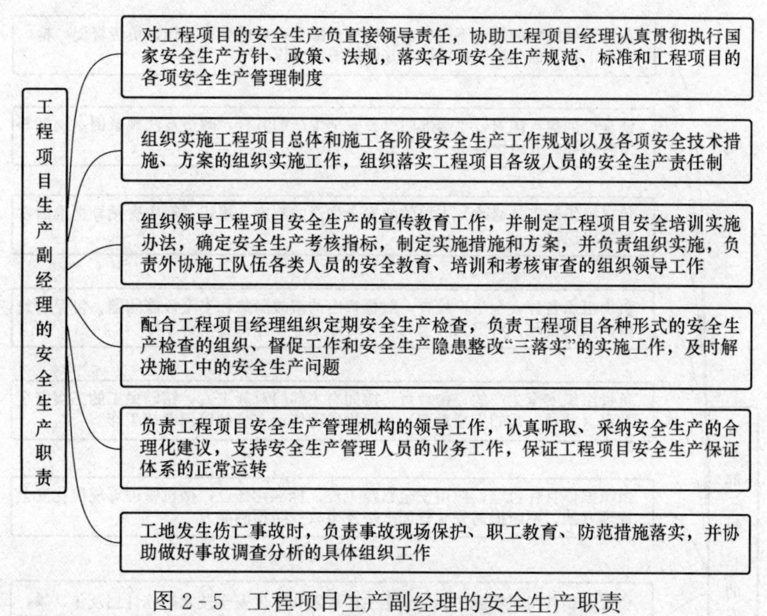
工程项目生产副经理的安全生产职责
对工程项目的安全生产负直接领导责任，协助工程项目经理认真贯彻执行国家安全生产方针、政策、法规，落实各项安全生产规范、标准和工程项目的各项安全生产管理制度
组织实施工程项目总体和施工各阶段安全生产工作规划以及各项安全技术措施、方案的组织实施工作，组织落实工程项目各级人员的安全生产责任制
组织领导工程项目安全生产的宣传教育工作，并制定工程项目安全培训实施办法，确定安全生产考核指标，制定实施措施和方案，并负责组织实施，负责外协施工队伍各类人员的安全教育、培训和考核审查的组织领导工作
配合工程项目经理组织定期安全生产检查，负责工程项目各种形式的安全生产检查的组织、督促工作和安全生产隐患整改"三落实"的实施工作，及时解决施工中的安全生产问题
负责工程项目安全生产管理机构的领导工作，认真听取、采纳安全生产的合理化建议，支持安全生产管理人员的业务工作，保证工程项目安全生产保证体系的正常运转
工地发生伤亡事故时，负责事故现场保护、职工教育、防范措施落实，并协助做好事故调查分析的具体组织工作

图2-5　工程项目生产副经理的安全生产职责

2.7　总工程师（技术负责人）的安全生产职责

总工程师（技术负责人）的安全生产职责，如图2-6所示。

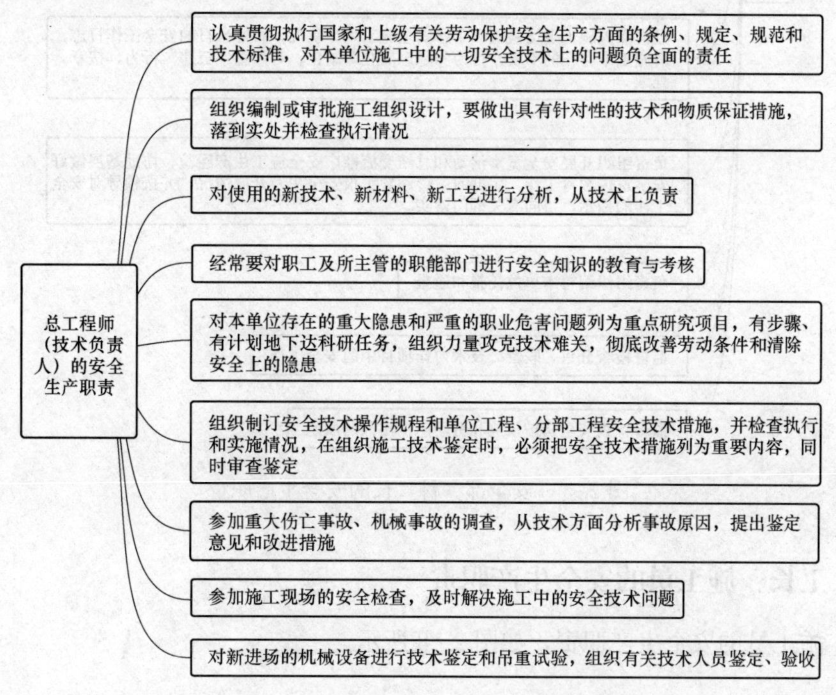
总工程师（技术负责人）的安全生产职责
认真贯彻执行国家和上级有关劳动保护安全生产方面的条例、规定、规范和技术标准，对本单位施工中的一切安全技术上的问题负全面的责任
组织编制或审批施工组织设计，要做出具有针对性的技术和物质保证措施，落到实处并检查执行情况
对使用的新技术、新材料、新工艺进行分析，从技术上负责
经常要对职工及所主管的职能部门进行安全知识的教育与考核
对本单位存在的重大隐患和严重的职业危害问题列为重点研究项目，有步骤、有计划地下达科研任务，组织力量攻克技术难关，彻底改善劳动条件和清除安全上的隐患
组织制订安全技术操作规程和单位工程、分部工程安全技术措施，并检查执行和实施情况，在组织施工技术鉴定时，必须把安全技术措施列为重要内容，同时审查鉴定
参加重大伤亡事故、机械事故的调查，从技术方面分析事故原因，提出鉴定意见和改进措施
参加施工现场的安全检查，及时解决施工中的安全技术问题
对新进场的机械设备进行技术鉴定和吊重试验，组织有关技术人员鉴定、验收

图2-6　总工程师（技术负责人）的安全生产职责

2.8 安全部（科）长的安全生产职责

安全部（科）长的安全生产职责，如图 2-7 所示。

安全部（科）长的安全生产职责

- 在施工副经理的领导下，负责主持安全部（科）的全面工作，负责督促、检查、汇总全面生产工作情况，并做好协调工作
- 认真贯彻执行国家、上级部门有关安全生产的方针、政策及法规条例、制度等文件精神，并组织落实
- 负责组织制定（修改）本单位的安全生产的制度、规程，经主管领导批准后发布组织执行
- 负责组织各种安全生产检查，对检查出的事故隐患和安全设施问题，督促有关单位限期整改，对重大险情有权下达停工令，并报告主管领导
- 负责组织安全生产的宣传教育，协同有关部门对新工人、招聘民工的三级安全教育（公司一级的安全教育）和组织特种作业人员的培训考核工作
- 组织推广目标管理，应用安全系统工程，标准化作业、微机管理等现代化安全管理方法，不断提高安全管理水平及事故预防预测能力
- 负责编制并组织实施中长期安全生产规划和年度安全技术措施计划及年、季、月安全生产工作计划，并督促检查落实情况，帮助基层解决实施中存在的问题
- 参加和主持重伤以上事故的调查处理，按照"三不放过"的原则，对事故责任者提出处理意见和防止重复事故发生的措施
- 经常深入施工现场检查和了解安全施工生产状况，做好当日的安全工作日志，对施工中存在的不安全行为和隐患应立即制止，对严重"三违"行为，按章处理
- 负责组织开展安全竞赛活动和总结交流推广安全施工生产经验，协助基层做好安全宣传教育工作，定期向主管领导汇报安全生产开展情况，并按领导对安全工作的指示，协同有关部门落实
- 负责组织编写本单位简报和通报
- 监督检查分包、联营、技术协作项目中的安全工作
- 监督检查安全防护设施和劳动防护用品的质量

图 2-7 安全部（科）长的安全生产职责

2.9 工长、施工员的安全生产职责

工长、施工员的安全生产职责，如图 2-8 所示。

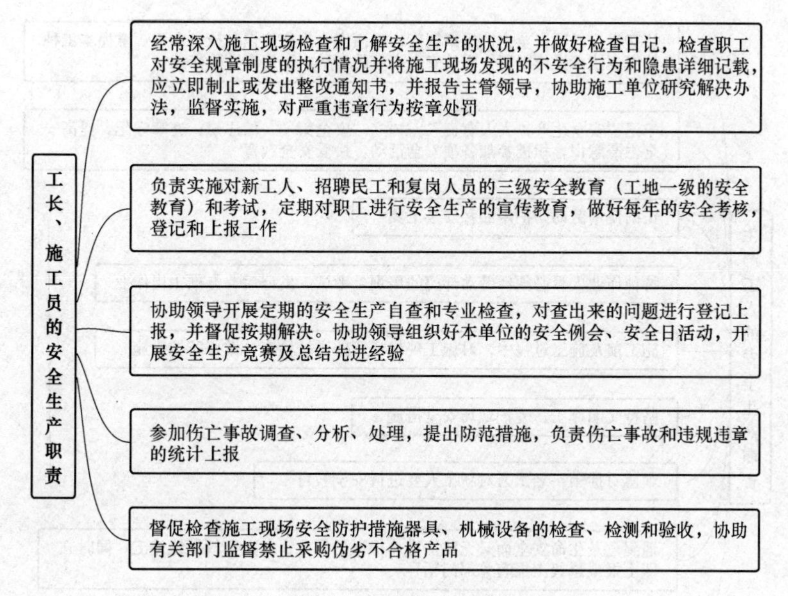
工长、施工员的安全生产职责
经常深入施工现场检查和了解安全生产的状况，并做好检查日记，检查职工对安全规章制度的执行情况并将施工现场发现的不安全行为和隐患详细记载，应立即制止或发出整改通知书，并报告主管领导，协助施工单位研究解决办法，监督实施，对严重违章行为按章处罚
负责实施对新工人、招聘民工和复岗人员的三级安全教育（工地一级的安全教育）和考试，定期对职工进行安全生产的宣传教育，做好每年的安全考核，登记和上报工作
协助领导开展定期的安全生产自查和专业检查，对查出来的问题进行登记上报，并督促按期解决。协助领导组织好本单位的安全例会、安全日活动，开展安全生产竞赛及总结先进经验
参加伤亡事故调查、分析、处理，提出防范措施，负责伤亡事故和违规违章的统计上报
督促检查施工现场安全防护措施器具、机械设备的检查、检测和验收，协助有关部门监督禁止采购伪劣不合格产品

图2-8　工长、施工员的安全生产职责

2.10　班组长的安全生产职责

班组长的安全生产职责，如图2-9所示。

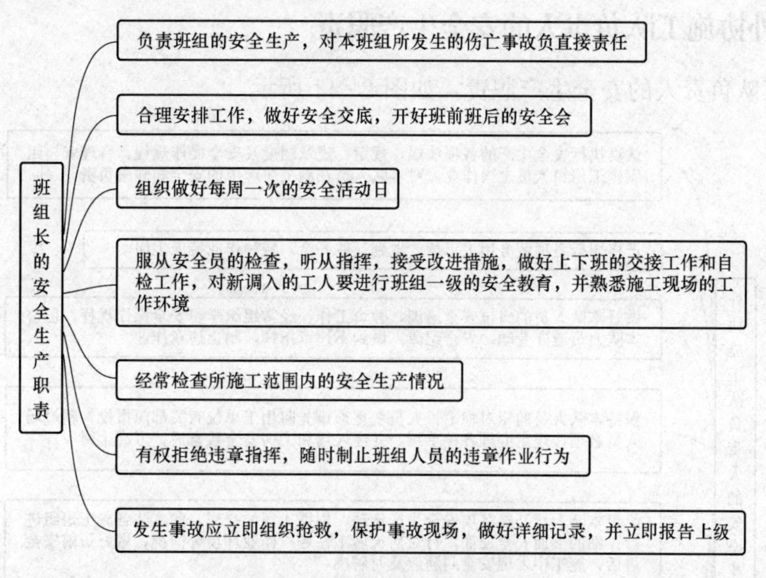
班组长的安全生产职责
负责班组的安全生产，对本班组所发生的伤亡事故负直接责任
合理安排工作，做好安全交底，开好班前班后的安全会
组织做好每周一次的安全活动日
服从安全员的检查，听从指挥，接受改进措施，做好上下班的交接工作和自检工作，对新调入的工人要进行班组一级的安全教育，并熟悉施工现场的工作环境
经常检查所施工范围内的安全生产情况
有权拒绝违章指挥，随时制止班组人员的违章作业行为
发生事故应立即组织抢救，保护事故现场，做好详细记录，并立即报告上级

图2-9　班组长的安全生产职责

2.11　生产工人的安全生产职责

生产工人的安全生产职责，如图2-10所示。

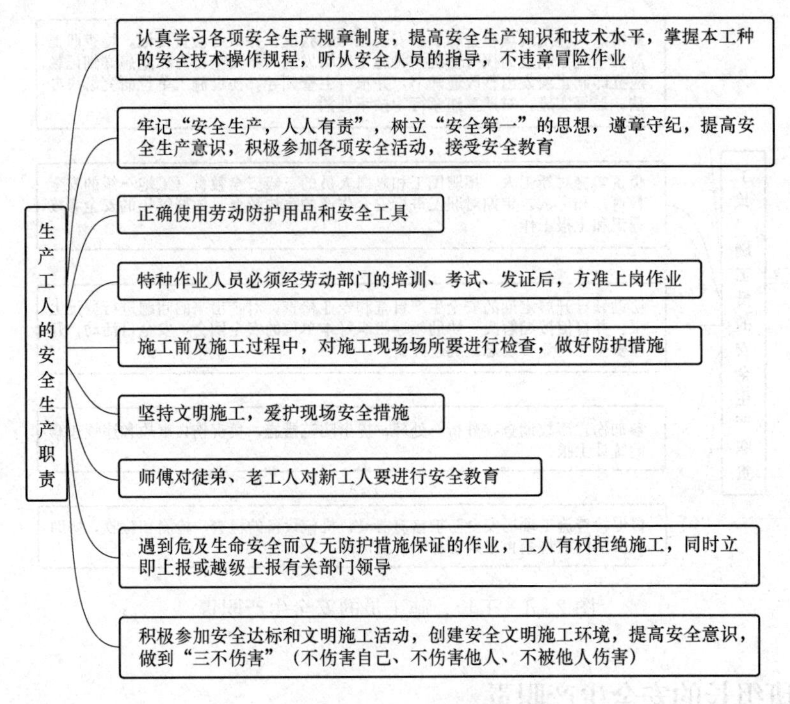
生产工人的安全生产职责
认真学习各项安全生产规章制度，提高安全生产知识和技术水平，掌握本工种的安全技术操作规程，听从安全人员的指导，不违章冒险作业
牢记“安全生产，人人有责”，树立“安全第一”的思想，遵章守纪，提高安全生产意识，积极参加各项安全活动，接受安全教育
正确使用劳动防护用品和安全工具
特种作业人员必须经劳动部门的培训、考试、发证后，方准上岗作业
施工前及施工过程中，对施工现场场所要进行检查，做好防护措施
坚持文明施工，爱护现场安全措施
师傅对徒弟、老工人对新工人要进行安全教育
遇到危及生命安全而又无防护措施保证的作业，工人有权拒绝施工，同时立即上报或越级上报有关部门领导
积极参加安全达标和文明施工活动，创建安全文明施工环境，提高安全意识，做到“三不伤害”（不伤害自己、不伤害他人、不被他人伤害）

图 2-10　生产工人的安全生产职责

2.12　外协施工队负责人的安全生产职责

外协施工队负责人的安全生产职责，如图 2-11 所示。

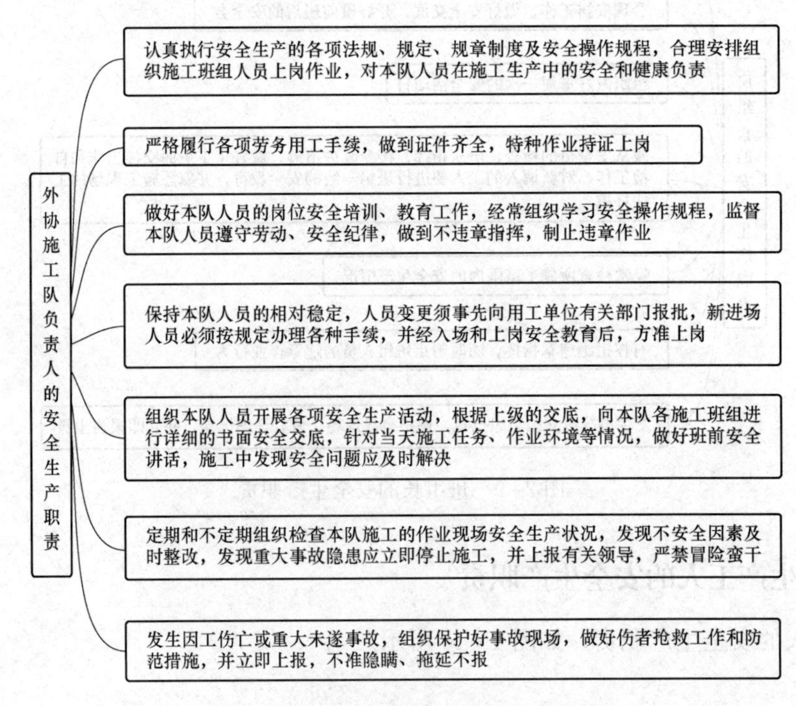
外协施工队负责人的安全生产职责
认真执行安全生产的各项法规、规定、规章制度及安全操作规程，合理安排组织施工班组人员上岗作业，对本队人员在施工生产中的安全和健康负责
严格履行各项劳务用工手续，做到证件齐全，特种作业持证上岗
做好本队人员的岗位安全培训、教育工作，经常组织学习安全操作规程，监督本队人员遵守劳动、安全纪律，做到不违章指挥，制止违章作业
保持本队人员的相对稳定，人员变更须事先向用工单位有关部门报批，新进场人员必须按规定办理各种手续，并经入场和上岗安全教育后，方准上岗
组织本队人员开展各项安全生产活动，根据上级的交底，向本队各施工班组进行详细的书面安全交底，针对当天施工任务、作业环境等情况，做好班前安全讲话，施工中发现安全问题应及时解决
定期和不定期组织检查本队施工的作业现场安全生产状况，发现不安全因素及时整改，发现重大事故隐患应立即停止施工，并上报有关领导，严禁冒险蛮干
发生因工伤亡或重大未遂事故，组织保护好事故现场，做好伤者抢救工作和防范措施，并立即上报，不准隐瞒、拖延不报

图 2-11　外协施工队负责人的安全生产职责

2.13　项目部各职能部门的安全生产职责

（1）安全部的安全生产职责，如图2-12所示。

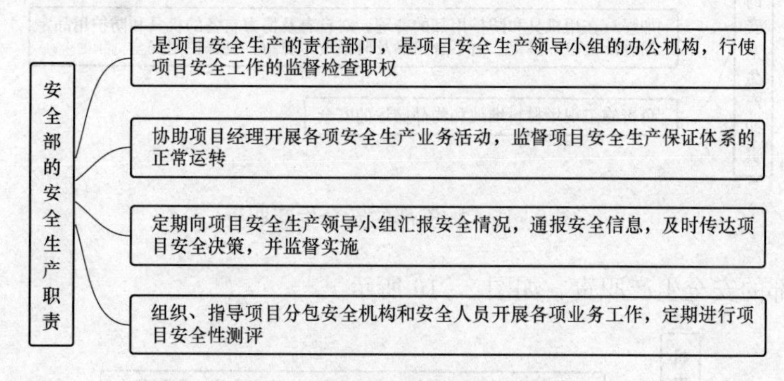
安全部的安全生产职责
是项目安全生产的责任部门，是项目安全生产领导小组的办公机构，行使项目安全工作的监督检查职权
协助项目经理开展各项安全生产业务活动，监督项目安全生产保证体系的正常运转
定期向项目安全生产领导小组汇报安全情况，通报安全信息，及时传达项目安全决策，并监督实施
组织、指导项目分包安全机构和安全人员开展各项业务工作，定期进行项目安全性测评

图2-12　安全部的安全生产职责

（2）工程管理部的安全生产职责，如图2-13所示。

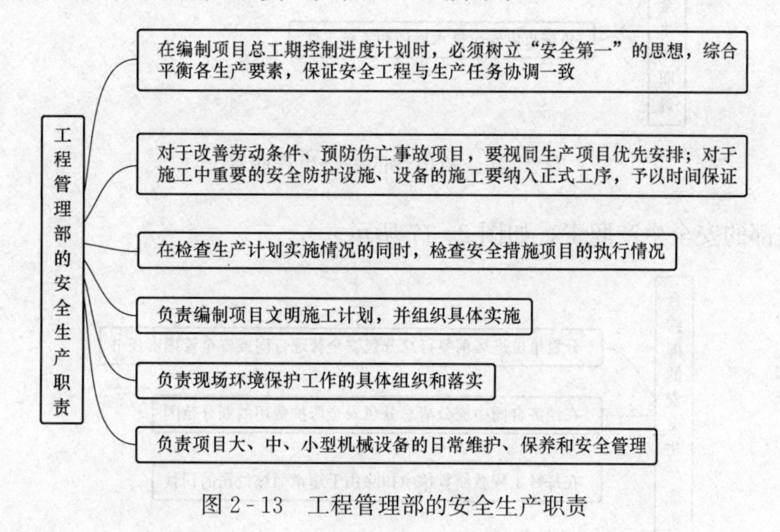
工程管理部的安全生产职责
在编制项目总工期控制进度计划时，必须树立“安全第一”的思想，综合平衡各生产要素，保证安全工程与生产任务协调一致
对于改善劳动条件、预防伤亡事故项目，要视同生产项目优先安排；对于施工中重要的安全防护设施、设备的施工要纳入正式工序，予以时间保证
在检查生产计划实施情况的同时，检查安全措施项目的执行情况
负责编制项目文明施工计划，并组织具体实施
负责现场环境保护工作的具体组织和落实
负责项目大、中、小型机械设备的日常维护、保养和安全管理

图2-13　工程管理部的安全生产职责

（3）技术部的安全生产职责，如图2-14所示。

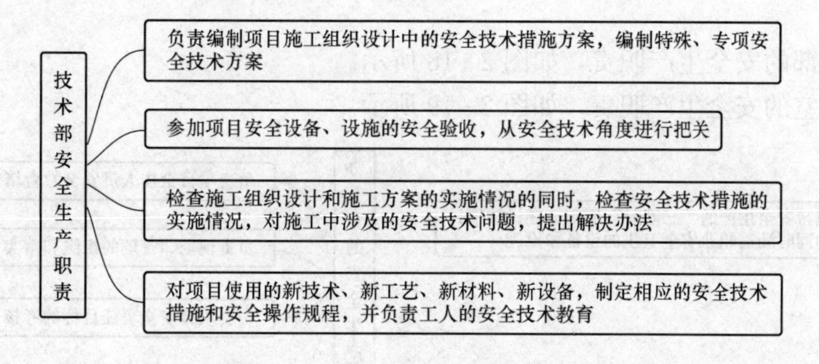
技术部安全生产职责
负责编制项目施工组织设计中的安全技术措施方案，编制特殊、专项安全技术方案
参加项目安全设备、设施的安全验收，从安全技术角度进行把关
检查施工组织设计和施工方案的实施情况的同时，检查安全技术措施的实施情况，对施工中涉及的安全技术问题，提出解决办法
对项目使用的新技术、新工艺、新材料、新设备，制定相应的安全技术措施和安全操作规程，并负责工人的安全技术教育

图2-14　技术部的安全生产职责

（4）物资部的安全生产职责，如图2-15所示。

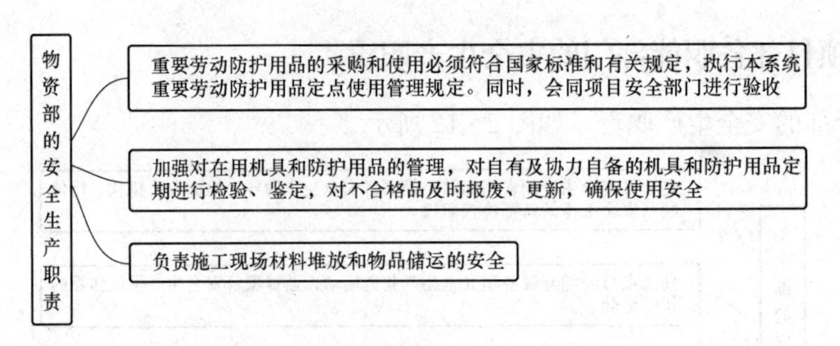
物资部的安全生产职责
重要劳动防护用品的采购和使用必须符合国家标准和有关规定，执行本系统重要劳动防护用品定点使用管理规定。同时，会同项目安全部门进行验收
加强对在用机具和防护用品的管理，对自有及协力自备的机具和防护用品定期进行检验、鉴定，对不合格品及时报废、更新，确保使用安全
负责施工现场材料堆放和物品储运的安全

图 2-15　物资部的安全生产职责

（5）机电部的安全生产职责，如图 2-16 所示。

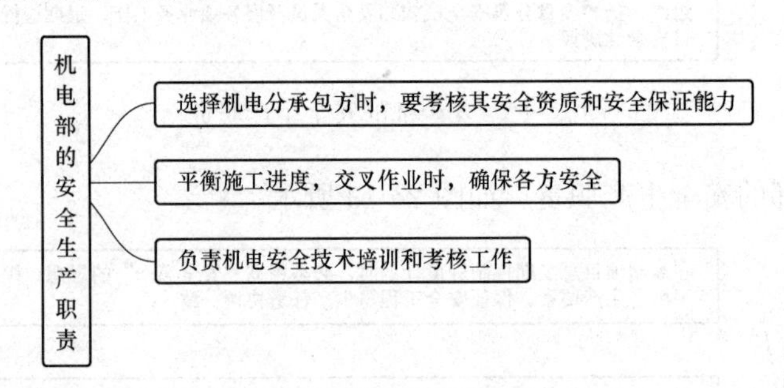
机电部的安全生产职责
选择机电分承包方时，要考核其安全资质和安全保证能力
平衡施工进度，交叉作业时，确保各方安全
负责机电安全技术培训和考核工作

图 2-16　机电部的安全生产职责

（6）合约部的安全生产职责，如图 2-17 所示。

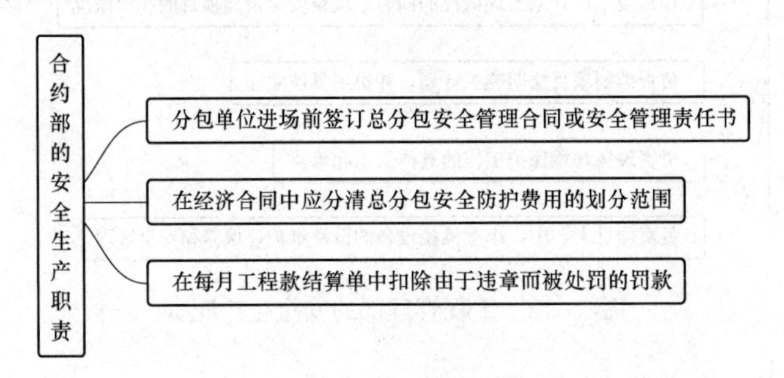
合约部的安全生产职责
分包单位进场前签订总分包安全管理合同或安全管理责任书
在经济合同中应分清总分包安全防护费用的划分范围
在每月工程款结算单中扣除由于违章而被处罚的罚款

图 2-17　合约部的安全生产职责

（7）设计部的安全生产职责，如图 2-18 所示。

（8）办公室的安全生产职责，如图 2-19 所示。

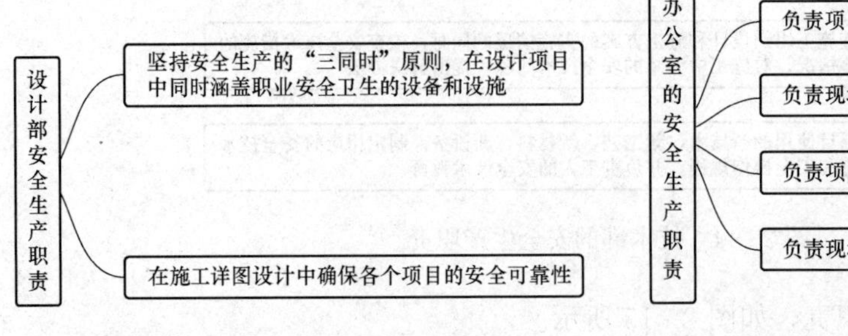
设计部安全生产职责
坚持安全生产的“三同时”原则，在设计项目中同时涵盖职业安全卫生的设备和设施
在施工详图设计中确保各个项目的安全可靠性

图 2-18　设计部的安全生产职责

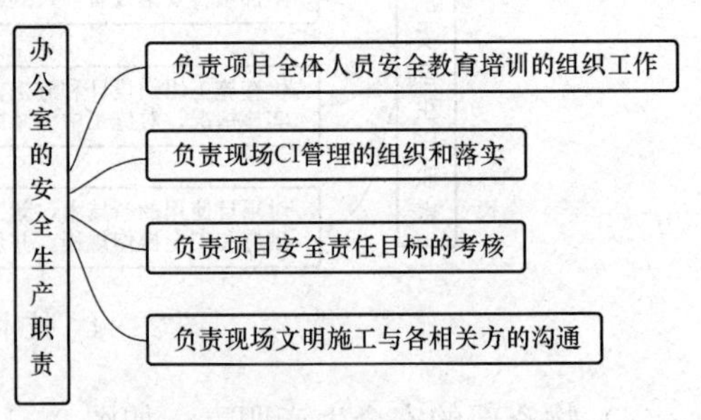
办公室的安全生产职责
负责项目全体人员安全教育培训的组织工作
负责现场CI管理的组织和落实
负责项目安全责任目标的考核
负责现场文明施工与各相关方的沟通

图 2-19　办公室的安全生产职责

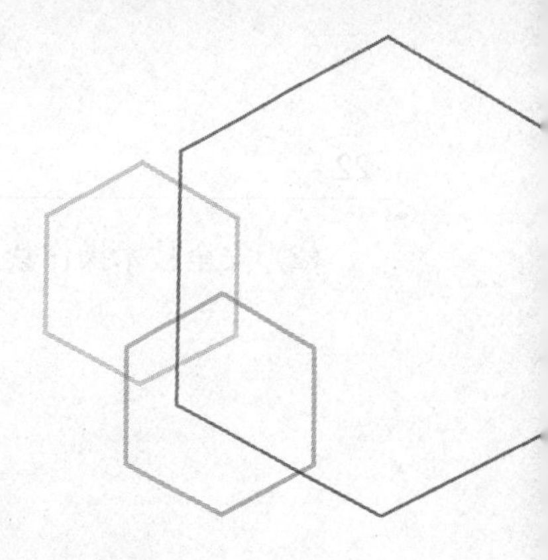

第3章　建筑工程施工人员安全技术措施

3.1　普通工安全技术措施

1. 安全技术措施一般规定

（1）安全技术措施一般规定，如图3-1所示。

安全技术措施一般规定

- 普通工在从事挖土、装卸、搬运和辅助作业时，工作前必须熟悉作业内容、作业环境，对所使用的铁钎、铁镐、车子等工具要认真检查，不牢固不得使用
- 从砖垛上取砖应由上而下阶梯式拿取，严禁一码拿到底或在下面掏拿。传砖时应整砖和半砖分开传递，严禁抛掷传递
- 在脚手架、操作平台等高处用水管浇水或移动水管作业时，不得倒退猛拽
- 淋灰、筛灰作业时必须正确穿戴个人防护用品（胶靴、手套、口罩），不得赤脚、露体，作业时应站在上风操作。遇四级以上强风，停止筛灰
- 吊运土方，绳索、滑轮、钩子、箩筐等应完好牢固，起吊时垂直下方不得有人
- 拆除固壁支撑应自下而上进行，填好一层，再拆一层，不得一次拆到顶
- 使用手持电动工具时，电源电缆必须完好无损，接电源处装有漏电保护器
- 使用蛙式打夯机，电源电缆必须完好无损，操作时，应戴绝缘手套，严禁夯打电源线。在坡地或松土处打夯，不得背着牵引打夯机。停止使用应拉闸断电，方可搬运
- 用手推车装运物料，应注意平稳，掌握重心，不得猛跑和撒把溜放。前后车距在平地不得少于2m，下坡不得少于10m
- 不准在脚手架上、垂直运输接料平台上坐、躺、打瞌睡，也不准背靠防护栏杆休息，以防失控发生高处坠落事故。脚手架上放砖的高度不准超过三层侧砖
- 车辆未停稳，禁止上下人员和装卸物料，所装物料要垫好绑牢。开车厢板应站在侧面

图3-1　安全技术措施一般规定

（2）安全技术操作禁忌，如图 3-2～图 3-4 所示。

在下面掏拿

图 3-2　砖垛取砖

不能在
这休息!

图 3-3　在垂直运输接料平台上坐、躺、打瞌睡

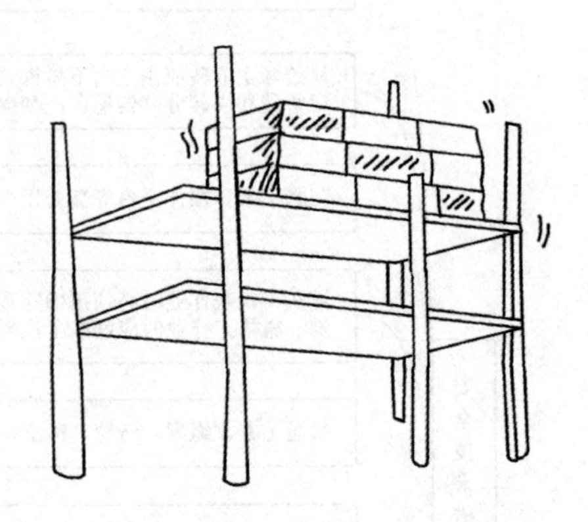

图 3-4　脚手架上放砖的高度超过三层侧砖

2. 挖土安全技术措施

（1）挖土安全技术措施，如图 3-5 所示。

（2）挖土安全技术操作禁忌，如图 3-6、图 3-7 所示。

3. 挖扩桩孔作业安全技术措施

（1）挖扩桩孔作业安全技术措施，如图 3-8 所示。

（2）存在如图 3-9 所示条件之一的区域，不得使用人工开挖方式进行基桩成孔。

4. 装卸搬运安全技术措施

装卸搬运安全技术措施，如图 3-10 所示。

5. 人工拆除工程安全技术措施

（1）人工拆除工程安全技术措施，如图 3-11 所示。

（2）非作业人员禁止进入拆除作业区，如图 3-12 所示。

挖土安全技术措施

- 工作前，对作业的内容和操作安全、作业环境等必须熟悉，作业用的工具、设备等要认真进行检查，不符合安全要求的，不得迁就使用
- 挖土前根据安全技术交底了解地下管线、人防及其他构筑物情况和具体位置。地下构筑物外露时，必须进行加固保护。作业过程中应避开管线和构筑物。在现场电力、通信电缆2m范围内和现场燃气、热力、给排水等管道1m范围内挖土时，必须在主管单位人员监护下采取人工开挖
- 开挖沟槽、基坑等，应在工程技术人员的指挥下，根据土质和挖掘深度放坡，必要时设置固壁支撑。挖出的泥土应堆放在沟边1m以外，且高度不得超过1.5m
- 开挖槽、坑、沟深度超过1.5m时，必须根据土质和深度情况按安全技术交底放坡或加可靠支撑。遇到边坡不稳、有坍塌危险征兆时，必须立即撤离现场，并及时报告施工负责人，采取安全可靠排险措施后，方可继续挖土
- 槽、坑、沟必须设置人员上下坡道或安全梯。严禁攀登固壁支撑上下，或直接从沟、坑边壁上挖洞攀登爬上或跳下。间歇时，不得在槽、坑坡脚下休息
- 挖土过程中遇有古墓、地下管道、电缆或其他不能辨认的异物和液体、气体时，应立即停止作业，并报告施工负责人，待查明处理后，再继续挖土
- 槽、坑、沟边1m以内不得堆土、堆料、停置机具。堆土高度不得超过1.5m。槽、坑、沟与建筑物、构筑物的距离不得小于1.5m。开挖深度超过2m时，必须在周边设两道牢固防护栏杆，并立挂密目安全网
- 人工开挖土方，两人横向间距不得小于2m，纵向间距不得小于3m。严禁掏洞挖土，搜底挖槽
- 钢钎破冻土、坚硬土时，扶钎人应站在打锤人侧面，并用长把夹具扶钎，打锤范围内不得有其他人停留。锤顶应平整，锤头应安装牢固。钎子应直且不得有飞刺。打锤人不得戴手套
- 从槽、坑、沟中吊运送土至地面时，绳索、滑轮、钩子、箩筐等垂直运输设备、工具应完好牢固。起吊、垂直运送时，下方不得站人
- 配合机械挖土清理槽底作业时，严禁进入铲斗回转半径范围。必须待挖掘机停止作业后，方准进入铲斗回转半径范围内清土

图3-5　挖土安全技术措施

这样挖危险!

图3-6　掏洞挖土，搜底挖槽

图3-7　进入铲斗回转半径范围

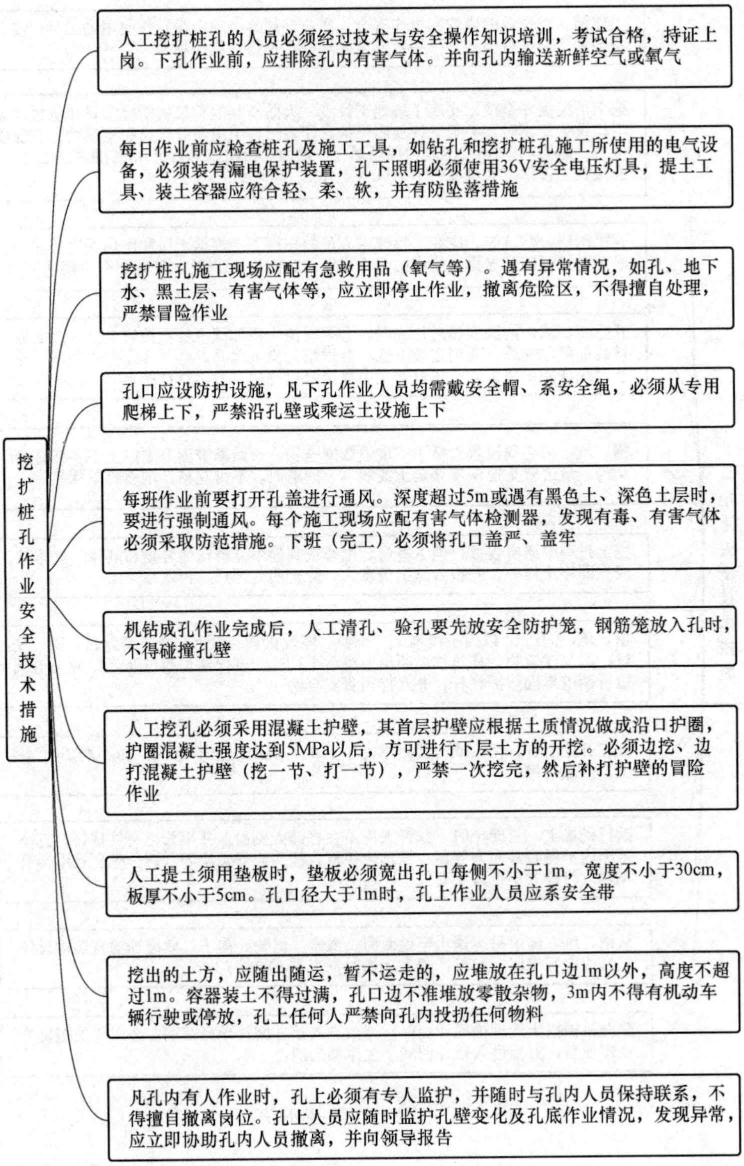

挖扩桩孔作业安全技术措施

- 人工挖扩桩孔的人员必须经过技术与安全操作知识培训，考试合格，持证上岗。下孔作业前，应排除孔内有害气体。并向孔内输送新鲜空气或氧气
- 每日作业前应检查桩孔及施工工具，如钻孔和挖扩桩孔施工所使用的电气设备，必须装有漏电保护装置，孔下照明必须使用36V安全电压灯具，提土工具、装土容器应符合轻、柔、软，并有防坠落措施
- 挖扩桩孔施工现场应配有急救用品（氧气等）。遇有异常情况，如孔、地下水、黑土层、有害气体等，应立即停止作业，撤离危险区，不得擅自处理，严禁冒险作业
- 孔口应设防护设施，凡下孔作业人员均需戴安全帽、系安全绳，必须从专用爬梯上下，严禁沿孔壁或乘运土设施上下
- 每班作业前要打开孔盖进行通风。深度超过5m或遇有黑色土、深色土层时，要进行强制通风。每个施工现场应配有害气体检测器，发现有毒、有害气体必须采取防范措施。下班（完工）必须将孔口盖严、盖牢
- 机钻成孔作业完成后，人工清孔、验孔要先放安全防护笼，钢筋笼放入孔时，不得碰撞孔壁
- 人工挖孔必须采用混凝土护壁，其首层护壁应根据土质情况做成沿口护圈，护圈混凝土强度达到5MPa以后，方可进行下层土方的开挖。必须边挖、边打混凝土护壁（挖一节、打一节），严禁一次挖完，然后补打护壁的冒险作业
- 人工提土须用垫板时，垫板必须宽出孔口每侧不小于1m，宽度不小于30cm，板厚不小于5cm。孔口径大于1m时，孔上作业人员应系安全带
- 挖出的土方，应随出随运，暂不运走的，应堆放在孔口边1m以外，高度不超过1m。容器装土不得过满，孔口边不准堆放零散杂物，3m内不得有机动车辆行驶或停放，孔上任何人严禁向孔内投扔任何物料
- 凡孔内有人作业时，孔上必须有专人监护，并随时与孔内人员保持联系，不得擅自撤离岗位。孔上人员应随时监护孔壁变化及孔底作业情况，发现异常，应立即协助孔内人员撤离，并向领导报告

图 3-8 挖扩桩孔作业安全技术措施

不得使用人工开挖方式进行基桩成孔的区域

- 地下水丰富、软弱土层、流沙等不良地质条件的区域
- 孔内空气污染物超标准
- 机械成孔设备可以到达的区域

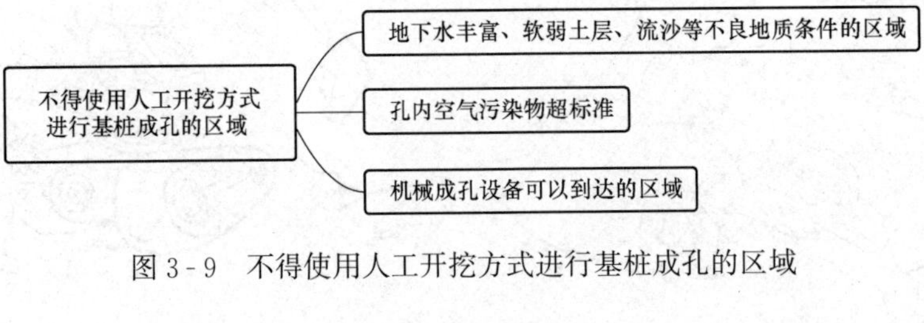

图 3-9 不得使用人工开挖方式进行基桩成孔的区域

装卸搬运安全技术措施

- 使用手推车装运物料，必须平稳，掌握重心，不得猛跑或撒把溜车。前后车距平地不得少于2m，下坡时不得少于10m。向槽内下料，槽下不得有人，槽边卸料，车轮应挡掩，严禁猛推和撒把倒料
- 两人抬运一上二下，肩要同时起落；多人抬运重物时，必须由专人统一指挥，同起同落，步调一致，前后互相照应，注意脚下障碍物，并提醒后方人员，所抬重物离地高度一般以30cm为宜
- 用井架、龙门架、外用电梯垂直运输（龙门架、井架物料提升机不得用于25m及以上的建设工程），零散材料码放整齐平稳，码放高度不得超过车厢，小推车应打好挡掩。运长料不得高出吊盘（笼），必须采取防滑落措施
- 跟随汽车、拖拉机运料的人员，车辆未停稳不得下车。装卸材料时禁止抛掷，并应按次序码放整齐。随车运料人员不得坐在物料前方。车辆倒退时，指挥人员应站在槽帮的侧面，并且与车辆保持一定距离，车辆行程范围内的砖垛、门垛下不得站人
- 装卸搬运危险物品（如炸药、氧气瓶、乙炔瓶等）和有毒物品时，必须严格按规定安全技术交底措施执行。装卸时必须轻拿轻放，不得互相碰撞或掷扔等剧烈震动。作业人员按要求正确穿戴防护用品，严禁吸烟
- 不得钻到车辆下面休息

图3-10　装卸搬运安全技术措施

人工拆除工程安全技术措施

- 拆除工程在施工前，班组（队）必须组织学习专项拆除工程安全施工组织设计或安全技术措施交底。无安全技术措施的不得盲目进行拆除作业
- 拆除作业前，必须先将电线、上水、煤气管道、热力设备等干线与该拆除建筑物的支线切断或者迁移
- 拆除构筑物，应自上而下顺序进行，当拆除某一部分的时候，必须有防止另一部分发生坍塌的安全措施
- 拆除作业区应设置危险区域进行围挡，负责警戒的人员应坚守岗位，非作业人员禁止进入作业区
- 拆除建筑物的栏杆、楼梯和楼板等，必须与整体拆除工程相配合，不得先行拆掉。建筑物的承重支柱和梁，要等待其所承担的全部结构拆掉后才可以拆除
- 拆除建筑物不得采用推倒或拉倒的方法，遇有特殊情况，必须报请领导同意，拟订安全技术措施，并遵守下列规定：
  - 砍切墙根的深度不能超过墙厚的1/3。墙厚度小于两块半砖的时候，严禁砍切墙根掏掘
  - 为防止墙壁向掏掘方向倾倒，在掏掘前，必须用支撑撑牢。在推倒前，必须发出信号，服从指挥，待全体人员避至安全地带后，方准进行
- 高处进行拆除工程，要设置溜放槽，以便散碎废料顺槽溜下。较大或较重的材料，要用绳或起重机械及时吊下运走，严禁向下抛掷。拆除的各种材料及时清理，分别码放在指定地点
- 清理楼层施工垃圾，必须从垃圾溜放槽溜下或采用容器运下，严禁从窗口等处抛扔
- 清理楼层时，必须注意孔洞，遇有地面上铺有盖板，挪动时不得猛掀，可采用拉开或人抬挪开
- 现场的各类电气、机械设备和各种安全防护设施，如安全网、护身栏等，严禁乱动

图3-11　人工拆除工程安全技术措施

禁止入内

图 3-12　非作业人员禁止进入拆除作业区

3.2　架子工安全技术措施

（1）架子工安全技术措施，如图 3-13 所示。

架子工安全技术措施

- 建筑登高作业（架子工）必须经专业安全技术培训，考试合格，持特种作业操作证上岗作业。架子工的徒工必须办理学习证，在技工带领、指导下操作。非架子工未经同意不得单独进行作业
- 架子工必须经过体检，凡患有高血压、心脏病、癫痫病、晕高或视力不够以及不适合于登高作业的，不得从事登高架设作业
- 正确使用个人安全防护用品，必须着装灵便（紧身紧袖），在高处（2m以上）作业时，必须佩戴安全带，并与已搭好的立、横杆挂牢，穿防滑鞋。作业时精神要集中，团结协作、互相呼应、统一指挥，不得"走过档"和跳跃架子，严禁打闹斗殴、酒后上班
- 班组（队）接受任务后，必须组织全体人员，认真领会脚手架专项安全施工组织设计和安全技术措施交底，研讨搭设方法，明确分工，并派1名技术好、有经验的人员负责搭设技术指导和监护
- 6级以上（含6级）强风和高温、大雨、大雪、大雾等恶劣天气，应停止高处露天作业。风、雨、雪过后要进行检查，发现脚手架倾斜下沉、松扣、崩扣，要及时修复，合格后方可使用
- 脚手架要结合工程进度搭设，搭设未完的脚手架，在离开作业岗位时，不得留有未固定构件和安全隐患，确保架子稳定
- 在带电设备附近搭、拆脚手架时，宜停电作业。在外电架空线路附近作业时，脚手架外侧边缘与外电架空线路的边线之间的最小安全操作距离不得小于规范规定的数值
- 各种非标准的脚手架，跨度过大、负载超重等特殊脚手架或其他新型脚手架，按专项安全施工组织设计批准的意见进行作业
- 脚手架搭设到高于在建建筑物顶部时，里排立杆要低于沿口40～50mm，外排立杆高出沿口1～1.5m，搭设两道防护栏，并挂密目安全网
- 脚手架搭设、拆除、维修和升降必须由架子工负责，非架子工不准从事脚手架操作

图 3-13　架子工安全技术措施

（2）高处露天作业部分操作禁忌，如图 3-14 所示。

我们应该
停止作业

图3-14 6级以上（含6级）强风在高处露天作业

3.3 瓦工安全技术措施

(1) 瓦工安全技术措施，如图3-15所示。

瓦工安全技术措施

- 进入操作岗位时，要正确佩戴好劳动防护用品，穿戴整齐，并注意操作环境是否符合安全要求
- 上下脚手架应走斜道，不准站在砖墙上做砌筑、划线（勒缝）、检查大角垂直度和清扫墙面等工作
- 砌砖使用的工具应放在稳妥的地方。斩砖应面向墙面，工作完毕应将脚手板和砖墙上的碎砖、灰浆清扫干净，防止掉落伤人
- 在深度超过1.5m砌基础时，应检查槽帮有无裂缝、水浸或坍塌的危险隐患。送料和砂浆时要设有溜槽，严禁向下猛倒和抛掷物料工具等
- 山墙砌完后应立即安装桁条或加临时支撑，防止倒塌。在同一竖直面上下交叉作业时，必须设置安全隔板，下方操作人员必须严格按规定戴好安全帽
- 距槽帮上口1m以内，严禁堆积土方和材料。砌筑2m以上深基础时，应设有梯或坡道，不得攀跳槽、沟、坑上下，不得站在墙上操作
- 砌筑使用的脚手架，未经交接验收不得使用。验收使用后不准随便拆改或移动
- 在脚手架上用刨锛斩砖时，操作人员必须面向里，把砖头斩在架子上。挂线用的坠物必须绑扎牢固。作业环境中的碎料、落地灰、杂物、工具集中下运，做到日产日清、自产自清、活完料净场地清
- 脚手架上堆放料量不得超过规定荷载（均布荷载每1m^2不得超过3kN，集中荷载不超过1.5kN）
- 采用里脚手架砌墙时，不准站在墙上清扫墙面和检查大角垂直等作业。不准在刚砌好的墙上行走
- 在同一垂直面上下交叉作业时，必须设置安全隔离层
- 用起重机吊运砖时，应用砖笼，不得直接放于跳板上。吊砖和砂浆等不能装得过满。起吊砌块的夹具要牢固，就位放稳后，方得松开夹具
- 在地坑、地沟作业时，要严防塌方和注意地下管线、电缆等。在进行高处作业时，要防止碰触裸露电线，对高压电线应注意保持安全距离
- 在屋面坡度大于25°时，挂瓦必须使用移动板梯，板梯必须有牢固的挂钩。没有外架子时檐口应搭防护栏杆和防护立网。屋面上瓦应两坡同时进行，保持屋面受力均衡，瓦要放稳。屋面无望板时，应铺设通道，不准在桁条、瓦条上行走
- 在石棉瓦等不能承重的轻型屋面上作业时，必须搭设临时走道板，并应在屋架下弦搭设水平安全网，严禁在石棉瓦上作业和行走
- 冬期施工有霜、雪时，必须将脚手架等作业环境的霜、雪清除后方可作业

图3-15 瓦工安全技术措施

（2）同一垂直面严禁上下交叉作业，如图 3 - 16 所示。

图 3 - 16　同一垂直面严禁上下交叉作业

3.4　石工安全技术措施

石工安全技术措施，如图 3 - 17 所示。

石工安全技术措施

- 用铁锤剔凿石块（料）时，必须先检查铁锤有无破裂。锤柄应用弹性的木杆制成。锤柄与锤头必须安装牢固
- 凿击或加工石块时，应精神集中，作业时应戴防护镜，严禁两人面对面操作
- 不得在陡坡、槽、坑、沟边沿、墙顶、脚手架上和妨碍道路安全等场所进行石块凿击作业
- 搬运石料要拿稳放牢，绳索工具要牢固。两人抬运，应互相配合，动作一致。用车子或筐运送，不要装得太满，防止滚落伤人。运石料的车辆前后距离在平道上不应小于2m，坡道上不应小于10m
- 往坑槽运石料，应用溜槽或吊运，下方不准有人。堆放石料与坑、槽边沿保持一定距离，以防滚落、塌落伤人
- 往槽、坑、沟内运石料时，应用溜槽或吊运，下方严禁有人停留。堆放石料必须距槽、坑、沟边沿1m以外
- 在脚手架上进行砌石作业时，应经常检查脚手架的稳定状况，堆放石料不得超过脚手架的规定荷载重量，且不得将石板斜靠在护栏上。在脚手架上砌石，不得使用大锤，修整石块时要戴防护镜，不准两人对面操作
- 工作完毕，应将脚手板上的石渣碎片清扫干净

图 3 - 17　石工安全技术措施

3.5　抹灰工安全技术措施

抹灰工安全技术措施，如图 3-18 所示。

抹灰工安全技术措施
脚手架使用前应检查脚手板是否有空隙、探头板、护身栏、挡脚板，确认合格，方可使用。吊篮架子升降由架子工负责，非架子工不得擅自拆改或升降
室内抹灰使用的木凳、金属支架应搭设平稳牢固，脚手板跨度不得大于2m，架上堆放材料不得过于集中，在同一跨度内不应超过两人同时作业
作业过程中遇有脚手架与建筑物之间拉接，未经负责人同意，严禁拆除。必要时由架子工负责采取加固措施后，方可拆除
脚手架上的工具、材料要分散放稳，不得超过允许荷载
采用井字架、龙门架、外用电梯垂直运送材料时，预先检查卸料平台通道的两侧边安全防护是否齐全、牢固，吊盘（笼）内小推车必须加挡车掩，不得向井内探头张望
不准在门窗、暖气片、洗脸池等器物上搭设脚手板。阳台部位粉刷，外侧必须挂设安全网。严禁踩踏脚手架的护身栏杆和阳台栏板进行操作
机械喷灰喷涂应戴防护用品，压力表、安全阀应灵敏可靠，输浆管各部接口应拧紧卡牢。管路摆放顺直，避免折弯
外装饰为多工种立体交叉作业，必须设置可靠的安全防护隔离层。贴面使用的预制件、大理石、瓷砖等，应堆放整齐、平稳，边用边运。安装时要稳拿稳放，待灌浆凝固稳定后，方可拆除临时支撑。废料、边角料严禁随意抛掷
室内抹灰采用高凳上铺脚手板时，宽度不得少于两块（50cm）脚手板，间距不得大于2m，移动高凳时上面不得站人，作业人员最多不得超过2人。高度超过2m时，应由架子工搭设脚手架
室内推小车要稳，拐弯时不得猛拐
进行耐酸防腐工作时，除应遵守建筑安装工程中的安全注意事项外，还应遵守防火、防毒、防尘和防腐蚀工程操作的有关规定
贴面使用预制件、大理石，瓷砖等，应堆放整齐平稳，边用边运，安装要稳拿稳放，待灌浆凝固稳定后，方可拆除临时支撑
使用电钻、砂轮等手持电动机具，必须装有漏电保护器，作业前应试机检查，作业时应戴绝缘手套。使用磨石机，应戴绝缘手套，穿胶靴，电源线不得破皮漏电，金刚砂块安装必须牢固，经试运正常，方可操作
在高大门、窗旁作业时，必须将门窗扇关好，并插上插销
夜间或阴暗处作业，应用36V以下安全电压照明
瓷砖墙面作业时，瓷砖碎片不得向窗外抛扔。剔凿瓷砖应戴防护镜
遇有六级以上强风、大雨、大雾时，应停止室外高处作业

图 3-18　抹灰工安全技术措施

3.6　木工安全技术措施

木工安全技术措施，如图 3-19 所示。

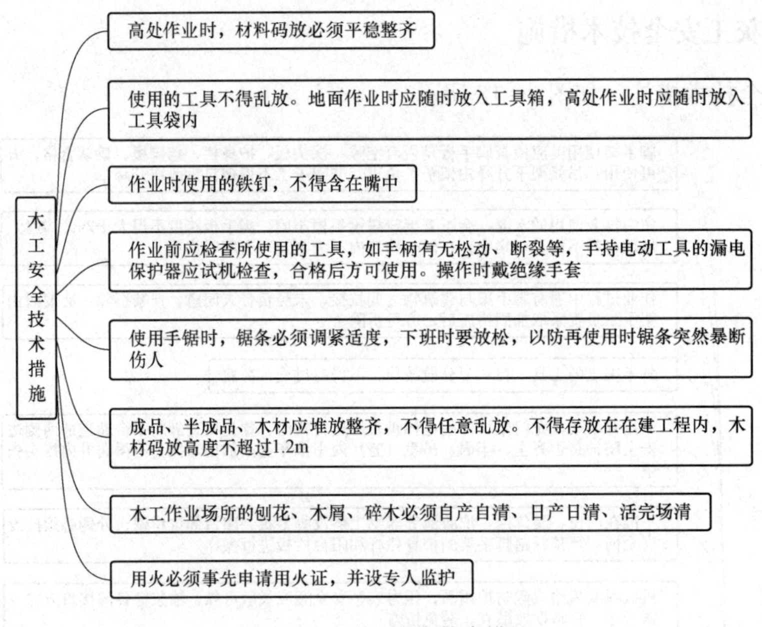
木工安全技术措施
高处作业时，材料码放必须平稳整齐
使用的工具不得乱放。地面作业时应随时放入工具箱，高处作业时应随时放入工具袋内
作业时使用的铁钉，不得含在嘴中
作业前应检查所使用的工具，如手柄有无松动、断裂等，手持电动工具的漏电保护器应试机检查，合格后方可使用。操作时戴绝缘手套
使用手锯时，锯条必须调紧适度，下班时要放松，以防再使用时锯条突然暴断伤人
成品、半成品、木材应堆放整齐，不得任意乱放。不得存放在在建工程内，木材码放高度不超过1.2m
木工作业场所的刨花、木屑、碎木必须自产自清、日产日清、活完场清
用火必须事先申请用火证，并设专人监护

图 3-19 木工安全技术措施

3.7 钢筋工安全技术措施

1. 钢筋工安全技术措施一般规定

钢筋工安全技术措施一般规定，如图 3-20 所示。

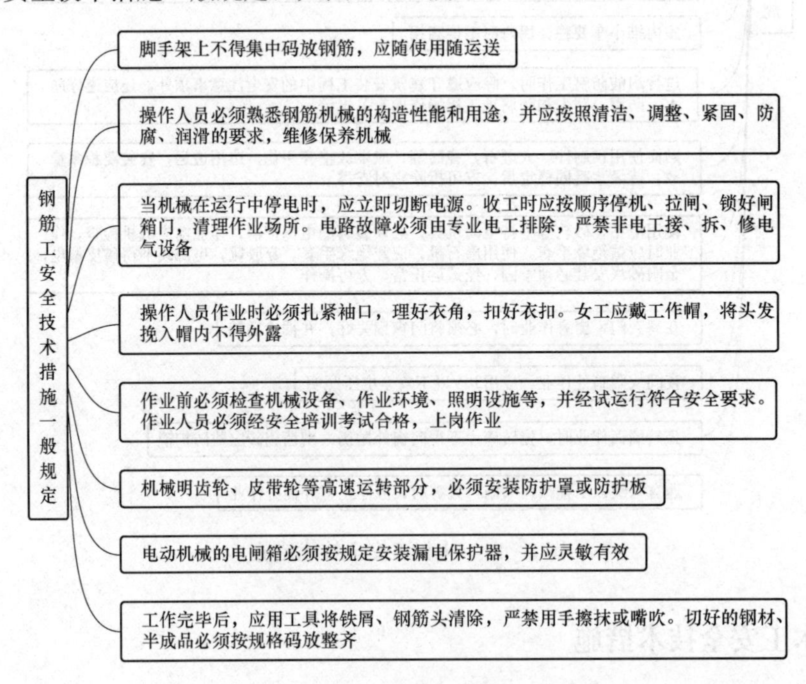
钢筋工安全技术措施一般规定
脚手架上不得集中码放钢筋，应随使用随运送
操作人员必须熟悉钢筋机械的构造性能和用途，并应按照清洁、调整、紧固、防腐、润滑的要求，维修保养机械
当机械在运行中停电时，应立即切断电源。收工时应按顺序停机、拉闸、锁好闸箱门，清理作业场所。电路故障必须由专业电工排除，严禁非电工接、拆、修电气设备
操作人员作业时必须扎紧袖口，理好衣角，扣好衣扣。女工应戴工作帽，将头发挽入帽内不得外露
作业前必须检查机械设备、作业环境、照明设施等，并经试运行符合安全要求。作业人员必须经安全培训考试合格，上岗作业
机械明齿轮、皮带轮等高速运转部分，必须安装防护罩或防护板
电动机械的电闸箱必须按规定安装漏电保护器，并应灵敏有效
工作完毕后，应用工具将铁屑、钢筋头清除，严禁用手擦抹或嘴吹。切好的钢材、半成品必须按规格码放整齐

图 3-20 钢筋工安全技术措施一般规定

2. 钢筋工制作、绑扎安全技术措施

(1) 钢筋工制作、绑扎安全技术措施，如图3-21所示。

钢筋工制作、绑扎安全技术措施

- 钢材、半成品等应按规格、品种分别堆放整齐，制作场地要平整，工作台要稳固，照明灯具必须加网罩
- 在高处（2m或2m以上）、深坑绑扎钢筋和安装钢筋骨架，必须搭设脚手架或操作平台，临边应搭设防护栏杆
- 拉直钢筋，卡头要卡牢，地锚要结实牢固，拉筋沿线2m区域内禁止行人。人工绞磨拉直，不准用胸、肚接触推杠，并缓慢松解，不得一次松开
- 展开盘圆钢筋要一头卡牢，防止回弹，切断时要先用脚踩紧
- 人工断料，工具必须牢固，掌克子和打锤要站成斜角，注意扔锤区域内的人和物体。切断小于30cm的短钢筋，应用钳子夹牢，禁止用手把扶，并在外侧设置防护箱笼罩
- 多人合运钢筋，起、落、转、停等动作要一致，人工上下传送不得在同一垂直线上，钢筋堆放要分散、稳当，防止倾倒和塌落
- 绑扎立柱、墙体钢筋时，不得站在钢筋骨架上和攀登骨架上下。柱筋在4m以内，重量不大，可在地面或楼面上绑扎，整体竖起。柱筋在4m以上，应搭设工作台，柱梁骨架应用临时支撑拉牢，以防倾倒
- 绑扎基础钢筋时，应按施工设计规定摆放钢筋支架或马凳架起上部钢筋，不得任意减少支架或马凳。深基础或夜间施工应使用低压照明灯具
- 绑扎高层建筑的圈梁、挑梁、外墙、边柱钢筋时，应搭设外挂架或安全网。绑扎时挂好安全带
- 钢筋骨架起吊安装时，下方严禁站人，必须待骨架降落至离楼（地）面1m以内方准靠近，就位支撑好，方可摘钩
- 绑扎和安装钢筋时，不得将工具、箍筋或短钢筋随意放在脚手架或模板上
- 在高处楼层上吊运钢筋或钢筋调向时，必须事先观察运行上方或周围附近是否有高压线，严防碰触

图3-21　钢筋工制作、绑扎安全技术措施

(2) 钢筋工堆放示意图和效果图，如图3-22所示。

3. 先张法安全技术措施

先张法安全技术措施，如图3-23所示。

4. 后张法安全技术措施

后张法安全技术措施，如图3-24所示。

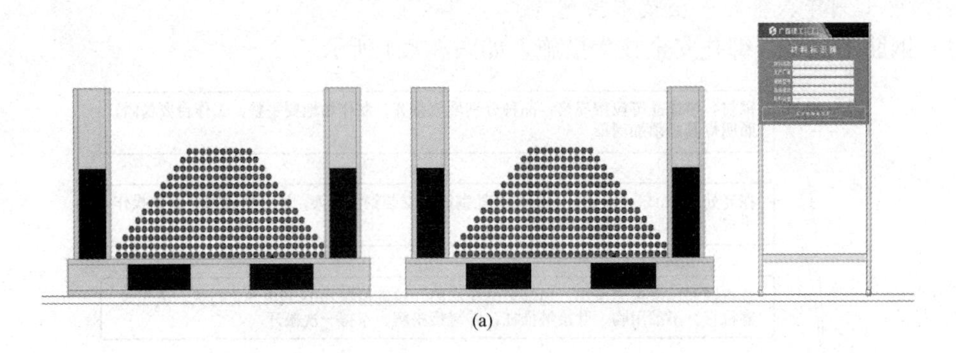

(a)

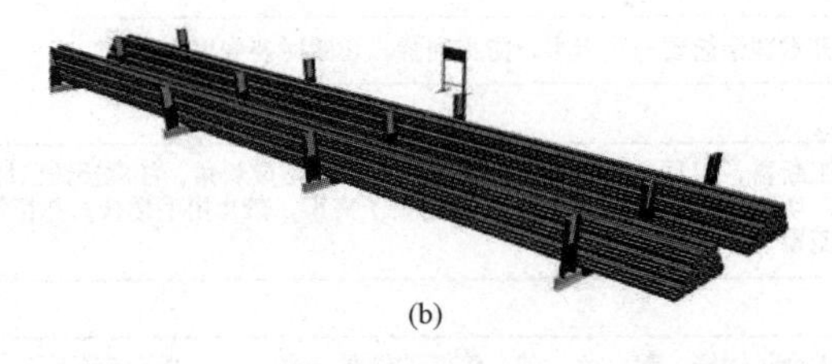

(b)

图 3-22 钢筋堆放

(a) 钢筋堆放示意图；(b) 钢筋堆放效果图

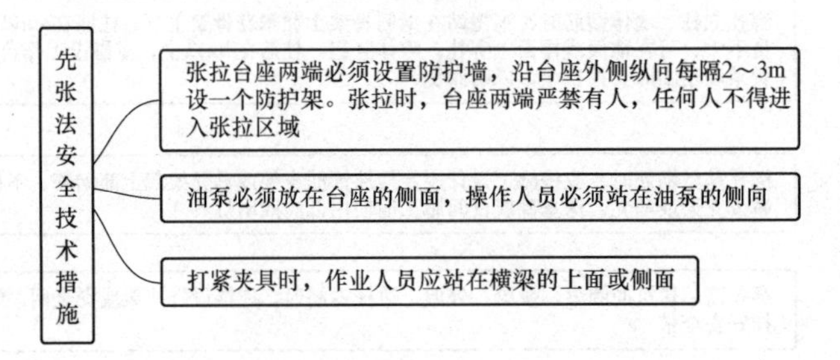
先张法安全技术措施
张拉台座两端必须设置防护墙，沿台座外侧纵向每隔2～3m设一个防护架。张拉时，台座两端严禁有人，任何人不得进入张拉区域
油泵必须放在台座的侧面，操作人员必须站在油泵的侧向
打紧夹具时，作业人员应站在横梁的上面或侧面

图 3-23 先张法安全技术措施

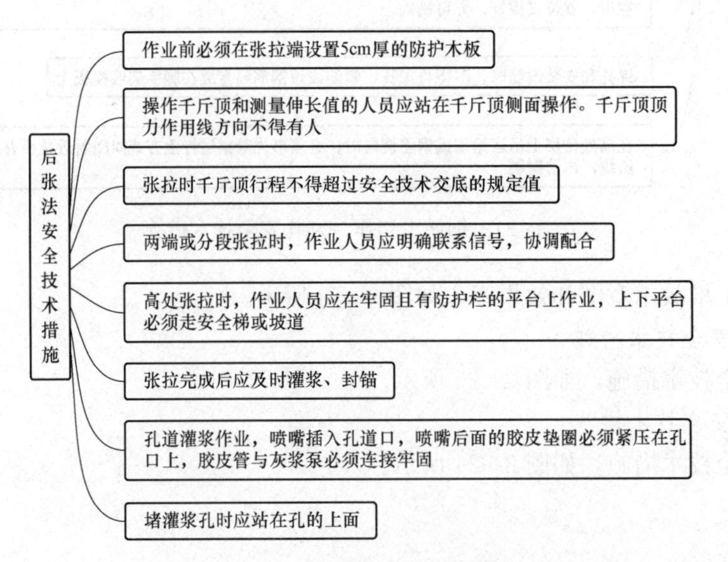
后张法安全技术措施
作业前必须在张拉端设置5cm厚的防护木板
操作千斤顶和测量伸长值的人员应站在千斤顶侧面操作。千斤顶顶力作用线方向不得有人
张拉时千斤顶行程不得超过安全技术交底的规定值
两端或分段张拉时，作业人员应明确联系信号，协调配合
高处张拉时，作业人员应在牢固且有防护栏的平台上作业，上下平台必须走安全梯或坡道
张拉完成后应及时灌浆、封锚
孔道灌浆作业，喷嘴插入孔道口，喷嘴后面的胶皮垫圈必须紧压在孔口上，胶皮管与灰浆泵必须连接牢固
堵灌浆孔时应站在孔的上面

图 3-24 后张法安全技术措施

3.8　防水工安全技术措施

1. 防水工安全技术措施一般规定

（1）防水工安全技术措施一般规定，如图3-25所示。

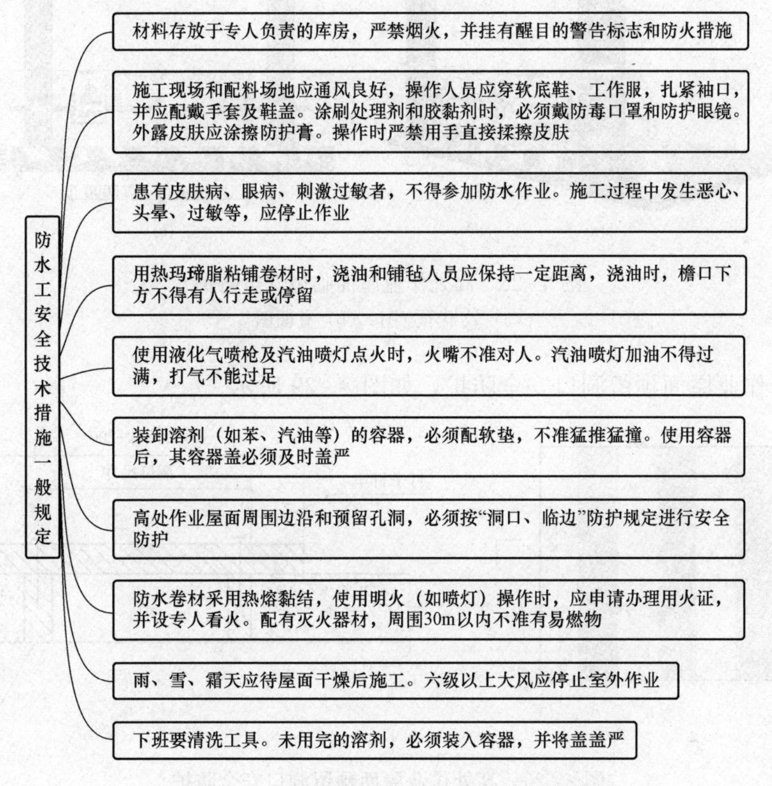
防水工安全技术措施一般规定
材料存放于专人负责的库房，严禁烟火，并挂有醒目的警告标志和防火措施
施工现场和配料场地应通风良好，操作人员应穿软底鞋、工作服，扎紧袖口，并应配戴手套及鞋盖。涂刷处理剂和胶黏剂时，必须戴防毒口罩和防护眼镜。外露皮肤应涂擦防护膏。操作时严禁用手直接揉擦皮肤
患有皮肤病、眼病、刺激过敏者，不得参加防水作业。施工过程中发生恶心、头晕、过敏等，应停止作业
用热玛瑞脂粘铺卷材时，浇油和铺毡人员应保持一定距离，浇油时，檐口下方不得有人行走或停留
使用液化气喷枪及汽油喷灯点火时，火嘴不准对人。汽油喷灯加油不得过满，打气不能过足
装卸溶剂（如苯、汽油等）的容器，必须配软垫，不准猛推猛撞。使用容器后，其容器盖必须及时盖严
高处作业屋面周围边沿和预留孔洞，必须按“洞口、临边”防护规定进行安全防护
防水卷材采用热熔黏结，使用明火（如喷灯）操作时，应申请办理用火证，并设专人看火。配有灭火器材，周围30m以内不准有易燃物
雨、雪、霜天应待屋面干燥后施工。六级以上大风应停止室外作业
下班要清洗工具。未用完的溶剂，必须装入容器，并将盖盖严

图3-25　防水工安全技术措施一般规定

（2）患有皮肤病、眼病、刺激过敏者，不得参加防水作业，如图3-26所示。

（3）装卸溶剂（如苯、汽油等），如图3-27所示。

你有皮肤病，按照规定，不能参加防水作业。

图3-26　患有皮肤病、眼病、刺激过敏者，不得参加防水作业

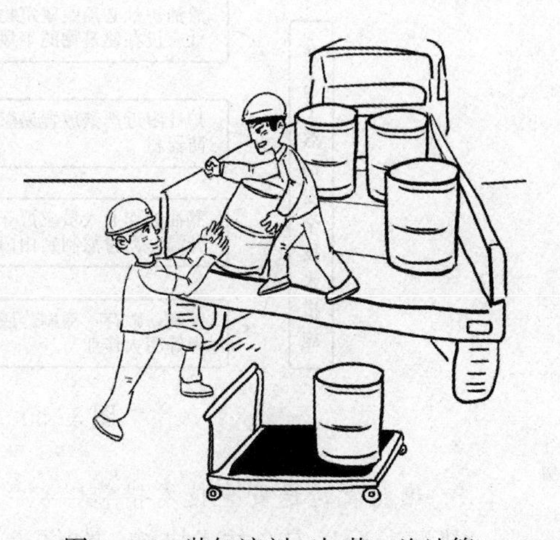

图3-27　装卸溶剂（如苯、汽油等）

（4）高处作业屋面临边安全防护，如图 3 - 28 所示。

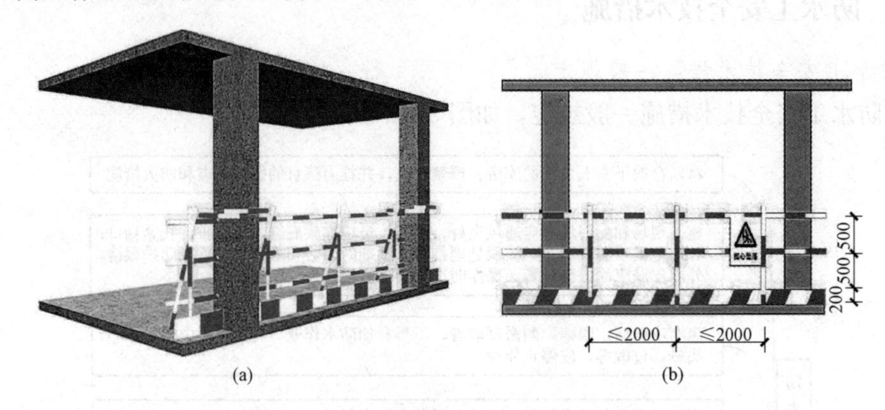
500
500
200
≤2000
≤2000
(a)
(b)

图 3 - 28　高处作业屋面临边安全防护

（a）效果示意图；（b）立面图

（5）高处作业屋面预留洞口安全防护，如图 3 - 29 所示。

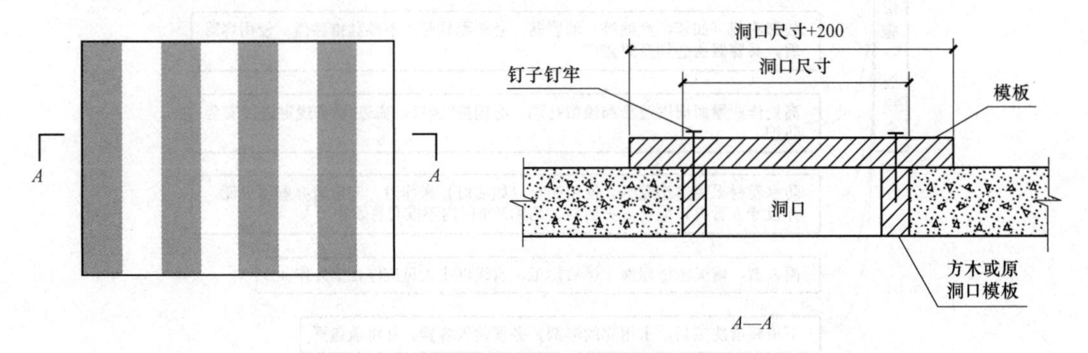
A
A
洞口尺寸+200
洞口尺寸
钉子钉牢
模板
洞口
方木或原
洞口模板
A—A

图 3 - 29　高处作业屋面预留洞口安全防护

2. 防水工熬油安全技术措施

防水工熬油安全技术措施，如图 3 - 30 所示。

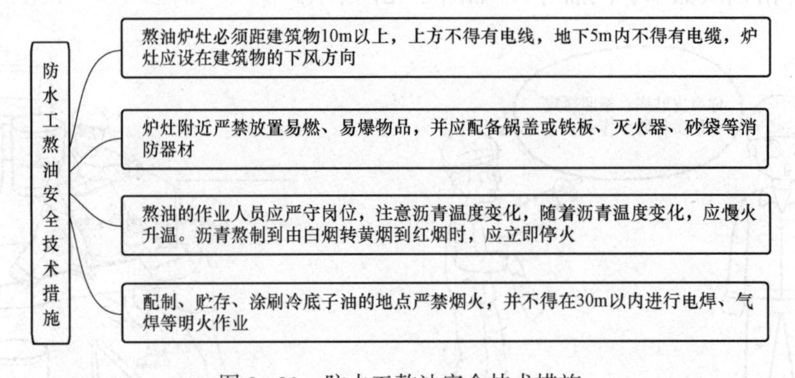
防水工熬油安全技术措施
熬油炉灶必须距建筑物10m以上，上方不得有电线，地下5m内不得有电缆，炉灶应设在建筑物的下风方向
炉灶附近严禁放置易燃、易爆物品，并应配备锅盖或铁板、灭火器、砂袋等消防器材
熬油的作业人员应严守岗位，注意沥青温度变化，随着沥青温度变化，应慢火升温。沥青熬制到由白烟转黄烟到红烟时，应立即停火
配制、贮存、涂刷冷底子油的地点严禁烟火，并不得在30m以内进行电焊、气焊等明火作业

图 3 - 30　防水工熬油安全技术措施

3. 热沥青运送安全技术措施

热沥青运送安全技术措施，如图 3 - 31 所示。

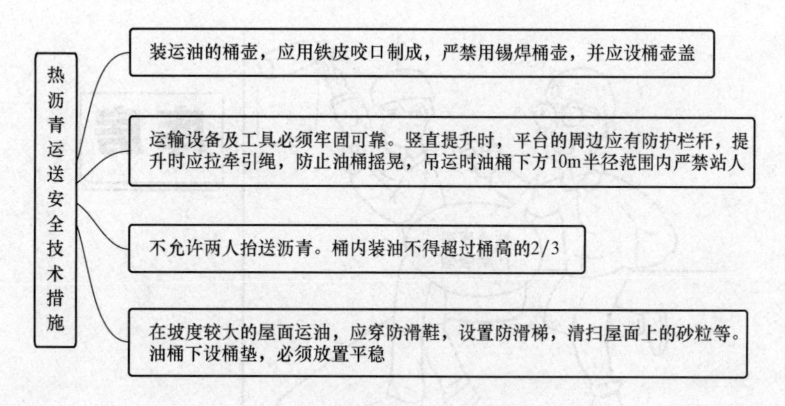
热沥青运送安全技术措施
装运油的桶壶，应用铁皮咬口制成，严禁用锡焊桶壶，并应设桶壶盖
运输设备及工具必须牢固可靠。竖直提升时，平台的周边应有防护栏杆，提升时应拉牵引绳，防止油桶摇晃，吊运时油桶下方10m半径范围内严禁站人
不允许两人抬送沥青。桶内装油不得超过桶高的2/3
在坡度较大的屋面运油，应穿防滑鞋，设置防滑梯，清扫屋面上的砂粒等。油桶下设桶垫，必须放置平稳

图 3-31　热沥青运送安全技术措施

3.9　油漆工安全技术措施

1. 各种油漆材料（汽油、漆料、稀料）安全技术措施

（1）各种油漆材料（汽油、漆料、稀料）安全技术措施，如图 3-32 所示。

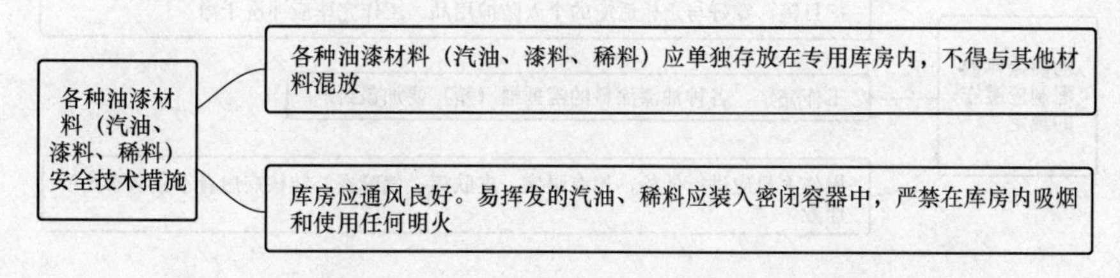
各种油漆材料（汽油、漆料、稀料）安全技术措施
各种油漆材料（汽油、漆料、稀料）应单独存放在专用库房内，不得与其他材料混放
库房应通风良好。易挥发的汽油、稀料应装入密闭容器中，严禁在库房内吸烟和使用任何明火

图 3-32　各种油漆材料（汽油、漆料、稀料）安全技术措施

（2）各种油漆材料（汽油、漆料、稀料）单独存放在专用库房，如图 3-33、图 3-34 所示。

油漆
仓库

图 3-33　各种油漆材料（汽油、漆料、稀料）单独存放在专用库房

库房
油漆库房
严禁吸烟

图 3 - 34　严禁在库房吸烟

2. 油漆涂料的配制应遵守的规定

油漆涂料的配制应遵守的规定，如图 3 - 35 所示。

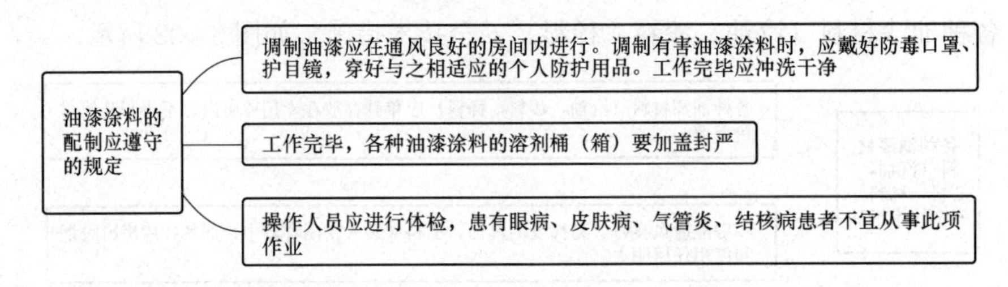
油漆涂料的配制应遵守的规定
调制油漆应在通风良好的房间内进行。调制有害油漆涂料时，应戴好防毒口罩、护目镜，穿好与之相适应的个人防护用品。工作完毕应冲洗干净
工作完毕，各种油漆涂料的溶剂桶（箱）要加盖封严
操作人员应进行体检，患有眼病、皮肤病、气管炎、结核病患者不宜从事此项作业

图 3 - 35　油漆涂料的配制应遵守的规定

3. 使用人字梯应遵守的规定

（1）使用人字梯应遵守的规定，如图 3 - 36 所示。

（2）人字梯示意图，如图 3 - 37 所示。

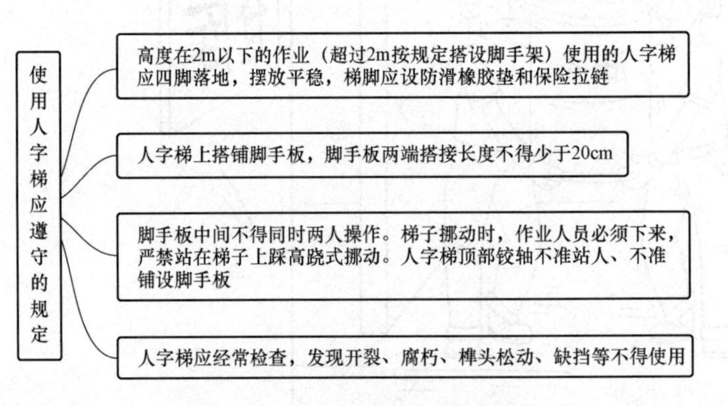
使用人字梯应遵守的规定
高度在2m以下的作业（超过2m按规定搭设脚手架）使用的人字梯应四脚落地，摆放平稳，梯脚应设防滑橡胶垫和保险拉链
人字梯上搭铺脚手板，脚手板两端搭接长度不得少于20cm
脚手板中间不得同时两人操作。梯子挪动时，作业人员必须下来，严禁站在梯子上踩高跷式挪动。人字梯顶部铰轴不准站人、不准铺设脚手板
人字梯应经常检查，发现开裂、腐朽、榫头松动、缺挡等不得使用

图 3 - 36　使用人字梯应遵守的规定

图 3 - 37　人字梯示意图

4. 使用喷灯应遵守的规定

使用喷灯应遵守的规定，如图 3 - 38 所示。

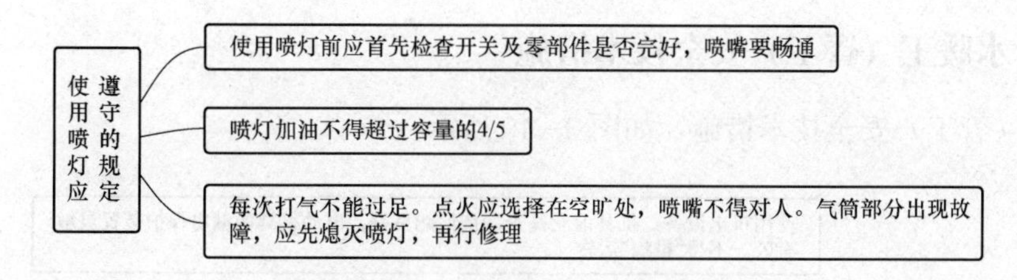
使用喷灯应遵守的规定
使用喷灯前应首先检查开关及零部件是否完好，喷嘴要畅通
喷灯加油不得超过容量的4/5
每次打气不能过足。点火应选择在空旷处，喷嘴不得对人。气筒部分出现故障，应先熄灭喷灯，再行修理

图3-38　使用喷灯应遵守的规定

5. 油漆工其他安全技术措施

(1) 外墙、外窗、外楼梯等高处作业时，应系好安全带。安全带应高挂低用，挂在牢靠处。油漆窗户时，严禁站在或骑在窗栏上操作。刷封沿板或水落管时，应利用脚手架或在专用操作平台架上进行。

(2) 刷坡度大于25°的铁皮层面时，应设置活动跳板、防护栏杆和安全网。

(3) 刷耐酸、耐腐蚀的过氧乙烯涂料时，应戴防毒口罩。打磨砂纸时必须戴口罩。

(4) 在室内或容器内喷涂时，必须保持良好的通风。喷涂时严禁对着喷嘴察看。

(5) 空气压缩机压力表和安全阀必须灵敏有效。高压气管各种接头应牢固，修理料斗气管时应关闭气门，试喷时不准对人。

(6) 喷涂人员作业时，如出现头痛、恶心、胸闷和心悸，应停止作业，到户外通风处换气。

3.10　玻璃工安全技术措施

玻璃工安全技术措施，如图3-39所示。

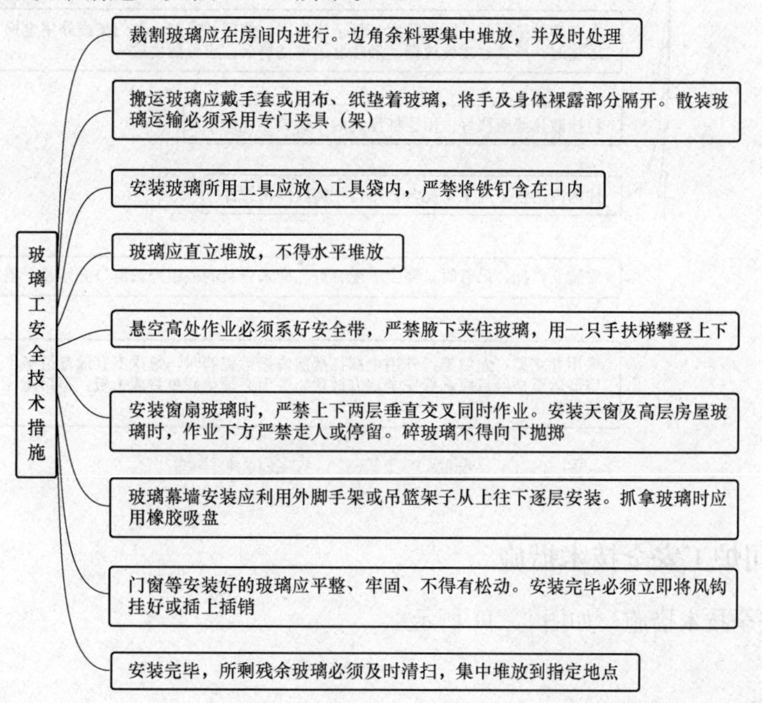
玻璃工安全技术措施
裁割玻璃应在房间内进行。边角余料要集中堆放，并及时处理
搬运玻璃应戴手套或用布、纸垫着玻璃，将手及身体裸露部分隔开。散装玻璃运输必须采用专门夹具（架）
安装玻璃所用工具应放入工具袋内，严禁将铁钉含在口内
玻璃应直立堆放，不得水平堆放
悬空高处作业必须系好安全带，严禁腋下夹住玻璃，用一只手扶梯攀登上下
安装窗扇玻璃时，严禁上下两层垂直交叉同时作业。安装天窗及高层房屋玻璃时，作业下方严禁走人或停留。碎玻璃不得向下抛掷
玻璃幕墙安装应利用外脚手架或吊篮架子从上往下逐层安装。抓拿玻璃时应用橡胶吸盘
门窗等安装好的玻璃应平整、牢固、不得有松动。安装完毕必须立即将风钩挂好或插上插销
安装完毕，所剩残余玻璃必须及时清扫，集中堆放到指定地点

图3-39　玻璃工安全技术措施

3.11 水暖工（管工）安全技术措施

水暖工（管工）安全技术措施，如图3-40所示。

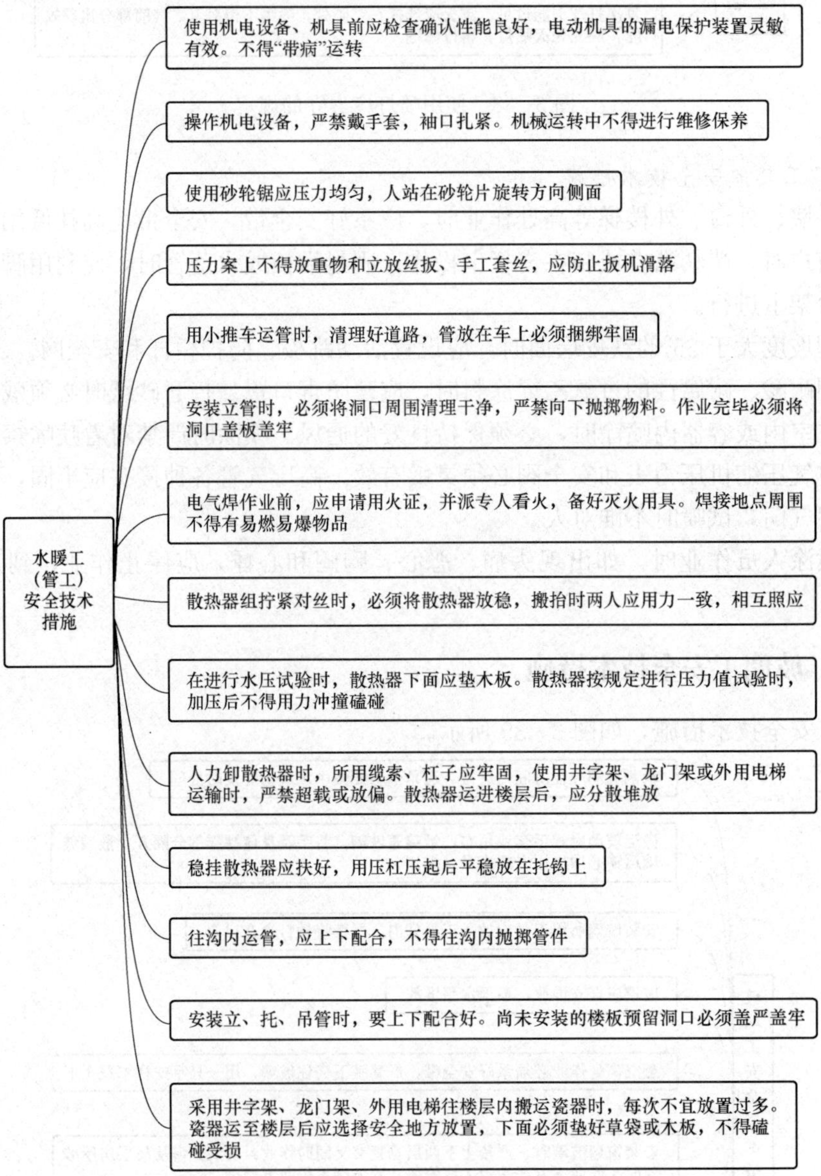

水暖工（管工）安全技术措施

- 使用机电设备、机具前应检查确认性能良好，电动机具的漏电保护装置灵敏有效。不得“带病”运转
- 操作机电设备，严禁戴手套，袖口扎紧。机械运转中不得进行维修保养
- 使用砂轮锯应压力均匀，人站在砂轮片旋转方向侧面
- 压力案上不得放重物和立放丝扳、手工套丝，应防止扳机滑落
- 用小推车运管时，清理好道路，管放在车上必须捆绑牢固
- 安装立管时，必须将洞口周围清理干净，严禁向下抛掷物料。作业完毕必须将洞口盖板盖牢
- 电气焊作业前，应申请用火证，并派专人看火，备好灭火用具。焊接地点周围不得有易燃易爆物品
- 散热器组拧紧对丝时，必须将散热器放稳，搬抬时两人应用力一致，相互照应
- 在进行水压试验时，散热器下面应垫木板。散热器按规定进行压力值试验时，加压后不得用力冲撞磕碰
- 人力卸散热器时，所用缆索、杠子应牢固，使用井字架、龙门架或外用电梯运输时，严禁超载或放偏。散热器运进楼层后，应分散堆放
- 稳挂散热器应扶好，用压杠压起后平稳放在托钩上
- 往沟内运管，应上下配合，不得往沟内抛掷管件
- 安装立、托、吊管时，要上下配合好。尚未安装的楼板预留洞口必须盖严盖牢
- 采用井字架、龙门架、外用电梯往楼层内搬运瓷器时，每次不宜放置过多。瓷器运至楼层后应选择安全地方放置，下面必须垫好草袋或木板，不得磕碰受损

图3-40 水暖工（管工）安全技术措施

3.12 司炉工安全技术措施

司炉工安全技术措施，如图3-41所示。

司炉工安全技术措施
- 锅炉司炉必须经专业安全技术培训，经考试合格，持特种作业操作证上岗作业
- 作业时必须佩戴防护用品。严禁擅离工作岗位，接班人员未到位前不得离岗。严禁酒后作业
- 锅炉自动报警装置在运行中发出报警信号时，应立即进行处理
- 锅炉运行中，启闭阀门时，严禁身体正对着阀门操作
- 锅炉如使用提升式上煤装置，在作业前应检查钢丝绳及连接，确认完好牢固。在料斗下方清扫作业前，必须将料斗固定
- 排污作业应在锅炉低负荷、高水位时进行
- 停炉后进入炉膛清除积渣瘤时，应先清除上部积渣瘤
- 运行中如发现锅筒变形，必须停炉处理
- 运行中严禁敲击锅炉受压元件
- 严禁常压锅炉带压运行

图3-41　司炉工安全技术措施

3.13　电焊工安全技术措施

（1）电焊工安全技术措施，如图3-42所示。

电焊工安全技术措施
- 金属焊接作业人员，必须经专业安全技术培训
- 操作时应穿电焊工作服、绝缘鞋，戴电焊手套、防护面罩等安全防护用品，高处作业时系安全带
- 电焊作业现场周围10m范围内不得堆放易燃易爆物品
- 雨、雪及风力6级以上（含6级）天气不得露天作业。雨、雪后应清除积水、积雪后方可作业
- 操作前应首先检查焊机和工具
- 严禁在易燃易爆气体或液体扩散区域内、运行中的压力管道、装有易燃易爆物品的容器内以及受力构件上焊接和切割
- 焊接储存易燃、易爆物品的容器时，应根据介质进行多次置换及清洗，并打开所有孔口，经检测确认安全后方可施焊
- 在密封容器内施焊时，应采取通风措施
- 焊接铜、铝、铅、锌合金金属时，必须穿戴防护用品，在通风良好的地方作业。在有害介质场所进行焊接时，应采取防毒措施，必要时进行强制通风
- 施焊地点潮湿或焊工身体出汗致使衣服潮湿时，严禁靠在带电钢板或工件上。焊工应在干燥的绝缘板或胶垫上作业，配合人员应穿绝缘鞋或站在绝缘板上
- 焊接过程中临时接地线头严禁浮搭，必须固定、压紧，用胶布包严
- 操作时严禁将焊钳夹在腋下去搬被焊工件，严禁将焊接电缆挂在脖颈上
- 焊接时二次线必须双线到位，严禁借用金属管道、金属脚手架、轨道及结构钢筋作回路地线。焊把线无破损，绝缘良好。焊把线必须加装电焊机触电保护器
- 焊把线不得放在电弧附近或炽热的焊缝旁，不得碾轧焊把线
- 下班后必须拉闸断电，必须将地线和把线分开，并确认火已熄灭，方可离开现场

图3-42　电焊工安全技术措施

（2）操作时遇到必须切断电源的情况，如图 3-43 所示。

（3）高处作业必须遵守的规定，如图 3-44 所示。

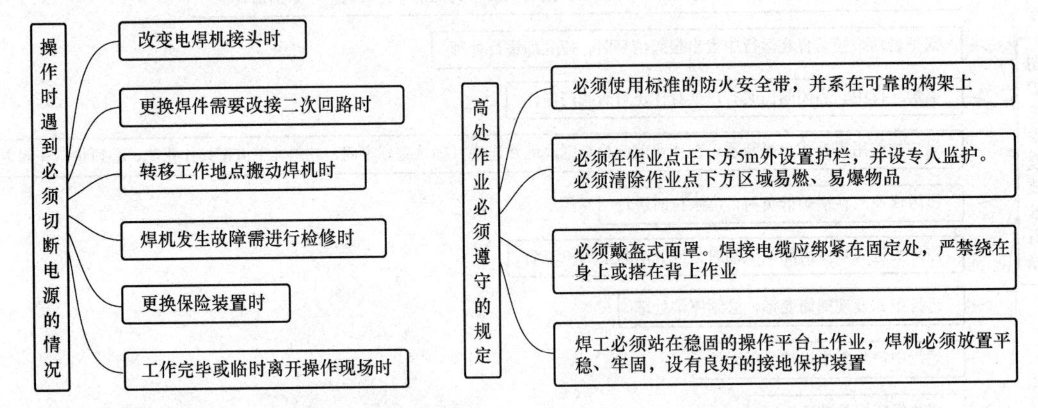
操作时遇到必须切断电源的情况
改变电焊机接头时
更换焊件需要改接二次回路时
转移工作地点搬动焊机时
焊机发生故障需进行检修时
更换保险装置时
工作完毕或临时离开操作现场时
高处作业必须遵守的规定
必须使用标准的防火安全带，并系在可靠的构架上
必须在作业点正下方5m外设置护栏，并设专人监护。必须清除作业点下方区域易燃、易爆物品
必须戴盔式面罩。焊接电缆应绑紧在固定处，严禁绕在身上或搭在背上作业
焊工必须站在稳固的操作平台上作业，焊机必须放置平稳、牢固，设有良好的接地保护装置

图 3-43　操作时遇到必须切断电源的情况　　图 3-44　高处作业必须遵守的规定

3.14　气焊工安全技术措施

（1）气焊工安全技术措施，如图 3-45 所示。

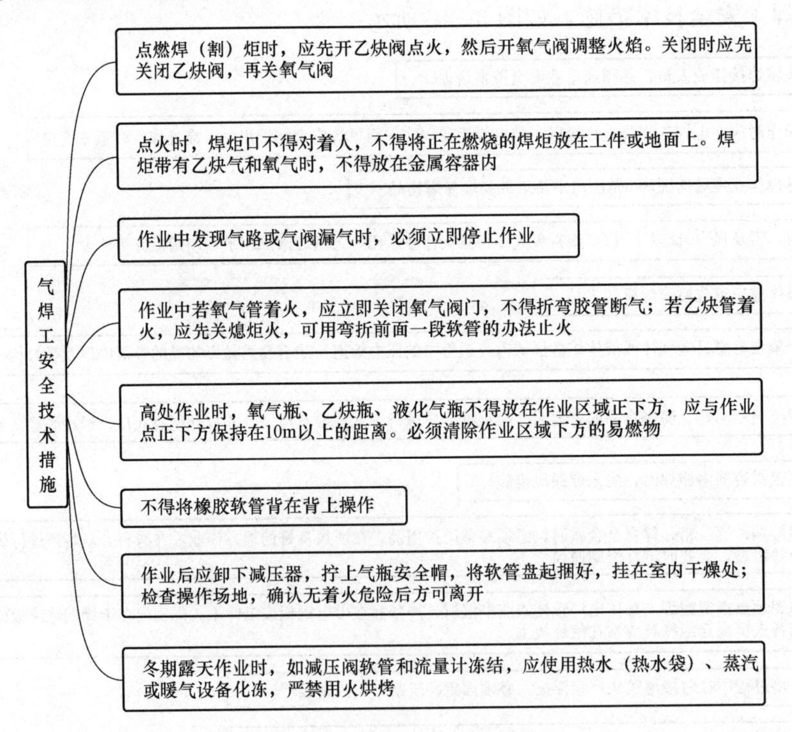
气焊工安全技术措施
点燃焊（割）炬时，应先开乙炔阀点火，然后开氧气阀调整火焰。关闭时应先关闭乙炔阀，再关氧气阀
点火时，焊炬口不得对着人，不得将正在燃烧的焊炬放在工件或地面上。焊炬带有乙炔气和氧气时，不得放在金属容器内
作业中发现气路或气阀漏气时，必须立即停止作业
作业中若氧气管着火，应立即关闭氧气阀门，不得折弯胶管断气；若乙炔管着火，应先关熄炬火，可用弯折前面一段软管的办法止火
高处作业时，氧气瓶、乙炔瓶、液化气瓶不得放在作业区域正下方，应与作业点正下方保持在10m以上的距离。必须清除作业区域下方的易燃物
不得将橡胶软管背在背上操作
作业后应卸下减压器，拧上气瓶安全帽，将软管盘起捆好，挂在室内干燥处；检查操作场地，确认无着火危险后方可离开
冬期露天作业时，如减压阀软管和流量计冻结，应使用热水（热水袋）、蒸汽或暖气设备化冻，严禁用火烘烤

图 3-45　气焊工安全技术措施

（2）气焊工点火时，焊炬口不得对着人，如图 3-46 所示。

（3）使用氧气瓶应遵守的规定，如图 3-47 所示。

图3-46　气焊工点火时，焊炬口不得对着人

使用氧气瓶应遵守的规定

- 氧气瓶应与其他易燃气瓶、油脂和易燃、易爆物品分别存放
- 存储高压气瓶时应旋紧瓶帽，放置整齐，留有通道，加以固定
- 气瓶库房应与高温、明火地点保持10m以上距离
- 氧气瓶在运输时应平放，并加以固定，其高度不得超过车厢槽帮
- 严禁用自行车、叉车或起重设备吊运高压钢瓶
- 氧气瓶应设有防震圈和安全帽，搬运和使用时严禁撞击
- 氧气瓶阀不得沾有油脂、灰土。不得用带油脂的工具、手套或工作服接触氧气瓶阀
- 氧气瓶不得在强烈日光下曝晒，夏季露天工作时，应搭设防晒罩（棚）
- 氧气瓶与焊炬、割炬、炉子和其他明火的距离应不小于10m，与乙炔瓶的距离不得小于5m
- 严禁使用无减压器的氧气瓶作业
- 安装减压器时，应首先检查氧气瓶阀门，接头不得有油脂，并略开阀门清除油垢，然后安装减压器。作业人员不得正对氧气瓶阀门出气口。关闭氧气阀门时，必须先松开减压器的活门螺丝
- 作业中，如发现氧气瓶阀门失灵或损坏不能关闭时，应待瓶内的氧气自动逸尽后，再行拆卸修理
- 检查瓶口是否漏气时，应用肥皂水涂抹在瓶口上观察，不得用明火试。冬期阀门被冻结时，可用温水或蒸汽加热，严禁用火烤

图3-47　使用氧气瓶应遵守的规定

（4）氧气瓶的存放操作禁忌，如图 3－48 所示，氧气瓶与焊炬、割炬、炉子和其他明火的距离如图 3－49 所示。

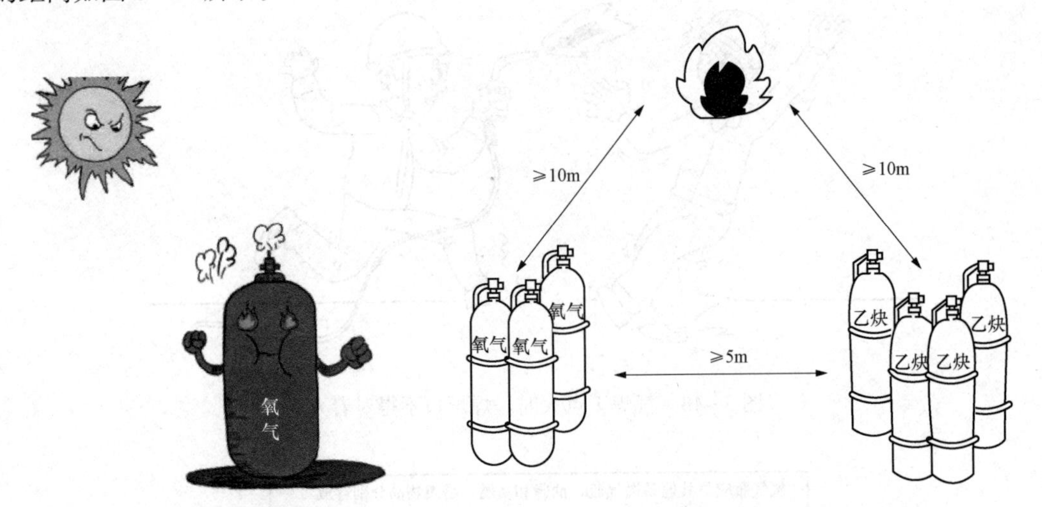
氧气
≥10m
≥10m
氧气
氧气
氧气
≥5m
乙炔
乙炔
乙炔
乙炔

图 3－48　氧气瓶在强烈日光下曝晒

图 3－49　氧气瓶与焊炬、割炬、炉子和其他明火的距离

（5）使用乙炔瓶应遵守的规定，如图 3－50 所示。

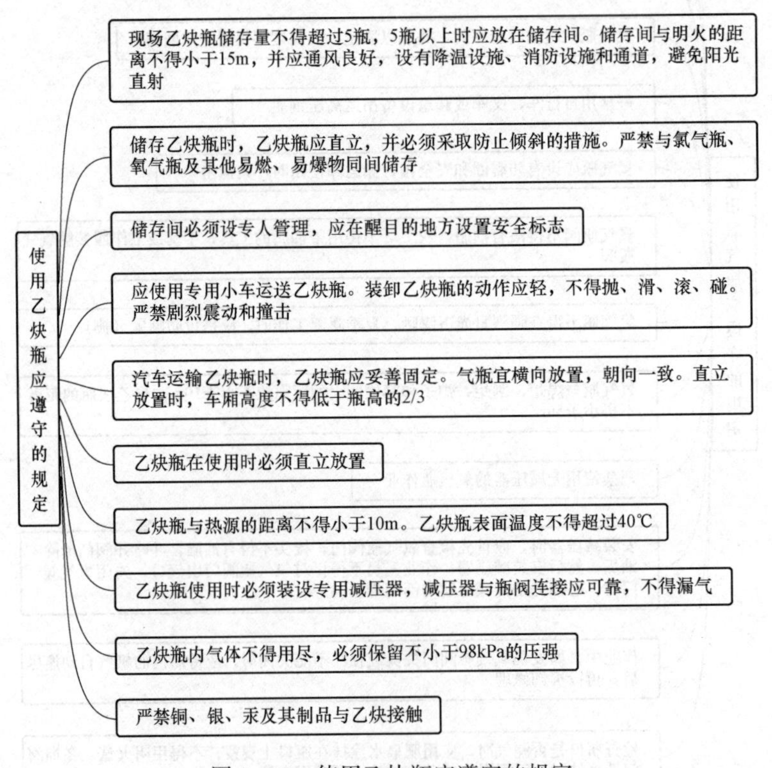
使用乙炔瓶应遵守的规定
现场乙炔瓶储存量不得超过5瓶，5瓶以上时应放在储存间。储存间与明火的距离不得小于15m，并应通风良好，设有降温设施、消防设施和通道，避免阳光直射
储存乙炔瓶时，乙炔瓶应直立，并必须采取防止倾斜的措施。严禁与氯气瓶、氧气瓶及其他易燃、易爆物同间储存
储存间必须设专人管理，应在醒目的地方设置安全标志
应使用专用小车运送乙炔瓶。装卸乙炔瓶的动作应轻，不得抛、滑、滚、碰。严禁剧烈震动和撞击
汽车运输乙炔瓶时，乙炔瓶应妥善固定。气瓶宜横向放置，朝向一致。直立放置时，车厢高度不得低于瓶高的2/3
乙炔瓶在使用时必须直立放置
乙炔瓶与热源的距离不得小于10m。乙炔瓶表面温度不得超过40℃
乙炔瓶使用时必须装设专用减压器，减压器与瓶阀连接应可靠，不得漏气
乙炔瓶内气体不得用尽，必须保留不小于98kPa的压强
严禁铜、银、汞及其制品与乙炔接触

图 3－50　使用乙炔瓶应遵守的规定

（6）使用液化石油气瓶应遵守的规定，如图 3－51 所示。

（7）使用减压器应遵守的规定，如图 3－52 所示。

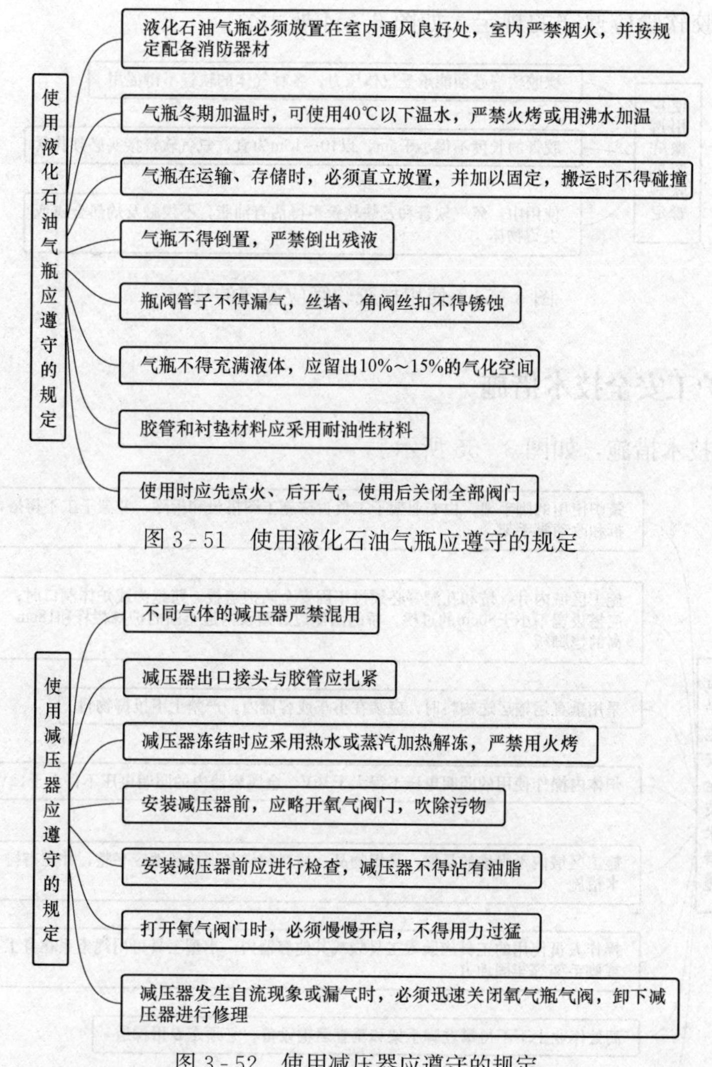
使用液化石油气瓶应遵守的规定
液化石油气瓶必须放置在室内通风良好处，室内严禁烟火，并按规定配备消防器材
气瓶冬期加温时，可使用40℃以下温水，严禁火烤或用沸水加温
气瓶在运输、存储时，必须直立放置，并加以固定，搬运时不得碰撞
气瓶不得倒置，严禁倒出残液
瓶阀管子不得漏气，丝堵、角阀丝扣不得锈蚀
气瓶不得充满液体，应留出10%～15%的气化空间
胶管和衬垫材料应采用耐油性材料
使用时应先点火、后开气，使用后关闭全部阀门

图3-51　使用液化石油气瓶应遵守的规定

使用减压器应遵守的规定
不同气体的减压器严禁混用
减压器出口接头与胶管应扎紧
减压器冻结时应采用热水或蒸汽加热解冻，严禁用火烤
安装减压器前，应略开氧气阀门，吹除污物
安装减压器前应进行检查，减压器不得沾有油脂
打开氧气阀门时，必须慢慢开启，不得用力过猛
减压器发生自流现象或漏气时，必须迅速关闭氧气瓶气阀，卸下减压器进行修理

图3-52　使用减压器应遵守的规定

（8）使用焊炬和割炬应遵守的规定，如图3-53所示。

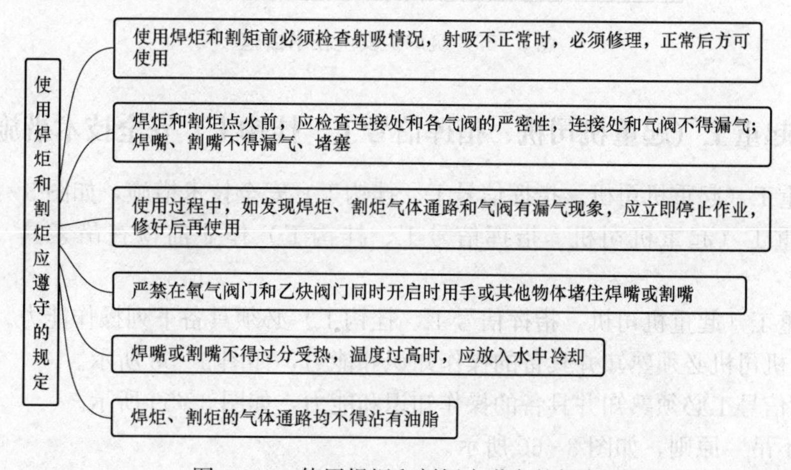
使用焊炬和割炬应遵守的规定
使用焊炬和割炬前必须检查射吸情况，射吸不正常时，必须修理，正常后方可使用
焊炬和割炬点火前，应检查连接处和各气阀的严密性，连接处和气阀不得漏气；焊嘴、割嘴不得漏气、堵塞
使用过程中，如发现焊炬、割炬气体通路和气阀有漏气现象，应立即停止作业，修好后再使用
严禁在氧气阀门和乙炔阀门同时开启时用手或其他物体堵住焊嘴或割嘴
焊嘴或割嘴不得过分受热，温度过高时，应放入水中冷却
焊炬、割炬的气体通路均不得沾有油脂

图3-53　使用焊炬和割炬应遵守的规定

（9）使用橡胶软管应遵守的规定，如图 3-54 所示。

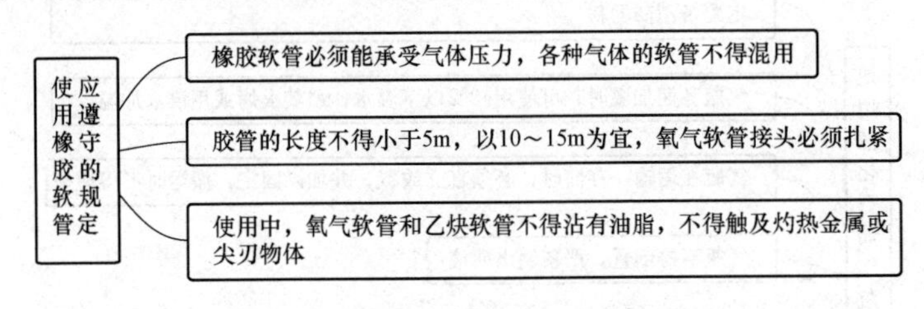
使用橡胶软管应遵守的规定
橡胶软管必须能承受气体压力，各种气体的软管不得混用
胶管的长度不得小于5m，以10～15m为宜，氧气软管接头必须扎紧
使用中，氧气软管和乙炔软管不得沾有油脂，不得触及灼热金属或尖刃物体

图 3-54 使用橡胶软管应遵守的规定

3.15 筑炉工安全技术措施

筑炉工安全技术措施，如图 3-55 所示。

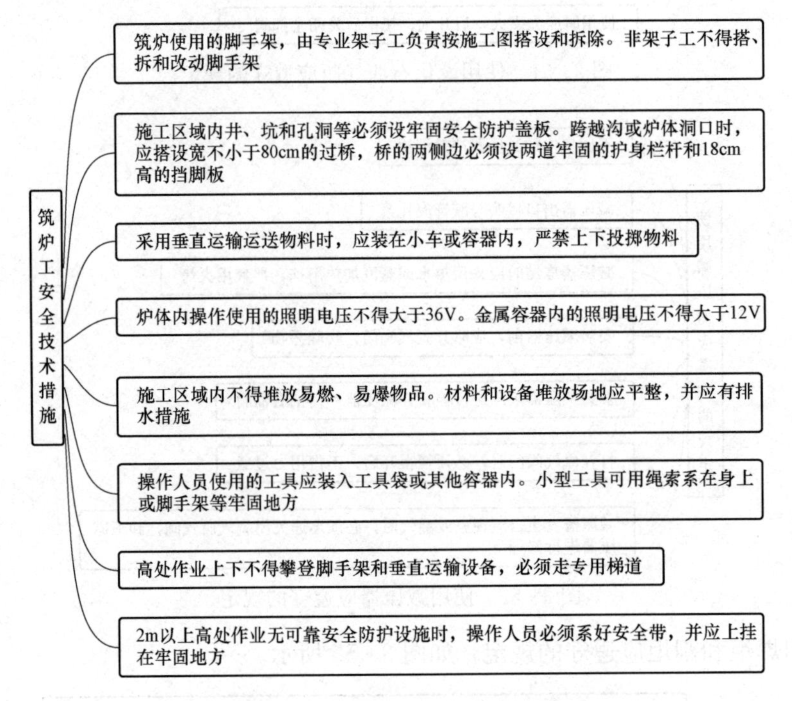
筑炉工安全技术措施
筑炉使用的脚手架，由专业架子工负责按施工图搭设和拆除。非架子工不得搭、拆和改动脚手架
施工区域内井、坑和孔洞等必须设牢固安全防护盖板。跨越沟或炉体洞口时，应搭设宽不小于80cm的过桥，桥的两侧边必须设两道牢固的护身栏杆和18cm高的挡脚板
采用垂直运输运送物料时，应装在小车或容器内，严禁上下投掷物料
炉体内操作使用的照明电压不得大于36V。金属容器内的照明电压不得大于12V
施工区域内不得堆放易燃、易爆物品。材料和设备堆放场地应平整，并应有排水措施
操作人员使用的工具应装入工具袋或其他容器内。小型工具可用绳索系在身上或脚手架等牢固地方
高处作业上下不得攀登脚手架和垂直运输设备，必须走专用梯道
2m以上高处作业无可靠安全防护设施时，操作人员必须系好安全带，并应上挂在牢固地方

图 3-55 筑炉工安全技术措施

3.16 起重工（起重机司机、指挥信号工、挂钩工）安全技术措施

（1）起重工（起重机司机、指挥信号工、挂钩工）安全技术措施，如图 3-56 所示。

（2）起重工（起重机司机、指挥信号工、挂钩工）作业前检查吊索具，如图 3-57 所示。

（3）起重工（起重机司机、指挥信号工、挂钩工）必须具备下列操作能力。

1）起重机司机必须熟知并具备的操作知识和能力，如图 3-58 所示。

2）指挥信号工必须熟知并具备的操作知识和能力，如图 3-59 所示。

3）“十不吊”原则，如图 3-60 所示。

- 起重工（起重机司机、指挥信号工、挂钩工）安全技术措施
  - 起重工必须经专门安全技术培训，考试合格后，持证上岗。严禁酒后作业
  - 起重工应身体健康，两眼视力均不得低于1.0，无色盲、听力障碍、高血压、心脏病、癫痫病、眩晕、突发性昏厥及其他影响起重吊装作业的疾病与生理缺陷
  - 作业前必须检查作业环境、吊索具、防护用品。吊装区域无闲散人员，障碍已排除。吊索具无缺陷，捆绑正确牢固，被吊物与其他物件无连接。确认安全后方可作业
  - 轮式或履带式起重机作业时必须确定吊装区域，并设警戒标志，必要时派人监护
  - 大雨、大雪、大雾及风力6级以上（含6级）等恶劣天气，必须停止露天起重吊装作业。严禁在带电的高压线下或一侧作业
  - 在高压线垂直或水平方向作业时，必须保持规定要求的最小安全距离
  - 作业时必须执行安全技术交底，听从统一指挥
  - 使用起重机作业时，必须正确选择吊点的位置，合理穿挂索具，试吊。除指挥及挂钩人员外，严禁其他人员进入吊装作业区
  - 使用两台起重机抬吊大型构件时，起重机性能应一致，单机荷载应合理分配，且不得超过额定荷载的80%。作业时必须统一指挥，动作一致

图 3-56　起重工（起重机司机、指挥信号工、挂钩工）安全技术措施

要仔细检查
钢丝绳的磨损

图 3-57　起重工（起重机司机、指挥信号工、挂钩工）作业前检查吊索具

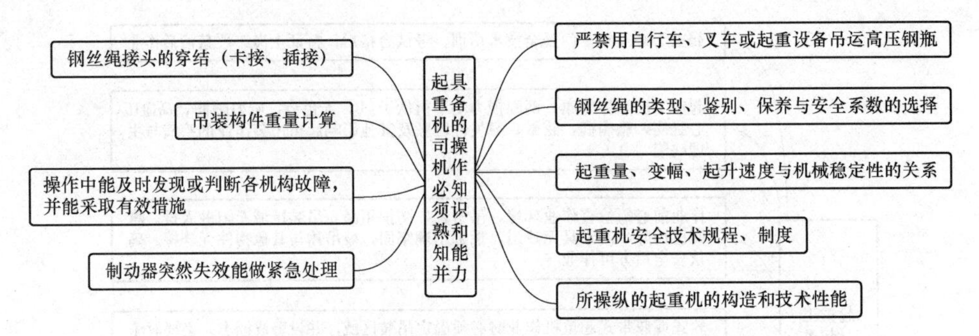
钢丝绳接头的穿结（卡接、插接）
吊装构件重量计算
操作中能及时发现或判断各机构故障，并能采取有效措施
制动器突然失效能做紧急处理
起重机司机必须熟知并具备的操作知识和能力
严禁用自行车、叉车或起重设备吊运高压钢瓶
钢丝绳的类型、鉴别、保养与安全系数的选择
起重量、变幅、起升速度与机械稳定性的关系
起重机安全技术规程、制度
所操纵的起重机的构造和技术性能

图 3-58 起重机司机必须熟知并具备的操作知识和能力

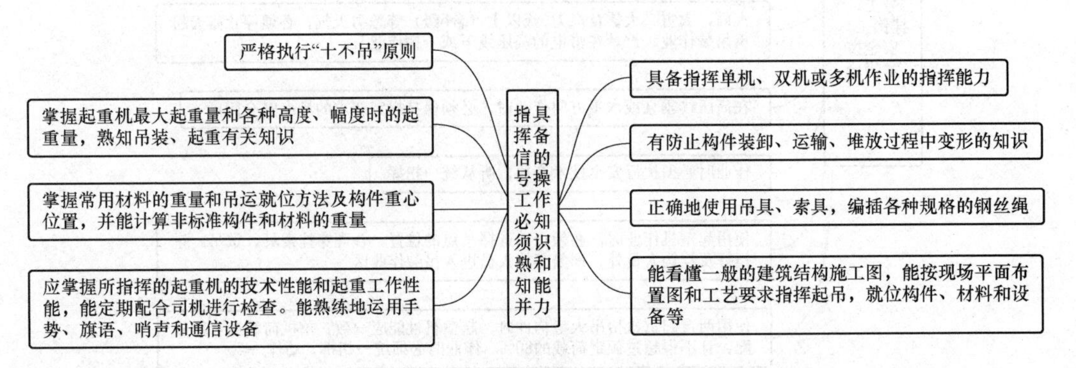
严格执行“十不吊”原则
掌握起重机最大起重量和各种高度、幅度时的起重量，熟知吊装、起重有关知识
掌握常用材料的重量和吊运就位方法及构件重心位置，并能计算非标准构件和材料的重量
应掌握所指挥的起重机的技术性能和起重工作性能，能定期配合司机进行检查。能熟练地运用手势、旗语、哨声和通信设备
指挥信号工必须熟知并具备的操作知识和能力
具备指挥单机、双机或多机作业的指挥能力
有防止构件装卸、运输、堆放过程中变形的知识
正确地使用吊具、索具，编插各种规格的钢丝绳
能看懂一般的建筑结构施工图，能按现场平面布置图和工艺要求指挥起吊，就位构件、材料和设备等

图 3-59 指挥信号工必须熟知并具备的操作知识和能力

①超过额定载苛不吊；
②多人指挥，信号不明或光线暗淡看不清不吊；
③散物装得太满或捆扎不牢不吊；
④挂吊重物直接进行加工不吊；
⑤歪拉斜挂不吊；
⑥工件上站人或工件上浮放活动物件闭吊；
⑦带棱角快口物件尚未垫好不吊；
⑧易燃、易爆等危险品无安全措施不吊；
⑨埋在地下的物件未采取措施不吊；
⑩露天工作的起重机在超过六级以上的风不吊。

图 3-60 “十不吊”原则

4）挂钩工必须熟知并具备的操作知识和能力，如图 3-61 所示。

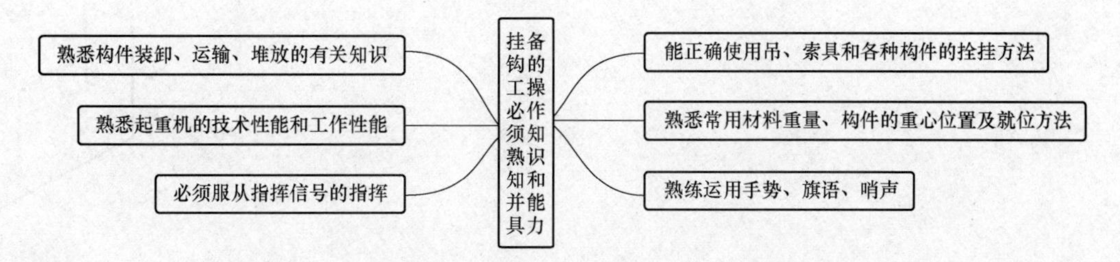
挂钩工必须熟知并具备的操作知识和能力
熟悉构件装卸、运输、堆放的有关知识
熟悉起重机的技术性能和工作性能
必须服从指挥信号的指挥
能正确使用吊、索具和各种构件的拴挂方法
熟悉常用材料重量、构件的重心位置及就位方法
熟练运用手势、旗语、哨声

图3-61　挂钩工必须熟知并具备的操作知识和能力

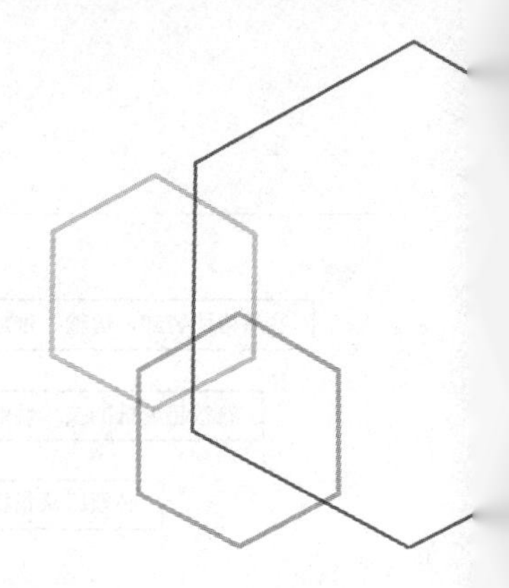

第 4 章　建筑工程施工机具安全管理

4.1　桅杆式起重机安全管理

（1）桅杆式起重机安全管理要求，如图 4 - 1 所示。

桅杆式起重机安全管理要求

- 起重机的安装和拆卸应划出警戒区，清除周围的障碍物，在专人统一指挥下，按照出厂说明或专门制定的拆装技术方案进行
- 安装起重机的地面应整平夯实，底座与地面之间应垫两层枕木，并应采用木块楔紧缝隙
- 缆风绳的规格、数量及地锚的拉力、埋设深度等，应按照起重机性能经过计算确定，缆风绳与地面的夹角应在30°～45°，缆绳与桅杆和地锚的连接应牢固
- 缆风绳的架设应避开架空电线。在靠近电线的附近，应装有绝缘材料制作的护线架
- 提升重物时，吊钩钢丝绳应垂直，操作应平稳，当重物吊起刚离开支承面时，应检查并确认各部无异常，方可继续起吊
- 在起吊满载重物前，应有专人检查各地锚的牢固程度。各缆风绳都应均匀受力，主杆应保持直立状态
- 作业时，起重机的回转钢丝绳应处于拉紧状态。回转装置应有安全制动控制器
- 起重机移动时，其底座应垫以足够承重的枕木排和滚杠，并将起重臂收紧处于移动方向的前方。移动时，主杆不得倾斜，缆风绳的松紧应配合一致

图 4 - 1　桅杆式起重机安全管理要求

（2）桅杆式起重机，如图 4 - 2 所示。

图 4 - 2　桅杆式起重机

4.2　门式、桥式起重机与电动葫芦安全管理

(1) 门式、桥式起重机与电动葫芦安全管理要求，如图 4-3 所示。

门式、桥式起重机与电动葫芦安全管理要求

- 起重机路基和轨道的铺设应符合出厂规定，轨道接地电阻不应大于4Ω
- 使用电缆的门式起重机，应设有电缆卷筒，配电箱应设置在轨道中部
- 用滑线供电的起重机，应在滑线两端标有鲜明的颜色，沿线应设置防护栏杆
- 轨道应平直，鱼尾板连接螺栓应无松动，轨道和起重机运行范围内应无障碍物。门式起重机应松开夹轨器
- 操作室内应垫木板或绝缘板，接通电源后应采用试电笔测试金属结构部分，确认无漏电方可上机；上、下操纵室应使用专用扶梯
- 作业前，应进行空载运转，在确认各机构运转正常，制动可靠，各限位开关灵敏有效后，方可作业
- 开动前，应先发出音响信号示意，重物提升和下降操作应平稳匀速，在提升大件时不得用快速，并应拴拉绳，防止摆动
- 吊运的重物严禁从人上方通过，亦不得从设备上面通过。空车行走时，吊钩应离地面2m以上
- 吊起重物后应慢速行驶，行驶中不得突然变速或倒退。两台起重机同时作业时，应保持3～5m距离。严禁用一台起重机顶推另一台起重机
- 露天作业的门式、桥式起重机，当遇6级及6级以上大风时，应停止作业，并锁紧夹轨器
- 电动葫芦使用前应检查设备的机械部分和电气部分，钢丝绳、吊钩、限位器等应完好，电气部分应无漏电，接地装置应良好
- 电动葫芦应设缓冲器，轨道两端应设挡板
- 电动葫芦严禁超载起吊。起吊时，手不得握在绳索与物体之间，吊物上升时应严防冲撞
- 电动葫芦作业中发生异味、高温等异常情况，应立即停机检查，排除故障后方可继续使用
- 电动葫芦在额定载荷制动时，下滑位移量不应大于80mm。否则应清除油污或更换制动环
- 作业完毕后，应停放在指定位置，吊钩升起，并切断电源，锁好开关箱

图 4-3　门式、桥式起重机与电动葫芦安全管理要求

(2) 门式、桥式起重机与电动葫芦，如图 4-4～图 4-6 所示。

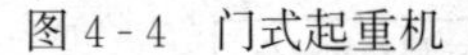

图 4-4 门式起重机

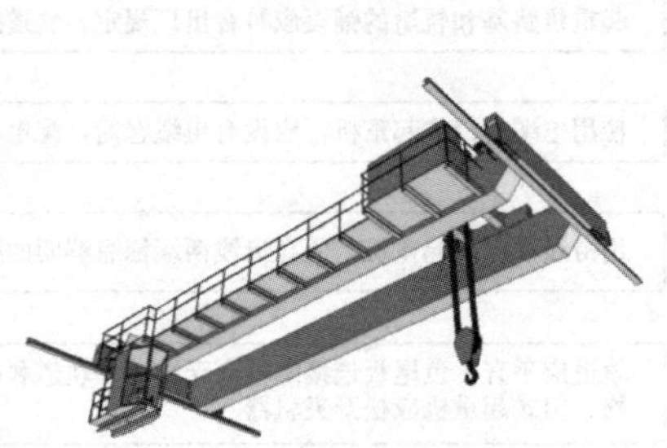

图 4-5 桥式起重机

图 4-6 电动葫芦

4.3 汽车、轮胎式起重机安全管理

（1）汽车、轮胎式起重机安全管理要求，如图 4-7 所示。

汽车、轮胎式起重机安全管理要求

- **起重机行驶和工作的场地应保持平坦坚实，并应与沟渠、基坑保持安全距离**
- **起重机启动后，应怠速运转，检查各仪表指示值，运转正常后接合液压泵，待压力达到规定值，油温超过30℃时，方可开始作业**
- **作业前，应全部伸出支腿，并在撑脚板下垫方木，调整机体使回转支承面的倾斜度在无载荷时不大于0.1%（水准泡居中）。支腿有定位销的必须插上。底盘为弹性悬挂的起重机，放支腿前应先收紧稳定器**
- **作业中严禁扳动支腿操纵阀。调整支腿必须在无载荷时进行，并将起重臂转至正前或正后，方可再行调整**
- **应根据所吊重物的重量和提升高度，调整起重臂长度和仰角，并应估计吊索和重物本身的高度，留出适当空间**
- **起重臂伸缩时，应按规定程序进行，在伸臂的同时应相应下降吊钩。当限制器发出警报时，应立即停止伸臂。起重臂缩回时，仰角不宜太小**
- **汽车式起重机起吊作业时，汽车驾驶室内不得有人，重物不得超越驾驶室上方，且不得在车的前方起吊**
- **作业中发现起重机倾斜、支腿不稳等异常现象时，应立即使重物下降落在安全的地方，下降中严禁制动**
- **重物在空中需要较长时间停留时，应将起升卷筒制动锁住，操作人员不得离开操纵室**
- **起吊重物达到额定起重量的90%以上时，严禁同时进行两种及以上的操作动作**
- **当轮胎式起重机带载行走时，道路必须平坦坚实，载荷必须符合规定，重物离地面不得超过500mm，并应拴好拉绳，缓慢行驶**
- **行驶前，应检查并确认各支腿的收存无松动，轮胎气压应符合规定。行驶时水温应在80～90℃范围内，水温未达到80℃时，不得高速行驶**
- **行驶时应保持中速，不得紧急制动，过铁道口或起伏路面时应减速，下坡时严禁空挡滑行，倒车时应有人监护**
- **行驶时，严禁人员在底盘走台上站立或蹲坐，在底盘上不得堆放物件**

图 4-7 汽车、轮胎式起重机安全管理要求

（2）汽车、轮胎式起重机启动前，重点检查项目应符合要求，如图4-8所示。

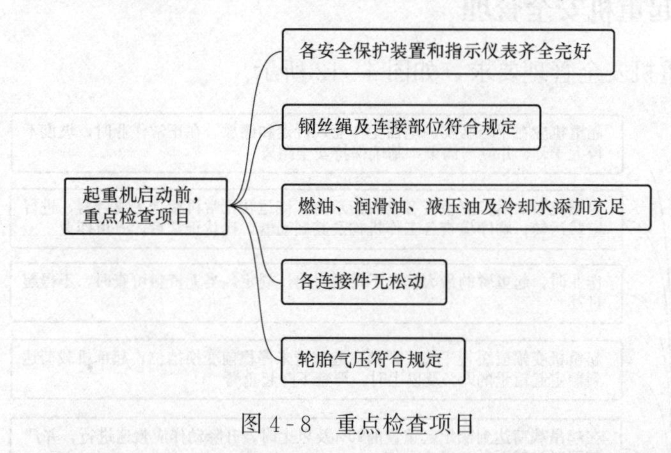
起重机启动前，重点检查项目
各安全保护装置和指示仪表齐全完好
钢丝绳及连接部位符合规定
燃油、润滑油、液压油及冷却水添加充足
各连接件无松动
轮胎气压符合规定

图4-8　重点检查项目

（3）汽车、轮胎式起重机、起重机支腿，如图4-9～图4-11所示。

图4-9　汽车式起重机

图4-10　轮胎式起重机

图4-11　起重机支腿

4.4 履带式起重机安全管理

（1）履带式起重机安全管理要求，如图4-12所示。

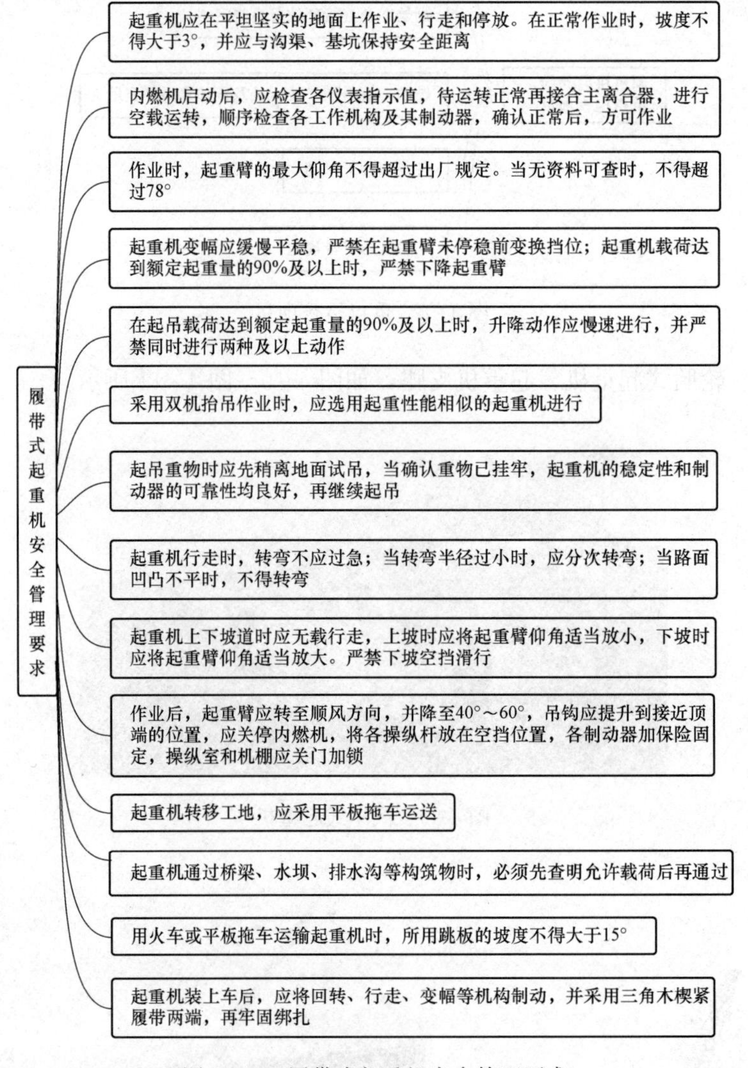
履带式起重机安全管理要求
起重机应在平坦坚实的地面上作业、行走和停放。在正常作业时，坡度不得大于3°，并应与沟渠、基坑保持安全距离
内燃机启动后，应检查各仪表指示值，待运转正常再接合主离合器，进行空载运转，顺序检查各工作机构及其制动器，确认正常后，方可作业
作业时，起重臂的最大仰角不得超过出厂规定。当无资料可查时，不得超过78°
起重机变幅应缓慢平稳，严禁在起重臂未停稳前变换挡位；起重机载荷达到额定起重量的90%及以上时，严禁下降起重臂
在起吊载荷达到额定起重量的90%及以上时，升降动作应慢速进行，并严禁同时进行两种及以上动作
采用双机抬吊作业时，应选用起重性能相似的起重机进行
起吊重物时应先稍离地面试吊，当确认重物已挂牢，起重机的稳定性和制动器的可靠性均良好，再继续起吊
起重机行走时，转弯不应过急；当转弯半径过小时，应分次转弯；当路面凹凸不平时，不得转弯
起重机上下坡道时应无载行走，上坡时应将起重臂仰角适当放小，下坡时应将起重臂仰角适当放大。严禁下坡空挡滑行
作业后，起重臂应转至顺风方向，并降至40°～60°，吊钩应提升到接近顶端的位置，应关停内燃机，将各操纵杆放在空挡位置，各制动器加保险固定，操纵室和机棚应关门加锁
起重机转移工地，应采用平板拖车运送
起重机通过桥梁、水坝、排水沟等构筑物时，必须先查明允许载荷后再通过
用火车或平板拖车运输起重机时，所用跳板的坡度不得大于15°
起重机装上车后，应将回转、行走、变幅等机构制动，并采用三角木楔紧履带两端，再牢固绑扎

图4-12 履带式起重机安全管理要求

（2）履带式起重机启动前，重点检查项目应符合的要求，如图4-13所示。

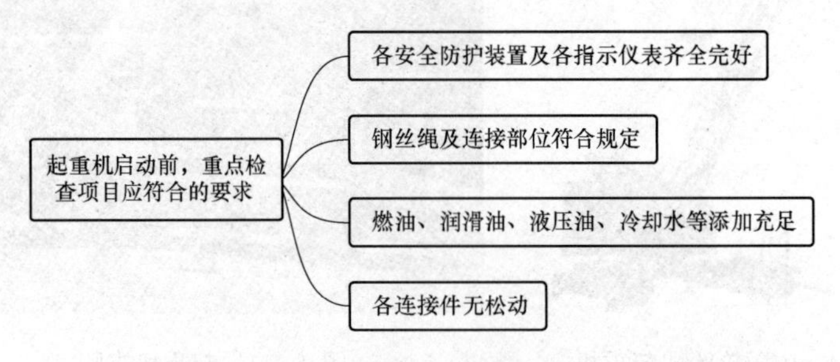
起重机启动前，重点检查项目应符合的要求
各安全防护装置及各指示仪表齐全完好
钢丝绳及连接部位符合规定
燃油、润滑油、液压油、冷却水等添加充足
各连接件无松动

图4-13 履带式起重机启动前，重点检查项目应符合的要求

(3) 履带式起重机如图 4-14 所示。

图 4-14　履带式起重机

4.5　塔式起重机安全管理

(1) 塔式起重机的轨道基础应符合的要求，如图 4-15 所示。

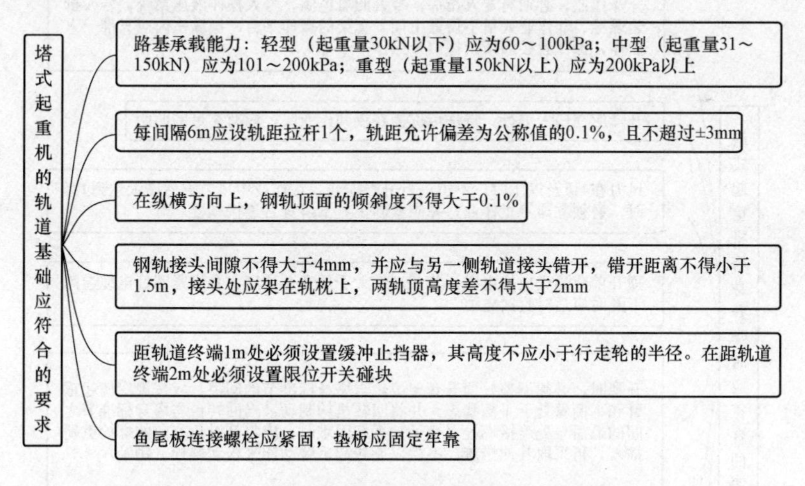
塔式起重机的轨道基础应符合的要求
路基承载能力：轻型（起重量30kN以下）应为60～100kPa；中型（起重量31～150kN）应为101～200kPa；重型（起重量150kN以上）应为200kPa以上
每间隔6m应设轨距拉杆1个，轨距允许偏差为公称值的0.1%，且不超过±3mm
在纵横方向上，钢轨顶面的倾斜度不得大于0.1%
钢轨接头间隙不得大于4mm，并应与另一侧轨道接头错开，错开距离不得小于1.5m，接头处应架在轨枕上，两轨顶高度差不得大于2mm
距轨道终端1m处必须设置缓冲止挡器，其高度不应小于行走轮的半径。在距轨道终端2m处必须设置限位开关碰块
鱼尾板连接螺栓应紧固，垫板应固定牢靠

图 4-15　塔式起重机的轨道基础应符合的要求

(2) 塔式起重机的混凝土基础应符合的要求，如图 4-16 所示。

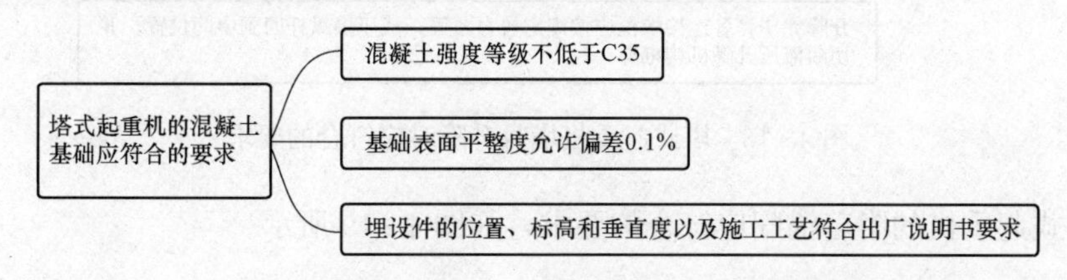
塔式起重机的混凝土基础应符合的要求
混凝土强度等级不低于C35
基础表面平整度允许偏差0.1%
埋设件的位置、标高和垂直度以及施工工艺符合出厂说明书要求

图 4-16　塔式起重机的混凝土基础应符合的要求

（3）塔式起重机拆装作业前检查项目应符合的要求，如图 4－17 所示。

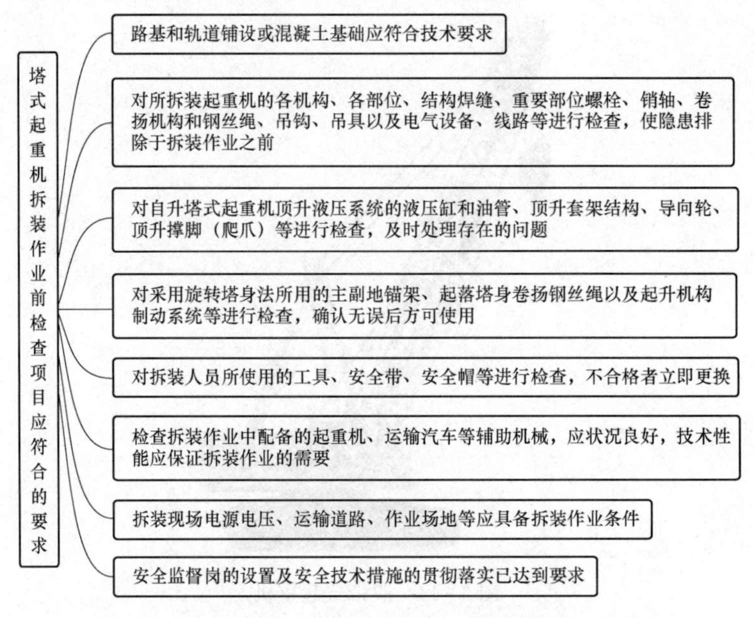
塔式起重机拆装作业前检查项目应符合的要求
路基和轨道铺设或混凝土基础应符合技术要求
对所拆装起重机的各机构、各部位、结构焊缝、重要部位螺栓、销轴、卷扬机构和钢丝绳、吊钩、吊具以及电气设备、线路等进行检查，使隐患排除于拆装作业之前
对自升塔式起重机顶升液压系统的液压缸和油管、顶升套架结构、导向轮、顶升撑脚（爬爪）等进行检查，及时处理存在的问题
对采用旋转塔身法所用的主副地锚架、起落塔身卷扬钢丝绳以及起升机构制动系统等进行检查，确认无误后方可使用
对拆装人员所使用的工具、安全带、安全帽等进行检查，不合格者立即更换
检查拆装作业中配备的起重机、运输汽车等辅助机械，应状况良好，技术性能应保证拆装作业的需要
拆装现场电源电压、运输道路、作业场地等应具备拆装作业条件
安全监督岗的设置及安全技术措施的贯彻落实已达到要求

图 4－17 塔式起重机拆装作业前检查项目应符合的要求

（4）塔式起重机塔身升降时应符合的要求，如图 4－18 所示。

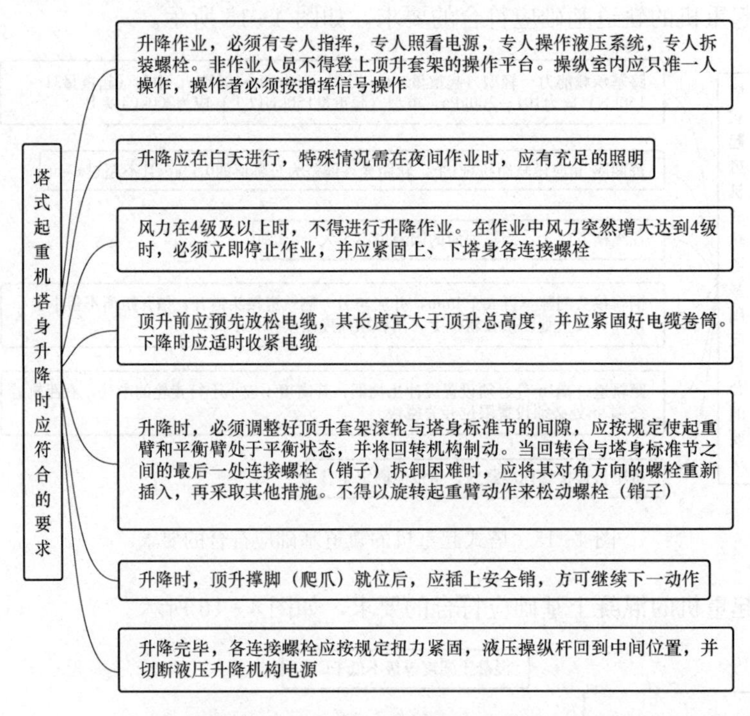
塔式起重机塔身升降时应符合的要求
升降作业，必须有专人指挥，专人照看电源，专人操作液压系统，专人拆装螺栓。非作业人员不得登上顶升套架的操作平台。操纵室内应只准一人操作，操作者必须按指挥信号操作
升降应在白天进行，特殊情况需在夜间作业时，应有充足的照明
风力在4级及以上时，不得进行升降作业。在作业中风力突然增大达到4级时，必须立即停止作业，并应紧固上、下塔身各连接螺栓
顶升前应预先放松电缆，其长度宜大于顶升总高度，并应紧固好电缆卷筒。下降时应适时收紧电缆
升降时，必须调整好顶升套架滚轮与塔身标准节的间隙，应按规定使起重臂和平衡臂处于平衡状态，并将回转机构制动。当回转台与塔身标准节之间的最后一处连接螺栓（销子）拆卸困难时，应将其对角方向的螺栓重新插入，再采取其他措施。不得以旋转起重臂动作来松动螺栓（销子）
升降时，顶升撑脚（爬爪）就位后，应插上安全销，方可继续下一动作
升降完毕，各连接螺栓应按规定扭力紧固，液压操纵杆回到中间位置，并切断液压升降机构电源

图 4－18 塔式起重机塔身升降时应符合的要求

（5）塔式起重机的附着锚固应符合的要求，如图 4－19 所示。

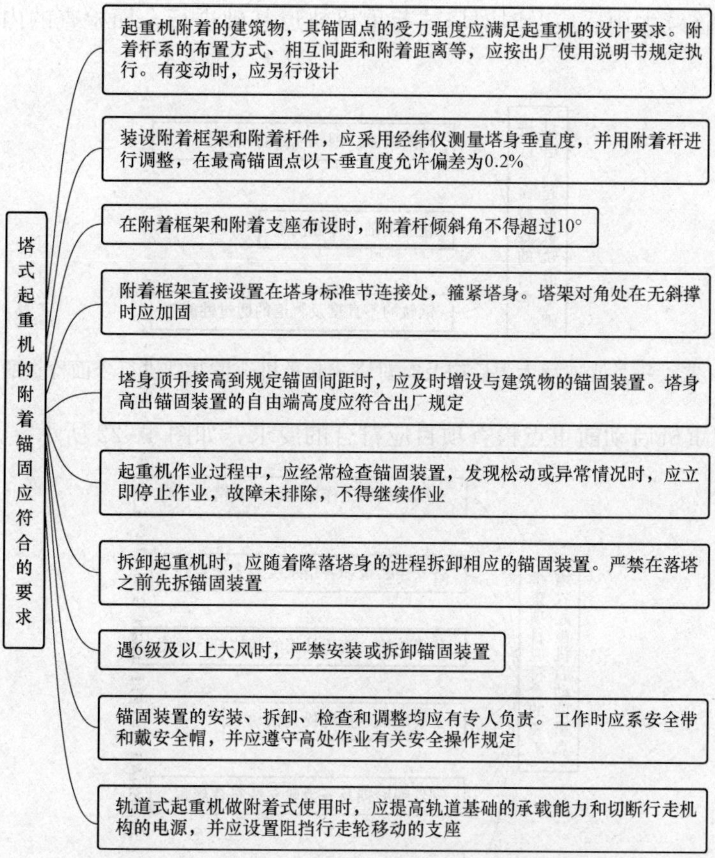

塔式起重机的附着锚固应符合的要求
起重机附着的建筑物，其锚固点的受力强度应满足起重机的设计要求。附着杆系的布置方式、相互间距和附着距离等，应按出厂使用说明书规定执行。有变动时，应另行设计
装设附着框架和附着杆件，应采用经纬仪测量塔身垂直度，并用附着杆进行调整，在最高锚固点以下垂直度允许偏差为0.2%
在附着框架和附着支座布设时，附着杆倾斜角不得超过10°
附着框架直接设置在塔身标准节连接处，箍紧塔身。塔架对角处在无斜撑时应加固
塔身顶升接高到规定锚固间距时，应及时增设与建筑物的锚固装置。塔身高出锚固装置的自由端高度应符合出厂规定
起重机作业过程中，应经常检查锚固装置，发现松动或异常情况时，应立即停止作业，故障未排除，不得继续作业
拆卸起重机时，应随着降落塔身的进程拆卸相应的锚固装置。严禁在落塔之前先拆锚固装置
遇6级及以上大风时，严禁安装或拆卸锚固装置
锚固装置的安装、拆卸、检查和调整均应有专人负责。工作时应系安全带和戴安全帽，并应遵守高处作业有关安全操作规定
轨道式起重机做附着式使用时，应提高轨道基础的承载能力和切断行走机构的电源，并应设置阻挡行走轮移动的支座

图 4-19　塔式起重机的附着锚固应符合的要求

（6）塔式起重机内爬升时应符合的要求，如图 4-20 所示。

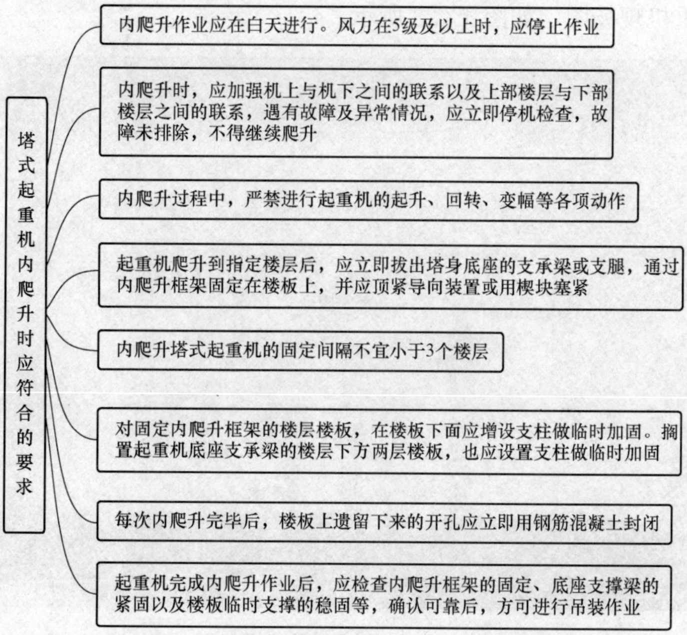

塔式起重机内爬升时应符合的要求
内爬升作业应在白天进行。风力在5级及以上时，应停止作业
内爬升时，应加强机上与机下之间的联系以及上部楼层与下部楼层之间的联系，遇有故障及异常情况，应立即停机检查，故障未排除，不得继续爬升
内爬升过程中，严禁进行起重机的起升、回转、变幅等各项动作
起重机爬升到指定楼层后，应立即拔出塔身底座的支承梁或支腿，通过内爬升框架固定在楼板上，并应顶紧导向装置或用楔块塞紧
内爬升塔式起重机的固定间隔不宜小于3个楼层
对固定内爬升框架的楼层楼板，在楼板下面应增设支柱做临时加固。搁置起重机底座支承梁的楼层下方两层楼板，也应设置支柱做临时加固
每次内爬升完毕后，楼板上遗留下来的开孔应立即用钢筋混凝土封闭
起重机完成内爬升作业后，应检查内爬升框架的固定、底座支撑梁的紧固以及楼板临时支撑的稳固等，确认可靠后，方可进行吊装作业

图 4-20　塔式起重机内爬升时应符合的要求

（7）每月或连续大雨后应及时对塔式起重机轨道基础进行全面检查的内容，如图4-21所示。

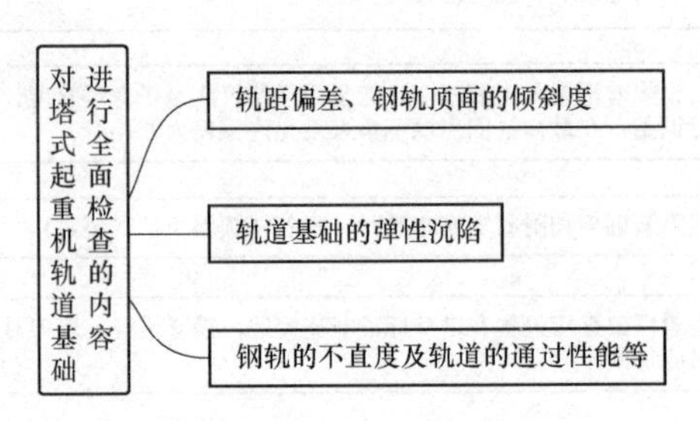
对塔式起重机轨道基础进行全面检查的内容
轨距偏差、钢轨顶面的倾斜度
轨道基础的弹性沉陷
钢轨的不直度及轨道的通过性能等

图4-21 每月或连续大雨后应及时对塔式起重机轨道基础进行全面检查的内容

（8）塔式起重机启动前重点检查项目应符合的要求，如图4-22所示。

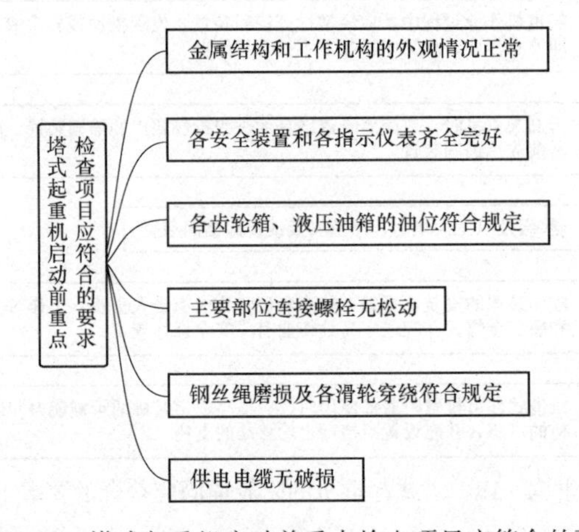
塔式起重机启动前重点检查项目应符合的要求
金属结构和工作机构的外观情况正常
各安全装置和各指示仪表齐全完好
各齿轮箱、液压油箱的油位符合规定
主要部位连接螺栓无松动
钢丝绳磨损及各滑轮穿绕符合规定
供电电缆无破损

图4-22 塔式起重机启动前重点检查项目应符合的要求

（9）塔式起重机现场图，如图4-23所示。

图4-23 塔式起重机现场图

（10）塔式起重机基本构造，如图 4-24 所示。

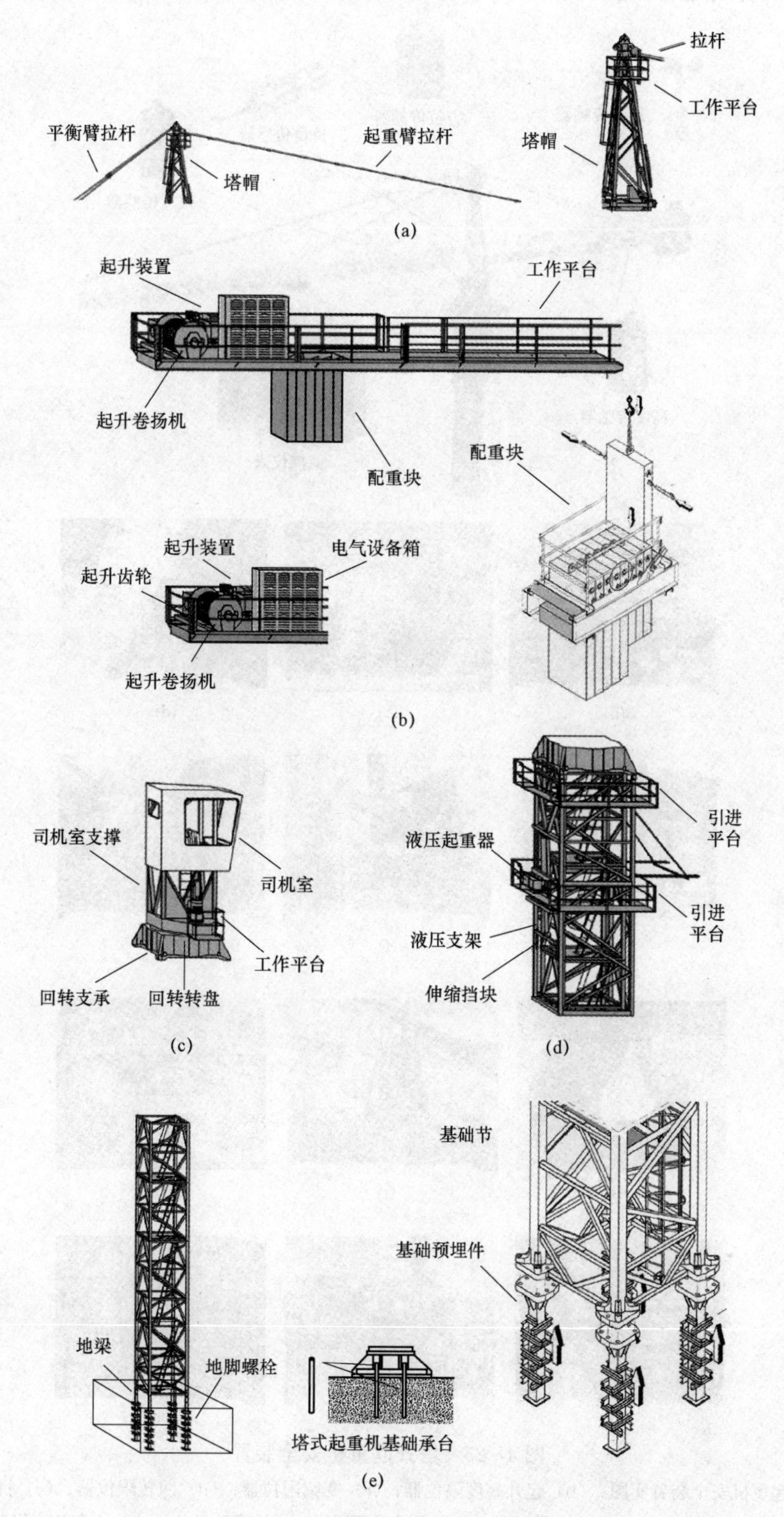
平衡臂拉杆
塔帽
起重臂拉杆
拉杆
工作平台
塔帽
(a)
起升装置
工作平台
起升卷扬机
配重块
配重块
起升装置
电气设备箱
起升齿轮
起升卷扬机
(b)
司机室支撑
司机室
工作平台
回转支承
回转转盘
(c)
液压起重器
引进平台
引进平台
液压支架
伸缩挡块
(d)
基础节
基础预埋件
地梁
地脚螺栓
塔式起重机基础承台
(e)

图 4-24　塔式起重机基本构造

（a）顶部；（b）配重臂；（c）司机室；（d）爬升机构；（e）地基基础

（11）塔式起重机安全装置，如图 4－25 所示。

风速传感器
方位传感器
重量传感器
幅度传感器
高度传感器
监控仪表
(a)
(b)
(c)
(d)
(e)
(f)
(g)
(h)
(i)
(j)
(k)
(l)
(m)

图 4－25 塔式起重机安全装置

(a) 塔式起重机安全装置实图；(b) 起升高度限位器；(c) 变幅限位器；(d) 回转限位器；(e) 行走限位器；(f) 力矩限制器；(g) 起重量限制器；(h) 吊钩防脱绳；(i) 轮滑防脱绳；(j) 小车防断绳装置；(k) 小车防断轴装置；(l) 底座防护栏；(m) 附墙架防护栏

4.6 卷扬机安全管理

(1) 卷扬机安全管理要求，如图4-26所示。

卷扬机安全管理要求

- 安装时，基座应平稳牢固，周围排水畅通，地锚设置可靠，并应搭设工作棚。操作人员的位置应能看清指挥人员和拖动或起吊的物件
- 作业前，应检查卷扬机与地面是否固定，弹性联轴器不得松动。应检查安全装置、防护设施、电气线路、接零或接地线、制动装置和钢丝绳等，全部合格后方可使用
- 使用皮带或开式齿轮传动的部分，均应设防护罩，导向滑轮不得用开口拉板式滑轮
- 以动力正反转的卷扬机，卷筒旋转方向应与操纵开关上指示的方向一致
- 在卷扬机制动操作杆的行程范围内，不得有障碍物或阻卡现象
- 钢丝绳应与卷筒及吊笼连接牢固，不得与机架或地面摩擦，通过道路时，应设过路保护装置
- 卷筒上的钢丝绳应排列整齐，当重叠或斜绕时，应停机重新排列，严禁在转动中用手拉或脚踩钢丝绳
- 作业中，任何人不得跨越正在作业的卷扬钢丝绳。物件提升后，操作人员不得离开卷扬机，物件或吊笼下面严禁人员停留或通过。休息时应将物件或吊笼降至地面
- 作业中如发现异响、制动不灵、制动带或轴承等温度剧烈上升等异常情况时，应立即停机检查，排除故障后方可使用
- 作业中停电时，应切断电源，将提升物件或吊笼降至地面
- 作业完毕，应将提升吊笼或物件降至地面，并应切断电源，锁好开关箱

图4-26 卷扬机安全管理要求

(2) 卷扬机，如图4-27所示。

图4-27 卷扬机

4.7 单斗挖掘机安全管理

(1) 单斗挖掘机安全管理要求，如图4-28所示。

单斗挖掘机安全管理要求

- 单斗挖掘机的作业和行走场地应平整坚实，对松软地面应垫以枕木或垫板，沼泽地区应先做路基处理，或更换湿地专用履带板
- 平整作业场地时，不得用铲斗进行横扫或用铲斗对地面进行夯实
- 挖掘岩石时，应先进行爆破。挖掘冻土时，应采用破冰锤或爆破法使冻土层破碎
- 挖掘机正铲作业时，除松散土壤外，其最大开挖高度和深度不应超过机械本身性能规定
- 在拉铲或反铲作业时，履带距工作面边缘距离应大于1.0m，轮胎距工作面边缘距离应大于1.5m
- 作业时，挖掘机应保持水平位置，将行走机构制动住，并将履带或轮胎楔紧
- 遇较大的坚硬石块或障碍物时，应清除后方可开挖，不得用铲斗破碎石块、冻土，或用单边斗齿硬啃
- 挖掘悬崖时，应采取防护措施。作业面不得留有伞沿及松动的大块石，当发现有塌方危险时，应立即处理或将挖掘机撤至安全地带
- 作业时，各操纵过程应平稳，不宜紧急制动。铲斗升降不得过猛，下降时，不得撞碰车架或履带
- 斗臂在抬高及回转时，不得碰到洞壁、沟槽侧面或其他物体
- 作业中，当液压缸伸缩将达到极限位时，应动作平稳，不得冲撞极限块
- 作业中，当需制动时，应将变速阀置于低速位置
- 作业中，不得打开压力表开关，且不得将工况选择阀的操纵手柄放在高速挡位置
- 反铲作业时，斗臂应停稳后再挖土。挖土时，斗柄伸出不宜过长，提斗不得过猛
- 履带式挖掘机转移工地应采用平板拖车装运。短距离自行转移时，应低速缓行，每行走500～1000m应对行走机构进行检查和润滑
- 保养或检修挖掘机时，除检查内燃机运行状态外，必须将内燃机熄火，并将液压系统卸荷，铲斗落地
- 利用铲斗将底盘顶起进行检修时，应使用垫木将抬起的轮胎垫稳，并用木楔将落地轮胎楔牢，然后将液压系统卸荷，否则严禁进入底盘下工作

图 4-28　单斗挖掘机安全管理要求

（2）单斗挖掘机作业前重点检查项目应符合的要求，如图 4-29 所示。

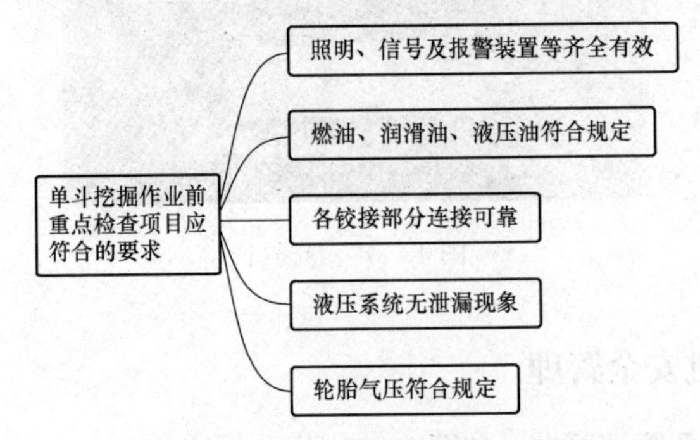
单斗挖掘作业前重点检查项目应符合的要求
照明、信号及报警装置等齐全有效
燃油、润滑油、液压油符合规定
各铰接部分连接可靠
液压系统无泄漏现象
轮胎气压符合规定

图 4-29　单斗挖掘机作业前重点检查项目应符合的要求

(3) 湿地专用履带板，如图 4-30 所示。

(4) 履带式挖掘机如图 4-31 所示。

图 4-30　湿地专用履带板

图 4-31　履带式挖掘机

4.8　挖掘装载机安全管理

(1) 挖掘装载机安全管理要求，如图 4-32 所示。

挖掘装载机安全管理要求

- 挖掘作业前，应先将装载斗翻转，使斗口朝地，并使前轮稍离开地面，踏下并锁住制动踏板，然后伸出支腿，使后轮离地并保持水平位置
- 作业时，操纵手柄应平稳，不得急剧移动；动臂下降时不得中途制动。挖掘时不得使用高速挡
- 回转应平稳，不得撞击并用于砸实沟槽的侧面
- 动臂后端的缓冲块应保持完好，如有损坏，应修复后方可使用
- 移位时，应将挖掘装置处于中间运输状态，收起支腿，提起提升臂后方可进行
- 装载作业前，应将挖掘装置的回转机构置于中间位置，并用拉板固定
- 在装载过程中，应使用低速挡
- 铲斗提升臂在举升时，不应使用阀的浮动位置
- 在前四阀工作时，后四阀不得同时进行工作
- 在行驶或作业中，除驾驶室外，挖掘装载机任何地方均严禁乘坐或站立人员
- 不应高速行驶，行驶中不应急转弯。下坡时不得空挡滑行
- 行驶时，支腿应完全收回，挖掘装置应固定牢靠，装载装置宜放低，铲斗和斗柄液压活塞杆应保持完全伸张位置
- 当停放时间超过1h时，应支起支腿，使后轮离地；停放时间超过1d时，应使后轮离地，并应在后悬架下面用垫块支撑

图 4-32　挖掘装载机安全管理要求

（2）挖掘装载机，如图4-33所示。

CASE
CASE

图4-33　挖掘装载机

4.9　推土机安全管理

（1）推土机安全管理要求，如图4-34所示。

推土机安全管理要求：

- 推土机行驶通过或在其上作业的桥、涵、堤、坝等，应具备相应的承载能力
- 不得用推土机推石灰、烟灰等粉尘物料和用作碾碎石块的作业
- 牵引其他机械设备时，应有专人负责指挥。钢丝绳的连接应牢固可靠。在坡道或长距离牵引时，应采用牵引杆连接
- 启动前，应将主离合器分离，各操纵杆放在空挡位置，严禁拖、顶启动
- 启动后应检查各仪表指示值，液压系统应工作有效；当运转正常、水温达到55℃、机油温度达到45℃时，方可全载荷作业
- 推土机行驶前，严禁有人站在履带或刀片的支架上，机械四周应无障碍物，确认安全后，方可开动
- 在块石路面行驶时，应将履带张紧
- 在浅水地带行驶或作业时，应查明水深，冷却风扇叶不得接触水面。下水前和出水后，均应对行走装置加注润滑脂
- 推土机上、下坡或超过障碍物时应采用低速挡
- 填沟作业驶近边坡时，铲刀不得越出边缘。后退时，应先换挡，方可提升铲刀进行倒车
- 在深沟、基坑或陡坡地区作业时，应有专人指挥，其垂直边坡高度不应大于2m
- 推树时，树干不得倒向推土机及高空架设物。推屋墙或围墙时，其高度不宜超过2.5m。严禁携带有钢筋或与地基基础连接的混凝土桩等建筑物
- 两台以上推土机在同一地区作业时，前后距离应大于8.0m，左右距离应大于1.5m。在狭窄道路上行驶时，未得前机同意，后机不得超越
- 推土机转移行驶时，铲刀距地面宜为400mm，不得用高速挡行驶和进行急转弯，不得长距离倒退行驶
- 推土机长途转移工地时，应采用平板拖车装运。短途行走转移时，距离不宜超过10km，并在行走过程中应经常检查和润滑行走装置
- 在推土机下面检修时，内燃机必须熄火，铲刀应放下或垫稳

图4-34　推土机安全管理要求

(2) 推土机作业前重点检查项目应符合的要求，如图 4-35 所示。

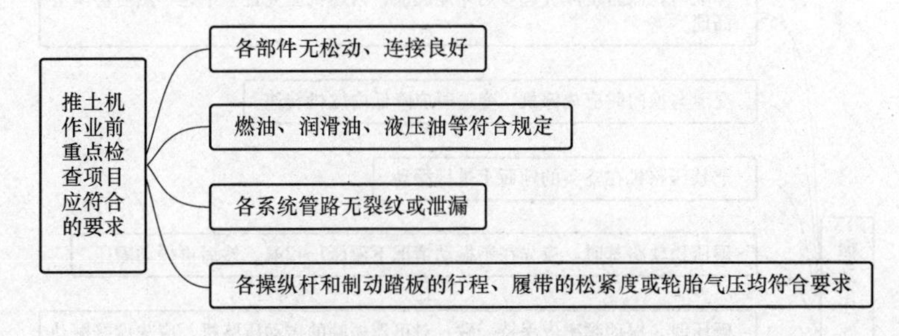
推土机作业前重点检查项目应符合的要求
各部件无松动、连接良好
燃油、润滑油、液压油等符合规定
各系统管路无裂纹或泄漏
各操纵杆和制动踏板的行程、履带的松紧度或轮胎气压均符合要求

图 4-35　推土机作业前重点检查项目应符合的要求

(3) 推土机顶推铲运机作助铲时应符合的要求，如图 4-36 所示。

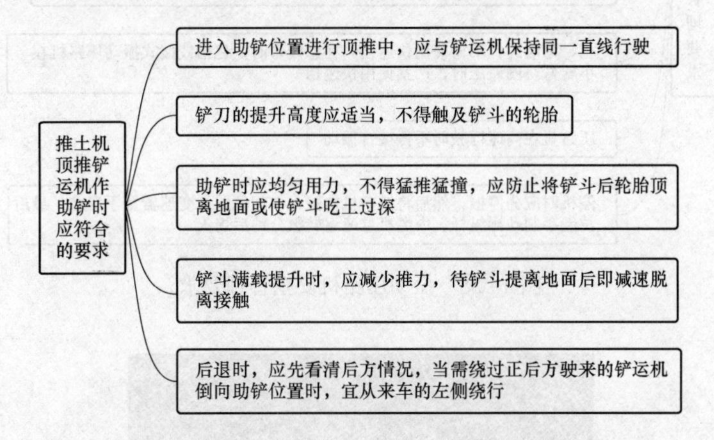
推土机顶推铲运机作助铲时应符合的要求
进入助铲位置进行顶推中，应与铲运机保持同一直线行驶
铲刀的提升高度应适当，不得触及铲斗的轮胎
助铲时应均匀用力，不得猛推猛撞，应防止将铲斗后轮胎顶离地面或使铲斗吃土过深
铲斗满载提升时，应减少推力，待铲斗提离地面后即减速脱离接触
后退时，应先看清后方情况，当需绕过正后方驶来的铲运机倒向助铲位置时，宜从来车的左侧绕行

图 4-36　推土机顶推铲运机作助铲时应符合的要求

(4) 推土机，如图 4-37 所示。

SHANTUI

图 4-37　推土机

4.10　振动压路机安全管理

(1) 振动压路机安全管理要求，如图 4-38 所示。

(2) 振动压路机，如图 4-39 所示。

振动压路机安全管理要求

- 作业时，压路机应先起步后才能起振，内燃机应先置于中速，然后再调至高速
- 变速与换向时应先停机，变速时应降低内燃机转速
- 严禁压路机在坚实的地面上进行振动
- 碾压松软路基时，应先在不振动情况下碾压1～2遍，然后再振动碾压
- 碾压时，振动频率应保持一致。对可调振频的振动压路机，应先调好振动频率后再作业，不得在没有起振情况下调整振动频率
- 换向离合器、起振离合器和制动器的调整，应在主离合器脱开后进行
- 上、下坡时，不得使用快速挡。在急转弯时，包括铰接式振动压路机在小转弯绕圈碾压时，严禁使用快速挡
- 压路机在高速行驶时不得接合振动
- 停机时应先停振，然后将换向机构置于中间位置，变速器置于空挡，最后拉起手制动操纵杆，内燃机怠速运转数分钟后熄火

图 4-38 振动压路机安全管理要求

图 4-39 振动压路机

4.11 蛙式夯实机安全管理

（1）蛙式夯实机安全管理要求，如图 4-40 所示。

（2）蛙式夯实机作业前重点检查项目应符合的要求，如图 4-41 所示。

（3）蛙式夯实机，如图 4-42 所示。

蛙式夯实机安全管理要求

- 蛙式夯实机适用于夯实灰土和素土的地基、地坪及场地平整，不得用于夯实坚硬或软硬不一的地面，冻土及混有砖石碎块的杂土
- 夯实机作业时，应一人扶夯，一人传递电缆线，且必须戴绝缘手套和穿绝缘鞋
- 递线人员应跟随夯机后或两侧调顺电缆线，电缆线不得扭结或缠绕，且不得张拉过紧，应保持3～4m的余量
- 转弯时不得用力过猛，不得急转弯
- 夯实填高土方时，应在边缘以内100～150mm夯实2～3遍后，再夯实边缘
- 在较大基坑作业时，不得在斜坡上夯行，应避免造成夯实后折
- 夯实房心土时，夯板应避开房心内地下构筑物、钢筋混凝土基桩、机座及地下管道等
- 在建筑物内部作业时，夯板或偏心块不得打在墙壁上
- 多机作业时，其平列间距不得小于5m，前后间距不得小于10m
- 夯机前进方向和夯机四周1m范围内不得站立非操作人员
- 夯机连续作业时间不应过长，当电动机超过额定温度时，应停机降温
- 夯实机发生故障时，应先切断电源，然后排除故障
- 作业后，应切断电源，卷好电缆线，清除夯机上的泥土，妥善保管

图 4-40　蛙式夯实机安全管理要求

蛙式夯实机作业前重点检查项目应符合的要求

- 除接零或接地外，应设置漏电保护器，电缆线接头绝缘良好
- 传动皮带松紧度合适，皮带轮与偏心块安装牢固
- 转动部分有防护装置，并进行试运转，确认正常后，方可作业

图 4-41　蛙式夯实机作业前重点检查项目应符合的要求

图 4-42　蛙式夯实机

4.12 振动冲击夯安全管理

(1) 振动冲击夯安全管理要求，如图 4-43 所示。

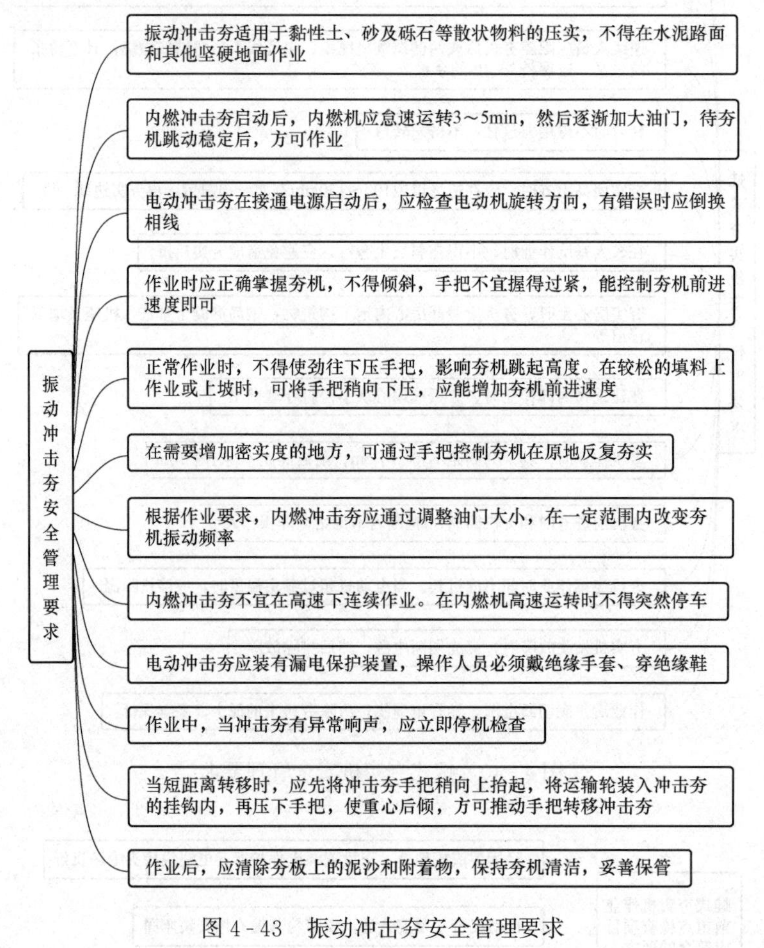
振动冲击夯安全管理要求
振动冲击夯适用于黏性土、砂及砾石等散状物料的压实，不得在水泥路面和其他坚硬地面作业
内燃冲击夯启动后，内燃机应怠速运转3～5min，然后逐渐加大油门，待夯机跳动稳定后，方可作业
电动冲击夯在接通电源启动后，应检查电动机旋转方向，有错误时应倒换相线
作业时应正确掌握夯机，不得倾斜，手把不宜握得过紧，能控制夯机前进速度即可
正常作业时，不得使劲往下压手把，影响夯机跳起高度。在较松的填料上作业或上坡时，可将手把稍向下压，应能增加夯机前进速度
在需要增加密实度的地方，可通过手把控制夯机在原地反复夯实
根据作业要求，内燃冲击夯应通过调整油门大小，在一定范围内改变夯机振动频率
内燃冲击夯不宜在高速下连续作业。在内燃机高速运转时不得突然停车
电动冲击夯应装有漏电保护装置，操作人员必须戴绝缘手套、穿绝缘鞋
作业中，当冲击夯有异常响声，应立即停机检查
当短距离转移时，应先将冲击夯手把稍向上抬起，将运输轮装入冲击夯的挂钩内，再压下手把，使重心后倾，方可推动手把转移冲击夯
作业后，应清除夯板上的泥沙和附着物，保持夯机清洁，妥善保管

图 4-43 振动冲击夯安全管理要求

(2) 振动冲击夯作业前重点检查项目应符合的要求，如图 4-44 所示。

(3) 振动冲击夯，如图 4-45 所示。

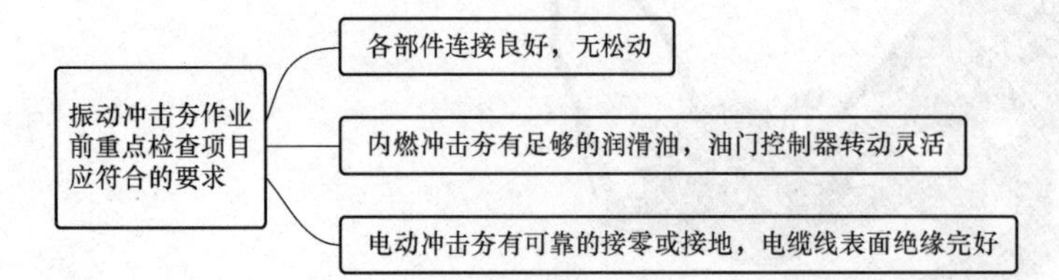
振动冲击夯作业前重点检查项目应符合的要求
各部件连接良好，无松动
内燃冲击夯有足够的润滑油，油门控制器转动灵活
电动冲击夯有可靠的接零或接地，电缆线表面绝缘完好

图 4-44 振动冲击夯作业前重点检查项目应符合的要求

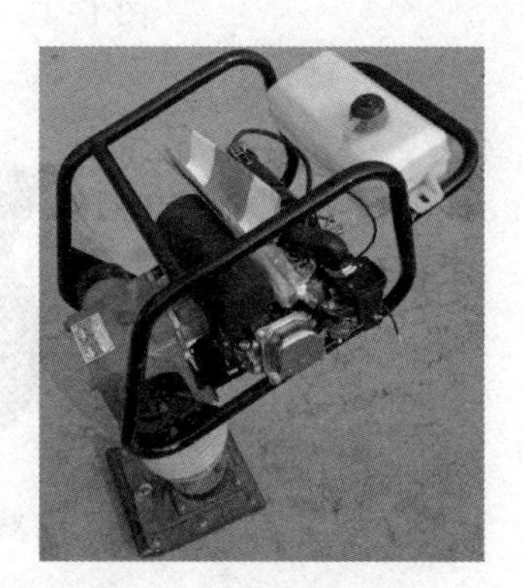

图 4-45 振动冲击夯

4.13　潜孔钻机安全管理

（1）潜孔钻机安全管理要求，如图4-46所示。

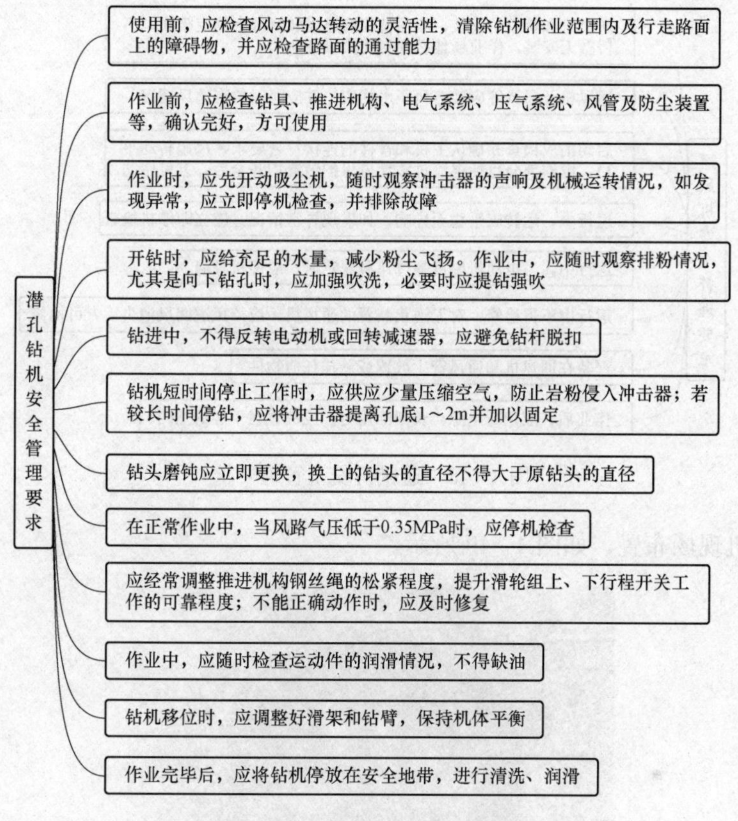
潜孔钻机安全管理要求
使用前，应检查风动马达转动的灵活性，清除钻机作业范围内及行走路面上的障碍物，并应检查路面的通过能力
作业前，应检查钻具、推进机构、电气系统、压气系统、风管及防尘装置等，确认完好，方可使用
作业时，应先开动吸尘机，随时观察冲击器的声响及机械运转情况，如发现异常，应立即停机检查，并排除故障
开钻时，应给充足的水量，减少粉尘飞扬。作业中，应随时观察排粉情况，尤其是向下钻孔时，应加强吹洗，必要时应提钻强吹
钻进中，不得反转电动机或回转减速器，应避免钻杆脱扣
钻机短时间停止工作时，应供应少量压缩空气，防止岩粉侵入冲击器；若较长时间停钻，应将冲击器提离孔底1～2m并加以固定
钻头磨钝应立即更换，换上的钻头的直径不得大于原钻头的直径
在正常作业中，当风路气压低于0.35MPa时，应停机检查
应经常调整推进机构钢丝绳的松紧程度，提升滑轮组上、下行程开关工作的可靠程度；不能正确动作时，应及时修复
作业中，应随时检查运动件的润滑情况，不得缺油
钻机移位时，应调整好滑架和钻臂，保持机体平衡
作业完毕后，应将钻机停放在安全地带，进行清洗、润滑

图4-46　潜孔钻机安全管理要求

（2）潜孔钻机，如图4-47所示。

图4-47　潜孔钻机

4.14 通风机安全管理

（1）通风机安全管理要求，如图 4-48 所示。

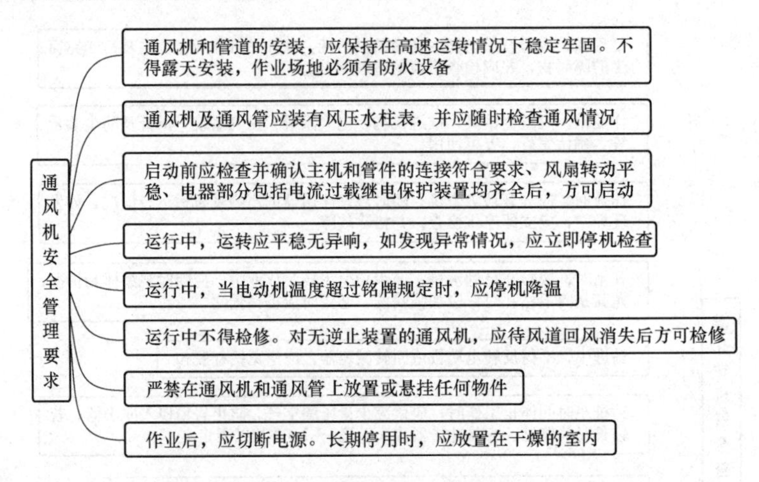
通风机安全管理要求
通风机和管道的安装，应保持在高速运转情况下稳定牢固。不得露天安装，作业场地必须有防火设备
通风机及通风管应装有风压水柱表，并应随时检查通风情况
启动前应检查并确认主机和管件的连接符合要求、风扇转动平稳、电器部分包括电流过载继电保护装置均齐全后，方可启动
运行中，运转应平稳无异响，如发现异常情况，应立即停机检查
运行中，当电动机温度超过铭牌规定时，应停机降温
运行中不得检修。对无逆止装置的通风机，应待风道回风消失后方可检修
严禁在通风机和通风管上放置或悬挂任何物件
作业后，应切断电源。长期停用时，应放置在干燥的室内

图 4-48　通风机安全管理要求

（2）通风机现场布置，如图 4-49 所示。

图 4-49　通风机现场布置图

4.15 圆盘锯安全管理

（1）圆盘锯安全管理要求，如图 4-50 所示。

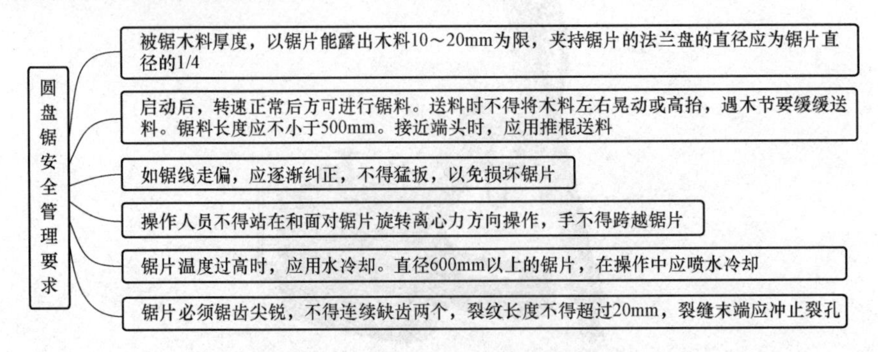
圆盘锯安全管理要求
被锯木料厚度，以锯片能露出木料10～20mm为限，夹持锯片的法兰盘的直径应为锯片直径的1/4
启动后，转速正常后方可进行锯料。送料时不得将木料左右晃动或高抬，遇木节要缓缓送料。锯料长度应不小于500mm。接近端头时，应用推棍送料
如锯线走偏，应逐渐纠正，不得猛扳，以免损坏锯片
操作人员不得站在和面对锯片旋转离心力方向操作，手不得跨越锯片
锯片温度过高时，应用水冷却。直径600mm以上的锯片，在操作中应喷水冷却
锯片必须锯齿尖锐，不得连续缺齿两个，裂纹长度不得超过20mm，裂缝末端应冲止裂孔

图 4-50　圆盘锯安全管理要求

（2）圆盘锯防护示意图，如图 4－51 所示。

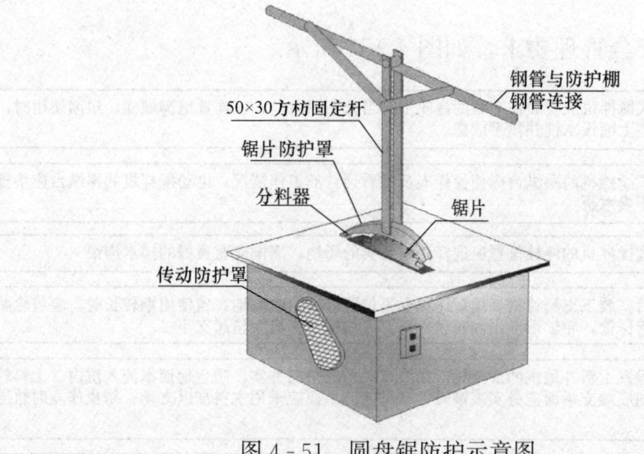
钢管与防护棚
钢管连接
50×30方枋固定杆
锯片防护罩
分料器
锯片
传动防护罩

图 4－51　圆盘锯防护示意图

4.16　平面刨（手压刨）安全管理

（1）平面刨（手压刨）安全管理要求，如图 4－52 所示。

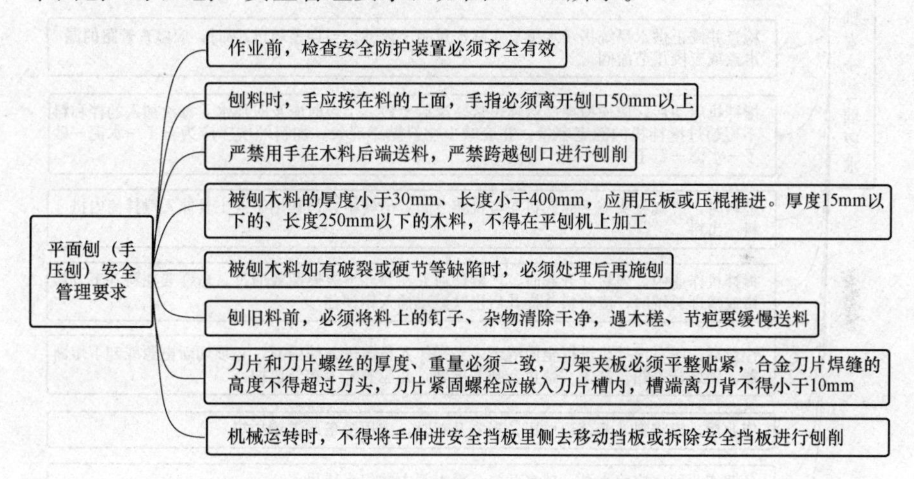
平面刨（手压刨）安全管理要求
作业前，检查安全防护装置必须齐全有效
刨料时，手应按在料的上面，手指必须离开刨口50mm以上
严禁用手在木料后端送料，严禁跨越刨口进行刨削
被刨木料的厚度小于30mm、长度小于400mm，应用压板或压棍推进。厚度15mm以下的、长度250mm以下的木料，不得在平刨机上加工
被刨木料如有破裂或硬节等缺陷时，必须处理后再施刨
刨旧料前，必须将料上的钉子、杂物清除干净，遇木槎、节疤要缓慢送料
刀片和刀片螺丝的厚度、重量必须一致，刀架夹板必须平整贴紧，合金刀片焊缝的高度不得超过刀头，刀片紧固螺栓应嵌入刀片槽内，槽端离刀背不得小于10mm
机械运转时，不得将手伸进安全挡板里侧去移动挡板或拆除安全挡板进行刨削

图 4－52　平面刨（手压刨）安全管理要求

（2）平刨机，如图 4－53 所示。

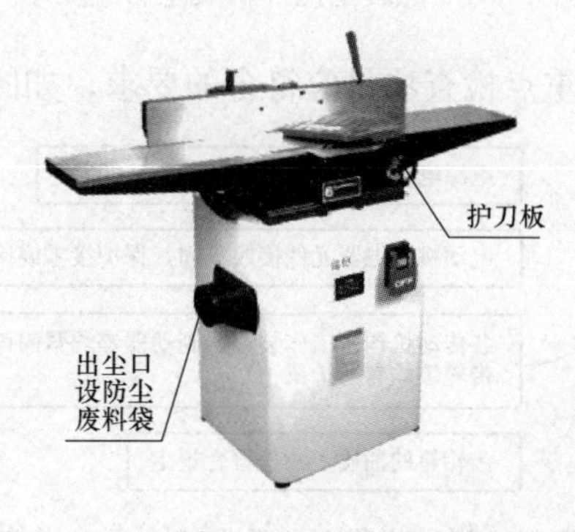
护刀板
出尘口
设防尘
废料袋

图 4－53　平刨机

4.17 混凝土搅拌机安全管理

（1）混凝土搅拌机安全管理要求，如图 4 - 54 所示。

混凝土搅拌机安全管理要求

- 固定式搅拌机应安装在牢固的台座上。当长期固定时，应埋置地脚螺栓；短期使用时，应在机座上铺设木枕并找平放稳
- 固定式搅拌机的操纵台应使操作人员能看到各部工作情况。电动搅拌机的操纵台应垫橡胶板或干燥木板
- 移动式搅拌机的停放位置应选择平整坚实的场地，周围应有良好的排水沟渠
- 就位后，放下支腿将机架顶起达到水平位置，使轮胎离地。当使用期较长时，应将轮胎卸下妥善保管，轮轴端部用油布包扎好，并用枕木将机架垫起支牢
- 对需设置上料斗地坑的搅拌机，其坑口周围应垫高夯实，防止地面水流入坑内。上料轨道架的底端支承面应夯实或铺砖，轨道架的后面应采用木料加以支承，防止作业时轨道变形
- 料斗放到最低位置时，在料斗与地面之间应加一层缓冲垫木
- 作业前，应先启动搅拌机空载运转
- 作业前，应进行料斗提升试验，观察并确认离合器、制动器灵活可靠
- 检查并校正供水系统指示水量与实际水量的一致性；当误差超过2%时，应检查管路的漏水点或应校正节流阀
- 搅拌机启动后，应使搅拌筒达到正常转速后上料。上料时应及时加水。每次加入的拌和料不得超过搅拌机的额定容量，并应减少物料黏罐现象，加料的次序应为石子－水泥－砂子－水泥－石子
- 进料时，严禁将头或手伸入料斗与机架之间。运转中，严禁用手或工具伸入搅拌筒内扒料、出料
- 搅拌机作业中，当料斗升起时，严禁任何人在料斗下方停留或通过；当需要在料斗下方检修或清理料坑时，应将料斗提升后用铁链或插入销锁住
- 作业后，应对搅拌机进行全面清理。当操作人员需进入筒内时，必须切断电源或卸下熔断器，锁好开关箱，挂上“禁止合闸”标牌，并应有专人在外监护
- 作业后，应将料斗降落到坑底，当需升起时，应用链条或雷销扣牢
- 冬期作业后，应将水泵、放水开关、量水器中的积水排尽
- 搅拌机在场内移动或远距离运输时，应将进料斗提升到上止点，用保险铁链或插销锁住

图 4 - 54　混凝土搅拌机安全管理要求

（2）混凝土搅拌机作业前重点检查项目应符合的要求，如图 4 - 55 所示。

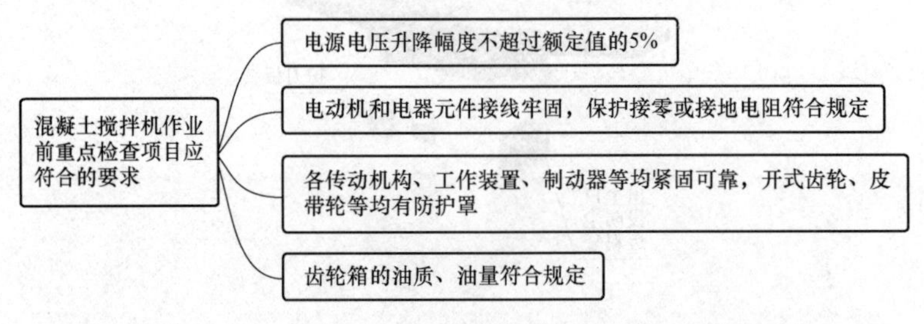
混凝土搅拌机作业前重点检查项目应符合的要求
电源电压升降幅度不超过额定值的5%
电动机和电器元件接线牢固，保护接零或接地电阻符合规定
各传动机构、工作装置、制动器等均紧固可靠，开式齿轮、皮带轮等均有防护罩
齿轮箱的油质、油量符合规定

图 4 - 55　混凝土搅拌机作业前重点检查项目应符合的要求

(3) 混凝土搅拌机立面、平面布置图，如图 4 - 56、图 4 - 57 所示。

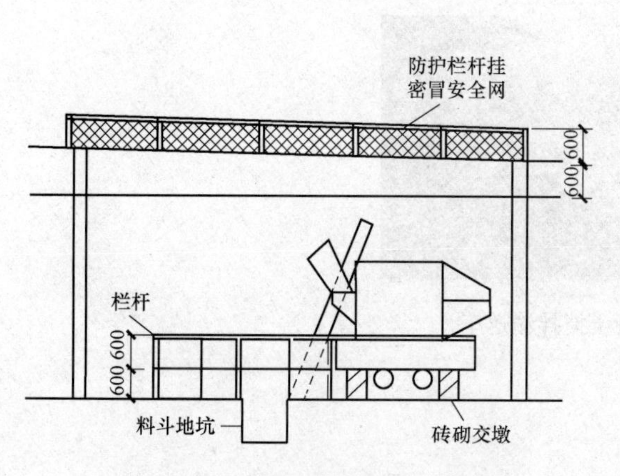
防护栏杆挂
密冒安全网
600 600
栏杆
600 600
料斗地坑
砖砌交墩

图 4 - 56　混凝土搅拌立面布置图

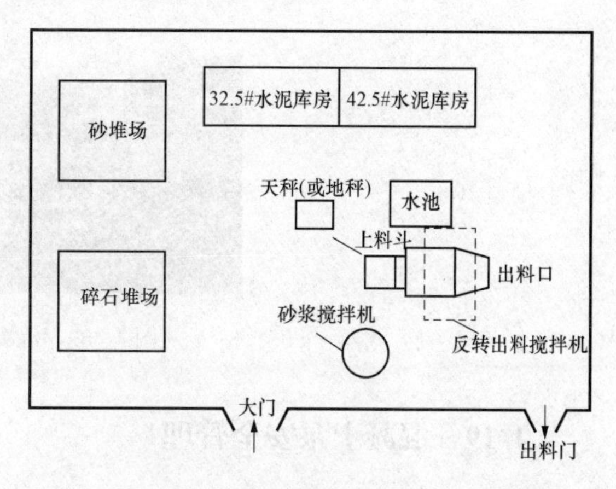
32.5#水泥库房
42.5#水泥库房
砂堆场
天秤(或地秤)
水池
上料斗
出料口
碎石堆场
砂浆搅拌机
反转出料搅拌机
大门
出料门

图 4 - 57　混凝土搅拌现场平面布置图

4.18　混凝土搅拌输送车安全管理

(1) 混凝土搅拌输送车安全管理要求，如图 4 - 58 所示。

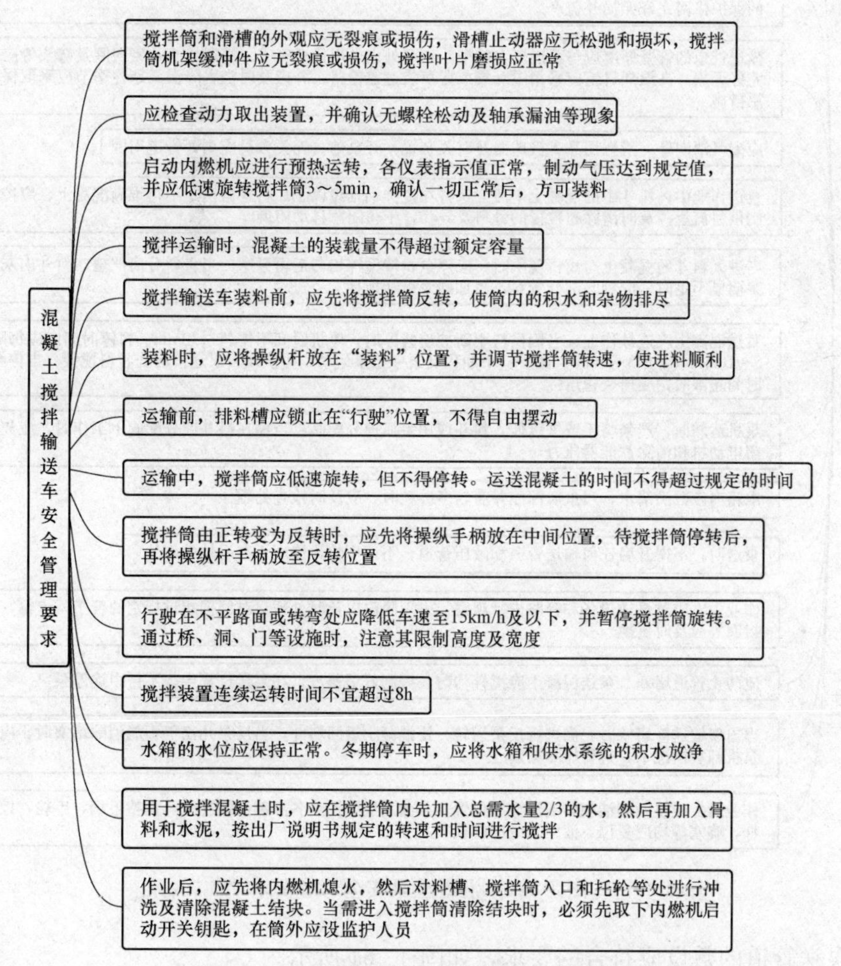
混凝土搅拌输送车安全管理要求
搅拌筒和滑槽的外观应无裂痕或损伤，滑槽止动器应无松弛和损坏，搅拌筒机架缓冲件应无裂痕或损伤，搅拌叶片磨损应正常
应检查动力取出装置，并确认无螺栓松动及轴承漏油等现象
启动内燃机应进行预热运转，各仪表指示值正常，制动气压达到规定值，并应低速旋转搅拌筒3～5min，确认一切正常后，方可装料
搅拌运输时，混凝土的装载量不得超过额定容量
搅拌输送车装料前，应先将搅拌筒反转，使筒内的积水和杂物排尽
装料时，应将操纵杆放在“装料”位置，并调节搅拌筒转速，使进料顺利
运输前，排料槽应锁止在“行驶”位置，不得自由摆动
运输中，搅拌筒应低速旋转，但不得停转。运送混凝土的时间不得超过规定的时间
搅拌筒由正转变为反转时，应先将操纵手柄放在中间位置，待搅拌筒停转后，再将操纵杆手柄放至反转位置
行驶在不平路面或转弯处应降低车速至15km/h及以下，并暂停搅拌筒旋转。通过桥、洞、门等设施时，注意其限制高度及宽度
搅拌装置连续运转时间不宜超过8h
水箱的水位应保持正常。冬期停车时，应将水箱和供水系统的积水放净
用于搅拌混凝土时，应在搅拌筒内先加入总需水量2/3的水，然后再加入骨料和水泥，按出厂说明书规定的转速和时间进行搅拌
作业后，应先将内燃机熄火，然后对料槽、搅拌筒入口和托轮等处进行冲洗及清除混凝土结块。当需进入搅拌筒清除结块时，必须先取下内燃机启动开关钥匙，在筒外应设监护人员

图 4 - 58　混凝土搅拌输送车安全管理要求

（2）混凝土搅拌输送车，如图 4-59 所示。

图 4-59 混凝土搅拌输送车

4.19 混凝土泵安全管理

（1）混凝土泵安全管理要求，如图 4-60 所示。

混凝土泵安全管理要求

- 混凝土泵应安放在平整、坚实的地面上，周围不得有障碍物。在放下支腿并调整后，应使机身保持水平和稳定，轮胎应楔紧
- 作业前应检查并确认泵机各部螺栓紧固，防护装置齐全可靠，各部位操纵开关、调整手柄、手轮、控制杆、旋塞等均在正确位置，液压系统正常无泄漏，液压油符合规定，搅拌斗内无杂物，上方的保护格网完好无损并盖严
- 输送管道的管壁厚度应与泵送压力匹配，近泵处应选用优质管子。管道接头、密封圈及弯头等应完好无损。高温烈日下应采用湿麻袋或湿草袋遮盖管路，并应及时浇水降温。寒冷季节应采取保温措施
- 应配备清洗管、清洗用品、接球器及有关装置。开泵前，无关人员应离开管道周围
- 泵送作业中，料斗中的混凝土平面应保持在搅拌轴轴线以上。料斗格网上不得堆满混凝土，应控制供料流量，及时清除超粒径的骨料及异物，不得随意移动格网
- 当进入料斗的混凝土有离析现象时，应停泵，待搅拌均匀后再泵送。当骨料分离严重，料斗内灰浆明显不足时，应剔除部分骨料，另加砂浆重新搅拌
- 泵送混凝土应连续作业；当因供料中断被迫暂停时，停机时间不得超过30min。暂停时间内应每隔5～10min（冬期3～5min）做2～3个冲程反泵—正泵运动，再次投料泵送前应先将料搅拌。当停泵时间超限时，应排空管道
- 泵机运转时，严禁将手或铁锹伸入料斗或用手抓握分配阀。当需在料斗或分配阀上工作时，应先关闭电动机和消除蓄能器压力
- 水箱内应贮满清水，当水质浑浊并有较多砂粒时，应及时检查处理
- 泵送时，不得开启任何输送管道和液压管道；不得调整、修理正在运转的部件
- 作业中，应对泵送设备和管路进行观察，发现隐患应及时处理。对磨损超过规定的管子、卡箍、密封圈等应及时更换
- 应防止管道堵塞。泵送混凝土应搅拌均匀，控制好坍落度；在泵送过程中，不得中途停泵
- 当出现输送管堵塞时，应进行反泵运转，使混凝土返回料斗；当反泵几次仍不能消除堵塞时，应在泵机卸载情况下，拆管排除堵塞
- 作业后，应将两侧活塞转到清洗室位置，并涂上润滑油。各部位操纵开关、调整手柄、手轮、控制杆、旋塞等均应复位。液压系统应卸载

图 4-60 混凝土泵安全管理要求

（2）泵送管道的敷设应符合的要求，如图 4-61 所示。

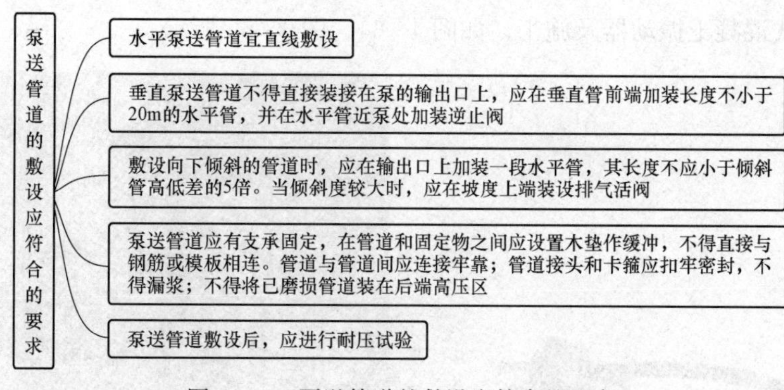
泵送管道的敷设应符合的要求
水平泵送管道宜直线敷设
垂直泵送管道不得直接装接在泵的输出口上，应在垂直管前端加装长度不小于20m的水平管，并在水平管近泵处加装逆止阀
敷设向下倾斜的管道时，应在输出口上加装一段水平管，其长度不应小于倾斜管高低差的5倍。当倾斜度较大时，应在坡度上端装设排气活阀
泵送管道应有支承固定，在管道和固定物之间应设置木垫作缓冲，不得直接与钢筋或模板相连。管道与管道间应连接牢靠；管道接头和卡箍应扣牢密封，不得漏浆；不得将已磨损管道装在后端高压区
泵送管道敷设后，应进行耐压试验

图4-61　泵送管道的敷设应符合的要求

（3）混凝土泵，如图4-62所示。

图4-62　混凝土泵

4.20　混凝土振动器安全管理

1. 插入式混凝土振动器安全管理

（1）插入式混凝土振动器安全管理要求，如图4-63所示。

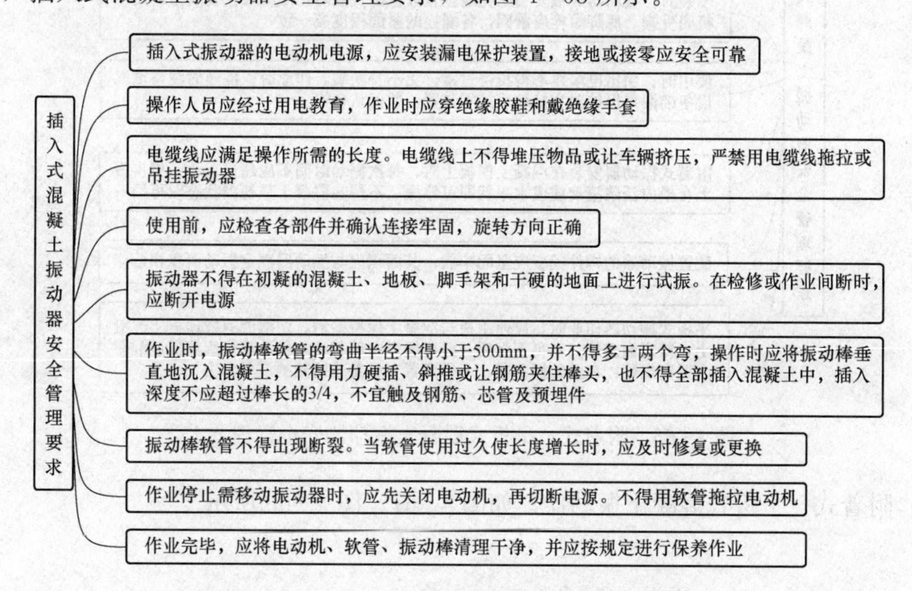
插入式混凝土振动器安全管理要求
插入式振动器的电动机电源，应安装漏电保护装置，接地或接零应安全可靠
操作人员应经过用电教育，作业时应穿绝缘胶鞋和戴绝缘手套
电缆线应满足操作所需的长度。电缆线上不得堆压物品或让车辆挤压，严禁用电缆线拖拉或吊挂振动器
使用前，应检查各部件并确认连接牢固，旋转方向正确
振动器不得在初凝的混凝土、地板、脚手架和干硬的地面上进行试振。在检修或作业间断时，应断开电源
作业时，振动棒软管的弯曲半径不得小于500mm，并不得多于两个弯，操作时应将振动棒垂直地沉入混凝土，不得用力硬插、斜推或让钢筋夹住棒头，也不得全部插入混凝土中，插入深度不应超过棒长的3/4，不宜触及钢筋、芯管及预埋件
振动棒软管不得出现断裂。当软管使用过久使长度增长时，应及时修复或更换
作业停止需移动振动器时，应先关闭电动机，再切断电源。不得用软管拖拉电动机
作业完毕，应将电动机、软管、振动棒清理干净，并应按规定进行保养作业

图4-63　插入式混凝土振动器安全管理要求

（2）插入式混凝土振动器及施工，如图 4-64、图 4-65 所示。

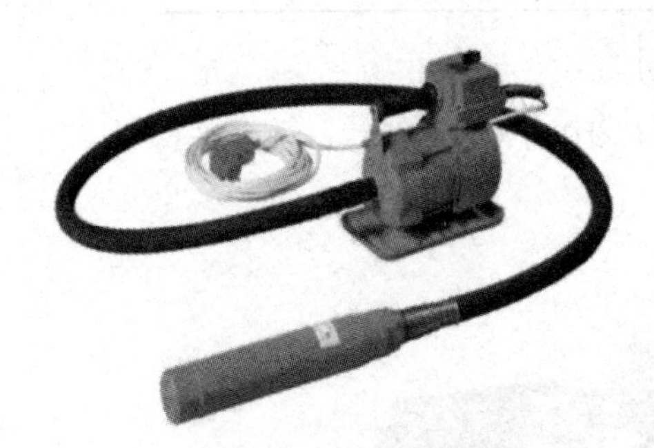

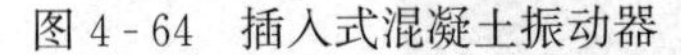

图 4-64 插入式混凝土振动器　　图 4-65 插入式混凝土振动器施工

2. 附着式、平板式混凝土振动器安全管理

（1）附着式、平板式混凝土振动器安全管理要求，如图 4-66 所示。

附着式、平板式混凝土振动器安全管理要求

- 附着式、平板式振动器轴承不应承受轴向力，在使用时，电动机轴应保持水平状态
- 在一个模板上同时使用多台附着式振动器时，各振动器的频率应保持一致，相对面的振动器应错开安装
- 作业前，应对附着式振动器进行检查和试振。试振不得在干硬土或硬质物体上进行。安装在搅拌站料仓上的振动器，应安置橡胶垫
- 安装时，振动器底板安装螺孔的位置应正确，应防止底脚螺栓安装扭斜而使机壳受损。底脚螺栓应紧固，各螺栓的紧固程度应一致
- 使用时，引出电缆线不得拉得过紧，更不得断裂。作业时，应随时观察电气设备的漏电保护器和接地或接零装置，并确认合格
- 附着式振动器安装在混凝土模板上时，每次振动时间不应超过1min，当混凝土在模内泛浆流动或成水平状即可停振，不得在混凝土呈初凝状态时再振
- 装置振动器的构件模板应坚固牢靠，其面积应与振动器额定振动面积相适应
- 平板式振动器作业时，应使平板与混凝土保持接触，使振波有效地振实混凝土，待表面出浆，不再下沉后，即可缓慢向前移动，移动速度应能保证混凝土振实出浆。在振的振动器，不得搁置在已凝或初凝的混凝土上

图 4-66 附着式、平板式混凝土振动器安全管理要求

（2）附着式、平板式混凝土振动器，如图 4-67、图 4-68 所示。

图4-67　附着式混凝土振动器

图4-68　平板式混凝土振动器

4.21　液压滑升设备安全管理

液压滑升设备安全管理要求，如图4-69所示。

液压滑升设备安全管理要求：

- 根据施工要求和滑模总载荷，合理选用千斤顶型号和配备台数，并应按千斤顶型号选用相应的爬杆和滑升机件
- 千斤顶应经12MPa以上耐压试验。同一批组装的千斤顶在相同载荷作用下，其行程应一致。用行程调整帽调整千斤顶后，行程允许误差为2mm
- 自动控制台应置于不受雨淋、暴晒和强烈振动的地方，应根据当地的气温，调节作业时的油温
- 千斤顶与操作平台固定时，应使油管接头与软管连接成直线。液压软管不得扭曲，应有较大的弧度
- 作业前，应检查并确认各油管接头连接牢固、无渗漏，油箱油位适当，电器部分不漏电，接地或接零可靠
- 所有千斤顶安装完毕未插入爬杆前，应逐个进行抗压试验、行程调整及排气等工作
- 应按出厂规定的操作程序操纵控制台，对自动控制器的时间继电器应进行延时调整。用手动控制器操作时，应与作业人员密切配合，听从统一指挥
- 在滑升过程中，应保证操作平台与模板水平上升，不得倾斜，操作平台的载荷应均匀分布，并应及时调整各千斤顶的升高值，使之保持一致
- 在寒冷季节使用时，液压油温度不得低于10℃；在炎热季节使用时，液压油温度不得超过60℃
- 应经常保持千斤顶清洁。混凝土沿爬杆流入千斤顶内时，应及时清理
- 作业后，应切断总电源，清除千斤顶上的附着物

图4-69　液压滑升设备安全管理要求

4.22　钢筋调直机安全管理

（1）钢筋调直机安全管理要求，如图4-70所示。

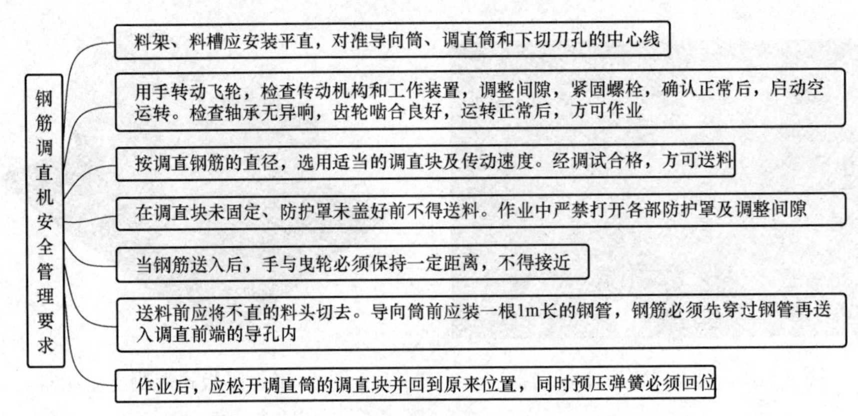
钢筋调直机安全管理要求
料架、料槽应安装平直，对准导向筒、调直筒和下切刀孔的中心线
用手转动飞轮，检查传动机构和工作装置，调整间隙，紧固螺栓，确认正常后，启动空运转。检查轴承无异响，齿轮啮合良好，运转正常后，方可作业
按调直钢筋的直径，选用适当的调直块及传动速度。经调试合格，方可送料
在调直块未固定、防护罩未盖好前不得送料。作业中严禁打开各部防护罩及调整间隙
当钢筋送入后，手与曳轮必须保持一定距离，不得接近
送料前应将不直的料头切去。导向筒前应装一根1m长的钢管，钢筋必须先穿过钢管再送入调直前端的导孔内
作业后，应松开调直筒的调直块并回到原来位置，同时预压弹簧必须回位

图 4-70　钢筋调直机安全管理要求

（2）钢筋调直机，如图 4-71 所示。

图 4-71　钢筋调直机

4.23　钢筋切断机安全管理

（1）钢筋切断机安全管理要求，如图 4-72 所示。

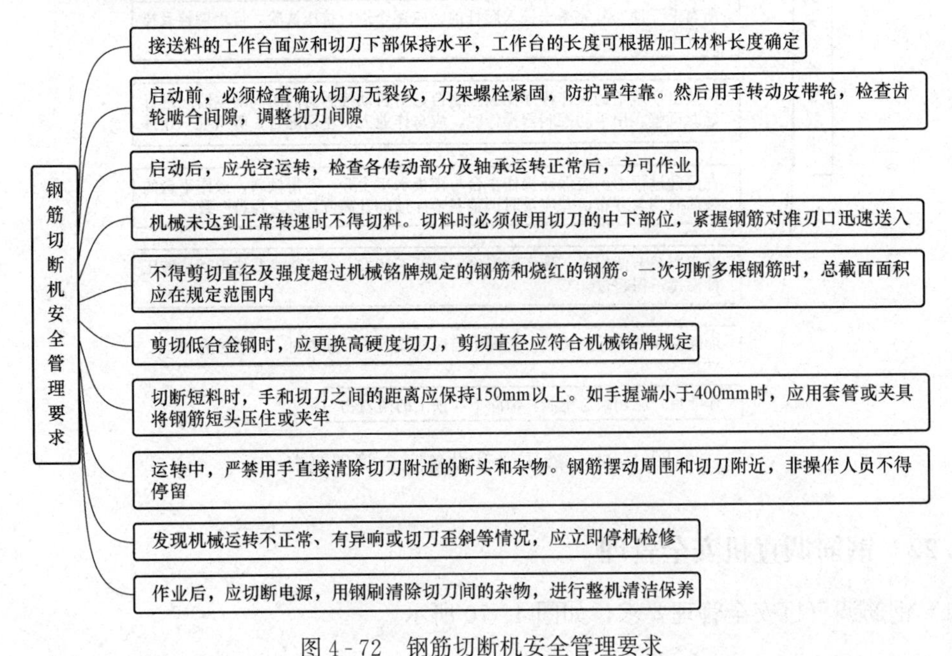
钢筋切断机安全管理要求
接送料的工作台面应和切刀下部保持水平，工作台的长度可根据加工材料长度确定
启动前，必须检查确认切刀无裂纹，刀架螺栓紧固，防护罩牢靠。然后用手转动皮带轮，检查齿轮啮合间隙，调整切刀间隙
启动后，应先空运转，检查各传动部分及轴承运转正常后，方可作业
机械未达到正常转速时不得切料。切料时必须使用切刀的中下部位，紧握钢筋对准刃口迅速送入
不得剪切直径及强度超过机械铭牌规定的钢筋和烧红的钢筋。一次切断多根钢筋时，总截面面积应在规定范围内
剪切低合金钢时，应更换高硬度切刀，剪切直径应符合机械铭牌规定
切断短料时，手和切刀之间的距离应保持150mm以上。如手握端小于400mm时，应用套管或夹具将钢筋短头压住或夹牢
运转中，严禁用手直接清除切刀附近的断头和杂物。钢筋摆动周围和切刀附近，非操作人员不得停留
发现机械运转不正常、有异响或切刀歪斜等情况，应立即停机检修
作业后，应切断电源，用钢刷清除切刀间的杂物，进行整机清洁保养

图 4-72　钢筋切断机安全管理要求

（2）卧式、手提式钢筋切断机，如图 4 - 73、图 4 - 74 所示。

图 4 - 73　卧式钢筋切断机

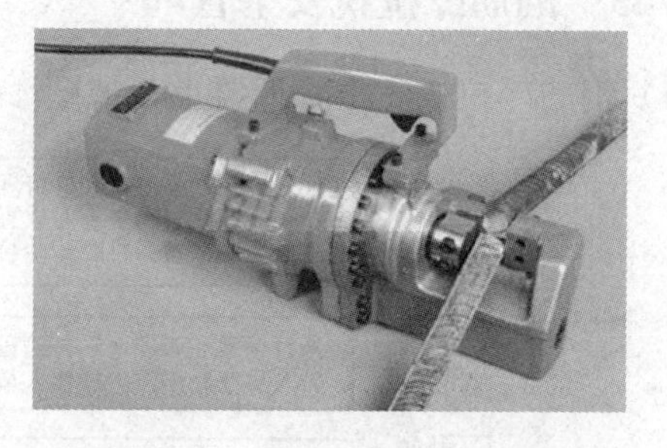

图 4 - 74　手提式钢筋切断机

4.24　钢筋弯曲机安全管理

（1）钢筋弯曲机安全管理要求，如图 4 - 75 所示。

钢筋弯曲机安全管理要求

- 工作台和弯曲机台面要保持水平，并在作业前准备好各种芯轴及工具
- 按加工钢筋的直径和弯曲半径的要求装好芯轴、成型轴、挡铁轴或可变挡架，芯轴直径应为钢筋直径的2.5倍
- 检查芯轴、挡铁轴、转盘无损坏和裂纹，防护罩紧固可靠，经空运转确认正常后，方可作业
- 作业时，将钢筋需弯的一端插在转盘固定销的间隙内，另一端紧靠机身固定销，并用手压紧；检查机身固定销子确实安放在挡住钢筋的一侧，方可开动
- 作业中，严禁更换轴芯、销子和变换角度以及调速等作业，亦不得加油和清扫
- 弯曲钢筋时，严禁超过钢筋弯曲机规定的钢筋直径、根数及机械转速
- 弯曲高强度或低合金钢筋时，应按机械铭牌规定换算最大允许直径并调换相应的芯轴
- 严禁在弯曲钢筋的作业半径内和机身不设固定销的一侧站人。弯曲好的半成品应堆放整齐，弯钩不得朝上
- 转盘换向必须在停稳后进行

图 4 - 75　钢筋弯曲机安全管理要求

（2）钢筋弯曲机，如图 4 - 76 所示。

图 4 - 76　钢筋弯曲机

4.25 钢筋冷拉机安全管理

（1）钢筋冷拉机安全管理要求，如图 4-77 所示。

钢筋冷拉机安全管理要求

- 根据冷拉钢筋的直径，合理选用卷扬机，卷扬钢丝绳应经封闭式导向滑轮并和被拉钢筋水平方向成直角。卷扬机的位置必须使操作人员能见到全部冷拉场地，卷扬机距离冷拉中线不少于5m
- 冷拉场地在两端地锚外侧设置警戒区，装设防护栏杆及警告标志，严禁无关人员在此停留。操作人员在作业时必须离开钢筋至少2m以外
- 用配重控制的设备必须与滑轮匹配，并有指示起落的记号，没有指示记号时，应有专人指挥。配重框提起时，高度应限制在离地面300mm以内，配重架四周应设有栏杆及警告标志
- 作业前，应检查冷拉夹具，夹齿必须完好，滑轮、拖拉小车应润滑灵活，拉钩、地锚及防护装置均应齐全牢固。确认良好后，方可作业
- 卷扬机操作人员必须能看到指挥人员发出的信号，并待所有人员离开危险区后方可作业。冷拉应缓慢、均匀地进行，随时注意停车信号。或当见到有人进入危险区时，应立即停拉，并稍稍放松卷扬钢丝绳
- 用延伸率控制的装置，必须装设明显的限位标志，并应有专人负责指挥
- 夜间工作照明设施应装设在张拉危险区外，如需要装设在场地上空时，其高度应超过5m。灯泡应加防护罩，导线不得用裸线
- 作业后，应放松卷扬钢丝绳，落下配重，切断电源，锁好开关箱

图 4-77 钢筋冷拉机安全管理要求

（2）钢筋冷拉机，如图 4-78 所示。

图 4-78 钢筋冷拉机

4.26 预应力钢筋拉伸设备安全管理

预应力钢筋拉伸设备安全管理要求，如图 4-79 所示。

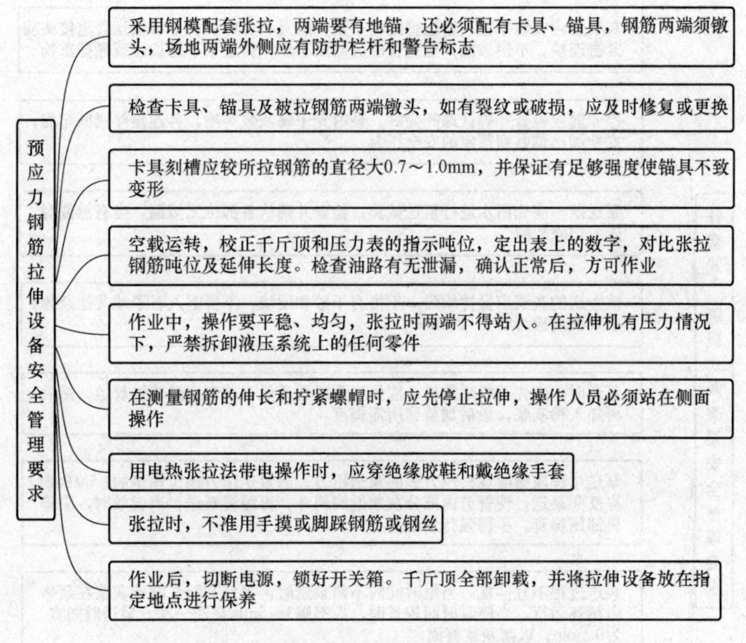
预应力钢筋拉伸设备安全管理要求
采用钢模配套张拉，两端要有地锚，还必须配有卡具、锚具，钢筋两端须镦头，场地两端外侧应有防护栏杆和警告标志
检查卡具、锚具及被拉钢筋两端镦头，如有裂纹或破损，应及时修复或更换
卡具刻槽应较所拉钢筋的直径大0.7～1.0mm，并保证有足够强度使锚具不致变形
空载运转，校正千斤顶和压力表的指示吨位，定出表上的数字，对比张拉钢筋吨位及延伸长度。检查油路有无泄漏，确认正常后，方可作业
作业中，操作要平稳、均匀，张拉时两端不得站人。在拉伸机有压力情况下，严禁拆卸液压系统上的任何零件
在测量钢筋的伸长和拧紧螺帽时，应先停止拉伸，操作人员必须站在侧面操作
用电热张拉法带电操作时，应穿绝缘胶鞋和戴绝缘手套
张拉时，不准用手摸或脚踩钢筋或钢丝
作业后，切断电源，锁好开关箱。千斤顶全部卸载，并将拉伸设备放在指定地点进行保养

图4-79　预应力钢筋拉伸设备安全管理要求

4.27　灰浆搅拌机安全管理

灰浆搅拌机安全管理要求，如图4-80所示。

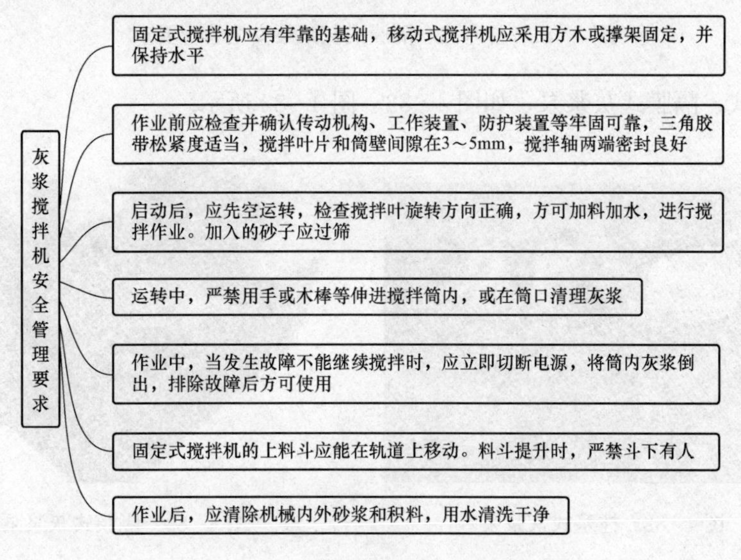
灰浆搅拌机安全管理要求
固定式搅拌机应有牢靠的基础，移动式搅拌机应采用方木或撑架固定，并保持水平
作业前应检查并确认传动机构、工作装置、防护装置等牢固可靠，三角胶带松紧度适当，搅拌叶片和筒壁间隙在3～5mm，搅拌轴两端密封良好
启动后，应先空运转，检查搅拌叶旋转方向正确，方可加料加水，进行搅拌作业。加入的砂子应过筛
运转中，严禁用手或木棒等伸进搅拌筒内，或在筒口清理灰浆
作业中，当发生故障不能继续搅拌时，应立即切断电源，将筒内灰浆倒出，排除故障后方可使用
固定式搅拌机的上料斗应能在轨道上移动。料斗提升时，严禁斗下有人
作业后，应清除机械内外砂浆和积料，用水清洗干净

图4-80　灰浆搅拌机安全管理要求

4.28　灰浆泵安全管理

1. 柱塞式、隔膜式灰浆泵安全管理

（1）柱塞式、隔膜式灰浆泵安全管理要求，如图4-81所示。

柱塞式、隔膜式灰浆泵安全管理要求

- 灰浆泵应安装平稳。输送管路的布置宜短直、少弯头；全部输送管道接头应紧密连接，不得渗漏；垂直管道应固定牢固；管道上不得加压或悬挂重物
- 作业前应检查并确认球阀完好，泵内无干硬灰浆等物，各连接件紧固牢靠，安全阀已调整到预定的安全压力
- 泵送前，应先用水进行泵送试验，检查并确认各部位无渗漏。当有渗漏时，应先排除故障
- 被输送的灰浆应搅拌均匀，不得有干砂和硬块，不得混入石子或其他杂物；灰浆稠度应为80～120mm
- 泵送时，应先开机后加料。应先用泵压送适量石灰膏润滑输送管道，然后再加入稀灰浆，最后调整到所需稠度
- 泵送过程应随时观察压力表的泵送压力，当泵送压力超过预调的1.5MPa时，应反向泵送，使管道内部分灰浆返回料斗，再缓慢泵送；当无效时，应停机卸压检查，不得强行泵送
- 泵送过程不宜停机。当短时间内不需泵送时，可打开回浆阀使灰浆在泵体内循环运行。当停泵时间较长时，应每隔3～5min泵送一次，泵送时间宜为0.5min，以防灰浆凝固
- 故障停机时，应打开泄浆阀使压力下降，然后排除故障。灰浆泵压力未达到零时，不得拆卸空气室、安全阀和管道
- 作业后，应用石灰膏或浓石灰水把输送管道里的灰浆全部泵出，再用清水将泵和输送管道清洗干净

图 4-81　柱塞式、隔膜式灰浆泵安全管理要求

（2）柱塞式、隔膜式灰浆泵，如图 4-82、图 4-83 所示。

图 4-82　柱塞式灰浆泵

图 4-83　隔膜式灰浆泵

2. 挤压式灰浆泵

（1）挤压式灰浆泵安全管理要求，如图 4-84 所示。

（2）挤压式灰浆泵，如图 4-85 所示。

挤压式灰浆泵安全管理要求

- 使用前，应先接好输送管道，往料斗加注清水。启动灰浆泵后，当输送胶管出水时，应折起胶管，待升到额定压力时停泵，观察各部位应无渗漏现象
- 作业前，应先用水，再用白灰膏润滑输送管道，然后加入灰浆，开始泵送
- 料斗加满灰浆后，应停止振动，待灰浆从料斗泵送完时，再加新灰浆振动筛料
- 泵送过程应注意观察压力表。当压力迅速上升，有堵管现象时，应反转泵送2～3转，使灰浆返回料斗，经搅拌后再泵送。当多次正反泵仍不能畅通时，应停机检查，排除堵塞
- 工作间歇时，应先停止送灰，后停止送气，并应防气嘴被灰堵塞
- 作业后，应将泵机和管路系统全部清洗干净

图 4-84　挤压式灰浆泵安全管理要求

图 4-85　挤压式灰浆泵

4.29　喷浆机安全管理

(1) 喷浆机安全管理要求，如图 4-86 所示。

喷浆机安全管理要求

- 石灰浆的密度应为1.06～1.10g/cm³
- 喷涂前，应对石灰浆采用60目筛网过滤两遍
- 喷嘴孔径宜为2.0～2.8mm；当孔径大于2.8mm时，应及时更换
- 泵体内不得无液体干转。在检查电动机旋转方向时，应先打开料桶开关，让石灰浆流入泵体内部，再开动电动机带泵旋转
- 作业后，应往料斗注入清水，开泵清洗直到水清为止，再倒出泵内积水，清洗疏通喷头座及滤网，并将喷枪擦洗干净
- 长期存放前，应清除前、后轴承座内的石灰浆积料，堵塞进浆口，从出浆口注入机油约50mL，再堵塞出浆口，开机运转约30s，使泵体内润滑防锈

图 4-86　喷浆机安全管理要求

（2）喷浆机，如图 4 - 87 所示。

图 4 - 87 喷浆机

4.30 高压无气喷涂机安全管理

高压无气喷涂机安全管理要求，如图 4 - 88 所示。

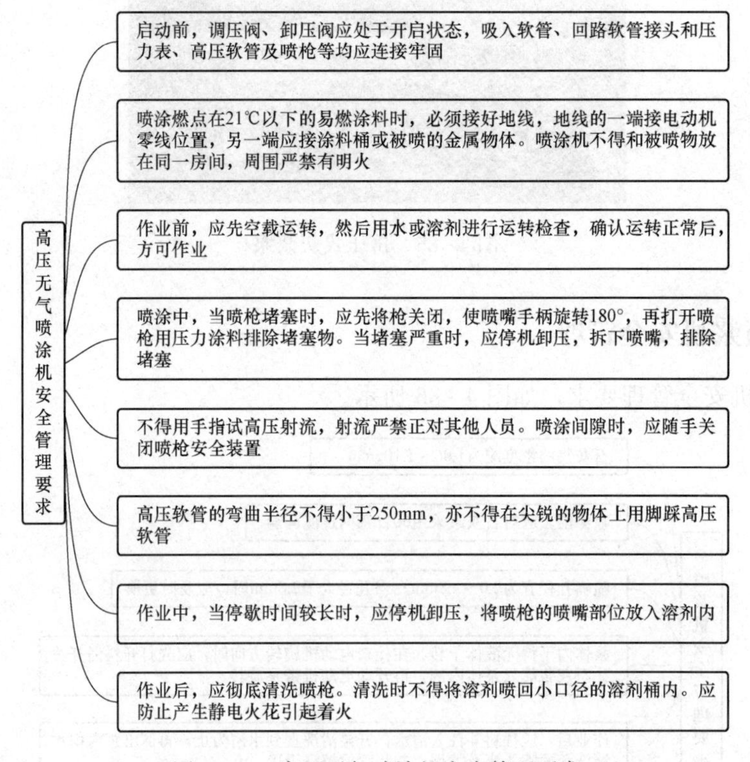
高压无气喷涂机安全管理要求
启动前，调压阀、卸压阀应处于开启状态，吸入软管、回路软管接头和压力表、高压软管及喷枪等均应连接牢固
喷涂燃点在21℃以下的易燃涂料时，必须接好地线，地线的一端接电动机零线位置，另一端应接涂料桶或被喷的金属物体。喷涂机不得和被喷物放在同一房间，周围严禁有明火
作业前，应先空载运转，然后用水或溶剂进行运转检查，确认运转正常后，方可作业
喷涂中，当喷枪堵塞时，应先将枪关闭，使喷嘴手柄旋转180°，再打开喷枪用压力涂料排除堵塞物。当堵塞严重时，应停机卸压，拆下喷嘴，排除堵塞
不得用手指试高压射流，射流严禁正对其他人员。喷涂间隙时，应随手关闭喷枪安全装置
高压软管的弯曲半径不得小于250mm，亦不得在尖锐的物体上用脚踩高压软管
作业中，当停歇时间较长时，应停机卸压，将喷枪的喷嘴部位放入溶剂内
作业后，应彻底清洗喷枪。清洗时不得将溶剂喷回小口径的溶剂桶内。应防止产生静电火花引起着火

图 4 - 88 高压无气喷涂机安全管理要求

4.31 水磨石机安全管理

（1）水磨石机安全管理要求，如图 4 - 89 所示。

水磨石机安全管理要求
- 水磨石机宜在混凝土达到设计强度70%～80%时进行磨削作业
- 作业前，应检查并确认各连接件紧固，当用木槌轻击磨石发出无裂纹的清脆声音时，方可作业
- 电缆线应离地架设，不得放在地面上拖动。电缆线应无破损，保护接地良好
- 在接通电源、水源后，应手压扶把使磨盘离开地面，再启动电动机。检查确认磨盘旋转方向与箭头所示方向一致，待运转正常后，再缓慢放下磨盘，进行作业
- 作业中，使用的冷却水不得间断，用水量宜调至工作面不发干
- 作业中，当发现磨盘跳动或异响，应立即停机检修。停机时，应先提升磨盘后关机
- 更换新磨石后，应先在废水磨石地坪上或废水泥制品表面磨1～2h，待金刚石切削刃磨出后，再投入工作面作业
- 作业后，应切断电源，清洗各部位的泥浆。将机器放置在干燥处，用防雨布遮盖

图 4-89　水磨石机安全管理要求

(2) 水磨石机，如图 4-90 所示。

图 4-90　水磨石机

4.32　混凝土切割机安全管理

(1) 混凝土切割机安全管理要求，如图 4-91 所示。

混凝土切割机安全管理要求
- 使用前，应检查并确认电动机、电缆线均正常，保护接地良好，防护装置安全有效，锯片选用符合要求，安装正确
- 启动后，应空载运转，检查并确认锯片运转方向正确，升降机构灵活，运转中无异常、异响，一切正常后，方可作业
- 操作人员应双手按紧工件，均匀送料。在推进切割机时，不得用力过猛。操作时不得戴手套
- 切割厚度应按机械出厂铭牌规定进行，不得超厚切割
- 作业中，当工件发生冲击、跳动及异常音响时，应立即停机检查，排除故障后，方可继续作业
- 严禁在运转中检查、维修部件。锯台上和构件锯缝中的碎屑应采用专用工具及时清除，不得用手捡拾或抹试
- 作业后，应清洗机身，擦干锯片，排放水箱余水，收回电缆线，并将机器存放在干燥、通风处

图 4-91　混凝土切割机安全管理要求

（2）混凝土切割机，如图 4-92 所示。

图 4-92 混凝土切割机

4.33 电弧焊机安全管理

电弧焊机安全管理要求，如图 4-93 所示。

电弧焊机安全管理要求

- 焊接设备上的电机、空压机等应符合有关规定，并有完整的防护外壳，二次接线柱处应有保护罩
- 现场使用的电焊机应有可防雨、防潮、防晒的机棚，并备有消防用品
- 焊接时，焊接和配合人员必须采取防止触电、高空坠落、瓦斯中毒和火灾等事故的安全措施
- 严禁在运行中的压力管道、装有易燃易爆物品的容器和受力构件上进行焊接和切割
- 焊接铜、铝、锌、锡、铅等有色金属时，必须在通风良好的地方进行，焊接人员应戴防毒面具或呼吸滤清器
- 焊接预热焊件时，应设挡板隔离焊件发生的辐射热
- 高空焊接或切割时，必须挂好安全带，焊件周围和下方应采取防火措施并有专人监护
- 电焊线通过道路时，必须架高或穿入防护管内埋设在地下，如通过轨道时，必须从轨道下面穿过
- 接地线及手把线都不得搭在易燃、易爆和带有热源的物品上，接地线不得接在管道、机床设备和建筑物金属构架或轨道上，接地电阻不大于4Ω
- 长期停用的电焊机，使用时，须检查其绝缘电阻不得低于0.5Ω，接线部分不得有腐蚀和受潮现象
- 焊钳应与手把线连接牢固，不得用胳膊夹持焊钳。清除焊渣时，面部应避开焊缝
- 在载荷运行中，焊接人员应经常检查电焊机的温升，如超过A级60℃、B级80℃时，必须停止运转并降温
- 施焊现场10m范围内，不得堆放氧气瓶、乙炔发生器、木材等易燃物
- 作业后，清理场地、灭绝火种、切断电源、锁好电闸箱、消除焊料余热，再离开

图 4-93 电弧焊机安全管理要求

4.34　交流电焊机安全管理

交流电焊机安全管理要求，如图 4-94 所示。

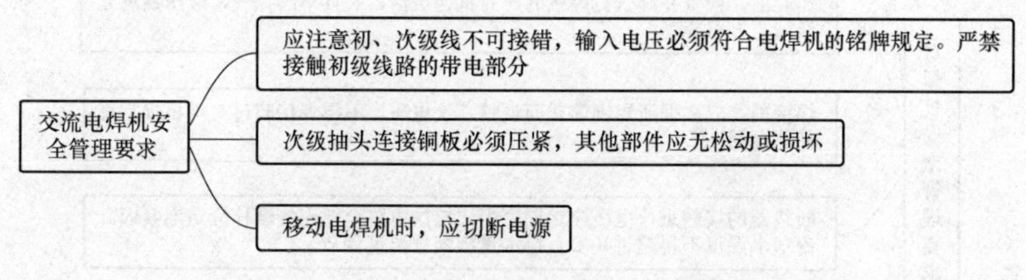
交流电焊机安全管理要求
应注意初、次级线不可接错，输入电压必须符合电焊机的铭牌规定。严禁接触初级线路的带电部分
次级抽头连接铜板必须压紧，其他部件应无松动或损坏
移动电焊机时，应切断电源

图 4-94　交流电焊机安全管理要求

4.35　直流电焊机安全管理

(1) 旋转式电焊机安全管理要求，如图 4-95 所示。

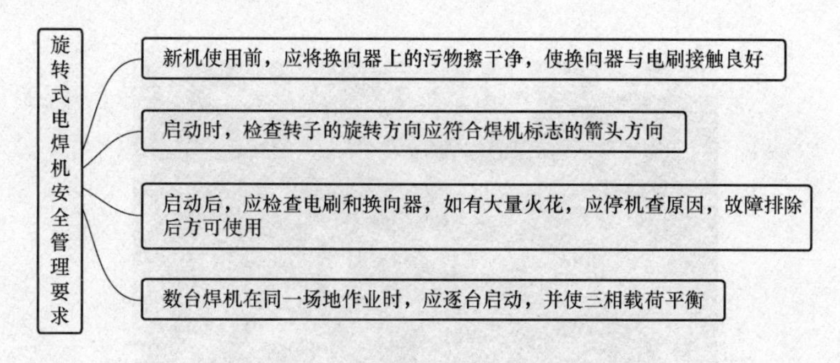
旋转式电焊机安全管理要求
新机使用前，应将换向器上的污物擦干净，使换向器与电刷接触良好
启动时，检查转子的旋转方向应符合焊机标志的箭头方向
启动后，应检查电刷和换向器，如有大量火花，应停机查原因，故障排除后方可使用
数台焊机在同一场地作业时，应逐台启动，并使三相载荷平衡

图 4-95　旋转式电焊机安全管理要求

(2) 硅整流电焊机安全管理要求，如图 4-96 所示。

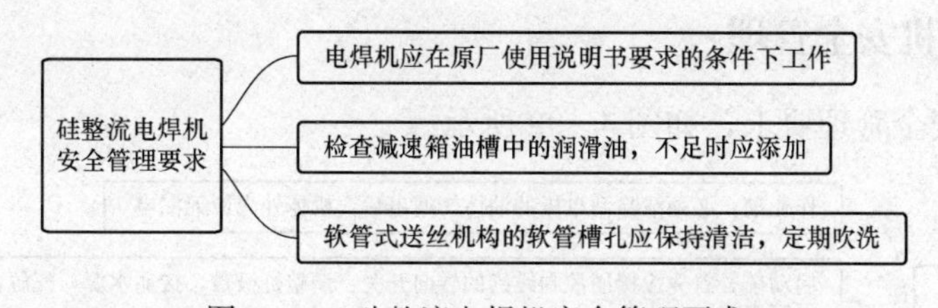
硅整流电焊机安全管理要求
电焊机应在原厂使用说明书要求的条件下工作
检查减速箱油槽中的润滑油，不足时应添加
软管式送丝机构的软管槽孔应保持清洁，定期吹洗

图 4-96　硅整流电焊机安全管理要求

4.36　对焊机安全管理

(1) 对焊机安全管理要求，如图 4-97 所示。

(2) 对焊机，如图 4-98 所示。

对焊机安全管理要求

- 对焊机应安置在室内，并有可靠的接地（接零）。多台对焊机并列安装时，间距不得少于3m，并应分别接在不同相位的电网上，分别有各自的刀形开关
- 作业前，检查并确认对焊机的压力机构灵活，夹具牢固，气、液压系统无泄漏，方可施焊
- 焊接前，应根据所焊钢筋截面调整二次电压，不得焊接超过对焊机规定直径的钢筋
- 断路器的接触点、电极应定期磨光，二次电路全部连接螺栓应定期紧固。冷却水温度不得超过40℃，排水量应根据温度调节
- 焊接较长钢筋时，应设置托架。配合搬运钢筋的操作人员，在焊接时要注意防止火花烫伤
- 闪光区应设挡板，焊接时无关人员不得入内

图 4-97　对焊机安全管理要求

图 4-98　对焊机

4.37　点焊机安全管理

（1）点焊机安全管理要求，如图 4-99 所示。

点焊机安全管理要求

- 作业前，必须清除两电极的油污。通电后，机体外壳应无漏电
- 启动前，首先应接通控制线路的转向开关，调整好极数，接通水源、气源，再接电源
- 电极触头应保持光洁 如有漏电时，应立即更换
- 作业时，气路、水冷却系统应畅通。气体必须保持干燥，排水温度不得超过40℃，排水量可根据气温调节
- 严禁在引燃电路中加大熔断器。当负载过小使引燃管内电弧不能发生时，不得闭合控制箱的引燃电路
- 控制箱如长期停用，每月应通电加热30min。如更换闸流管亦应预热30min。工作时控制箱的预热时间不得少于5min

图 4-99　点焊机安全管理要求

（2）点焊机，如图 4 - 100 所示。

图 4 - 100　点焊机

4.38　乙炔气焊机安全管理

乙炔气焊机安全管理要求，如图 4 - 101 所示。

乙炔气焊机安全管理要求

- 乙炔瓶、氧气瓶及软管、阀、表均应齐全有效，紧固牢靠，不得松动、破损和漏气。氧气瓶及其附件、胶管、工具上均不得沾染油污。软管接头不得用铜质材料制作
- 乙炔瓶、氧气瓶和焊炬间的距离不得小于10m，否则应采取隔离措施。同一地点有两个以上乙炔瓶时，其间距不得小于10m
- 不得将橡胶软管放在高温管道和电线上，或将重物或热的物件压在软管上，更不得将软管与电焊用的导线敷设在一起。软管经过车行道时应加护套或盖板
- 严禁使用未安装减压器的氧气瓶进行作业
- 点燃焊（割）炬时，应先开乙炔阀点火，然后开氧气阀调整火焰。关闭时应先关闭乙炔阀，再关闭氧气阀
- 在作业中，如发现氧气瓶阀门失灵或损坏不能关闭时，应先让瓶内氧气自动放尽，然后再拆卸修理
- 冬期在露天施工，如软管和回火防止器冻结时，可用热水、蒸汽或在暖气设备下化冻，严禁用火焰烘烤
- 不得将橡胶软管背在背上操作
- 作业后，应卸下减压器，拧上气瓶安全帽，将软管卷起捆好，挂在室内干燥处，并将乙炔发生器卸压，放水后取出电石篮。剩余电石和电石渣，应分别放在指定的地方

图 4 - 101　乙炔气焊机安全管理要求

第 5 章　建筑工程特殊作业安全防护

5.1　洞口作业的安全防护

（1）洞口作业的安全防护措施，如图 5-1 所示。

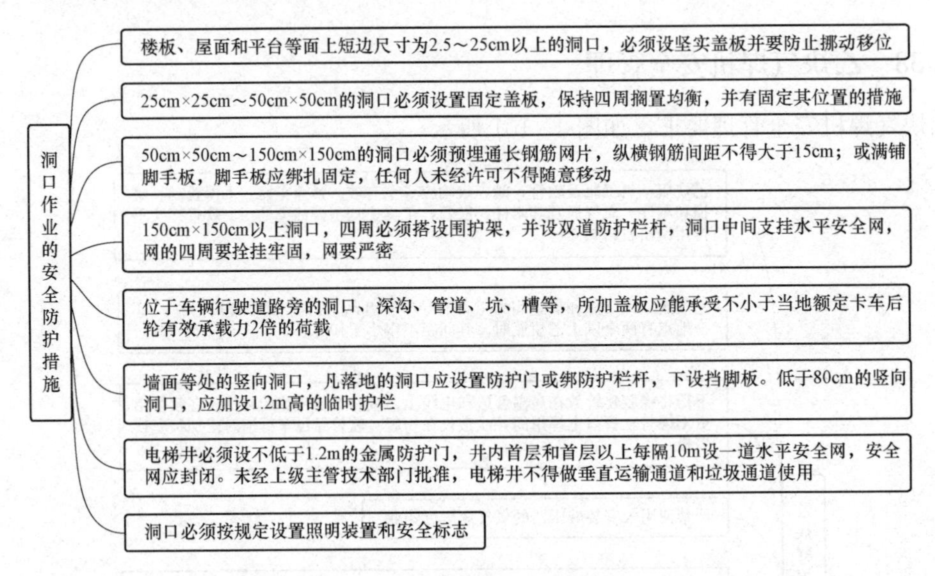

洞口作业的安全防护措施
楼板、屋面和平台等面上短边尺寸为2.5～25cm以上的洞口，必须设坚实盖板并要防止挪动移位
25cm×25cm～50cm×50cm的洞口必须设置固定盖板，保持四周搁置均衡，并有固定其位置的措施
50cm×50cm～150cm×150cm的洞口必须预埋通长钢筋网片，纵横钢筋间距不得大于15cm；或满铺脚手板，脚手板应绑扎固定，任何人未经许可不得随意移动
150cm×150cm以上洞口，四周必须搭设围护架，并设双道防护栏杆，洞口中间支挂水平安全网，网的四周要拴挂牢固，网要严密
位于车辆行驶道路旁的洞口、深沟、管道、坑、槽等，所加盖板应能承受不小于当地额定卡车后轮有效承载力2倍的荷载
墙面等处的竖向洞口，凡落地的洞口应设置防护门或绑防护栏杆，下设挡脚板。低于80cm的竖向洞口，应加设1.2m高的临时护栏
电梯井必须设不低于1.2m的金属防护门，井内首层和首层以上每隔10m设一道水平安全网，安全网应封闭。未经上级主管技术部门批准，电梯井不得做垂直运输通道和垃圾通道使用
洞口必须按规定设置照明装置和安全标志

图 5-1　洞口作业的安全防护措施

（2）楼板、屋面和平台等面上短边尺寸为 2.5～25cm 以上的洞口盖板，如图 5-2 所示。

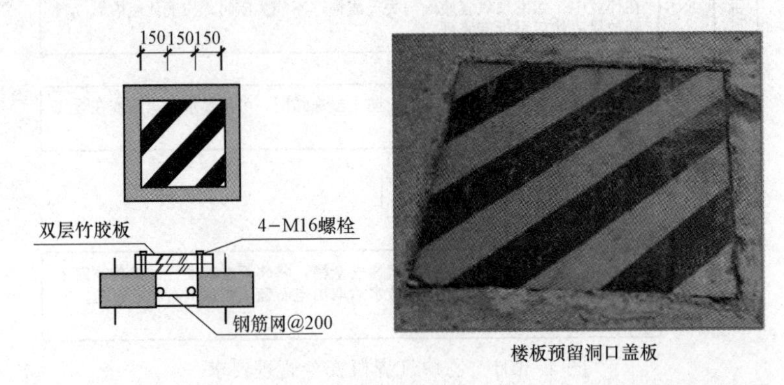

150150150
双层竹胶板
4-M16螺栓
钢筋网@200
楼板预留洞口盖板

图 5-2　楼板、屋面和平台等面上短边尺寸为 2.5～25cm 以上的洞口盖板

（3）洞口钢筋防护网，如图5-3所示。

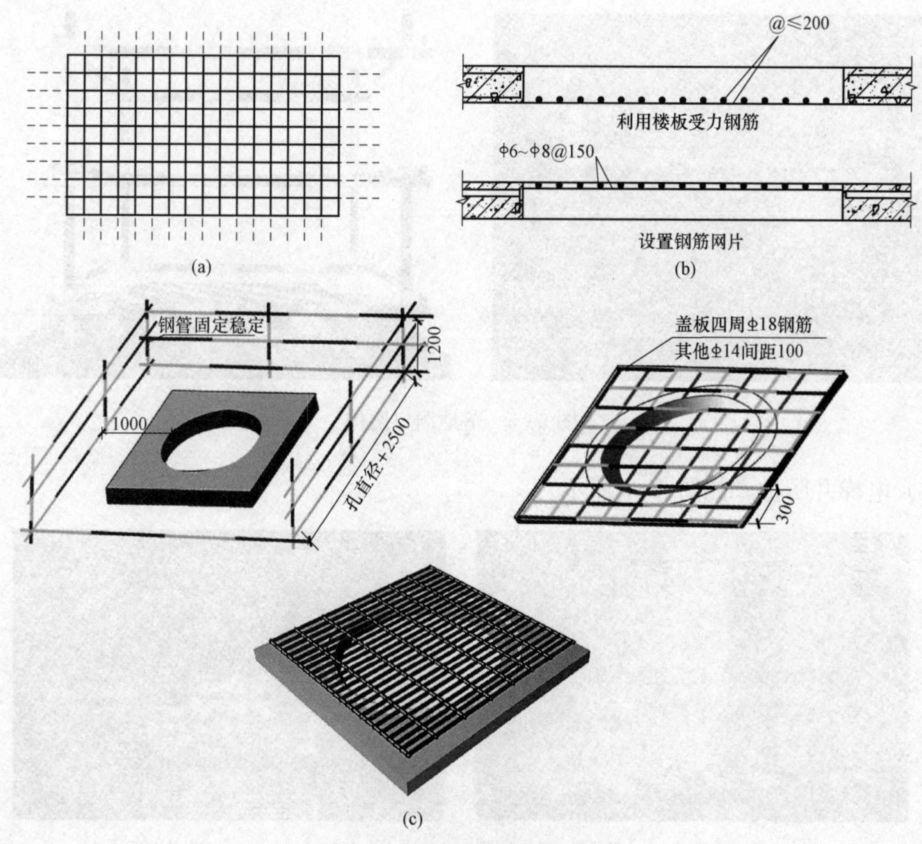
@≤200
利用楼板受力钢筋
Φ6~Φ8@150
设置钢筋网片
(a)
(b)
钢管固定稳定
1200
1000
孔直径+2500
盖板四周Φ18钢筋
其他Φ14间距100
300
(c)

图5-3　洞口钢筋防护网

（a）平面图；（b）剖面图；（c）效果图

（4）150cm×150cm以上洞口防护，如图5-4所示。

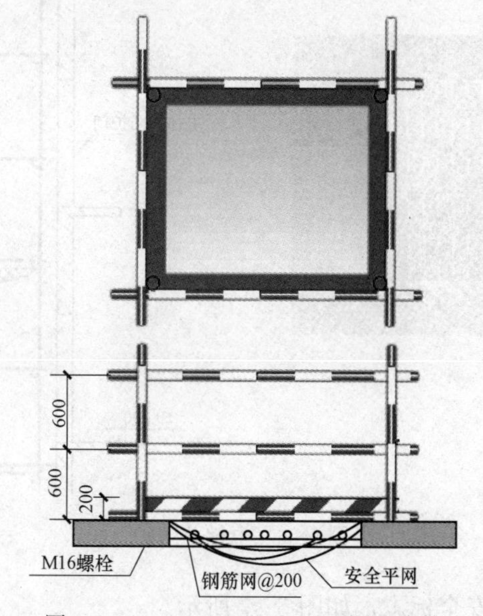
600
600
200
M16螺栓
钢筋网@200
安全平网

图5-4　150cm×150cm以上洞口防护

（5）落地洞口防护，如图 5-5 所示。

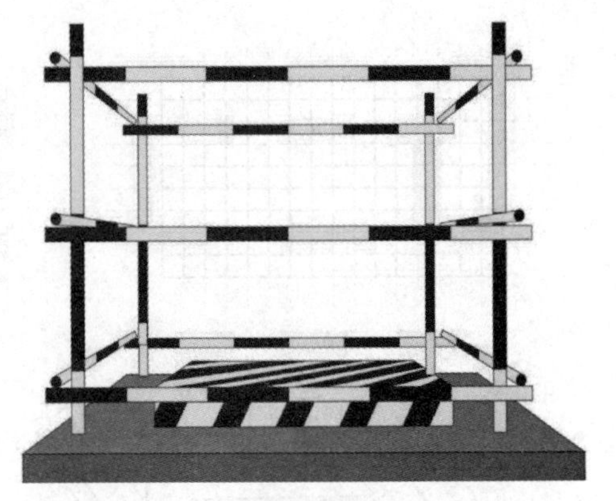

图 5-5　落地洞口防护

（6）电梯井防护，如图 5-6 所示。

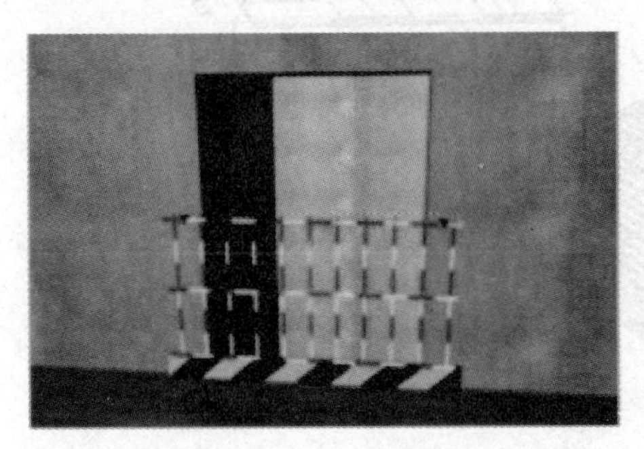

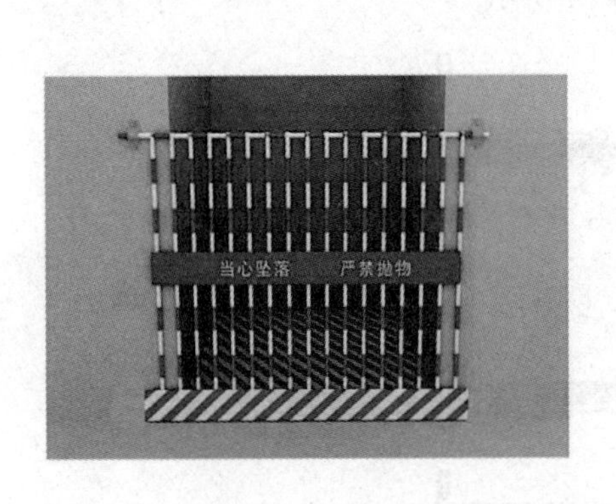
当心坠落
严禁抛物

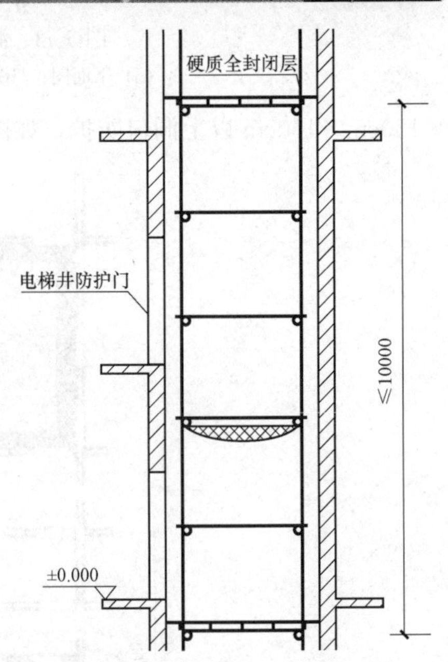
硬质全封闭层
电梯井防护门
≤10000
±0.000

图 5-6　电梯井防护

（7）洞口照明装置和安全标志，如图 5-7 所示。

洞口防护
严禁拆除

图5-7　洞口照明装置和安全标志

5.2　临边作业的安全防护

（1）临边作业的安全防护措施，如图5-8所示。

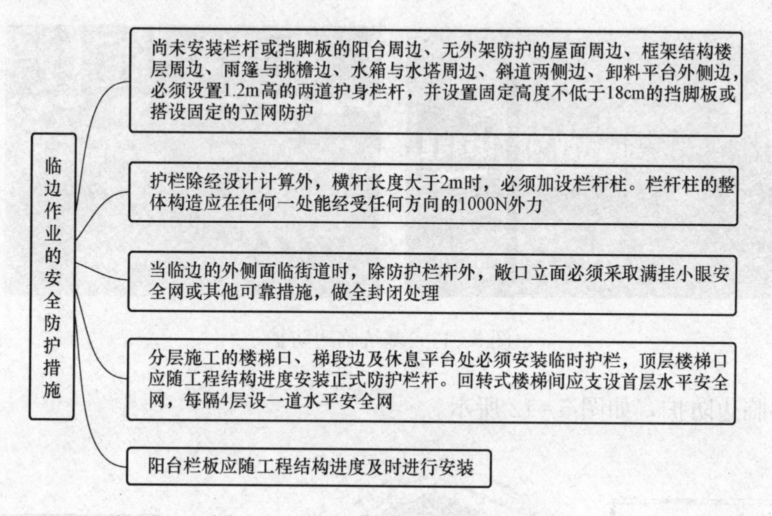
临边作业的安全防护措施
尚未安装栏杆或挡脚板的阳台周边、无外架防护的屋面周边、框架结构楼层周边、雨篷与挑檐边、水箱与水塔周边、斜道两侧边、卸料平台外侧边，必须设置1.2m高的两道护身栏杆，并设置固定高度不低于18cm的挡脚板或搭设固定的立网防护
护栏除经设计计算外，横杆长度大于2m时，必须加设栏杆柱。栏杆柱的整体构造应在任何一处能经受任何方向的1000N外力
当临边的外侧面临街道时，除防护栏杆外，敞口立面必须采取满挂小眼安全网或其他可靠措施，做全封闭处理
分层施工的楼梯口、梯段边及休息平台处必须安装临时护栏，顶层楼梯口应随工程结构进度安装正式防护栏杆。回转式楼梯间应支设首层水平安全网，每隔4层设一道水平安全网
阳台栏板应随工程结构进度及时进行安装

图5-8　临边作业的安全防护措施

（2）护身栏杆，如图5-9所示。

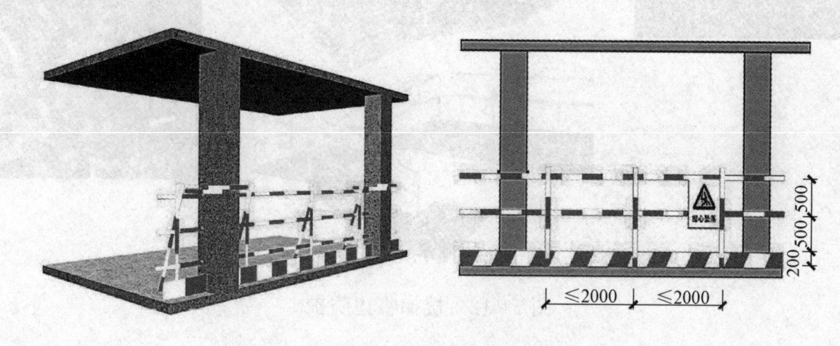
500
500
200
≤2000
≤2000

图5-9　护身栏杆

（3）栏杆柱，如图 5－10 所示。

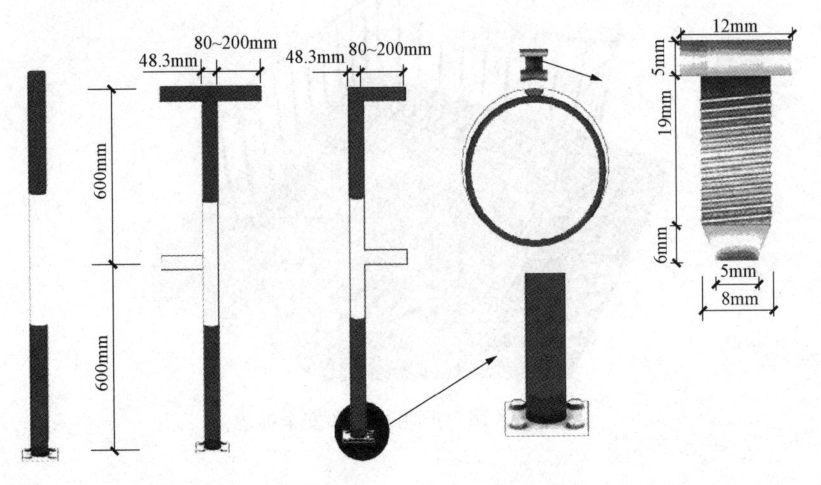
80~200mm
48.3mm
48.3mm
80~200mm
600mm
600mm
12mm
5mm
19mm
6mm
5mm
8mm

图 5－10　栏杆柱

（4）基坑临边防护，如图 5－11 所示。

安全应急通道

图 5－11　基坑临边防护

（5）楼梯临边防护，如图 5－12 所示。

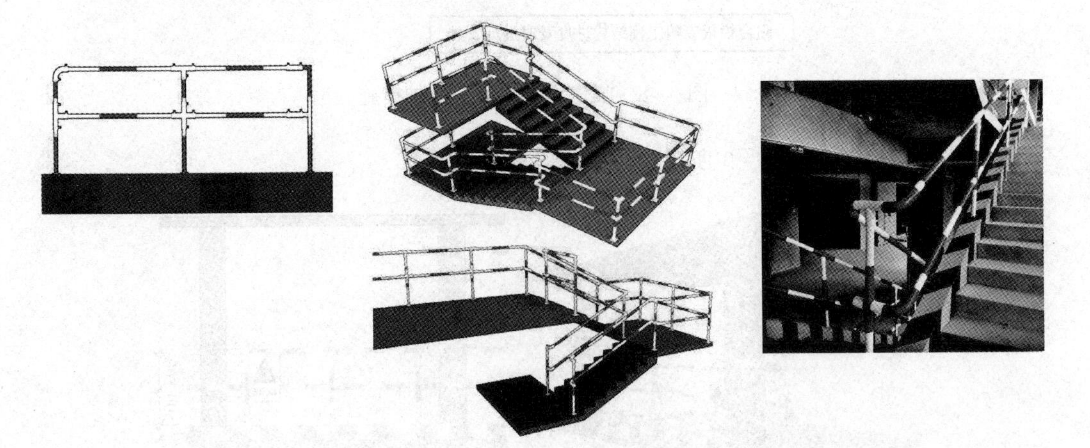

图 5－12　楼梯临边防护

（6）回转式楼梯间水平安全网，如图5-13所示。

图5-13　回转式楼梯间水平安全网

（7）临边护栏，如图5-14所示。

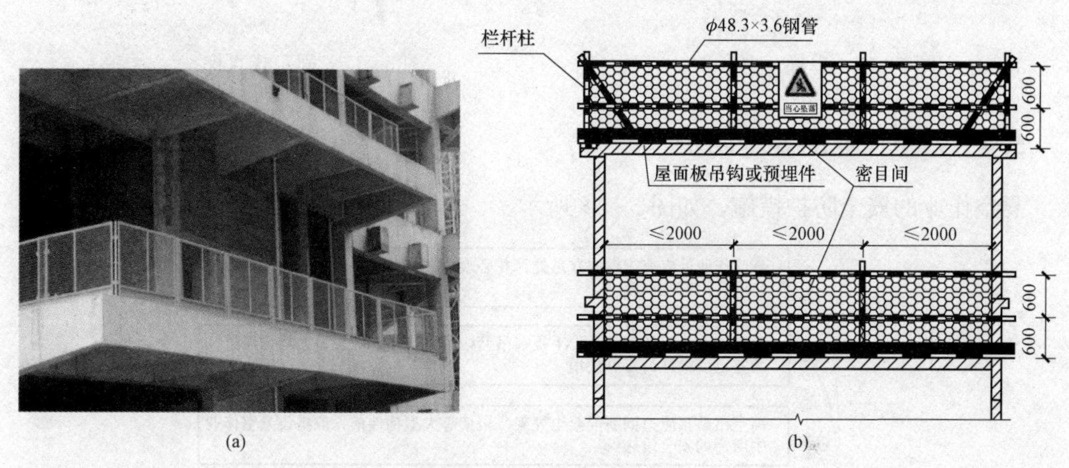
栏杆柱
ϕ48.3×3.6钢管
600
600
屋面板吊钩或预埋件
密目网
≤2000
≤2000
≤2000
600
600
(a)
(b)

图5-14　临边护栏
（a）工具式临边护栏实例；（b）钢管工具式护栏安装图

5.3　攀登作业的安全防护

（1）攀登作业的安全防护措施，如图5-15所示。

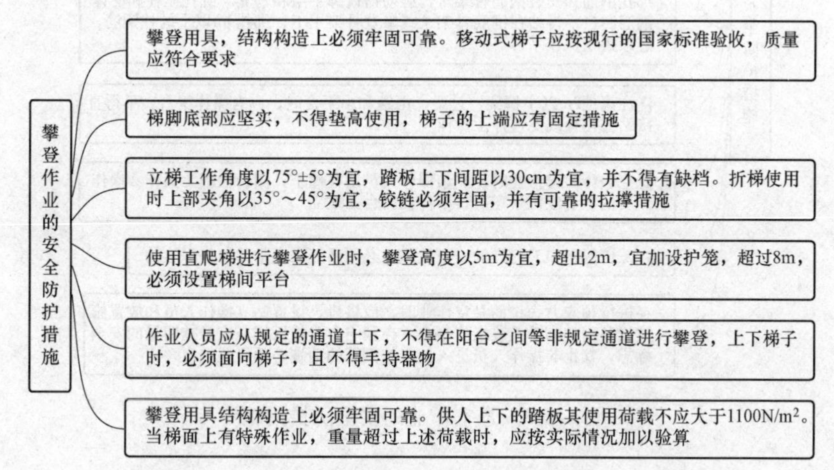
攀登作业的安全防护措施
攀登用具，结构构造上必须牢固可靠。移动式梯子应按现行的国家标准验收，质量应符合要求
梯脚底部应坚实，不得垫高使用，梯子的上端应有固定措施
立梯工作角度以75°±5°为宜，踏板上下间距以30cm为宜，并不得有缺档。折梯使用时上部夹角以35°～45°为宜，铰链必须牢固，并有可靠的拉撑措施
使用直爬梯进行攀登作业时，攀登高度以5m为宜，超出2m，宜加设护笼，超过8m，必须设置梯间平台
作业人员应从规定的通道上下，不得在阳台之间等非规定通道进行攀登，上下梯子时，必须面向梯子，且不得手持器物
攀登用具结构构造上必须牢固可靠。供人上下的踏板其使用荷载不应大于1100N/m²。当梯面上有特殊作业，重量超过上述荷载时，应按实际情况加以验算

图5-15　攀登作业的安全防护措施

（2）单梯和固定式直梯，如图 5-16、图 5-17 所示。

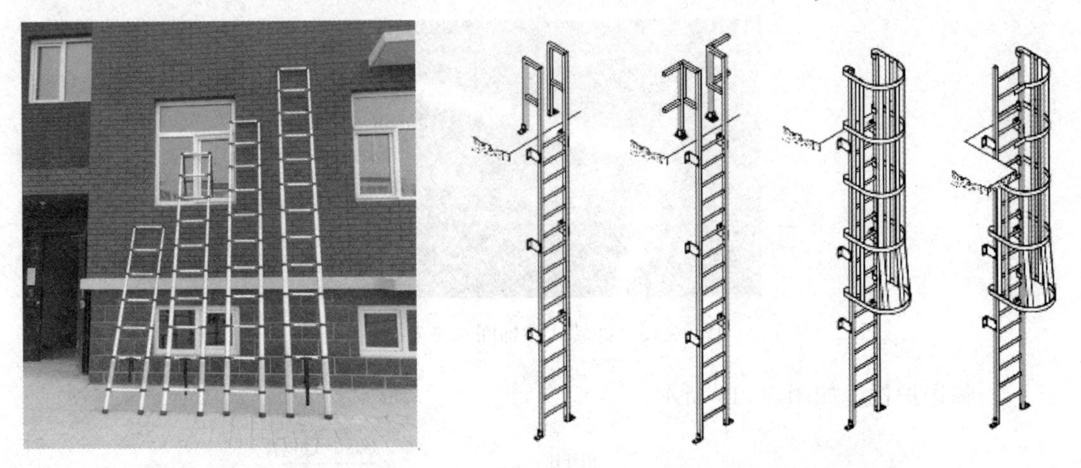

图 5-16 单梯　　图 5-17 固定式直梯

5.4 悬空作业的安全防护

悬空作业的安全防护措施，如图 5-18 所示。

悬空作业的安全防护措施

- 悬空作业处应有牢靠的立足处，并必须视具体情况，配置防护栏网、栏杆或其他安全设施
- 悬空作业所用的索具、脚手板、吊篮、吊笼、平台等设备，均需经过技术鉴定或验证后方可使用
- 高空吊装预应力钢筋混凝土屋架、桁架等大型构件前，应搭设悬空作业中所需的安全设施
- 吊装中的大模板、预制构件以及石棉水泥板等屋面板上，严禁站人和行走
- 支模板应按规定工艺进行，严禁在连接件和支撑件上攀登上下，并严禁在同一垂直面上装、拆模板。支设高度在3m以上的柱模板，四周应设斜撑，并应设立操作平台
- 绑扎钢筋和安装钢筋骨架时，必须搭设脚手架和马凳。绑扎立柱和墙体钢筋时，不得站在钢筋骨架上或攀登骨架上下，绑扎3m以上的柱钢筋，必须搭设操作平台
- 浇注离地2m以上框架、过梁、雨篷和小平台时，应有操作平台，不得直接站在模板或支撑件上操作
- 悬空进行门窗作业时，严禁操作人员站在樘子、阳台栏板上操作。操作人员的重心应位于室内，不得在窗台上站立
- 特殊情况下如无可靠的安全设施，必须系好安全带并扣好保险钩
- 在进行预应力张拉的悬空作业时，应搭设、设置站立操作人员和放置张拉设备用的脚手架或操作平台。在预应力张拉区域，应悬挂明显的安全标志，禁止非操作人员进入，张拉钢筋的两端必须设置挡板

图 5-18 悬空作业的安全防护措施

5.5　高处作业的安全防护

（1）高处作业的安全防护措施，如图 5-19 所示。

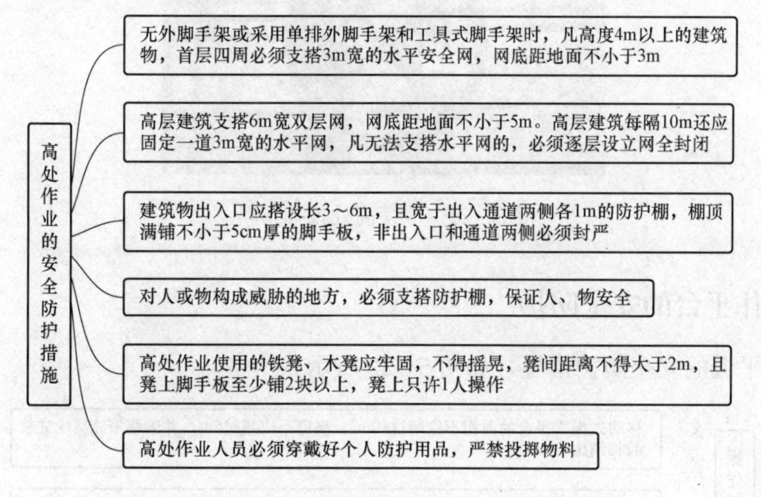
高处作业的安全防护措施
无外脚手架或采用单排外脚手架和工具式脚手架时，凡高度4m以上的建筑物，首层四周必须支搭3m宽的水平安全网，网底距地面不小于3m
高层建筑支搭6m宽双层网，网底距地面不小于5m。高层建筑每隔10m还应固定一道3m宽的水平网，凡无法支搭水平网的，必须逐层设立网全封闭
建筑物出入口应搭设长3～6m，且宽于出入通道两侧各1m的防护棚，棚顶满铺不小于5cm厚的脚手板，非出入口和通道两侧必须封严
对人或物构成威胁的地方，必须支搭防护棚，保证人、物安全
高处作业使用的铁凳、木凳应牢固，不得摇晃，凳间距离不得大于2m，且凳上脚手板至少铺2块以上，凳上只许1人操作
高处作业人员必须穿戴好个人防护用品，严禁投掷物料

图 5-19　高处作业的安全防护措施

（2）建筑物出入口防护棚，如图 5-20 所示。

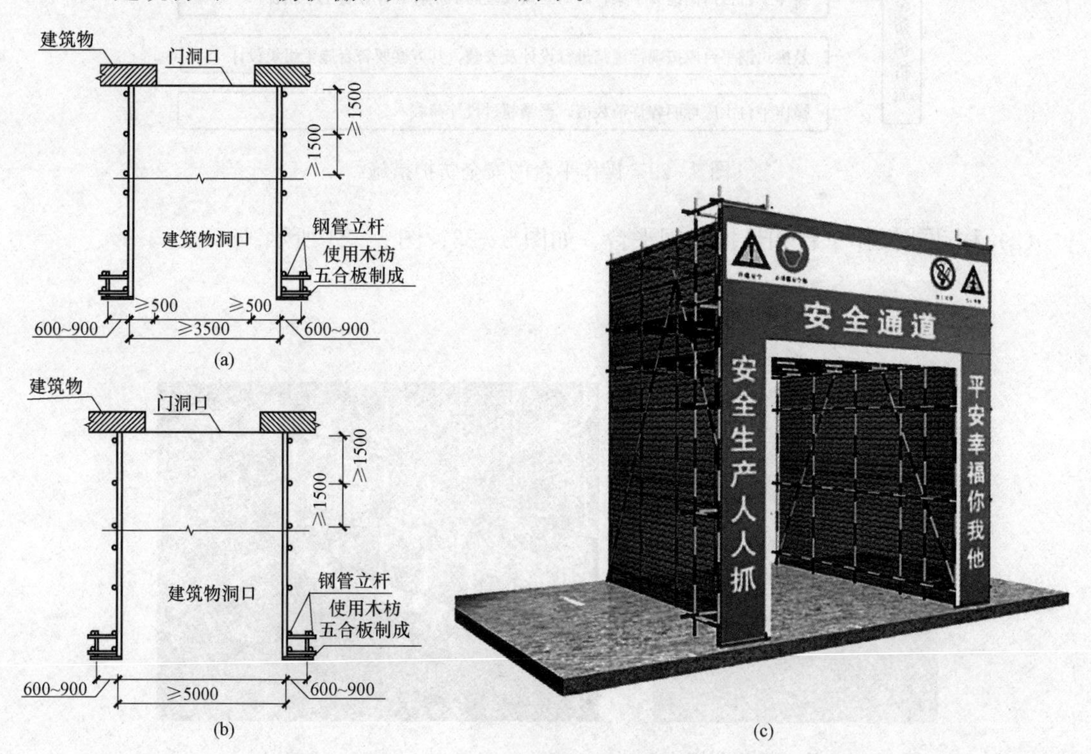
建筑物
门洞口
≥1500
≥1500
建筑物洞口
钢管立杆
使用木枋
五合板制成
≥500
≥500
600~900
≥3500
600~900
(a)
建筑物
门洞口
≥1500
≥1500
建筑物洞口
钢管立杆
使用木枋
五合板制成
600~900
≥5000
600~900
(b)
安全通道
安全生产人人抓
平安幸福你我他
(c)

图 5-20　建筑物出入口防护棚

（a）建筑物出入口防护棚做法一；（b）建筑物出入口防护棚做法二；（c）建筑物出入口防护棚示意图

（3）严禁高处投掷物料，如图 5-21 所示。

图 5 - 21　严禁高处投掷物料

5.6　操作平台的安全防护

（1）操作平台的安全防护措施，如图 5 - 22 所示。

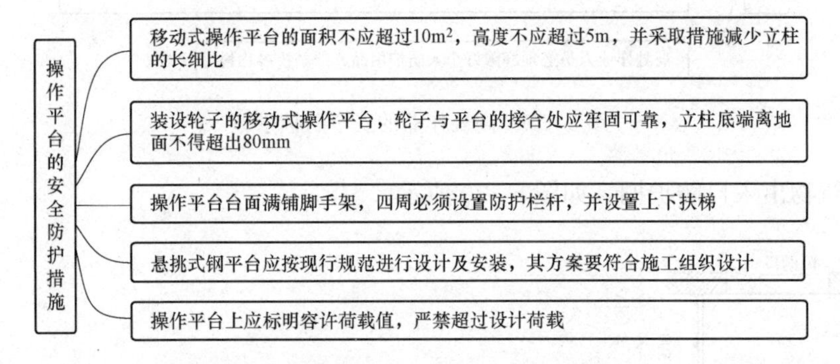
操作平台的安全防护措施
移动式操作平台的面积不应超过10m²，高度不应超过5m，并采取措施减少立柱的长细比
装设轮子的移动式操作平台，轮子与平台的接合处应牢固可靠，立柱底端离地面不得超出80mm
操作平台台面满铺脚手架，四周必须设置防护栏杆，并设置上下扶梯
悬挑式钢平台应按现行规范进行设计及安装，其方案要符合施工组织设计
操作平台上应标明容许荷载值，严禁超过设计荷载

图 5 - 22　操作平台的安全防护措施

（2）移动式操作平台和悬挑式钢平台，如图 5 - 23、图 5 - 24 所示。

图 5 - 23　移动式操作平台

图 5 - 24　悬挑式钢平台

5.7　交叉作业的安全防护

交叉作业的安全防护措施，如图 5 - 25 所示。

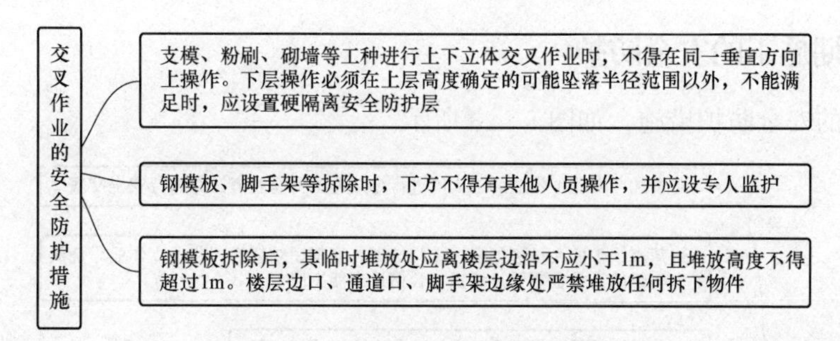
交叉作业的安全防护措施
支模、粉刷、砌墙等工种进行上下立体交叉作业时，不得在同一垂直方向上操作。下层操作必须在上层高度确定的可能坠落半径范围以外，不能满足时，应设置硬隔离安全防护层
钢模板、脚手架等拆除时，下方不得有其他人员操作，并应设专人监护
钢模板拆除后，其临时堆放处应离楼层边沿不应小于1m，且堆放高度不得超过1m。楼层边口、通道口、脚手架边缘处严禁堆放任何拆下物件

图5-25　交叉作业的安全防护措施

5.8　雨期施工的安全防护

（1）雨期施工的安全防护措施，如图5-26所示。

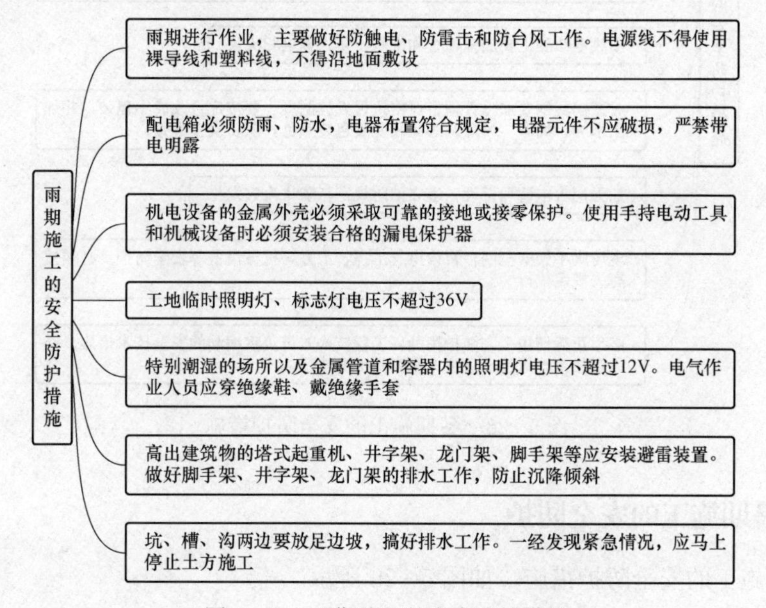
雨期施工的安全防护措施
雨期进行作业，主要做好防触电、防雷击和防台风工作。电源线不得使用裸导线和塑料线，不得沿地面敷设
配电箱必须防雨、防水，电器布置符合规定，电器元件不应破损，严禁带电明露
机电设备的金属外壳必须采取可靠的接地或接零保护。使用手持电动工具和机械设备时必须安装合格的漏电保护器
工地临时照明灯、标志灯电压不超过36V
特别潮湿的场所以及金属管道和容器内的照明灯电压不超过12V。电气作业人员应穿绝缘鞋、戴绝缘手套
高出建筑物的塔式起重机、井字架、龙门架、脚手架等应安装避雷装置。做好脚手架、井字架、龙门架的排水工作，防止沉降倾斜
坑、槽、沟两边要放足边坡，搞好排水工作。一经发现紧急情况，应马上停止土方施工

图5-26　雨期施工的安全防护措施

（2）配电箱防护，如图5-27所示。

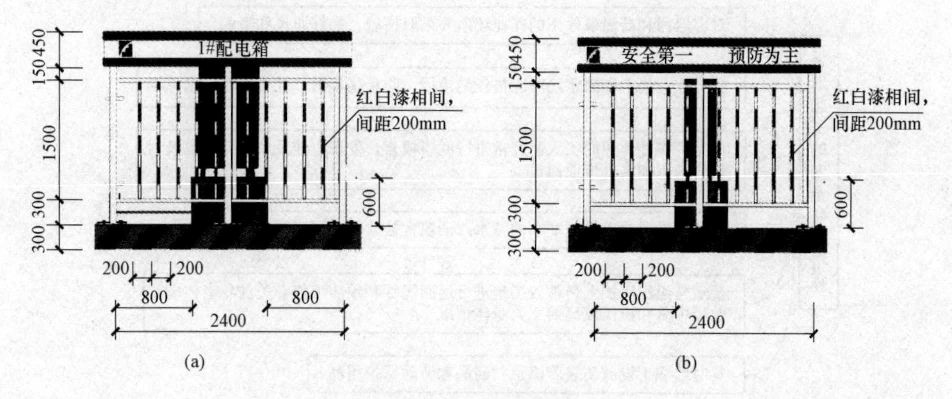
1#配电箱
红白漆相间，
间距200mm
150
450
1500
300
300
300
600
200
200
800
800
2400
(a)
安全第一　预防为主
红白漆相间，
间距200mm
150
450
1500
300
300
600
200
200
800
2400
(b)

图5-27　配电箱防护

（a）配电箱防护棚正面图；（b）配电箱防护棚侧面图

5.9 冬期施工的安全防护

冬期施工的安全防护措施，如图 5-28 所示。

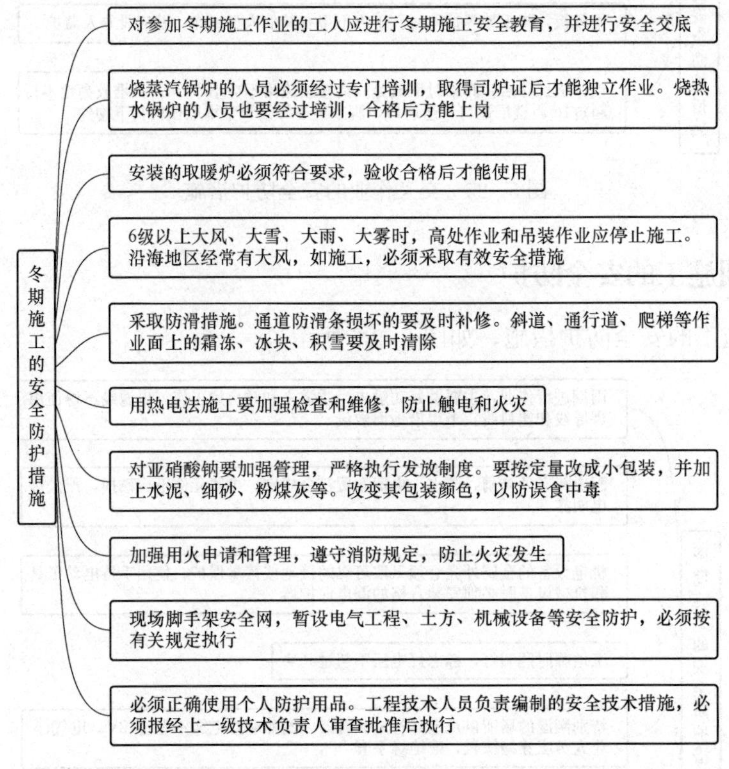
冬期施工的安全防护措施
对参加冬期施工作业的工人应进行冬期施工安全教育，并进行安全交底
烧蒸汽锅炉的人员必须经过专门培训，取得司炉证后才能独立作业。烧热水锅炉的人员也要经过培训，合格后方能上岗
安装的取暖炉必须符合要求，验收合格后才能使用
6级以上大风、大雪、大雨、大雾时，高处作业和吊装作业应停止施工。沿海地区经常有大风，如施工，必须采取有效安全措施
采取防滑措施。通道防滑条损坏的要及时补修。斜道、通行道、爬梯等作业面上的霜冻、冰块、积雪要及时清除
用热电法施工要加强检查和维修，防止触电和火灾
对亚硝酸钠要加强管理，严格执行发放制度。要按定量改成小包装，并加上水泥、细砂、粉煤灰等。改变其包装颜色，以防误食中毒
加强用火申请和管理，遵守消防规定，防止火灾发生
现场脚手架安全网，暂设电气工程、土方、机械设备等安全防护，必须按有关规定执行
必须正确使用个人防护用品。工程技术人员负责编制的安全技术措施，必须报经上一级技术负责人审查批准后执行

图 5-28　冬期施工的安全防护措施

5.10 暑期施工的安全防护

（1）暑期施工的安全防护措施，如图 5-29 所示。

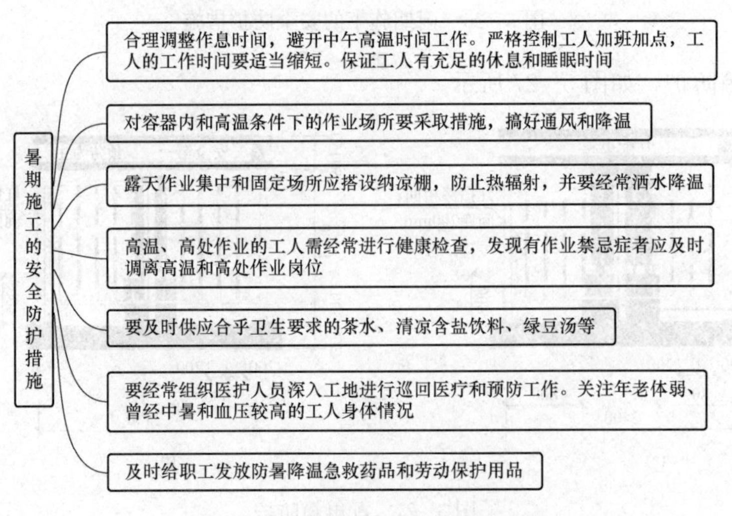
暑期施工的安全防护措施
合理调整作息时间，避开中午高温时间工作。严格控制工人加班加点，工人的工作时间要适当缩短。保证工人有充足的休息和睡眠时间
对容器内和高温条件下的作业场所要采取措施，搞好通风和降温
露天作业集中和固定场所应搭设纳凉棚，防止热辐射，并要经常洒水降温
高温、高处作业的工人需经常进行健康检查，发现有作业禁忌症者应及时调离高温和高处作业岗位
要及时供应合乎卫生要求的茶水、清凉含盐饮料、绿豆汤等
要经常组织医护人员深入工地进行巡回医疗和预防工作。关注年老体弱、曾经中暑和血压较高的工人身体情况
及时给职工发放防暑降温急救药品和劳动保护用品

图 5-29　暑期施工的安全防护措施

（2）暑期施工搭设纳凉棚与降温措施，如图 5－30、图 5－31 所示。

炎炎夏日送清凉

图 5－30　纳凉棚

图 5－31　洒水降温

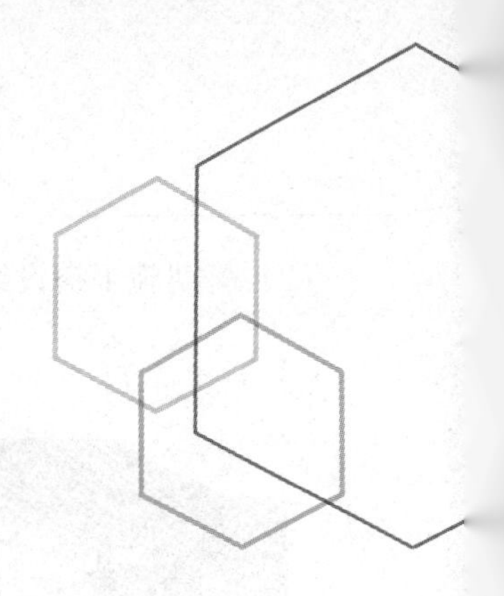

第 6 章 建筑工程施工现场临时用电安全管理

6.1 临时用电施工组织设计安全管理

临时用电施工组织设计安全管理要求，如图 6-1 所示。

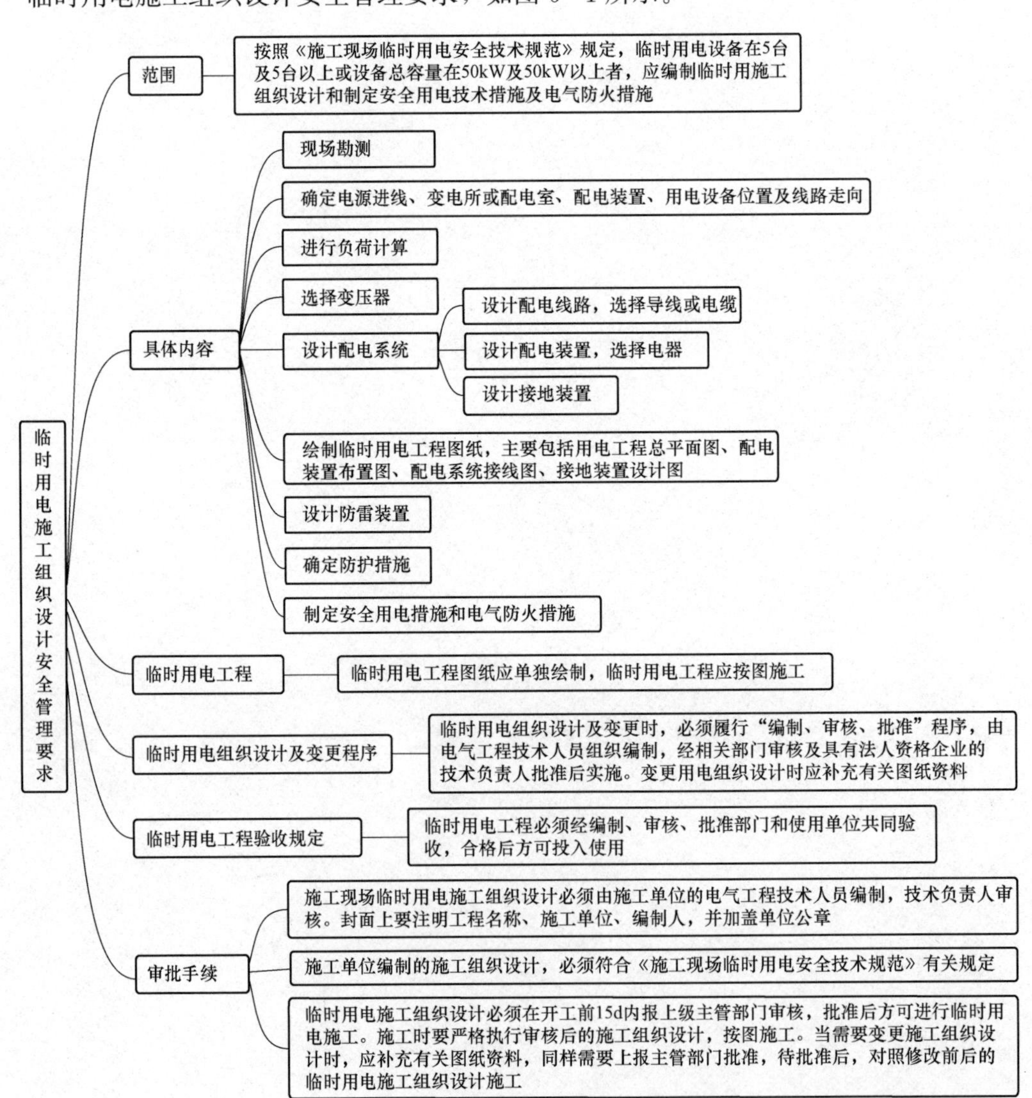

临时用电施工组织设计安全管理要求
范围
按照《施工现场临时用电安全技术规范》规定，临时用电设备在5台及5台以上或设备总容量在50kW及50kW以上者，应编制临时用施工组织设计和制定安全用电技术措施及电气防火措施
具体内容
现场勘测
确定电源进线、变电所或配电室、配电装置、用电设备位置及线路走向
进行负荷计算
选择变压器
设计配电系统
设计配电线路，选择导线或电缆
设计配电装置，选择电器
设计接地装置
绘制临时用电工程图纸，主要包括用电工程总平面图、配电装置布置图、配电系统接线图、接地装置设计图
设计防雷装置
确定防护措施
制定安全用电措施和电气防火措施
临时用电工程
临时用电工程图纸应单独绘制，临时用电工程应按图施工
临时用电组织设计及变更程序
临时用电组织设计及变更时，必须履行“编制、审核、批准”程序，由电气工程技术人员组织编制，经相关部门审核及具有法人资格企业的技术负责人批准后实施。变更用电组织设计时应补充有关图纸资料
临时用电工程验收规定
临时用电工程必须经编制、审核、批准部门和使用单位共同验收，合格后方可投入使用
审批手续
施工现场临时用电施工组织设计必须由施工单位的电气工程技术人员编制，技术负责人审核。封面上要注明工程名称、施工单位、编制人，并加盖单位公章
施工单位编制的施工组织设计，必须符合《施工现场临时用电安全技术规范》有关规定
临时用电施工组织设计必须在开工前15d内报上级主管部门审核，批准后方可进行临时用电施工。施工时要严格执行审核后的施工组织设计，按图施工。当需要变更施工组织设计时，应补充有关图纸资料，同样需要上报主管部门批准，待批准后，对照修改前后的临时用电施工组织设计施工

图 6-1 临时用电施工组织设计安全管理要求

6.2　临时用电安全技术档案安全管理

临时用电安全技术档案安全管理要求，如图6-2所示。

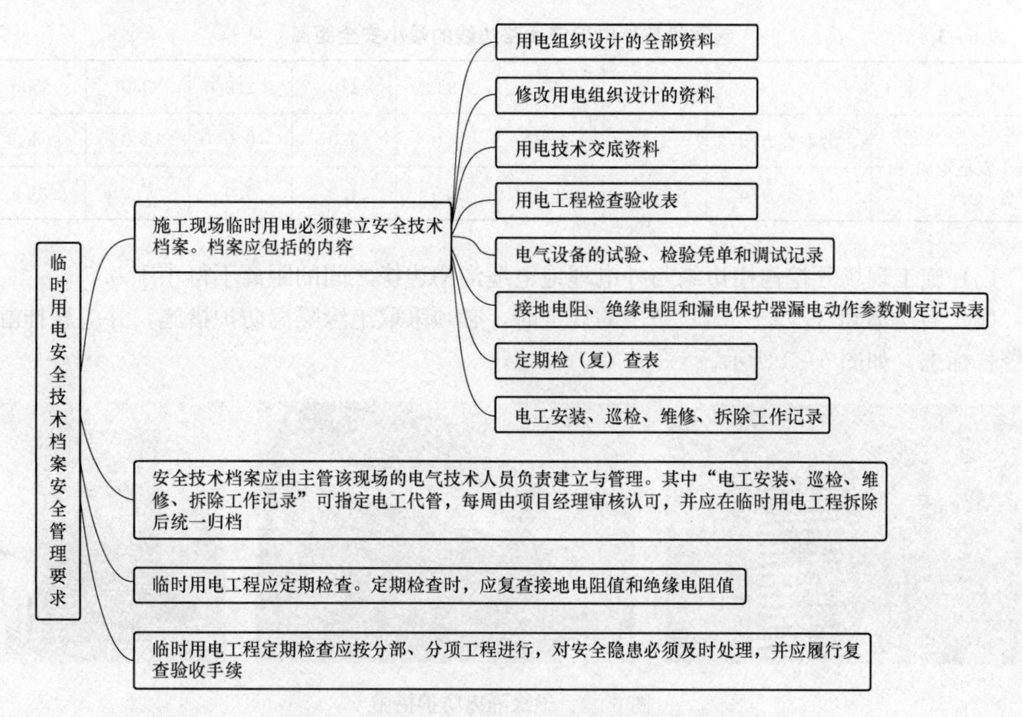
临时用电安全技术档案安全管理要求
施工现场临时用电必须建立安全技术档案。档案应包括的内容
用电组织设计的全部资料
修改用电组织设计的资料
用电技术交底资料
用电工程检查验收表
电气设备的试验、检验凭单和调试记录
接地电阻、绝缘电阻和漏电保护器漏电动作参数测定记录表
定期检（复）查表
电工安装、巡检、维修、拆除工作记录
安全技术档案应由主管该现场的电气技术人员负责建立与管理。其中“电工安装、巡检、维修、拆除工作记录”可指定电工代管，每周由项目经理审核认可，并应在临时用电工程拆除后统一归档
临时用电工程应定期检查。定期检查时，应复查接地电阻值和绝缘电阻值
临时用电工程定期检查应按分部、分项工程进行，对安全隐患必须及时处理，并应履行复查验收手续

图6-2　临时用电安全技术档案安全管理要求

6.3　施工现场外电线路安全管理

1. 外电线路的安全距离

(1) 在建工程不得在外电架空线路正下方施工、搭设作业棚、建造生活设施，或堆放构件、架具、材料及其他杂物等。

(2) 在建工程（含脚手架）的周边与外电架空线路的边线之间的最小安全操作距离应符合表6-1的规定。

表6-1　在建工程（含脚手架）的周边与外电架空线路的边线之间的最小安全操作距离

外电线路电压等级/kV	<1	1～10	35～110	220	330～500
最小安全操作距离/m	4.0	6.0	8.0	10	15

(3) 施工现场的机动车道与外电架空线路交叉时，架空线路的最低点与路面的最小垂直距离应符合表6-2的规定。

表6-2　施工现场的机动车道与外电架空线路交叉时的最小垂直距离

外电线路电压等级/kV	<1	1～10	35
最小垂直距离/m	6.0	7.0	7.0

（4）起重机严禁越过无防护设施的外电架空线路作业。在外电架空线路附近吊装时，起重机的任何部位或被吊物边缘最大偏斜时与外电架空线路边线的最小安全距离应符合表 6-3 的规定。

表 6-3　起重机与外电架空线路边线的最小安全距离

电压/kV		<1	10	35	110	220	330	500
最小安全距离/m	沿垂直方向	1.5	3.0	4.0	5.0	6.0	7.0	8.5
	沿水平方向	1.5	2.0	3.5	4.0	6.0	7.0	8.5

（5）施工现场开挖沟槽边缘与外电埋地电缆沟槽边缘之间的距离不得小于 0.5m。

（6）当达不到（2）～（4）条中的规定时，必须采取绝缘隔离防护措施，并应悬挂醒目的警告标志，如图 6-3 所示。

注意安全
高压危险

中国建筑
高压危险
注意安全

图 6-3　绝缘隔离防护措施

架设防护设施时，必须经有关部门批准，采取线路暂时停电或其他可靠的安全技术措施，并应有电气工程技术人员和专职安全人员监护。

防护设施与外电线路之间的安全距离不应小于表 6-4 所列数值。防护设施应坚固、稳定，且对外电线路的隔离防护应达到 IP30 级。

表 6-4　防护设施与外电线路之间的最小安全距离

外电线路电压等级/kV	≤10	35	110	220	330	500
最小垂直距离/m	1.7	2.0	2.5	4.0	5.0	6.0

（7）在外电架空线路附近开挖沟槽时，必须会同有关部门采取加固措施，防止外电架空线路电杆倾斜、悬倒。

2. 电气设备防护

（1）电气设备现场周围不得存放易燃易爆物和腐蚀介质，否则应予清除或做防护处置，其防护等级必须与环境条件相适应。

（2）电气设备设置场所应能避免物体打击和机械损伤，否则应做防护处置。

6.4　电器接零或接地安全管理

1. 保护接零

（1）在 TN 系统中，电气设备不带电的外露可导电部分应做保护接零，如图 6-4 所示。

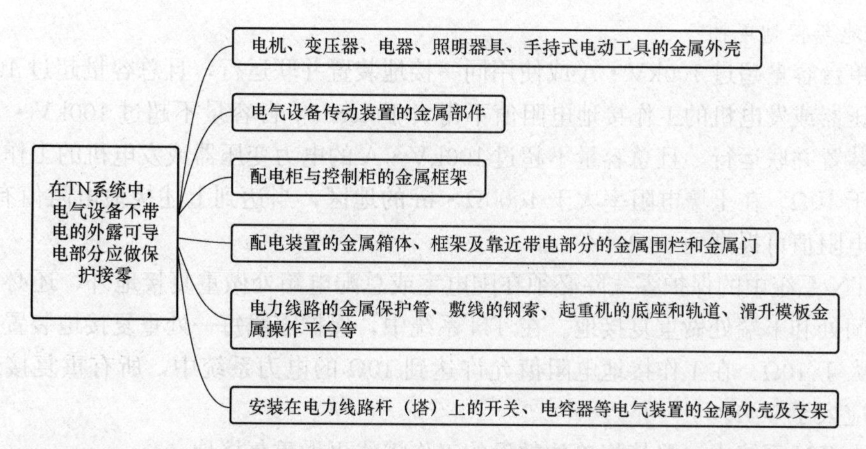
在TN系统中，电气设备不带电的外露可导电部分应做保护接零
电机、变压器、电器、照明器具、手持式电动工具的金属外壳
电气设备传动装置的金属部件
配电柜与控制柜的金属框架
配电装置的金属箱体、框架及靠近带电部分的金属围栏和金属门
电力线路的金属保护管、敷线的钢索、起重机的底座和轨道、滑升模板金属操作平台等
安装在电力线路杆（塔）上的开关、电容器等电气装置的金属外壳及支架

图 6-4　在 TN 系统中，电气设备不带电的外露可导电部分应做保护接零

（2）城防、人防、隧道等潮湿或条件特别恶劣的施工现场，电气设备必须采用保护接零。

（3）在 TN 系统中，电气设备不带电的外露可导电部分可不做保护接零，如图 6-5 所示。

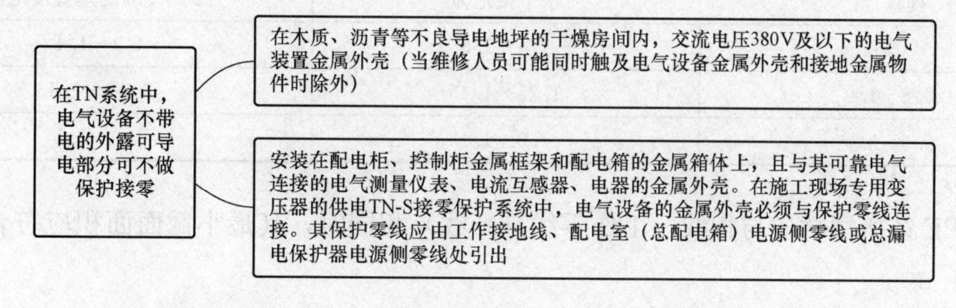
在TN系统中，电气设备不带电的外露可导电部分可不做保护接零
在木质、沥青等不良导电地坪的干燥房间内，交流电压380V及以下的电气装置金属外壳（当维修人员可能同时触及电气设备金属外壳和接地金属物件时除外）
安装在配电柜、控制柜金属框架和配电箱的金属箱体上，且与其可靠电气连接的电气测量仪表、电流互感器、电器的金属外壳。在施工现场专用变压器的供电TN-S接零保护系统中，电气设备的金属外壳必须与保护零线连接。其保护零线应由工作接地线、配电室（总配电箱）电源侧零线或总漏电保护器电源侧零线处引出

图 6-5　在 TN 系统中，电气设备不带电的外露可导电部分可不做保护接零

（4）专用变压器供电时 TN-S 接零保护系统示意，如图 6-6 所示。

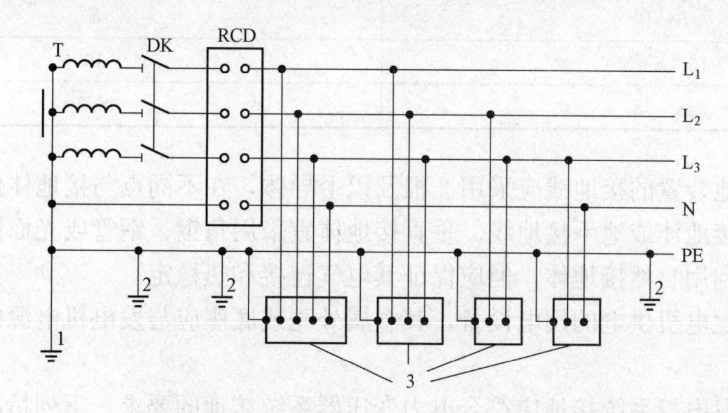
T
DK
RCD
L1
L2
L3
N
PE
1
2
2
2
3

图 6-6　专用变压器供电时 TN-S 接零保护系统示意图

1—工作接地；2—PE 线重复接地；3—电气设备金属外壳（正常不带电的外露可导电部分）；
L_1、L_2、L_3—相线；N—工作零线；PE—保护零线；DK—总电源隔离开关；
RCD—总漏电保护器（兼有短路、过载、漏电保护功能的漏电断路器）；T—变压器

2. 接地与接地电阻

（1）单台容量超过 100kV·A 或使用同一接地装置并联运行，且总容量超过 100kV·A 的电力变压器或发电机的工作接地电阻值不得大于 4Ω。单台容量不超过 100kV·A 或使用同一接地装置并联运行，且总容量不超过 100kV·A 的电力变压器或发电机的工作接地电阻值不得大于 10Ω。在土壤电阻率大于 1000Ω·m 的地区，当达到上述接地电阻值有困难时，工作接地电阻值可提高到 30Ω。

（2）TN 系统中的保护零线除必须在配电室或总配电箱处做重复接地外，还必须在配电系统的中间处和末端处做重复接地。在 TN 系统中，保护零线每一处重复接地装置的接地电阻值不应大于 10Ω。在工作接地电阻值允许达到 10Ω 的电力系统中，所有重复接地的等效电阻值不应大于 10Ω。

（3）在 TN 系统中，严禁将单独敷设的工作零线再做重复接地。

（4）接地装置的设置应考虑土壤干燥或冻结等季节变化的影响，并应符合表 6-5 的规定。接地电阻值在四季中均应符合要求。但防雷装置的冲击接地电阻值只考虑在雷雨季节中土壤干燥状态的影响。

表 6-5　　接地装置的季节系数值 Ψ

埋深/m	水平接地体	长 2～3m 的垂直接地体
0.5	1.4～1.8	1.2～1.4
0.8～1.0	1.25～1.45	1.15～1.3
2.5～3.0	1.0～1.1	1.0～1.1

（5）PE 线所用材质与相线、工作零线（N 线）相同时，其最小截面面积应符合表 6-6 规定。

表 6-6　　PE 线截面与相线截面的关系

相线芯线截面面积 S/mm^2	PE 线最小截面面积 S/mm^2
$S \leqslant 16$	S
$16 < S \leqslant 35$	16
$S > 35$	$S/2$

（6）每一接地装置的接地线应采用 2 根及以上导体，在不同点与接地体做电气连接。不得采用铝导体做接地体或地下接地线。垂直接地体宜采用角钢、钢管或光面圆钢，不得采用螺纹钢。接地可利用自然接地体，但应保证其电气连接和热稳定。

（7）移动式发电机供电的用电设备，其金属外壳或底座应与发电机电源的接地装置有可靠的电气连接。

（8）移动式发电机系统接地应符合电力变压器系统接地的要求。下列情况可不另做保护接零：

1）移动式发电机和用电设备固定在同一金属支架上，且不供给其他设备用电时；

2）不超过 2 台的用电设备由专用的移动式发电机供电，供用电设备间距不超过 50m，且供用电设备的金属外壳之间有可靠的电气连接时。

6.5　配电室安全管理

（1）配电室安全管理要求，如图 6-7 所示。

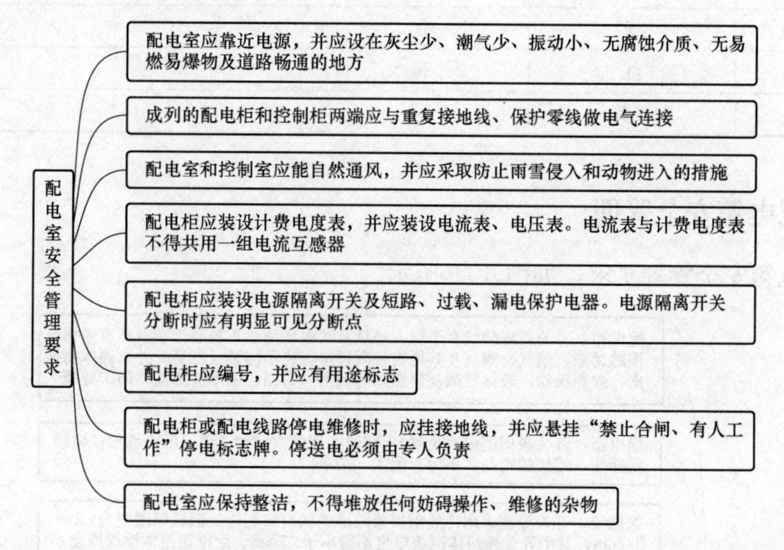
配电室安全管理要求
配电室应靠近电源，并应设在灰尘少、潮气少、振动小、无腐蚀介质、无易燃易爆物及道路畅通的地方
成列的配电柜和控制柜两端应与重复接地线、保护零线做电气连接
配电室和控制室应能自然通风，并应采取防止雨雪侵入和动物进入的措施
配电柜应装设计费电度表，并应装设电流表、电压表。电流表与计费电度表不得共用一组电流互感器
配电柜应装设电源隔离开关及短路、过载、漏电保护电器。电源隔离开关分断时应有明显可见分断点
配电柜应编号，并应有用途标志
配电柜或配电线路停电维修时，应挂接地线，并应悬挂“禁止合闸、有人工作”停电标志牌。停送电必须由专人负责
配电室应保持整洁，不得堆放任何妨碍操作、维修的杂物

图 6-7　配电室安全管理

（2）配电室布置应符合的要求，如图 6-8 所示。

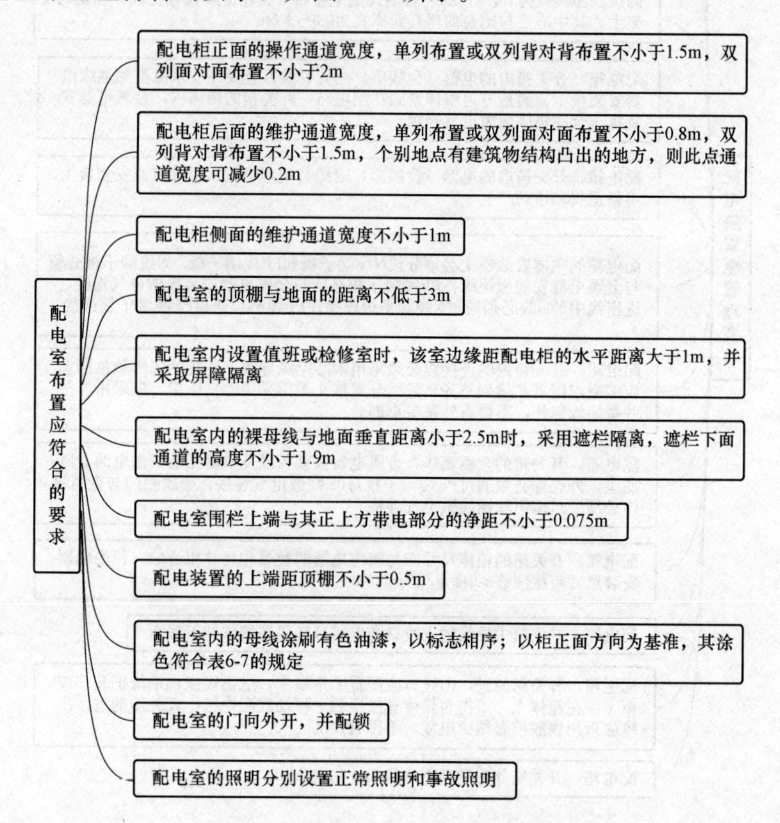
配电室布置应符合的要求
配电柜正面的操作通道宽度，单列布置或双列背对背布置不小于1.5m，双列面对面布置不小于2m
配电柜后面的维护通道宽度，单列布置或双列面对面布置不小于0.8m，双列背对背布置不小于1.5m，个别地点有建筑物结构凸出的地方，则此点通道宽度可减少0.2m
配电柜侧面的维护通道宽度不小于1m
配电室的顶棚与地面的距离不低于3m
配电室内设置值班或检修室时，该室边缘距配电柜的水平距离大于1m，并采取屏障隔离
配电室内的裸母线与地面垂直距离小于2.5m时，采用遮栏隔离，遮栏下面通道的高度不小于1.9m
配电室围栏上端与其正上方带电部分的净距不小于0.075m
配电装置的上端距顶棚不小于0.5m
配电室内的母线涂刷有色油漆，以标志相序；以柜正面方向为基准，其涂色符合表6-7的规定
配电室的门向外开，并配锁
配电室的照明分别设置正常照明和事故照明

图 6-8　配电室布置应符合的要求

表 6 - 7 母线涂色

相别	颜色	垂直排列	水平排列	引下排列
L_1(A)	黄	上	后	左
L_2(B)	绿	中	中	中
L_3(C)	红	下	前	右
N	淡黄	—	—	—

6.6 配电箱安全管理

(1) 配电箱安全管理要求，如图 6 - 9 所示。

配电箱安全管理要求

- 配电箱、开关箱应装设在干燥、通风及常温场所，不得装设在有严重损伤作用的瓦斯、烟气、潮气及其他有害介质中，也不得装设在易受外来固体物撞击、强烈振动、液体浸溅及热源烘烤场所。否则，应予清除或做防护处理
- 配电箱、开关箱周围应有足够2人同时工作的空间和通道，不得堆放任何妨碍操作、维修的物品，不得有灌木、杂草
- 配电箱、开关箱应采用冷轧钢板或阻燃绝缘材料制作，钢板厚度应为1.2～2.0mm，其中开关箱箱体钢板厚度不得小于1.2mm，配电箱箱体钢板厚度不得小于1.5mm，箱体表面应做防腐处理
- 配电箱、开关箱应装设端正、牢固。固定式配电箱、开关箱的中心点与地面的垂直距离应为1.4～1.6m。移动式配电箱、开关箱应装设在坚固、稳定的支架上。其中心点与地面的垂直距离宜为0.8～1.6m
- 配电箱、开关箱内的电器（含插座）应先安装在金属或非木质阻燃绝缘电器安装板上，然后方可整体紧固在配电箱、开关箱的箱体内。金属电器安装板与金属箱体应做电气连接
- 配电箱、开关箱内的电器（含插座）应按其规定位置紧固在电器安装板上，不得歪斜和松动
- 配电箱的电器安装板上必须分设N线端子板和PE线端子板。N线端子板必须与金属电器安装板绝缘，PE线端子板必须与金属电器安装板做电气连接。进出线中的N线必须通过N线端子板连接，PE线必须通过PE线端子板连接
- 配电箱、开关箱内的连接线必须采用铜芯绝缘导线。导线绝缘的颜色标志应按要求配置并排列整齐；导线分支接头不得采用螺栓压接，应采用焊接并做绝缘包扎，不得有外露带电部分
- 配电箱、开关箱的金属箱体、金属电器安装板以及电器正常不带电的金属底座、外壳等必须通过PE线端子板与PE线做电气连接，金属箱门与金属箱体必须通过编织软铜线做电气连接
- 配电箱、开关箱的箱体尺寸应与箱内电器的数量和尺寸相适应，箱内电器安装尺寸可按照表6-8确定
- 配电箱、开关箱中导线的进线口和出线口应设在箱体的下底面
- 配电箱、开关箱的进、出线口应配置固定线卡，进出线应加绝缘护套并成束卡固在箱体上，不得与箱体直接接触。移动式配电箱、开关箱的进、出线应采用橡胶护套绝缘电缆，不得有接头
- 配电箱、开关箱外形结构应能防雨、防尘

图 6 - 9 配电箱安全管理要求

表 6-8　配电箱、开关箱内电器安装尺寸选择值

间距名称	最小净距/mm
并列电器（含单极熔断器）间	30
电器进、出线瓷管（塑胶管）孔与电器边沿间	15A，30 20～30A，50 60A 及以上，80
上、下排电器进出线瓷管（塑胶管）孔间	25
电器进、出线瓷管（塑胶管）孔至板边	40
电器至板边	40

（2）配电箱现场图，如图 6-10 所示。

（3）固定式配电箱示意图，如图 6-11 所示。

图 6-10　配电箱现场图

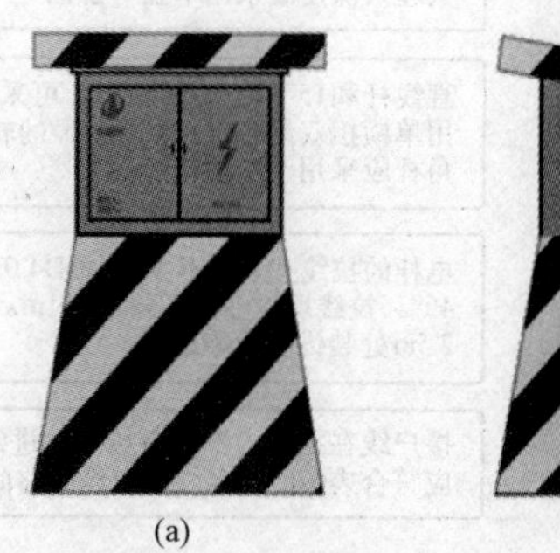

(a)　(b)

图 6-11　固定式配电箱示意图

（a）固定式配电箱正立面示意图；

（b）固定式配电箱侧立面示意图

（4）移动式配电箱示意图，如图 6-12 所示。

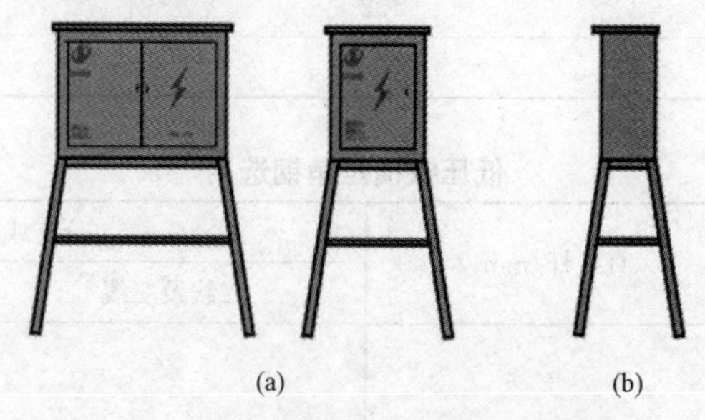

(a)　(b)

图 6-12　移动式配电箱示意图

（a）正立面示意图；（b）侧立面示意图

6.7　施工用电线路安全管理

1. 架空线路安全管理

（1）架空线路的要求，如图 6-13 所示。

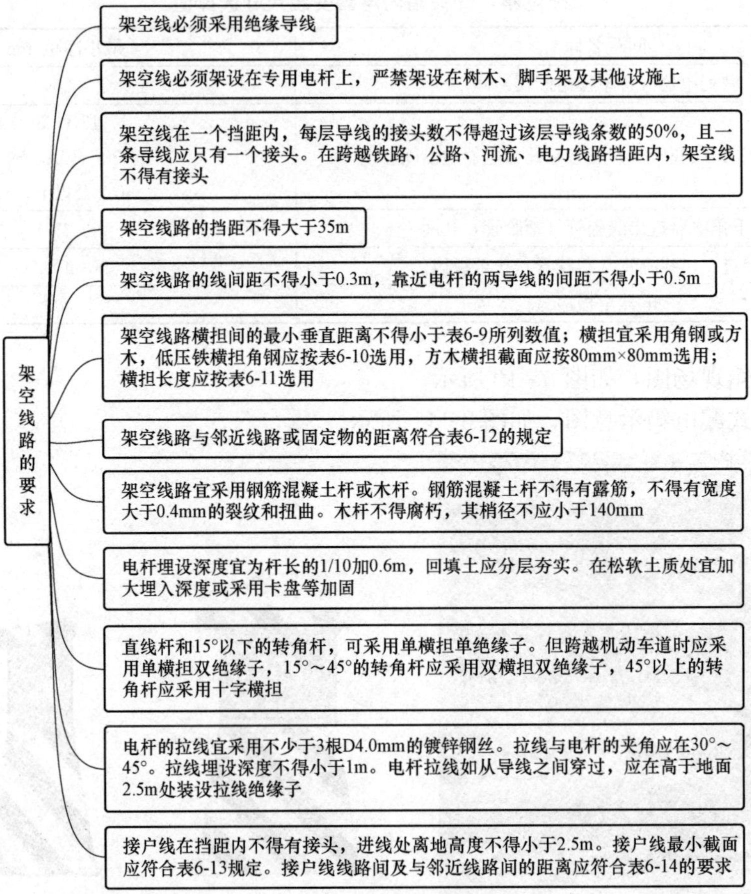

架空线路的要求

- 架空线必须采用绝缘导线
- 架空线必须架设在专用电杆上，严禁架设在树木、脚手架及其他设施上
- 架空线在一个挡距内，每层导线的接头数不得超过该层导线条数的50%，且一条导线应只有一个接头。在跨越铁路、公路、河流、电力线路挡距内，架空线不得有接头
- 架空线路的挡距不得大于35m
- 架空线路的线间距不得小于0.3m，靠近电杆的两导线的间距不得小于0.5m
- 架空线路横担间的最小垂直距离不得小于表6-9所列数值；横担宜采用角钢或方木，低压铁横担角钢应按表6-10选用，方木横担截面应按80mm×80mm选用；横担长度应按表6-11选用
- 架空线路与邻近线路或固定物的距离符合表6-12的规定
- 架空线路宜采用钢筋混凝土杆或木杆。钢筋混凝土杆不得有露筋，不得有宽度大于0.4mm的裂纹和扭曲。木杆不得腐朽，其梢径不应小于140mm
- 电杆埋设深度宜为杆长的1/10加0.6m，回填土应分层夯实。在松软土质处宜加大埋入深度或采用卡盘等加固
- 直线杆和15°以下的转角杆，可采用单横担单绝缘子。但跨越机动车道时应采用单横担双绝缘子，15°～45°的转角杆应采用双横担双绝缘子，45°以上的转角杆应采用十字横担
- 电杆的拉线宜采用不少于3根D4.0mm的镀锌钢丝。拉线与电杆的夹角应在30°～45°。拉线埋设深度不得小于1m。电杆拉线如从导线之间穿过，应在高于地面2.5m处装设拉线绝缘子
- 接户线在挡距内不得有接头，进线处离地高度不得小于2.5m。接户线最小截面应符合表6-13规定。接户线线路间及与邻近线路间的距离应符合表6-14的要求

图 6-13 架空线路的要求

表 6-9 横担间的最小垂直距离（单位：m）

排列方式	直线杆	分支或转角杆
高压与低压	1.2	1.0
低压与低压	0.6	0.3

表 6-10 低压铁横担角钢选用

导线截面面积/mm²	直线杆/mm	分支或转角杆/mm	
		二线及三线	四线及以上
16 25 35 50	∟50×5	2×∟50×5	2×∟63×5
70 95 120	∟63×5	2×∟63×5	2×∟70×6

表 6-11　横担长度　（单位：m）

二线	三线及四线	五线
0.7	1.5	1.8

表 6-12　架空线路与邻近线路或固定物的距离　（单位：m）

<table>
<tr><td>项目</td><td colspan="7">距离类别</td></tr>
<tr><td rowspan="2">最小净空距离</td><td colspan="2">架空线路的过引线、接下线与邻线</td><td colspan="2">架空线与架空线电杆外缘</td><td colspan="3">架空线与摆最大时树梢</td></tr>
<tr><td colspan="2">0.13</td><td colspan="2">0.05</td><td colspan="3">0.50</td></tr>
<tr><td rowspan="3">最小垂直距离</td><td rowspan="2">架空线同杆架设下方的通信、广播线路</td><td colspan="3">架空线最大弧垂与地面</td><td rowspan="2">架空线最大弧垂直暂设工程顶端</td><td colspan="2">架空线与邻近电力线路交叉</td></tr>
<tr><td>施工现场</td><td>机动车道</td><td>铁路轨道</td><td>1kV 以下</td><td>1～10kV</td></tr>
<tr><td>1.0</td><td>4.0</td><td>6.0</td><td>7.5</td><td>2.5</td><td>1.2</td><td>2.5</td></tr>
<tr><td rowspan="2">最小水平距离</td><td colspan="2">架空线电杆与路基边缘</td><td colspan="2">架空线电杆与铁路轨道边缘</td><td colspan="3">架空线边缘与建筑物凸出部分</td></tr>
<tr><td colspan="2">1.0</td><td colspan="2">杆高+3.0</td><td colspan="3">1.0</td></tr>
</table>

表 6-13　接户线的最小截面

接户线架设方式	接户线长度/m	接户线截面面积/mm^2	
		铜线	铝线
架空或沿墙敷设	10～25	6.0	10.0
	≤10	4.0	6.0

表 6-14　接户线线路间及与邻近线路间的距离

接户线架设方式	接户线挡距/m	接户线线间距离/mm
架空敷设	≤25	150
	>25	200
沿墙敷设	≤6	100
	>6	150

（2）架空线路相序排列应符合的规定，如图 6-14 所示。

架空线路相序排列应符合的规定

动力、照明线在同一横担上架设时，导线相序排列是：面向负荷从左侧起依次为L_1、N、L_2、L_3、PE

动力、照明线在二层横担上分别架设时，导线相序排列是：上层横担面向负荷从左侧起依次为L_1、L_2、L_3，下层横担面向负荷从左侧起依次为L_1（L_2、L_3）、N、PE

图 6-14　架空线路相序排列应符合的规定

（3）架空接户线与广播电话线交叉时的距离应符合的规定，如图 6-15 所示。

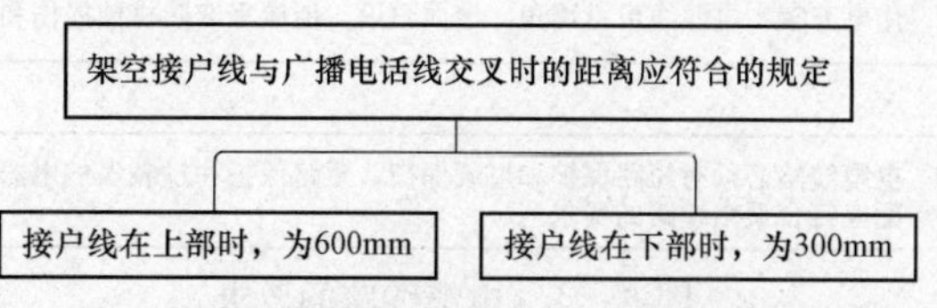
架空接户线与广播电话线交叉时的距离应符合的规定
接户线在上部时，为600mm
接户线在下部时，为300mm

图 6-15　架空接户线与广播电话线交叉时的距离应符合的规定

（4）架空线路必须有短路保护和过载保护，如图 6-16 所示。

架空线路必须有短路保护和过载保护

- 采用熔断器做短路保护时，其熔体额定电流不应大于明敷绝缘导线长期连续负荷允许载流量的1.5倍
- 采用断路器做短路保护时，其瞬动过流脱扣器脱扣电流整定值应小于线路末端单相短路电流
- 采用熔断器或断路器做过载保护时，绝缘导线长期连续负荷允许载流量不应小于熔断器熔体额定电流或断路器长延时过流脱扣器脱扣电流整定值的1.25倍

图 6-16 架空线路必须有短路保护和过载保护

（5）架空线架设部分禁忌，如图 6-17 所示。

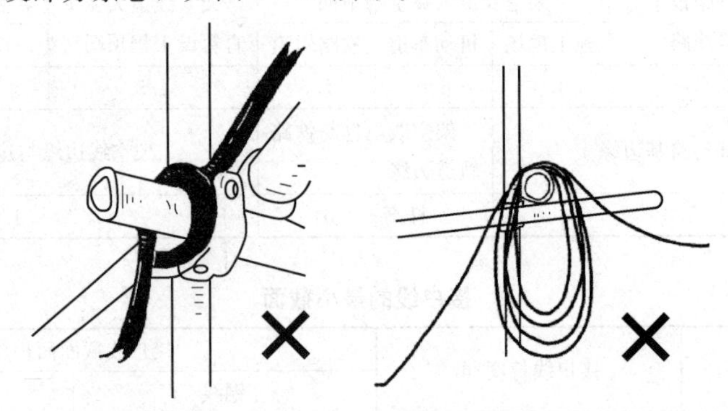

图 6-17 架空线架设在脚手架上

2. 电缆线路安全管理

（1）电缆线路的要求，如图 6-18 所示。

电缆线路的要求

- 电缆中必须包含全部工作芯线和用作保护零线或保护线的芯线。需要三相四线制配电的电缆线路必须采用五芯电缆。五芯电缆必须包含淡蓝、绿/黄两种颜色绝缘芯线。淡蓝色芯线必须用作N线，绿/黄双色芯线必须用作PE线，严禁混用
- 电缆直接埋地敷设的深度不应小于0.7m，并应在电缆紧邻上、下、左、右侧均匀敷设不小于50mm厚的细砂，然后覆盖砖或混凝土板等硬质保护层
- 埋地电缆在穿越建筑物、构筑物、道路，易受机械损伤、介质腐蚀场所，及引出地面从2.0m高到地下0.2m处，必须加设防护套管，防护套管内径不应小于电缆外径的1.5倍
- 埋地电缆与其附近外电电缆和管沟的平行间距不得小于2.0m，交叉间距不得小于1.0m
- 埋地电缆的接头应设在地面上的接线盒内。接线盒应能防水、防尘、防机械损伤，并应远离易燃、易爆、易腐蚀场所
- 在建工程内的电缆线路必须采用电缆埋地引入，严禁穿越脚手架引入。电缆垂直敷设应充分利用在建工程的竖井、垂直孔洞等，并宜靠近用电负荷中心，固定点每楼层不得少于一处。电缆水平敷设宜沿墙或门口刚性固定，最大弧垂距地不得小于2.0m。装饰装修工程或其他特殊阶段，应补充编制单项施工用电方案。电源线可沿墙角、地面敷设，但应采取防机械损伤和电火措施
- 电缆线路必须有短路保护和过载保护，短路保护和过载保护电器与电缆的选配应符合架空线路的要求

图 6-18 电缆线路的要求

（2）电缆线路直接埋地敷设，如图6-19所示。

（3）埋地电缆穿越道路，如图6-20所示。

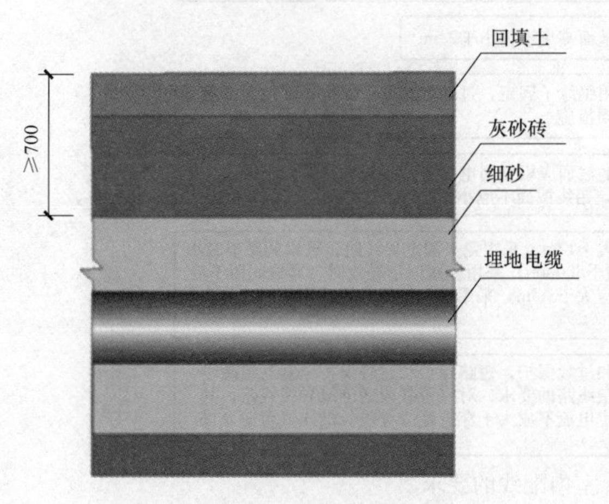
回填土
≥700
灰砂砖
细砂
埋地电缆

图6-19　电缆线路直接埋地敷设

图6-20　埋地电缆穿越道路

（4）电缆引入施工层内敷设，如图6-21所示。

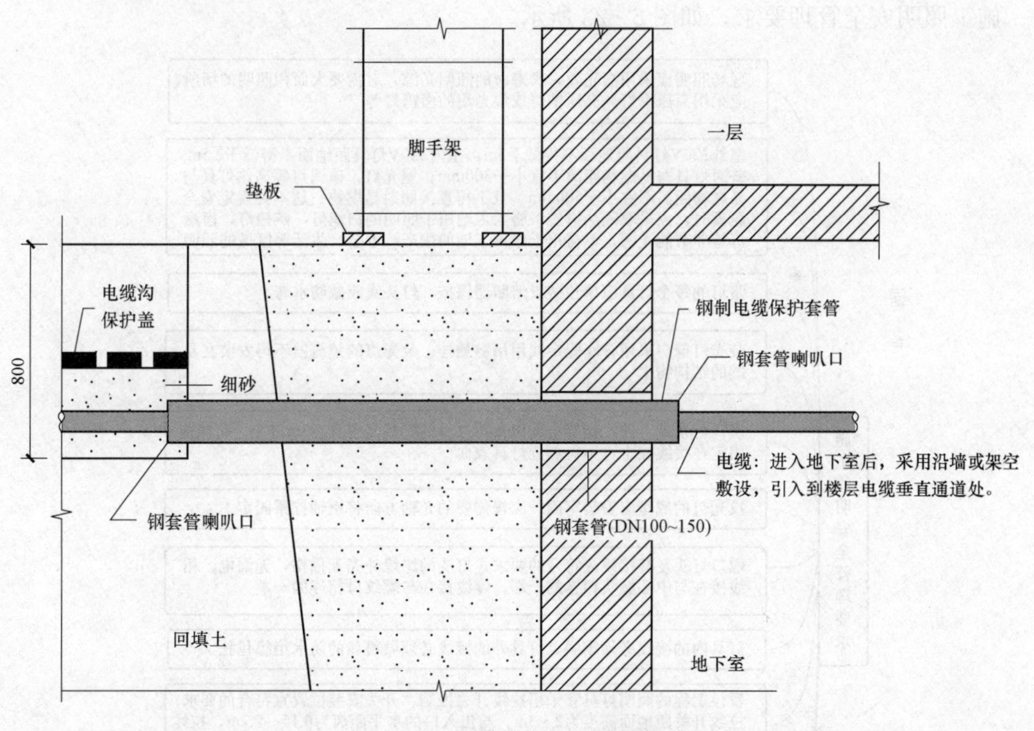
一层
脚手架
垫板
电缆沟
保护盖
800
细砂
钢制电缆保护套管
钢套管喇叭口
电缆：进入地下室后，采用沿墙或架空
敷设，引入到楼层电缆垂直通道处。
钢套管喇叭口
钢套管(DN100~150)
回填土
地下室

图6-21　电缆引入施工层内敷设

3. 室内配线安全管理

室内配线的要求，如图6-22所示。

室内配线的要求

- 室内配线应根据配线类型采用瓷瓶、瓷（塑料）夹、嵌绝缘槽、穿管或钢索敷设。潮湿场所或埋地非电缆配线必须穿管敷设，管口和管接头应密封；当采用金属管敷设时，金属管必须做等电位联结，且必须与PE线相连接
- 室内非埋地明敷主干线距地面高度不得小于2.5m
- 架空进户线的室外端应采用绝缘子固定，过墙处应穿管保护，距地面高度不得小于2.5m，并应采取防雨措施
- 室内配线所用导线或电缆的截面应根据用电设备或线路的计算负荷确定，但铜线截面不应小于1.5mm²，铝线截面不应小于2.5mm²
- 钢索配线的吊架间距不宜大于12m。采用瓷夹固定导线时，导线间距不应小于35mm，瓷夹间距不应大于800mm；采用瓷瓶固定导线时，导线间距不应小于100mm，瓷瓶间距不应大于1.5m；采用护套绝缘导线或电缆时，可直接敷设于钢索上
- 室内配线必须有短路保护和过载保护，短路保护和过载保护电器与绝缘导线、电缆的选配应符合架空线路的要求。对穿管敷设的绝缘导线线路，其短路保护熔断器的熔体额定电流不应大于穿管绝缘导线长期连续负荷允许载流量的2.5倍

图 6-22 室内配线的要求

6.8 施工照明安全管理

施工照明安全管理要求，如图 6-23 所示。

施工照明安全管理要求

- 现场照明应采用高光效、长寿命的照明光源。对需要大面积照明的场所，应采用高压汞灯、高压钠灯或混光用的卤钨灯等
- 室外220V灯具距地面不得低于3m，室内220V灯具距地面不得低于2.5m。普通灯具与易燃物距离不宜小于300mm；聚光灯、碘钨灯等高热灯具与易燃物距离不宜小于500mm，且不得直接照射易燃物。达不到规定安全距离时，应采取隔热措施。施工工地用于照明的白炽灯、碘钨灯、卤素灯等非节能光源，不得用于建设工地的生产、办公、生活等区域的照明
- 路灯的每个灯具应单独装设熔断器保护。灯头线应做防水弯
- 荧光灯管应采用管座固定或用吊链悬挂。荧光灯的镇流器不得安装在易燃的结构物上
- 碘钨灯及钠、铊、铟等金属卤化物灯具的安装高度宜在3m以上，灯线应固定在接线柱上，不得靠近灯具表面
- 投光灯的底座应安装牢固，应按需要的光轴方向将枢轴拧紧固定
- 螺口灯头及其接线应符合的要求：灯头的绝缘外壳无损伤、无漏电，相线接在与中心触头相连的一端，零线接在与螺纹口相连的一端
- 灯具内的接线必须牢固，灯具外的接线必须做可靠的防水绝缘包扎
- 暂设工程的照明灯具宜采用拉线开关控制，开关安装位置宜符合的要求：拉线开关距地面高度为2～3m，与出入口的水平距离为0.15～0.2m，拉线的出口向下。其他开关距地面高度为1.3m，与出入口的水平距离为0.15～0.2m
- 灯具的相线必须经开关控制，不得将相线直接引入灯具
- 对夜间影响飞机或车辆通行的在建工程及机械设备，必须设置醒目的红色信号灯，其电源应设在施工现场总电源开关的前侧，并应设置外电线路停止供电时的应急自备电源

图 6-23 施工照明安全管理要求

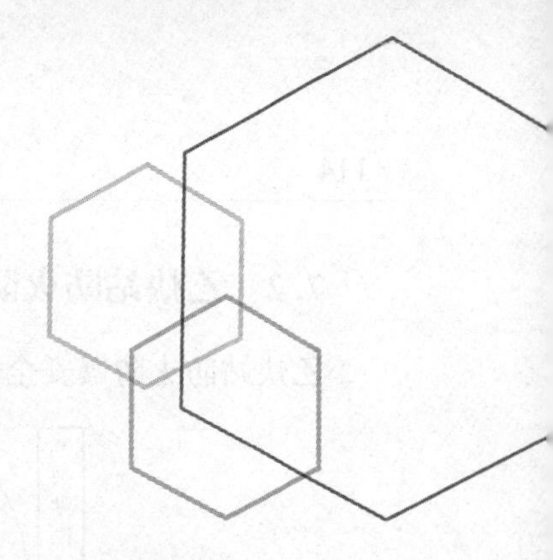

第 7 章　建筑工程施工现场防火防爆安全管理

7.1　材料仓库防火防爆安全管理要求

材料仓库防火防爆安全管理要求，如图 7-1 所示。

材料仓库防火防爆安全管理要求
易着火的仓库应设在工地下风方向、水源充足和消防车能驶到的地方
易燃露天仓库四周应有6m宽平坦空地的消防通道，禁止堆放障碍物
库房内防火设施齐全，应分组布置种类适合的灭火器，每组不少于4个，组间距不大于30m，重点防火区应每25m²布置1个灭火器
贮存量大的易燃仓库应设两个以上的大门，并将堆放区与有明火的生活区、生活辅助区分开布置，至少应保持30m的防火距离，有飞火的烟囱应布置在仓库的下风方向
易燃仓库和堆料场应分组设置堆垛，堆垛之间应有3m宽的消防通道，每个堆垛的面积不得大于：木材（板材）300m²、稻草150m²、锯木200m²
易燃材料堆垛应保持通风良好，应经常检查其温度、湿度，防止自燃起火
库存物品应分类分堆贮存编号，对危险物品应加强入库检验，易燃易爆物品应使用不发火的工具、设备搬运和装卸
库房内不得兼做加工、办公等其他用途
拖拉机不得进入仓库和料场进行装卸作业；其他车辆进入易燃料场仓库时，应安装符合要求的火星熄灭器
露天油桶堆放场应有醒目的禁火标志和防火防爆措施，润滑油桶应双行并列卧放，桶底相对，桶口朝外，出口向上；轻质油桶应与地面成75°、鱼鳞相靠式斜放，各堆之间应保持防火安全距离
各种气瓶均应单独设库存放

图 7-1　材料仓库防火防爆安全管理要求

7.2　乙炔站防火防爆安全管理要求

乙炔站防火防爆安全管理要求，如图 7-2 所示。

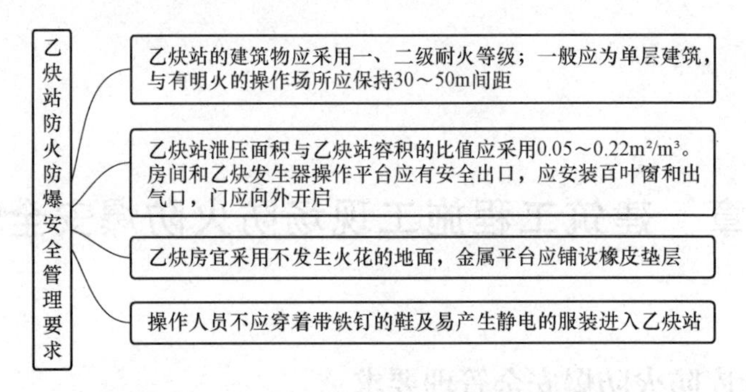
乙炔站防火防爆安全管理要求
乙炔站的建筑物应采用一、二级耐火等级；一般应为单层建筑，与有明火的操作场所应保持30～50m间距
乙炔站泄压面积与乙炔站容积的比值应采用0.05～0.22m²/m³。房间和乙炔发生器操作平台应有安全出口，应安装百叶窗和出气口，门应向外开启
乙炔房宜采用不发生火花的地面，金属平台应铺设橡皮垫层
操作人员不应穿着带铁钉的鞋及易产生静电的服装进入乙炔站

图 7-2　乙炔站防火防爆安全管理要求

7.3　油漆料库和调料间防火防爆安全管理要求

（1）油漆料库和调料间防火防爆安全管理要求，如图 7-3 所示。

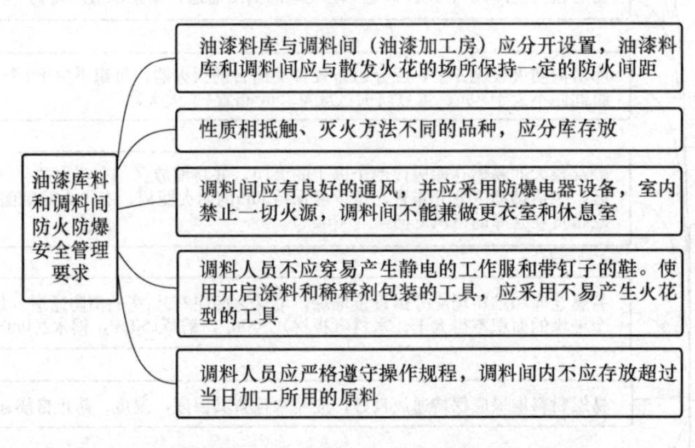
油漆库料和调料间防火防爆安全管理要求
油漆料库与调料间（油漆加工房）应分开设置，油漆料库和调料间应与散发火花的场所保持一定的防火间距
性质相抵触、灭火方法不同的品种，应分库存放
调料间应有良好的通风，并应采用防爆电器设备，室内禁止一切火源，调料间不能兼做更衣室和休息室
调料人员不应穿易产生静电的工作服和带钉子的鞋。使用开启涂料和稀释剂包装的工具，应采用不易产生火花型的工具
调料人员应严格遵守操作规程，调料间内不应存放超过当日加工所用的原料

图 7-3　油漆料库和调料间防火防爆安全管理要求

（2）油漆料库和调料间（油漆加工房），如图 7-4、图 7-5 所示。

14栋
油漆库房

油漆库房

图 7-4　油漆料库

油漆加工房

图7-5 调料间（油漆加工房）

7.4 木工操作间防火防爆安全管理要求

木工操作间防火防爆安全管理要求，如图7-6所示。

木工操作间防火防爆安全管理要求
- 操作间建筑应采用阻燃材料搭建
- 操作间冬期宜采用暖气（水暖）供暖，如用火炉取暖时，必须在四周采取挡火措施；不应用燃烧劈柴、刨花代煤取暖
- 每个火炉都要有专人负责，下班时要将余火彻底熄灭
- 电气设备的安装要符合要求。抛光、电锯等部位的电气设备应采用密封式或防爆式。刨花、锯末较多部位的电动机，应安装防尘罩
- 操作间内严禁吸烟和用明火作业

图7-6 木工操作间防火防爆安全管理要求

7.5 喷灯作业防火防爆安全管理要求

喷灯作业防火防爆安全管理要求，如图7-7所示。

喷灯作业防火防爆安全管理要求
- 作业开始前，要将作业现场下方和周围的易燃、可燃物清理干净，清除不了的易燃、可燃物要采取浇湿、隔离等可靠的安全措施。作业结束时，要认真检查现场，在确认无余热引起燃烧危险时，才能离开
- 在相互连接的金属工件上使用喷灯烘烤时，要防止由于热传导作用，将靠近金属工件上的易燃、可燃物烤着引起火灾。喷灯火焰与带电导线的距离：10kV及以下的1.5m；20～35kV的3m；110kV及以上的5m。并应用石棉布等绝缘隔热材料将绝缘层、绝缘油等可燃物遮盖，防止烤着
- 电线电缆常需要干燥芯线，干燥芯线时严禁用喷灯直接烘烤，应在蜡中去潮，熔蜡不应在工程车上进行，烘烤蜡锅的喷灯周围应设三面挡风板，控制温度不要过高。熔蜡时，容器内放入的蜡不要超过容器容积的3/4，防止熔蜡渗漏，避免蜡液外溢遇火燃烧
- 在易燃易爆场所或在其他禁火的区域使用喷灯烘烤时，事先必须制定相应的防火、灭火方案，办理动火审批手续，未经批准不得动用喷灯烘烤
- 作业现场要准备一定数量的灭火器材，一旦起火便能及时扑灭

图7-7 喷灯作业防火防爆安全管理要求

7.6 电焊工防火防爆安全管理要求

（1）电焊工防火防爆安全管理要求，如图 7 - 8 所示。

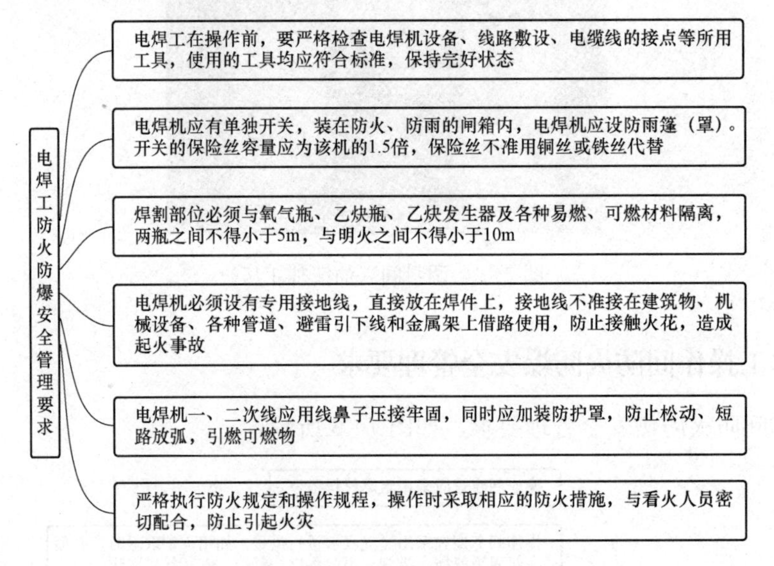
电焊工防火防爆安全管理要求
电焊工在操作前，要严格检查电焊机设备、线路敷设、电缆线的接点等所用工具，使用的工具均应符合标准，保持完好状态
电焊机应有单独开关，装在防火、防雨的闸箱内，电焊机应设防雨篷（罩）。开关的保险丝容量应为该机的1.5倍，保险丝不准用铜丝或铁丝代替
焊割部位必须与氧气瓶、乙炔瓶、乙炔发生器及各种易燃、可燃材料隔离，两瓶之间不得小于5m，与明火之间不得小于10m
电焊机必须设有专用接地线，直接放在焊件上，接地线不准接在建筑物、机械设备、各种管道、避雷引下线和金属架上借路使用，防止接触火花，造成起火事故
电焊机一、二次线应用线鼻子压接牢固，同时应加装防护罩，防止松动、短路放弧，引燃可燃物
严格执行防火规定和操作规程，操作时采取相应的防火措施，与看火人员密切配合，防止引起火灾

图 7 - 8 电焊工防火防爆安全管理要求

（2）明火与氧气瓶、乙炔气体瓶的距离要求，如图 7 - 9 所示。

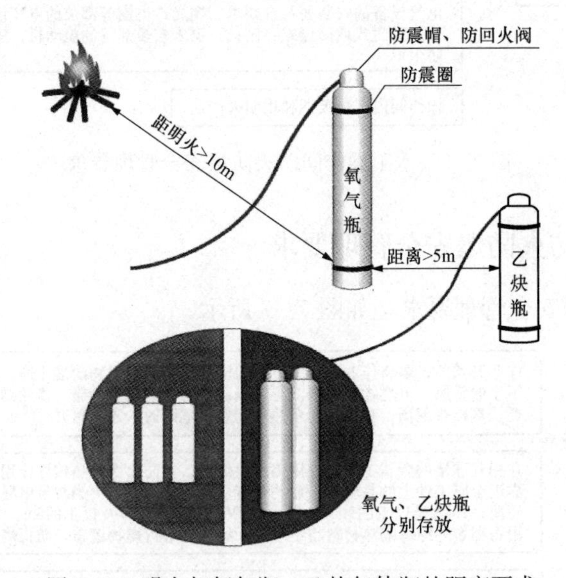
防震帽、防回火阀
防震圈
距明火>10m
氧气瓶
距离>5m
乙炔瓶
氧气、乙炔瓶
分别存放

图 7 - 9 明火与氧气瓶、乙炔气体瓶的距离要求

7.7 气焊工防火防爆安全管理要求

（1）气焊工防火防爆安全管理要求，如图 7 - 10 所示。

（2）乙炔瓶、氧气瓶的放置要求，如图 7 - 11 所示。

气焊工防火防爆安全管理要求

- 乙炔发生器、乙炔瓶、氧气瓶和焊割具的安全设备必须齐全有效
- 乙炔发生器、乙炔瓶、液化石油气罐和氧气瓶在新建、维修工程内存放，应设置专用房间分别单独存放，并有专人管理，要有灭火器材和防火标志
- 乙炔发生器、乙炔瓶和氧气瓶不准放在高低压架空线路下方或变压器旁。在高空焊割时，也不要放在焊割部位的下方，应保持一定的水平距离
- 乙炔发生器和乙炔瓶等与氧气瓶应保持距离。在乙炔发生器旁严禁一切火源。夜间添加电石时，应使用防爆手电筒照明，禁止用明火照明
- 乙炔瓶、氧气瓶应直立使用，禁止平放卧倒使用，以防止油类落在氧气瓶上；油脂或沾油的物品，不要接触氧气瓶、导管及其零部件
- 氧气瓶、乙炔瓶严禁曝晒、撞击，防止受热膨胀。开启阀门时要缓慢进行，防止升压过快产生高温、产生火花引起爆炸和火灾
- 操作乙炔发生器和电石桶时，应使用不产生火花的工具，在乙炔发生器上不能装有纯铜的配件。加入乙炔发生器中的水，不能含油脂，以免油脂与氧气接触发生反应，引起燃烧或爆炸
- 防爆膜失去作用后，要按照规定规格型号进行更换，严禁任意更换防爆膜规格、型号，禁止使用胶皮等代替防爆膜。浮桶式乙炔发生器上面不准堆压其他物品
- 电石应存放在电石库内，不准在潮湿场所和露天存放
- 焊割时要严格执行操作规程和程序。焊割操作时先开乙炔气点燃，然后再开氧气进行调火。操作完毕时按相反程序关闭。瓶内气体不能用尽，必须留有余气
- 工作完毕，应将乙炔发生器内电石、污水及其残渣清除干净，倒在指定的安全地点，并要排除内腔和其他部分的气体。禁止电石、污水到处乱放乱排

图 7-10　气焊工防火防爆安全管理要求

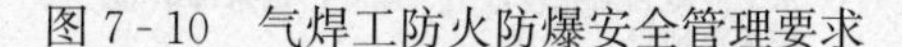

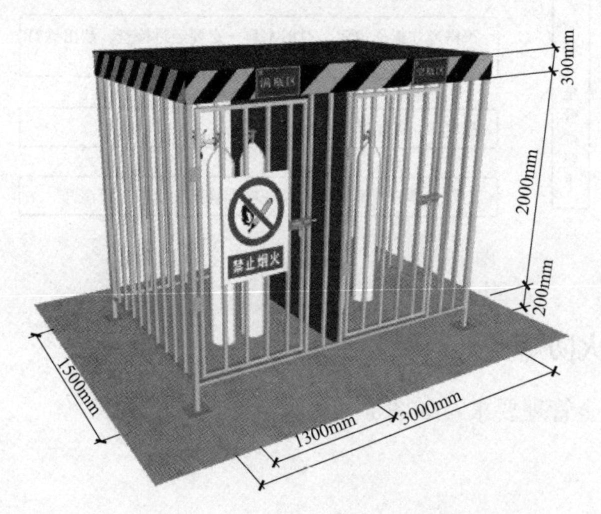
禁止烟火
300mm
2000mm
200mm
1500mm
1300mm
3000mm

图 7-11　乙炔瓶、氧气瓶放置要求

7.8 油漆工防火防爆安全管理要求

（1）油漆工防火防爆安全管理要求，如图 7-12 所示。
（2）不宜产生静电的油漆工工作服，如图 7-13 所示。

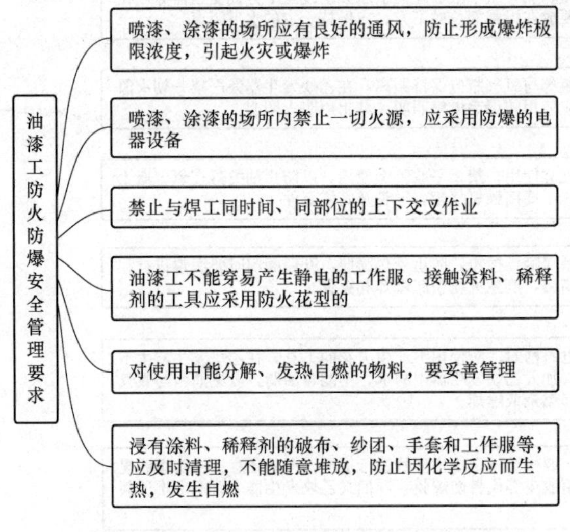
油漆工防火防爆安全管理要求
喷漆、涂漆的场所应有良好的通风，防止形成爆炸极限浓度，引起火灾或爆炸
喷漆、涂漆的场所内禁止一切火源，应采用防爆的电器设备
禁止与焊工同时间、同部位的上下交叉作业
油漆工不能穿易产生静电的工作服。接触涂料、稀释剂的工具应采用防火花型的
对使用中能分解、发热自燃的物料，要妥善管理
浸有涂料、稀释剂的破布、纱团、手套和工作服等，应及时清理，不能随意堆放，防止因化学反应而生热，发生自燃

图 7-12 油漆工防火防爆安全管理要求

图 7-13 不宜产生静电的油漆工工作服

7.9 木工防火防爆安全管理要求

木工防火防爆安全管理要求，如图 7-14 所示。

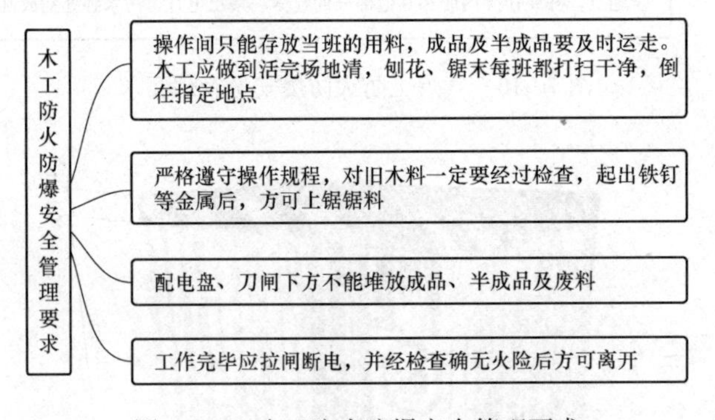
木工防火防爆安全管理要求
操作间只能存放当班的用料，成品及半成品要及时运走。木工应做到活完场地清，刨花、锯末每班都打扫干净，倒在指定地点
严格遵守操作规程，对旧木料一定要经过检查，起出铁钉等金属后，方可上锯锯料
配电盘、刀闸下方不能堆放成品、半成品及废料
工作完毕应拉闸断电，并经检查确无火险后方可离开

图 7-14 木工防火防爆安全管理要求

7.10 电工防火防爆安全管理要求

电工防火防爆安全管理要求，如图 7-15 所示。

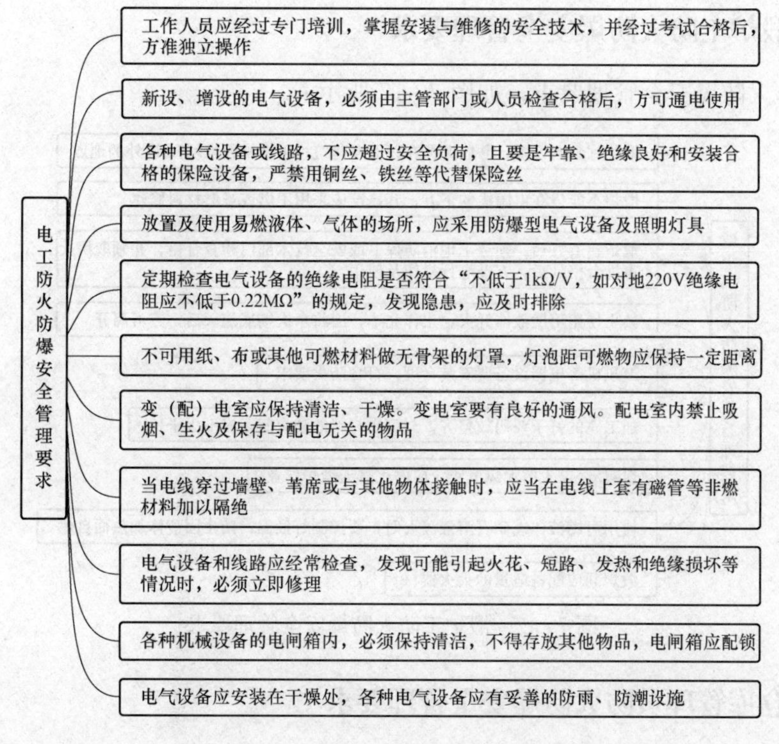
电工防火防爆安全管理要求
工作人员应经过专门培训，掌握安装与维修的安全技术，并经过考试合格后，方准独立操作
新设、增设的电气设备，必须由主管部门或人员检查合格后，方可通电使用
各种电气设备或线路，不应超过安全负荷，且要是牢靠、绝缘良好和安装合格的保险设备，严禁用铜丝、铁丝等代替保险丝
放置及使用易燃液体、气体的场所，应采用防爆型电气设备及照明灯具
定期检查电气设备的绝缘电阻是否符合"不低于1kΩ/V，如对地220V绝缘电阻应不低于0.22MΩ"的规定，发现隐患，应及时排除
不可用纸、布或其他可燃材料做无骨架的灯罩，灯泡距可燃物应保持一定距离
变（配）电室应保持清洁、干燥。变电室要有良好的通风。配电室内禁止吸烟、生火及保存与配电无关的物品
当电线穿过墙壁、苇席或与其他物体接触时，应当在电线上套有磁管等非燃材料加以隔绝
电气设备和线路应经常检查，发现可能引起火花、短路、发热和绝缘损坏等情况时，必须立即修理
各种机械设备的电闸箱内，必须保持清洁，不得存放其他物品，电闸箱应配锁
电气设备应安装在干燥处，各种电气设备应有妥善的防雨、防潮设施

图7-15 电工防火防爆安全管理要求

7.11 熬炼工防火防爆安全管理要求

熬炼工防火防爆安全管理要求，如图7-16所示。

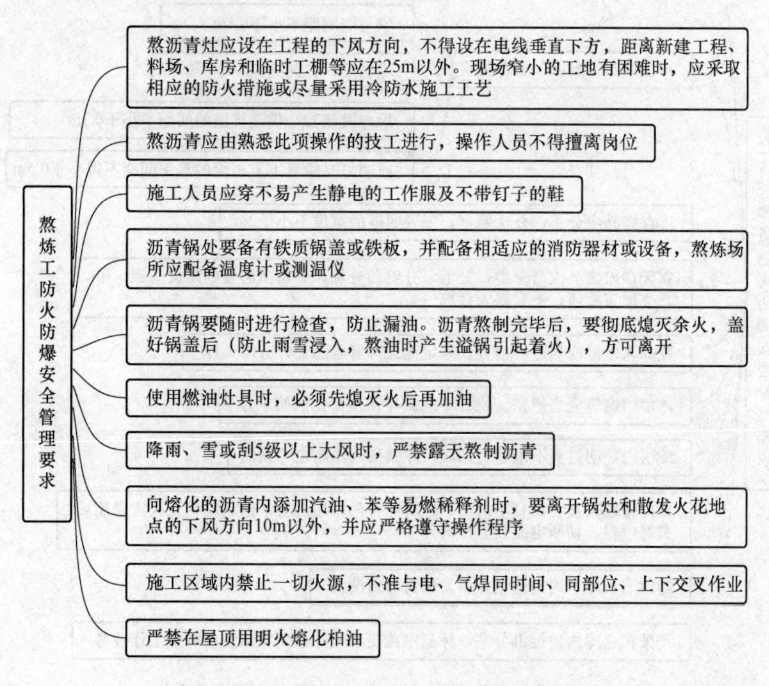
熬炼工防火防爆安全管理要求
熬沥青灶应设在工程的下风方向，不得设在电线垂直下方，距离新建工程、料场、库房和临时工棚等应在25m以外。现场窄小的工地有困难时，应采取相应的防火措施或尽量采用冷防水施工工艺
熬沥青应由熟悉此项操作的技工进行，操作人员不得擅离岗位
施工人员应穿不易产生静电的工作服及不带钉子的鞋
沥青锅处要备有铁质锅盖或铁板，并配备相适应的消防器材或设备，熬炼场所应配备温度计或测温仪
沥青锅要随时进行检查，防止漏油。沥青熬制完毕后，要彻底熄灭余火，盖好锅盖后（防止雨雪浸入，熬油时产生溢锅引起着火），方可离开
使用燃油灶具时，必须先熄灭火后再加油
降雨、雪或刮5级以上大风时，严禁露天熬制沥青
向熔化的沥青内添加汽油、苯等易燃稀释剂时，要离开锅灶和散发火花地点的下风方向10m以外，并应严格遵守操作程序
施工区域内禁止一切火源，不准与电、气焊同时间、同部位、上下交叉作业
严禁在屋顶用明火熔化柏油

图7-16 熬炼工防火防爆安全管理要求

7.12 煅炉工防火防爆安全管理要求

煅炉工防火防爆安全管理要求，如图 7 - 17 所示。

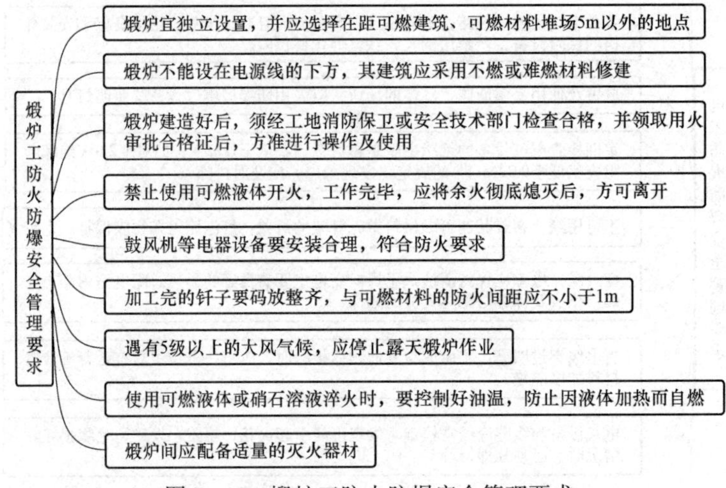
煅炉工防火防爆安全管理要求
煅炉宜独立设置，并应选择在距可燃建筑、可燃材料堆场5m以外的地点
煅炉不能设在电源线的下方，其建筑应采用不燃或难燃材料修建
煅炉建造好后，须经工地消防保卫或安全技术部门检查合格，并领取用火审批合格证后，方准进行操作及使用
禁止使用可燃液体开火，工作完毕，应将余火彻底熄灭后，方可离开
鼓风机等电器设备要安装合理，符合防火要求
加工完的钎子要码放整齐，与可燃材料的防火间距应不小于1m
遇有5级以上的大风气候，应停止露天煅炉作业
使用可燃液体或硝石溶液淬火时，要控制好油温，防止因液体加热而自燃
煅炉间应配备适量的灭火器材

图 7 - 17　煅炉工防火防爆安全管理要求

7.13 仓库管理员防火防爆安全管理要求

（1）仓库管理员防火防爆安全管理要求，如图 7 - 18 所示。

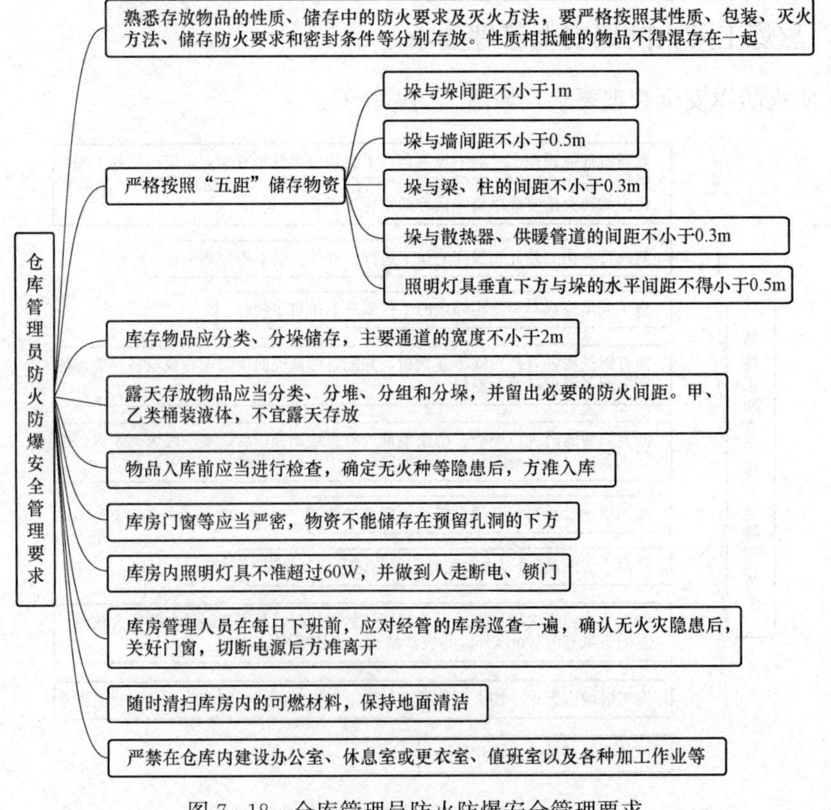
仓库管理员防火防爆安全管理要求
熟悉存放物品的性质、储存中的防火要求及灭火方法，要严格按照其性质、包装、灭火方法、储存防火要求和密封条件等分别存放。性质相抵触的物品不得混存在一起
严格按照“五距”储存物资
垛与垛间距不小于1m
垛与墙间距不小于0.5m
垛与梁、柱的间距不小于0.3m
垛与散热器、供暖管道的间距不小于0.3m
照明灯具垂直下方与垛的水平间距不得小于0.5m
库存物品应分类、分垛储存，主要通道的宽度不小于2m
露天存放物品应当分类、分堆、分组和分垛，并留出必要的防火间距。甲、乙类桶装液体，不宜露天存放
物品入库前应当进行检查，确定无火种等隐患后，方准入库
库房门窗等应当严密，物资不能储存在预留孔洞的下方
库房内照明灯具不准超过60W，并做到人走断电、锁门
库房管理人员在每日下班前，应对经管的库房巡查一遍，确认无火灾隐患后，关好门窗，切断电源后方准离开
随时清扫库房内的可燃材料，保持地面清洁
严禁在仓库内建设办公室、休息室或更衣室、值班室以及各种加工作业等

图 7 - 18　仓库管理员防火防爆安全管理要求

（2）严禁在仓库内设置员工宿舍，如图 7 - 19 所示。

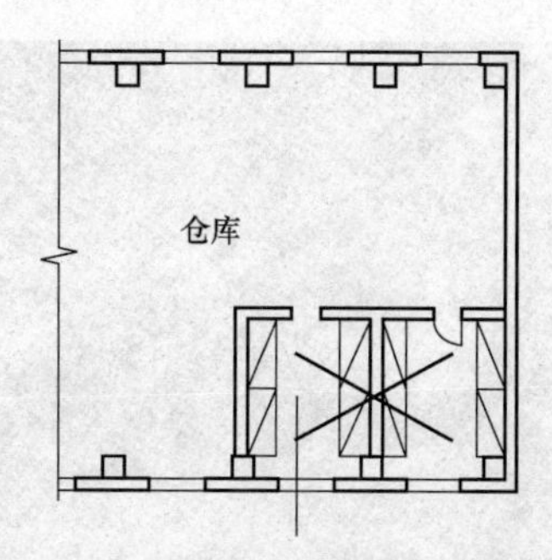
仓库

图 7 - 19　严禁在仓库内设置员工宿舍

7.14　喷灯操作工防火防爆安全管理要求

（1）喷灯操作工防火防爆安全管理要求，如图 7 - 20 所示。

喷灯操作工防火防爆安全管理要求

- 喷灯加油时，要选择好安全地点，并认真检查喷灯是否有漏油或渗油的地方，发现漏油或渗油，应禁止使用
- 喷灯加油时，应将加油防爆盖旋开，用漏斗灌入汽油。如加油不慎，油洒在灯体上，则应将油擦干净，同时放置在通风良好的地方，使汽油挥发掉再点火使用。加油不能过满，加到灯体容积的3/4即可
- 喷灯在使用过程中需要添油时，应首先把灯的火焰熄灭，然后慢慢地放松加油防爆盖放气，待放尽气体且灯体冷却以后再添油。严禁带火加油
- 喷灯点火后先要预热喷嘴。预热喷嘴应利用喷灯上的贮油杯，禁止采取喷灯对喷的方法或用炉火烘烤的方法进行预热，防止造成灯内的油类蒸气膨胀，使灯体爆破伤人或引起火灾。放气点火时，要慢慢地旋开手轮，防止放气太急将油带出起火
- 喷灯作业时，火焰与加工件应注意保持适当的距离，防止高热反射造成灯体内气体膨胀而发生事故
- 高空作业使用喷灯时，应在地面上点燃喷灯后，将火焰调至最小，用绳子吊上去，不应携带点燃的喷灯攀高
- 在地下人井或地沟内使用喷灯时，应先进行通风，排除该场所内的易燃、可燃气体
- 使用喷灯，禁止与喷漆、木工等工序同时间、同部位、上下交叉作业
- 喷灯连续使用时间不宜过长，发现灯体发烫时，应停止使用，进行冷却，防止气体膨胀，发生爆炸引起火灾
- 使用喷灯的操作人员，应经过专门训练，未经过训练人员不应随便使用喷灯
- 煤油和汽油喷灯，应有明显的标志，煤油喷灯严禁使用汽油燃料
- 使用后的喷灯，应冷却后，将余气放掉，才能存放在安全地点，不应与废棉纱、手套、绳子等可燃物混放在一起
- 严禁在地下人井或地沟内进行点火，若需点火也应在距离人井或地沟1.5～2m以外的地面点火，然后用绳子将喷灯吊下去使用

图 7 - 20　喷灯操作工防火防爆安全管理要求

（2）喷灯加油，如图 7-21 所示。

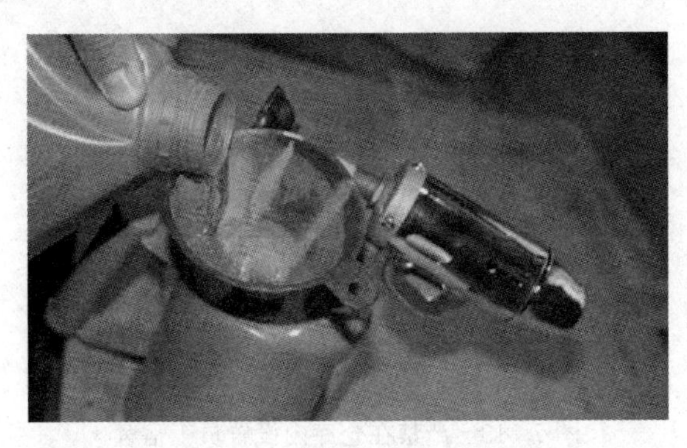

图 7-21 喷灯加油

7.15 古建筑物修缮防火防爆安全管理要求

古建筑物修缮防火防爆安全管理要求，如图 7-22 所示。

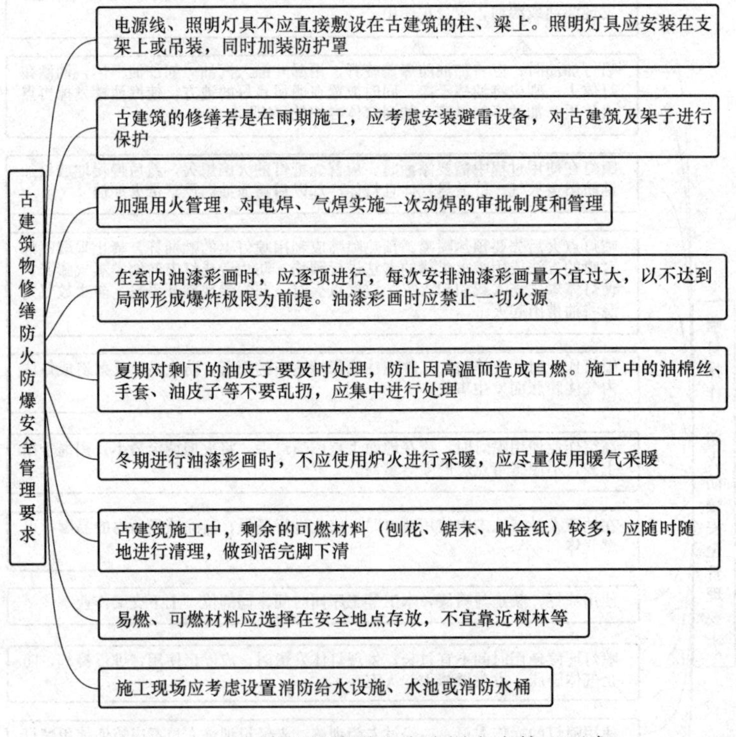
古建筑物修缮防火防爆安全管理要求
电源线、照明灯具不应直接敷设在古建筑的柱、梁上。照明灯具应安装在支架上或吊装，同时加装防护罩
古建筑的修缮若是在雨期施工，应考虑安装避雷设备，对古建筑及架子进行保护
加强用火管理，对电焊、气焊实施一次动焊的审批制度和管理
在室内油漆彩画时，应逐项进行，每次安排油漆彩画量不宜过大，以不达到局部形成爆炸极限为前提。油漆彩画时应禁止一切火源
夏期对剩下的油皮子要及时处理，防止因高温而造成自燃。施工中的油棉丝、手套、油皮子等不要乱扔，应集中进行处理
冬期进行油漆彩画时，不应使用炉火进行采暖，应尽量使用暖气采暖
古建筑施工中，剩余的可燃材料（刨花、锯末、贴金纸）较多，应随时随地进行清理，做到活完脚下清
易燃、可燃材料应选择在安全地点存放，不宜靠近树林等
施工现场应考虑设置消防给水设施、水池或消防水桶

图 7-22 古建筑物修缮防火防爆安全管理要求

7.16 设备安装与调试防火防爆安全管理要求

设备安装与调试防火防爆安全管理要求，如图 7-23 所示。

设备安装与调试防火防爆安全管理要求

- 在设备安装与调试施工前，应进行详细的调查，根据设备安装与调试施工中的火灾危险性及特点，制定消防保卫工作方案，规定必要的制度和措施，制定调试运行过程中单项的和整体的调试运行工作计划或方案，做到定人、定岗、定要求
- 在有易燃、易爆气体和液体的附近进行用火作业前，应先用测量仪器测试可燃气体的爆炸浓度，然后再进行动火作业。动火作业时间长应设专人随时进行测试
- 调试过的可燃、易燃液体和气体的管道、塔、容器、设备等，在进行修理时，必须使用惰性气体或蒸气进行置换和吹扫，用测量仪器测定爆炸浓度后，方可进行修理
- 调试过程中，应组织一支专门的应急力量，随时处理一些紧急事故
- 在有可燃、易燃液体及气体附近的用电设备，应采用与该场所相匹配的防火等级的临时用电设备
- 调试过程中，应准备一定数量的填料、堵料及工具、设备，以应对滴、漏、跑、冒的发生，减少火灾和其他险患

图7-23　设备安装与调试防火防爆安全管理要求

第 8 章　建筑工程项目安全性评价

8.1　施工单位安全管理工作的安全性评价

1. 安全管理保证项目的检查评定

（1）安全生产责任制要求，如图 8－1 所示。

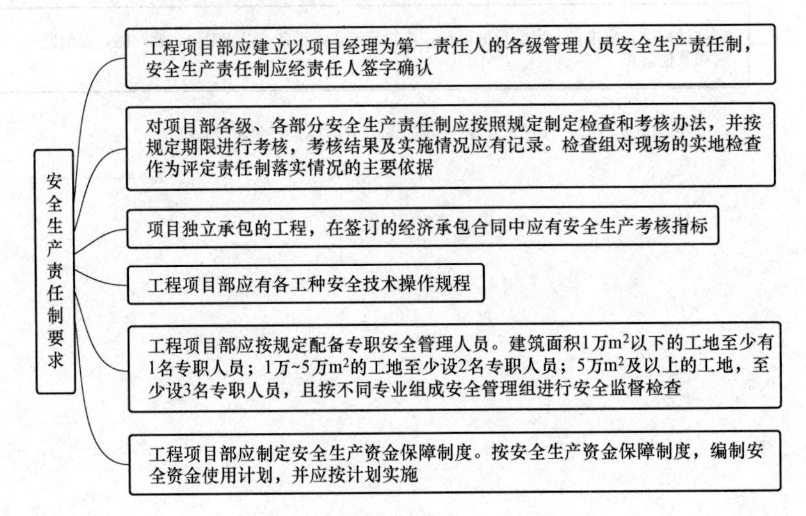

安全生产责任制要求
工程项目部应建立以项目经理为第一责任人的各级管理人员安全生产责任制，安全生产责任制应经责任人签字确认
对项目部各级、各部分安全生产责任制应按照规定制定检查和考核办法，并按规定期限进行考核，考核结果及实施情况应有记录。检查组对现场的实地检查作为评定责任制落实情况的主要依据
项目独立承包的工程，在签订的经济承包合同中应有安全生产考核指标
工程项目部应有各工种安全技术操作规程
工程项目部应按规定配备专职安全管理人员。建筑面积1万m²以下的工地至少有1名专职人员；1万~5万m²的工地至少设2名专职人员；5万m²及以上的工地，至少设3名专职人员，且按不同专业组成安全管理组进行安全监督检查
工程项目部应制定安全生产资金保障制度。按安全生产资金保障制度，编制安全资金使用计划，并应按计划实施

图 8－1　安全生产责任制要求

（2）目标管理要求，如图 8－2 所示。

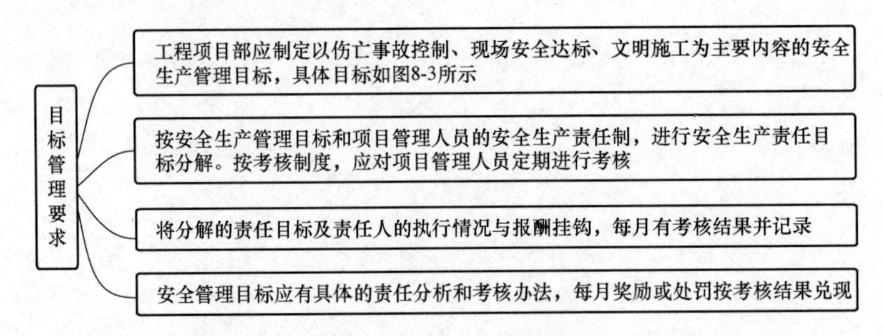

目标管理要求
工程项目部应制定以伤亡事故控制、现场安全达标、文明施工为主要内容的安全生产管理目标，具体目标如图8-3所示
按安全生产管理目标和项目管理人员的安全生产责任制，进行安全生产责任目标分解。按考核制度，应对项目管理人员定期进行考核
将分解的责任目标及责任人的执行情况与报酬挂钩，每月有考核结果并记录
安全管理目标应有具体的责任分析和考核办法，每月奖励或处罚按考核结果兑现

图 8－2　目标管理要求

（3）施工组织设计及专项施工方案，如图 8－3 所示。

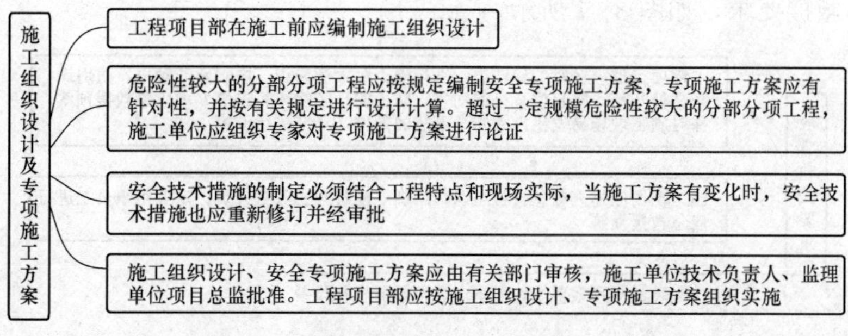
施工组织设计及专项施工方案
工程项目部在施工前应编制施工组织设计
危险性较大的分部分项工程应按规定编制安全专项施工方案，专项施工方案应有针对性，并按有关规定进行设计计算。超过一定规模危险性较大的分部分项工程，施工单位应组织专家对专项施工方案进行论证
安全技术措施的制定必须结合工程特点和现场实际，当施工方案有变化时，安全技术措施也应重新修订并经审批
施工组织设计、安全专项施工方案应由有关部门审核，施工单位技术负责人、监理单位项目总监批准。工程项目部应按施工组织设计、专项施工方案组织实施

图8-3　施工组织设计及专项施工方案

（4）安全技术交底要求，如图8-4所示。

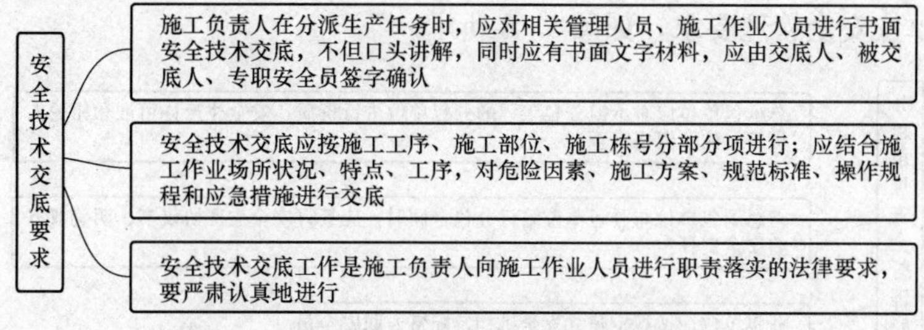
安全技术交底要求
施工负责人在分派生产任务时，应对相关管理人员、施工作业人员进行书面安全技术交底，不但口头讲解，同时应有书面文字材料，应由交底人、被交底人、专职安全员签字确认
安全技术交底应按施工工序、施工部位、施工栋号分部分项进行；应结合施工作业场所状况、特点、工序，对危险因素、施工方案、规范标准、操作规程和应急措施进行交底
安全技术交底工作是施工负责人向施工作业人员进行职责落实的法律要求，要严肃认真地进行

图8-4　安全技术交底要求

（5）安全检查要求，如图8-5所示。

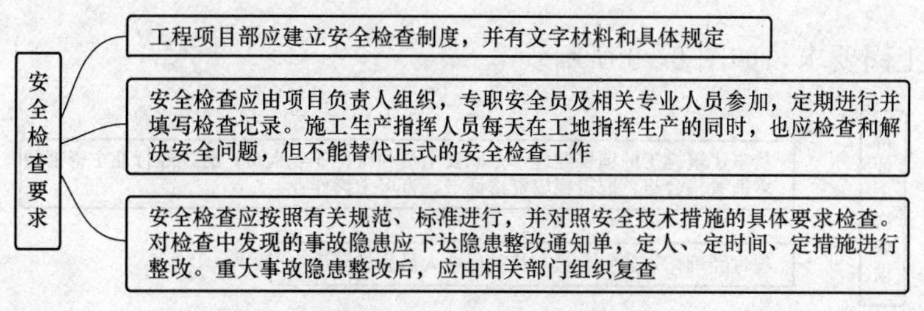
安全检查要求
工程项目部应建立安全检查制度，并有文字材料和具体规定
安全检查应由项目负责人组织，专职安全员及相关专业人员参加，定期进行并填写检查记录。施工生产指挥人员每天在工地指挥生产的同时，也应检查和解决安全问题，但不能替代正式的安全检查工作
安全检查应按照有关规范、标准进行，并对照安全技术措施的具体要求检查。对检查中发现的事故隐患应下达隐患整改通知单，定人、定时间、定措施进行整改。重大事故隐患整改后，应由相关部门组织复查

图8-5　安全检查要求

（6）安全教育要求，如图8-6所示。

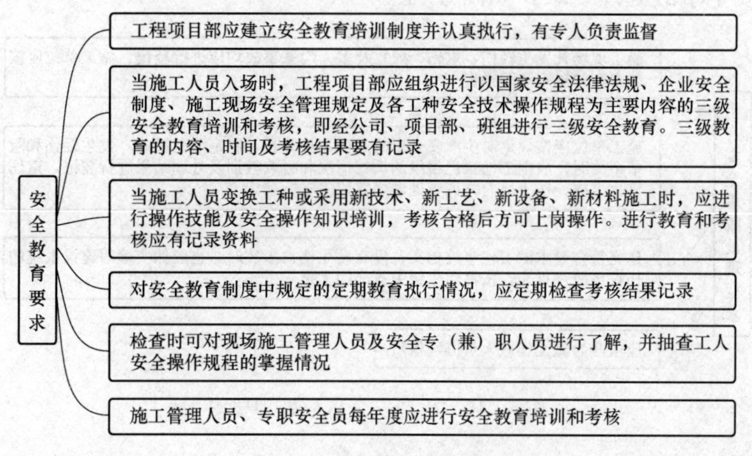
安全教育要求
工程项目部应建立安全教育培训制度并认真执行，有专人负责监督
当施工人员入场时，工程项目部应组织进行以国家安全法律法规、企业安全制度、施工现场安全管理规定及各工种安全技术操作规程为主要内容的三级安全教育培训和考核，即经公司、项目部、班组进行三级安全教育。三级教育的内容、时间及考核结果要有记录
当施工人员变换工种或采用新技术、新工艺、新设备、新材料施工时，应进行操作技能及安全操作知识培训，考核合格后方可上岗操作。进行教育和考核应有记录资料
对安全教育制度中规定的定期教育执行情况，应定期检查考核结果记录
检查时可对现场施工管理人员及安全专（兼）职人员进行了解，并抽查工人安全操作规程的掌握情况
施工管理人员、专职安全员每年度应进行安全教育培训和考核

图8-6　安全教育要求

（7）应急救援要求，如图 8-7 所示。

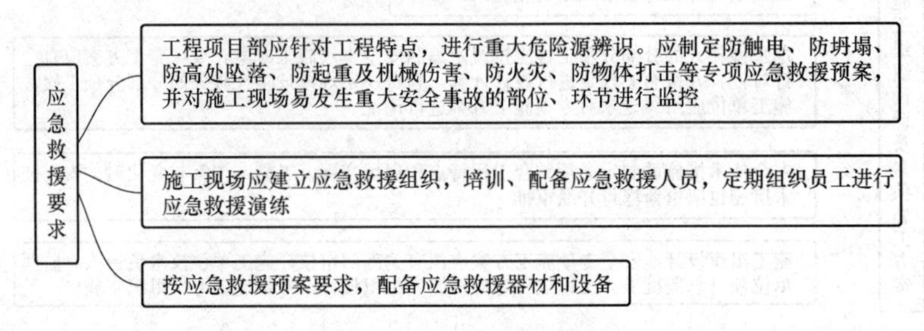
应急救援要求
工程项目部应针对工程特点，进行重大危险源辨识。应制定防触电、防坍塌、防高处坠落、防起重及机械伤害、防火灾、防物体打击等专项应急救援预案，并对施工现场易发生重大安全事故的部位、环节进行监控
施工现场应建立应急救援组织，培训、配备应急救援人员，定期组织员工进行应急救援演练
按应急救援预案要求，配备应急救援器材和设备

图 8-7　应急救援要求

2. 安全管理一般项目的检查评定

（1）分包单位安全管理要求，如图 8-8 所示。

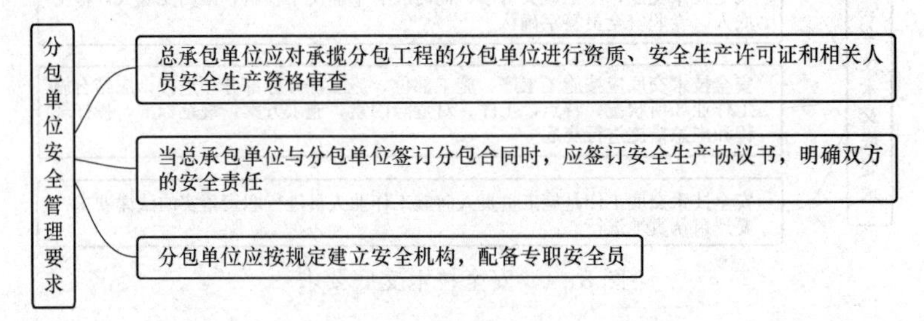
分包单位安全管理要求
总承包单位应对承揽分包工程的分包单位进行资质、安全生产许可证和相关人员安全生产资格审查
当总承包单位与分包单位签订分包合同时，应签订安全生产协议书，明确双方的安全责任
分包单位应按规定建立安全机构，配备专职安全员

图 8-8　分包单位安全管理要求

（2）持证上岗要求，如图 8-9 所示。

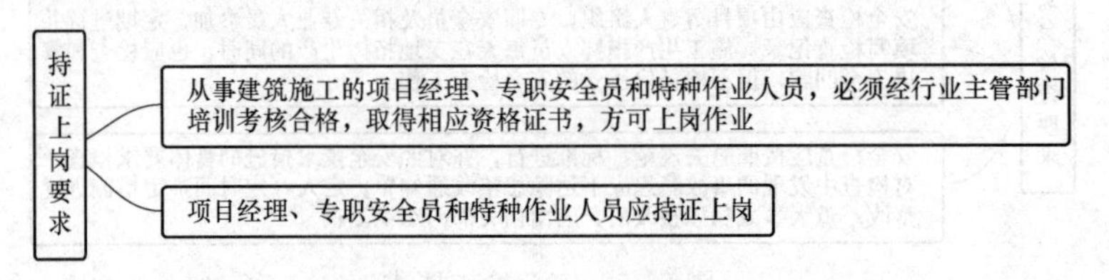
持证上岗要求
从事建筑施工的项目经理、专职安全员和特种作业人员，必须经行业主管部门培训考核合格，取得相应资格证书，方可上岗作业
项目经理、专职安全员和特种作业人员应持证上岗

图 8-9　持证上岗要求

（3）生产安全事故处理要求，如图 8-10 所示。

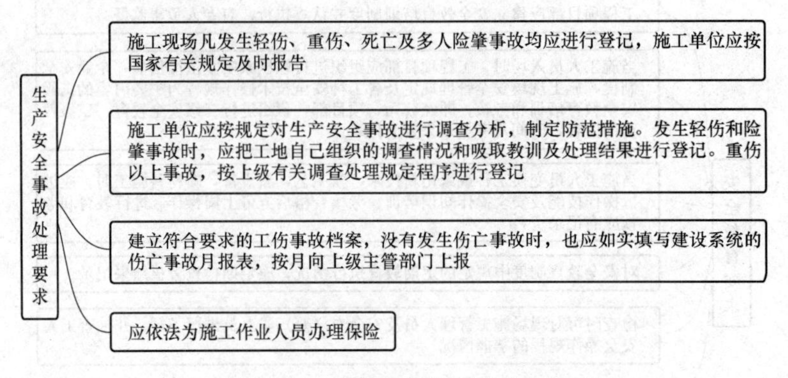
生产安全事故处理要求
施工现场凡发生轻伤、重伤、死亡及多人险肇事故均应进行登记，施工单位应按国家有关规定及时报告
施工单位应按规定对生产安全事故进行调查分析，制定防范措施。发生轻伤和险肇事故时，应把工地自己组织的调查情况和吸取教训及处理结果进行登记。重伤以上事故，按上级有关调查处理规定程序进行登记
建立符合要求的工伤事故档案，没有发生伤亡事故时，也应如实填写建设系统的伤亡事故月报表，按月向上级主管部门上报
应依法为施工作业人员办理保险

图 8-10　生产安全事故处理要求

(4) 安全标志要求，如图 8-11 所示。

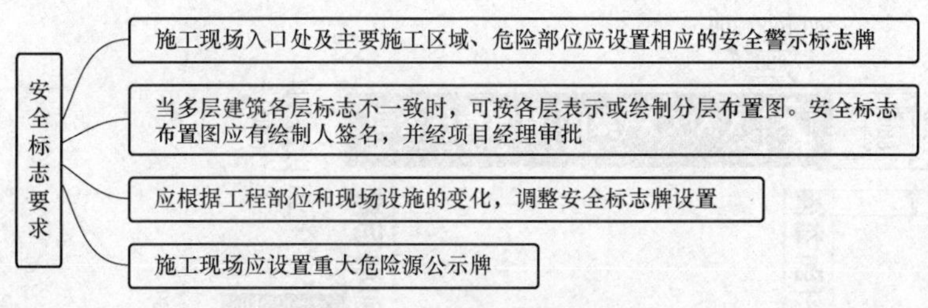
安全标志要求
施工现场入口处及主要施工区域、危险部位应设置相应的安全警示标志牌
当多层建筑各层标志不一致时，可按各层表示或绘制分层布置图。安全标志布置图应有绘制人签名，并经项目经理审批
应根据工程部位和现场设施的变化，调整安全标志牌设置
施工现场应设置重大危险源公示牌

图 8-11　安全标志要求

8.2　施工现场文明施工的安全性评价

1. 文明施工保证项目的检查评定

(1) 现场围挡要求，如图 8-12、图 8-13 所示。

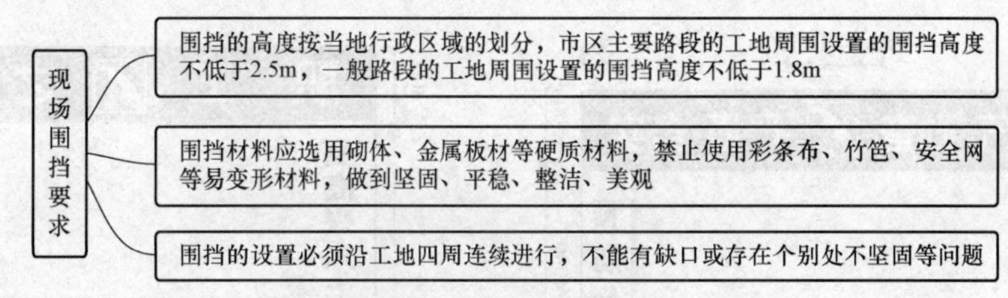
现场围挡要求
围挡的高度按当地行政区域的划分，市区主要路段的工地周围设置的围挡高度不低于2.5m，一般路段的工地周围设置的围挡高度不低于1.8m
围挡材料应选用砌体、金属板材等硬质材料，禁止使用彩条布、竹笆、安全网等易变形材料，做到坚固、平稳、整洁、美观
围挡的设置必须沿工地四周连续进行，不能有缺口或存在个别处不坚固等问题

图 8-12　现场围挡要求

预　防　为　主

图 8-13　现场围挡现场图

(2) 封闭管理要求，如图 8-14 所示。

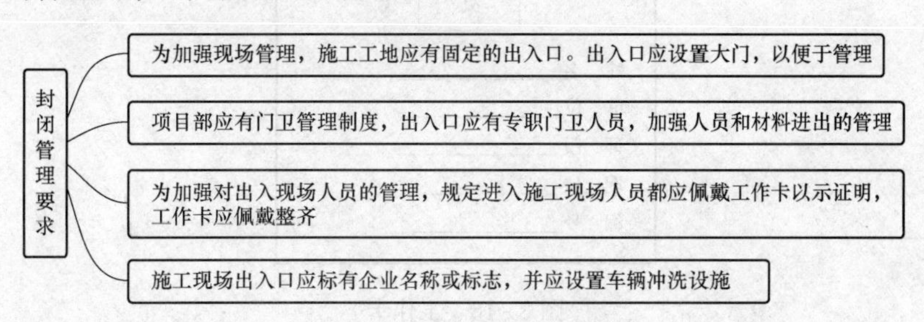
封闭管理要求
为加强现场管理，施工工地应有固定的出入口。出入口应设置大门，以便于管理
项目部应有门卫管理制度，出入口应有专职门卫人员，加强人员和材料进出的管理
为加强对出入现场人员的管理，规定进入施工现场人员都应佩戴工作卡以示证明，工作卡应佩戴整齐
施工现场出入口应标有企业名称或标志，并应设置车辆冲洗设施

图 8-14　封闭管理要求

（3）施工工地固定的出入口，如图 8-15 所示。

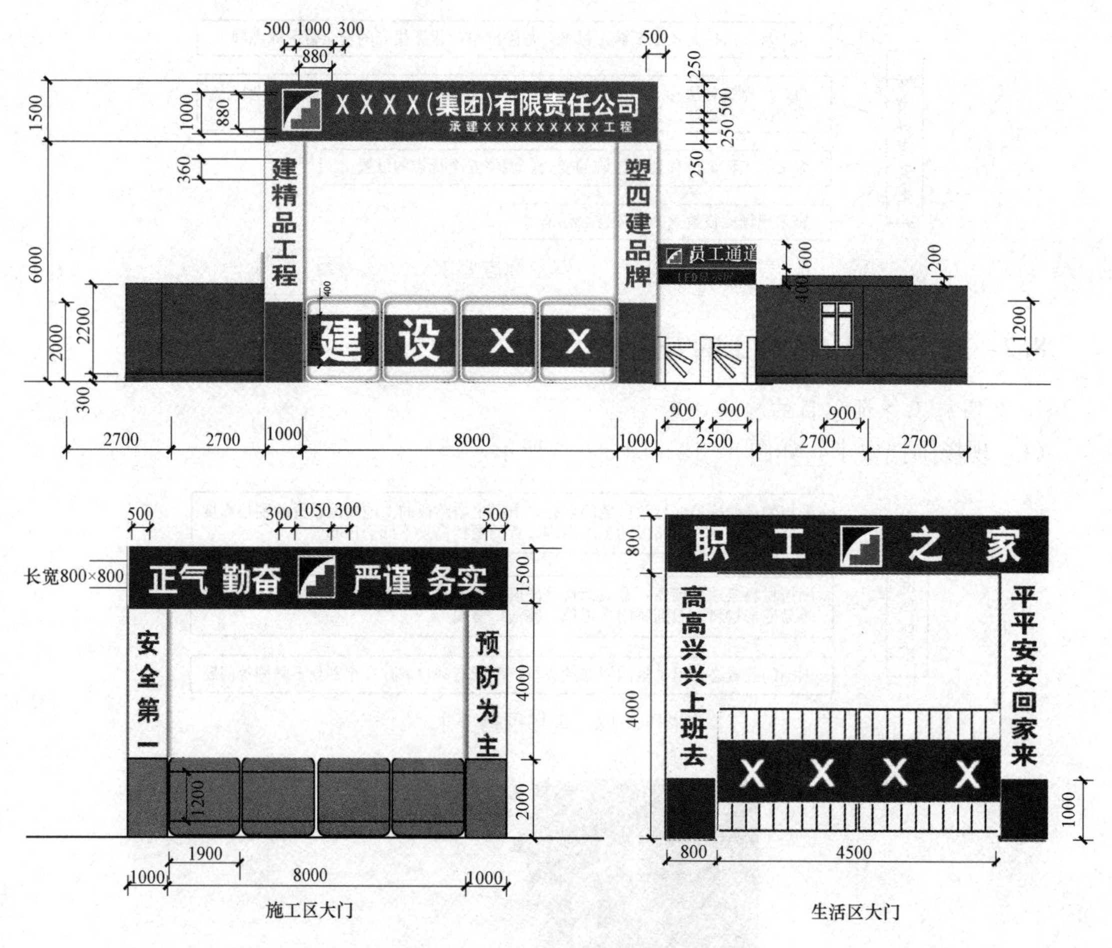
XXXX(集团)有限责任公司
承建XXXXXXXXX工程
建精品工程
塑四建品牌
员工通道
建设XX
正气 勤奋 严谨 务实
长宽800×800
安全第一
预防为主
施工区大门
职 工 之 家
高高兴兴上班去
平平安安回家来
XXXX
生活区大门

图 8-15 施工工地固定的出入口

（4）工作卡，如图 8-16 所示。

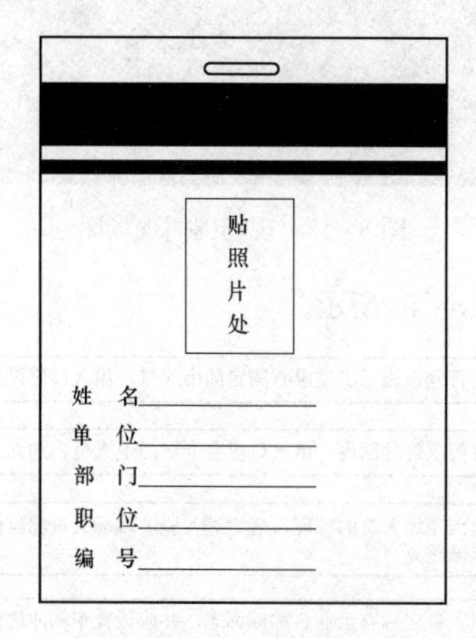
贴照片处
姓 名
单 位
部 门
职 位
编 号

图 8-16 工作卡

（5）施工现场出入口企业名称或标志，如图8-17所示。

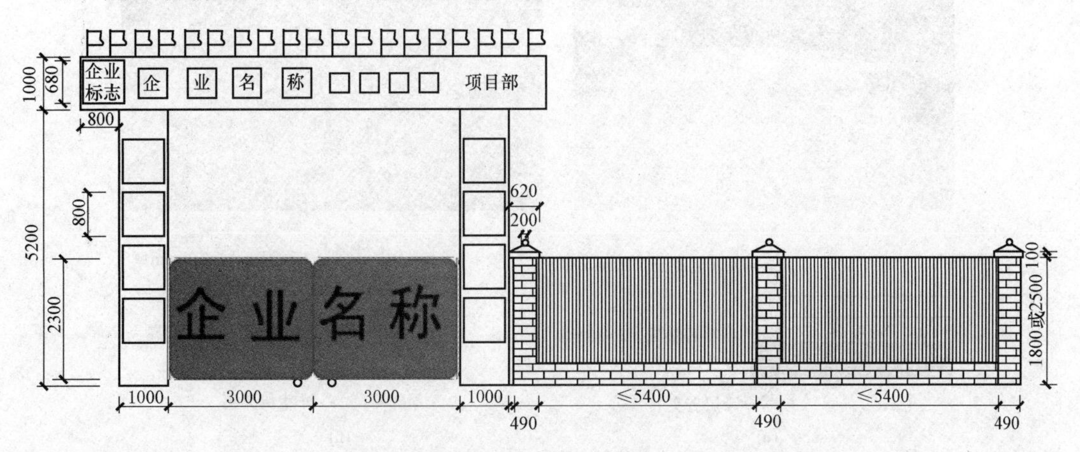
企业标志
企
业
名
称
项目部
企业名称
1000
680
800
800
5200
2300
620
200
100
1800或2500
1000
3000
3000
1000
≤5400
≤5400
490
490
490

图8-17　施工现场出入口企业名称或标志

（6）施工现场出入口车辆冲洗设施，如图8-18所示。

图8-18　施工现场出入口车辆冲洗设施

（7）施工现场要求，如图8-19所示。

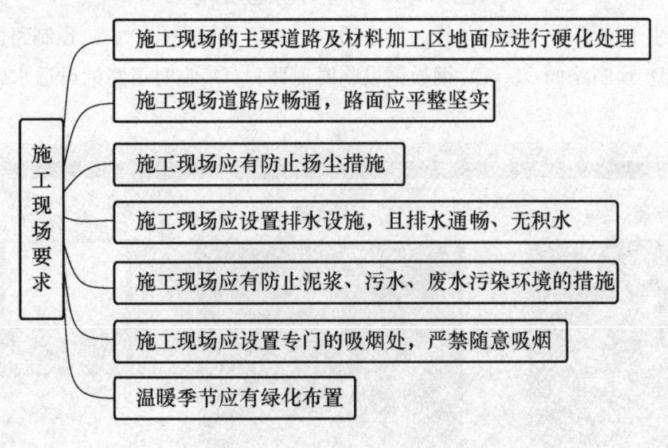
施工现场要求
施工现场的主要道路及材料加工区地面应进行硬化处理
施工现场道路应畅通，路面应平整坚实
施工现场应有防止扬尘措施
施工现场应设置排水设施，且排水通畅、无积水
施工现场应有防止泥浆、污水、废水污染环境的措施
施工现场应设置专门的吸烟处，严禁随意吸烟
温暖季节应有绿化布置

图8-19　施工现场要求

（8）施工场地硬化，如图8-20所示。

（9）吸烟室、饮水室、医务室的设置，如图8-21所示。

C20混凝土，200mm厚
碎砖石垫层，250mm厚
土层夯实
(a)
C20混凝土，100mm厚
砂垫层，150mm厚
土层夯实
(b)
(c)
合治理
中建中路
(d)
工地内钢板路面(没有浇筑混凝土路面)
(e)
(f)

图 8-20 施工场地硬化

（a）主干道硬化；（b）办公区、生活区、加工场地硬化；（c）预制路面 1；（d）预制路面 2；（e）钢板铺设临时道路；（f）临时道路铺设透水砖

吸烟室
饮水室
医务室

图 8-21 吸烟室、饮水室、医务室的设置

（10）施工现场绿化布置，如图 8-22 所示。

图 8-22　施工现场绿化布置

（11）材料管理，如图 8-23 所示。

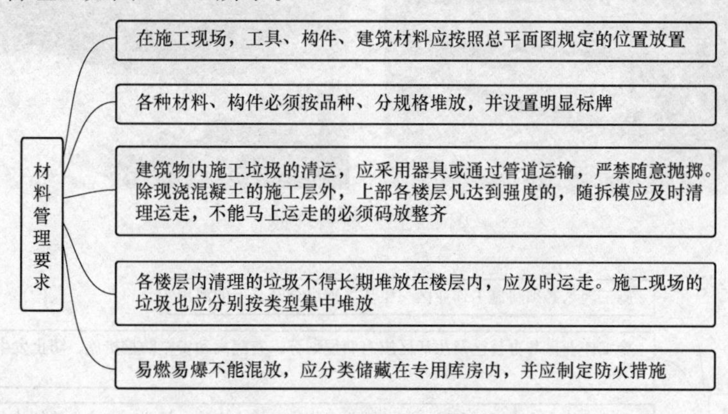
材料管理要求
在施工现场，工具、构件、建筑材料应按照总平面图规定的位置放置
各种材料、构件必须按品种、分规格堆放，并设置明显标牌
建筑物内施工垃圾的清运，应采用器具或通过管道运输，严禁随意抛掷。除现浇混凝土的施工层外，上部各楼层凡达到强度的，随拆模应及时清理运走，不能马上运走的必须码放整齐
各楼层内清理的垃圾不得长期堆放在楼层内，应及时运走。施工现场的垃圾也应分别按类型集中堆放
易燃易爆不能混放，应分类储藏在专用库房内，并应制定防火措施

图 8-23　材料管理要求

（12）材料标识牌，如图 8-24 所示。

钢筋加工区

砂、石料堆场

材料标识牌

材料名称		生产厂家	
规格型号		炉(批)号	
进场日期		进场数量	
检验日期		检验状态	

（半）成品材料标识牌

品名		产地	
规格型号		检验状态	
使用部位		报告编号	

图 8-24　材料标识牌

（13）材料堆放，如图 8-25 所示。

（14）现场办公与住宿要求，如图 8-26 所示。

（15）现场办公室，如图 8-27 所示。

人人讲安全 事事

图 8-25 材料堆放

现场办公与住宿要求

- 施工现场必须将施工作业区与生活区严格分开，不能混用
- 施工作业区与办公区及生活区应有明显划分，有隔离和安全防护措施，防止发生事故
- 冬期宿舍内应有采暖和防一氧化碳中毒措施。炉火应统一设置，有专人管理并有岗位责任
- 炎热季节，宿舍应采取防暑降温和防蚊虫叮咬措施，保证施工人员有充足睡眠
- 宿舍应设置可开启式窗户，床铺不得超过2层，通道宽度不应小于0.9m。宿舍内床铺及各种生活用品放置整齐，宿舍内住宿人员人均面积不应小于2.5m²，一间宿舍不得超过16人，卫生应良好
- 应保持宿舍周围环境卫生良好，不乱泼乱倒，应设污物桶和污水池。房屋周围道路平整，室内照明灯具距楼地面低于2.4m时，采用36V安全电压，不准在电线电缆上晾衣服

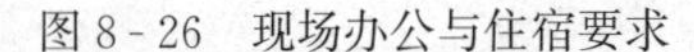

图 8-26 现场办公与住宿要求

图 8-27 现场办公室

（16）现场宿舍，如图 8-28 所示。

图 8-28　现场宿舍

（17）现场食堂，如图 8-29 所示。

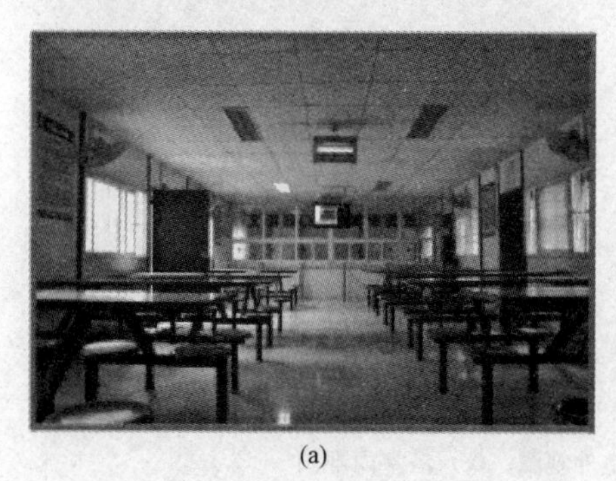

(a)

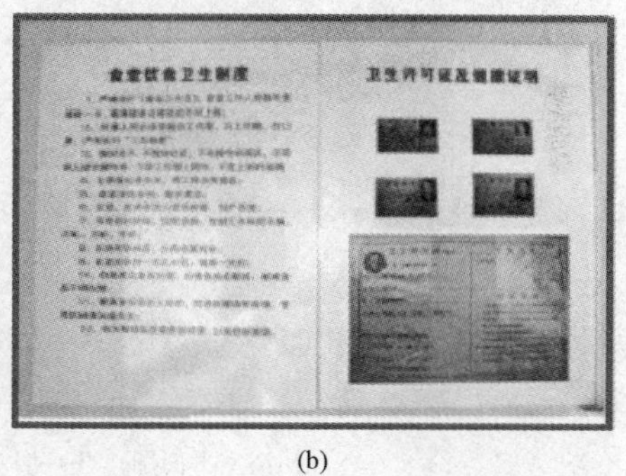
食堂饮食卫生制度
卫生许可证及健康证明

(b)

图 8-29　现场食堂

(a) 食堂内部图；(b) 卫生许可证，健康证及管理制度上墙示例

（18）现场卫生间设计示例，如图 8-30 所示。

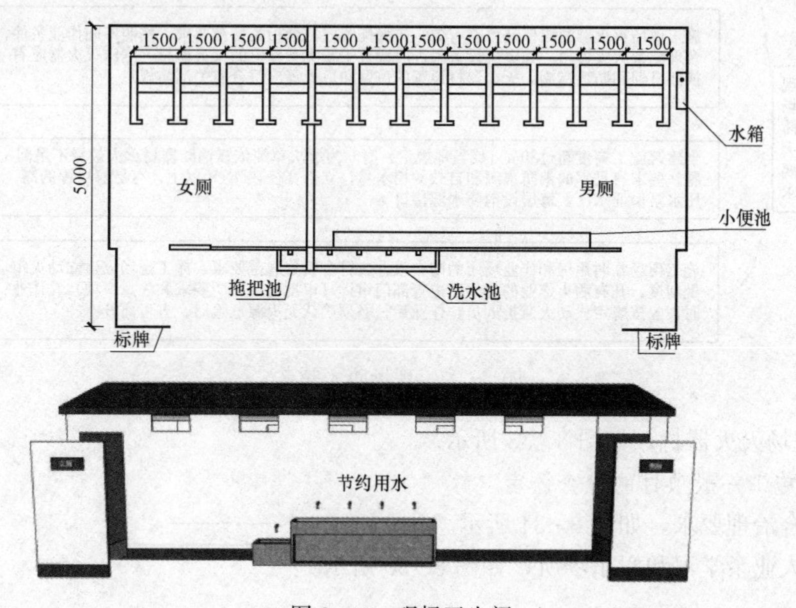
1500 1500 1500 1500 1500 1500 1500 1500 1500 1500 1500 1500
5000
女厕
男厕
水箱
小便池
拖把池
洗水池
标牌
标牌
节约用水

图 8-30　现场卫生间

（19）现场浴室设计示例，如图 8-31 所示。

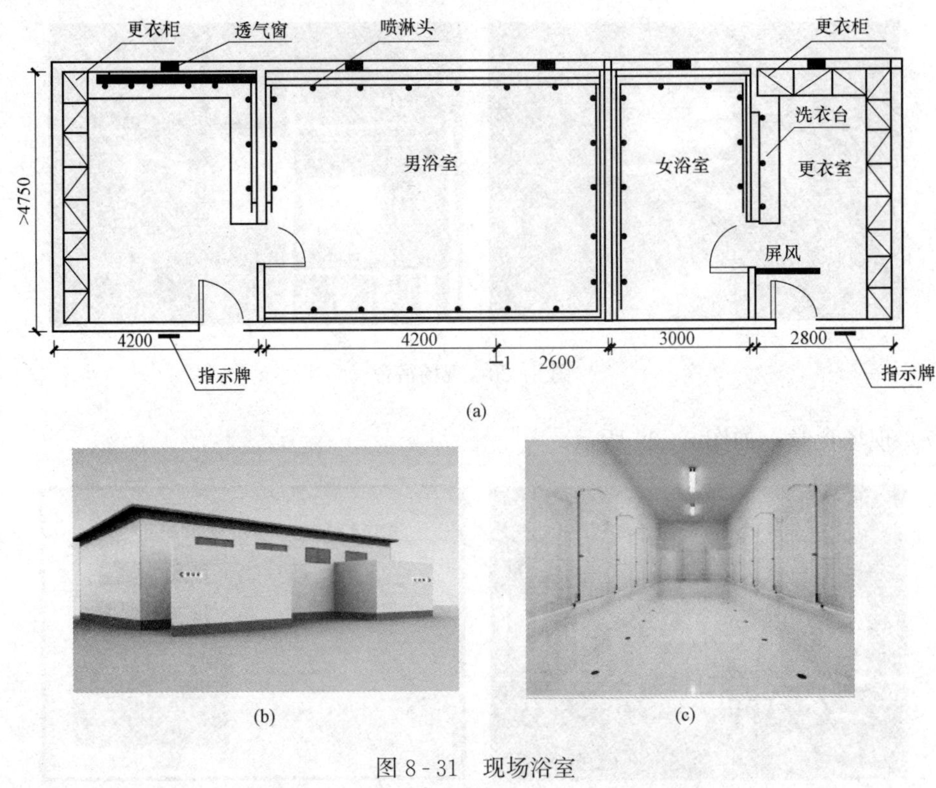
更衣柜
透气窗
喷淋头
更衣柜
洗衣台
男浴室
女浴室
更衣室
屏风
>4750
4200
4200
3000
2800
1
2600
指示牌
指示牌
(a)
(b)
(c)

图 8-31 现场浴室

（a）浴室平面图；（b）浴室外观图；（c）浴室内部图

（20）现场防火要求，如图 8-32 所示。

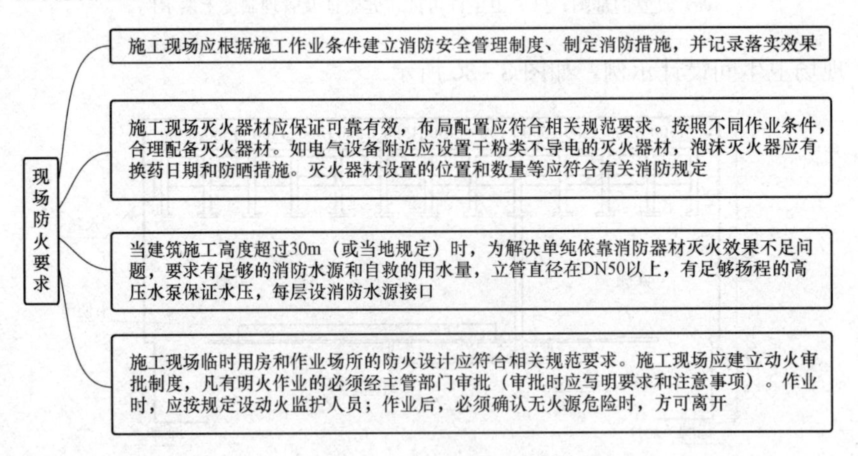
现场防火要求
施工现场应根据施工作业条件建立消防安全管理制度、制定消防措施，并记录落实效果
施工现场灭火器材应保证可靠有效，布局配置应符合相关规范要求。按照不同作业条件，合理配备灭火器材。如电气设备附近应设置干粉类不导电的灭火器材，泡沫灭火器应有换药日期和防晒措施。灭火器材设置的位置和数量等应符合有关消防规定
当建筑施工高度超过30m（或当地规定）时，为解决单纯依靠消防器材灭火效果不足问题，要求有足够的消防水源和自救的用水量，立管直径在DN50以上，有足够扬程的高压水泵保证水压，每层设消防水源接口
施工现场临时用房和作业场所的防火设计应符合相关规范要求。施工现场应建立动火审批制度，凡有明火作业的必须经主管部门审批（审批时应写明要求和注意事项）。作业时，应按规定设动火监护人员；作业后，必须确认无火源危险时，方可离开

图 8-32 现场防火要求

（21）现场灭火器材，如图 8-33 所示。

2. 文明施工一般项目的检查评定

（1）综合治理要求，如图 8-34 所示。

（2）工人业余学习和娱乐场所，如图 8-35 所示。

消防台
防消结合
预防为主

灭火器箱
FIRE EXTINGUISHER BOX
火警119

消防
灭火器箱
火警 119

消 防 器 材
消 防 器 材

图 8 - 33　现场灭火器材

综合治理要求

- 施工现场应在生活区内适当设置工人业余学习和娱乐场所，使劳动后的人员有合理的休息方式
- 施工现场应建立治安保卫制度和责任分工，并有专人负责检查落实情况
- 施工现场应制定治安防范措施。治安保卫工作不但直接影响施工现场安全，同时也是社会安定所必需，应该措施得力、效果明显

图 8 - 34　综合治理要求

图 8 - 35　工人业余学习和娱乐场所

（3）公示标牌要求，如图 8－36 所示。

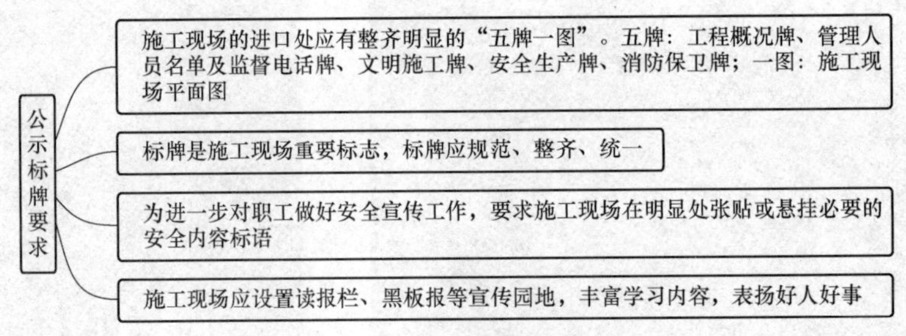
公示标牌要求
施工现场的进口处应有整齐明显的“五牌一图”。五牌：工程概况牌、管理人员名单及监督电话牌、文明施工牌、安全生产牌、消防保卫牌；一图：施工现场平面图
标牌是施工现场重要标志，标牌应规范、整齐、统一
为进一步对职工做好安全宣传工作，要求施工现场在明显处张贴或悬挂必要的安全内容标语
施工现场应设置读报栏、黑板报等宣传园地，丰富学习内容，表扬好人好事

图 8－36 公示标牌要求

（4）五牌一图，如图 8－37 所示。

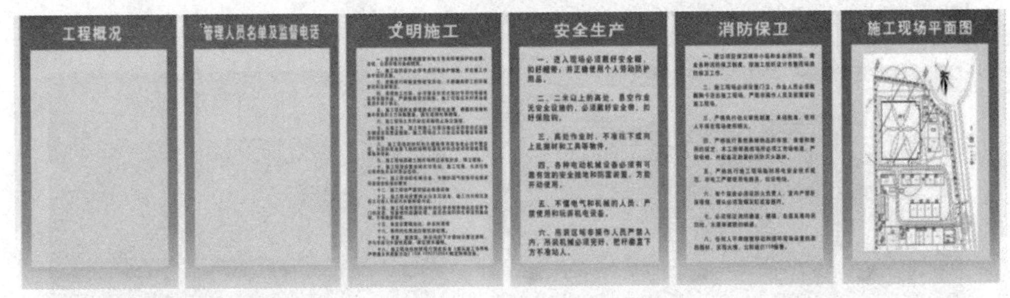
工程概况
管理人员名单及监督电话
文明施工
安全生产
消防保卫
施工现场平面图

图 8－37 五牌一图

（5）安全标语，如图 8－38 所示。

细节决定成败　安全重于泰山

重视合同 规范运作 确保质量 信誉承诺

图 8－38 安全标语

（6）宣传园地，如图 8－39 所示。

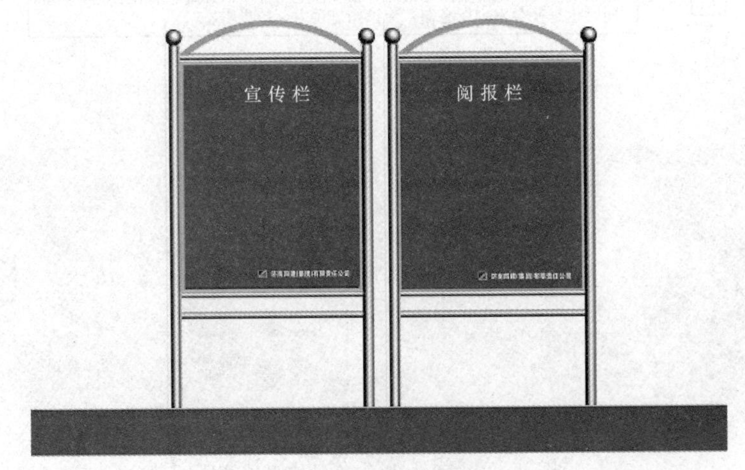
宣传栏
阅报栏

图 8－39 宣传园地

（7）生活设施要求，如图 8-40 所示。

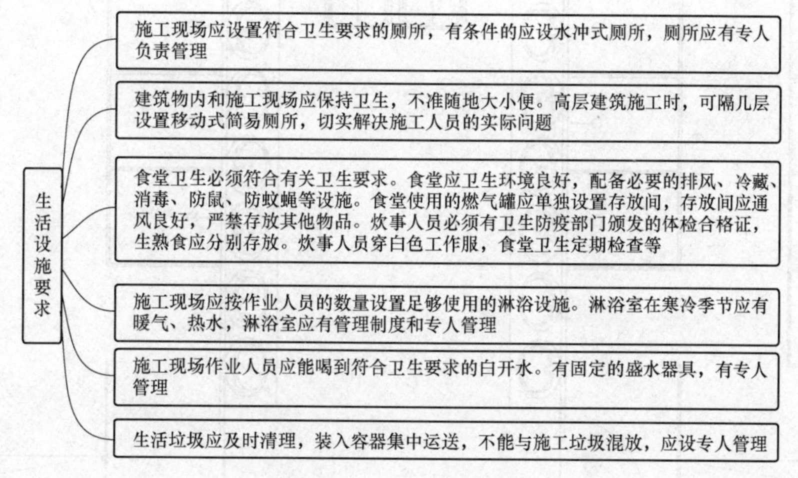
生活设施要求
施工现场应设置符合卫生要求的厕所，有条件的应设水冲式厕所，厕所应有专人负责管理
建筑物内和施工现场应保持卫生，不准随地大小便。高层建筑施工时，可隔几层设置移动式简易厕所，切实解决施工人员的实际问题
食堂卫生必须符合有关卫生要求。食堂应卫生环境良好，配备必要的排风、冷藏、消毒、防鼠、防蚊蝇等设施。食堂使用的燃气罐应单独设置存放间，存放间应通风良好，严禁存放其他物品。炊事人员必须有卫生防疫部门颁发的体检合格证，生熟食应分别存放。炊事人员穿白色工作服，食堂卫生定期检查等
施工现场应按作业人员的数量设置足够使用的淋浴设施。淋浴室在寒冷季节应有暖气、热水，淋浴室应有管理制度和专人管理
施工现场作业人员应能喝到符合卫生要求的白开水。有固定的盛水器具，有专人管理
生活垃圾应及时清理，装入容器集中运送，不能与施工垃圾混放，应设专人管理

图 8-40　生活设施要求

（8）生活设施，如图 8-41～图 8-43 所示。

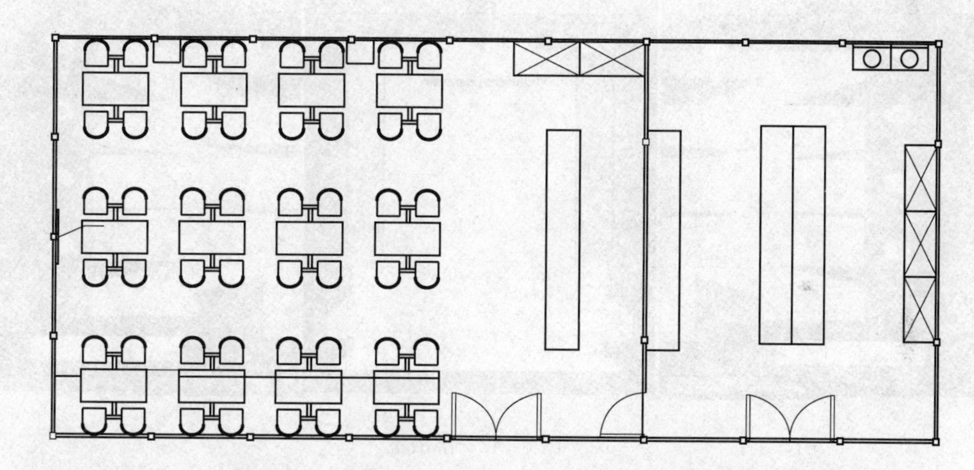

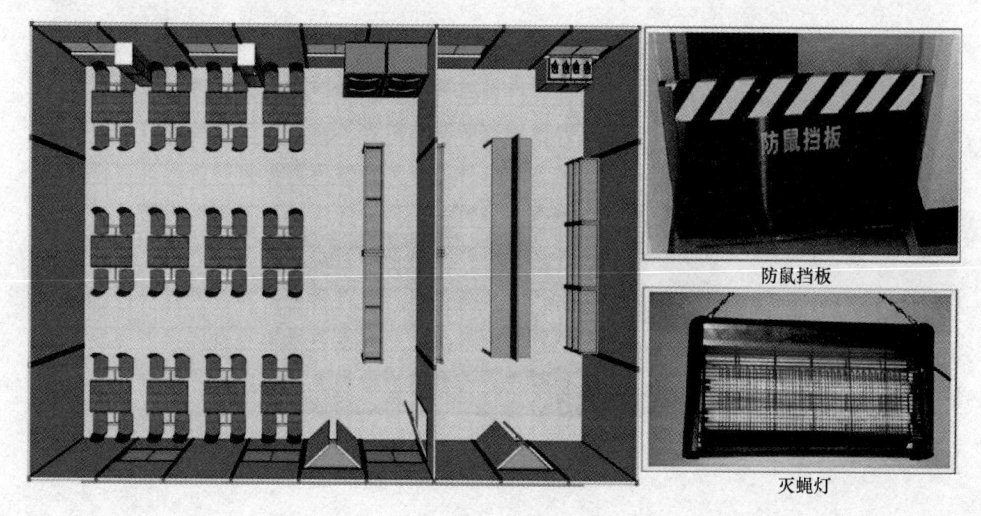
防鼠挡板
防鼠挡板
灭蝇灯

图 8-41　食堂卫生

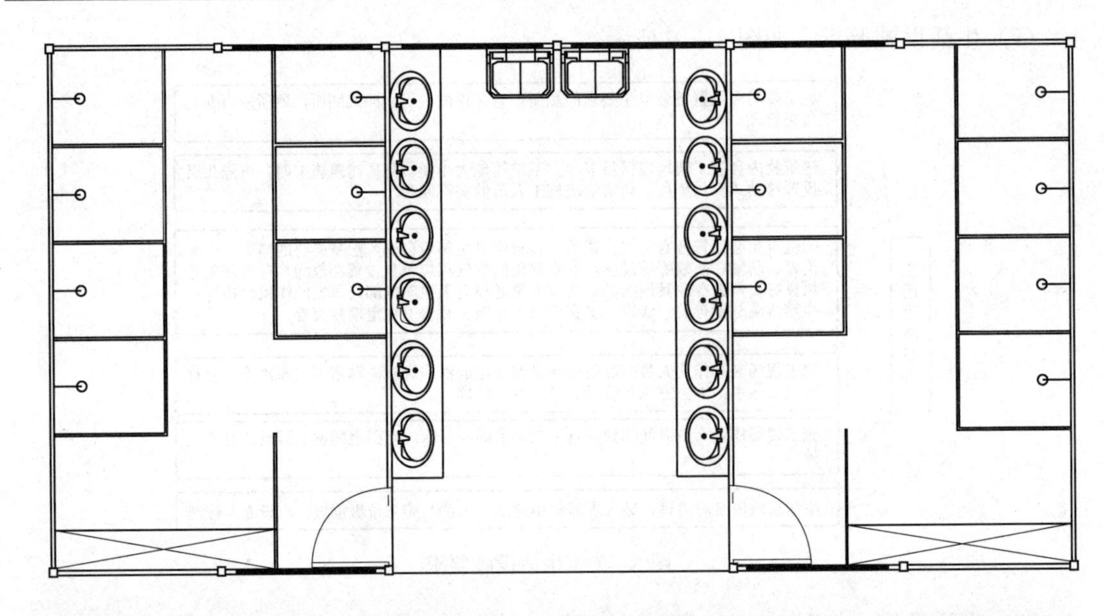

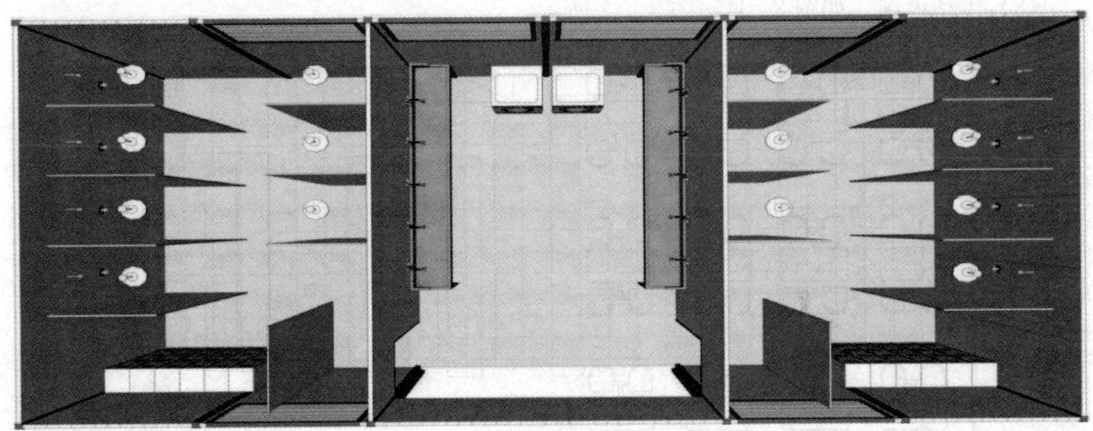

图 8-42 淋浴室

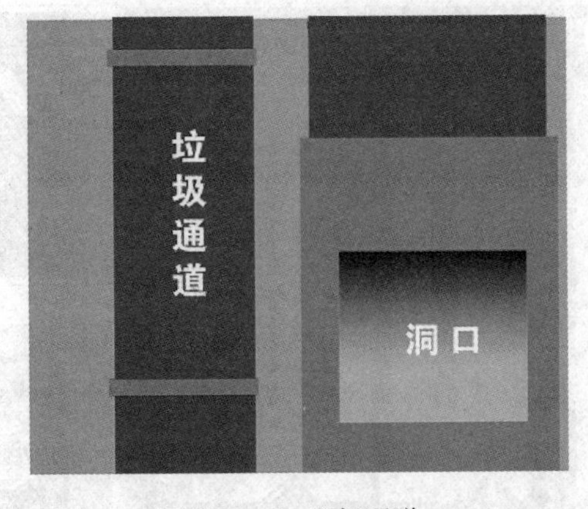
垃圾通道
洞口

图 8-43 垃圾通道

(9) 社区服务要求，如图8-44所示。

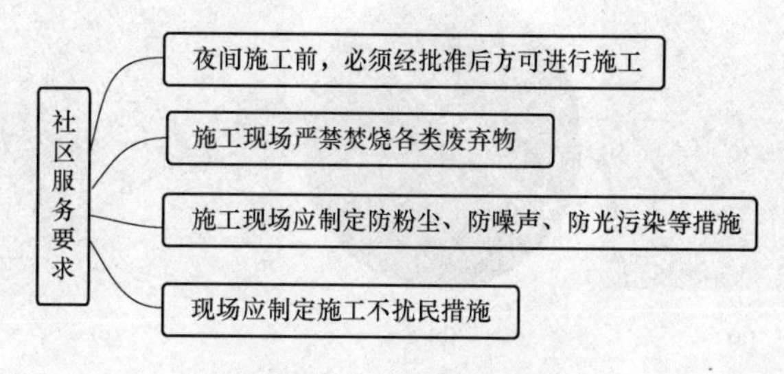
社区服务要求
夜间施工前，必须经批准后方可进行施工
施工现场严禁焚烧各类废弃物
施工现场应制定防粉尘、防噪声、防光污染等措施
现场应制定施工不扰民措施

图8-44 社区服务要求

8.3 满堂脚手架的安全性评价

1. 满堂脚手架保证项目的检查评定

(1) 满堂脚手架保证项目的检查评定内容，如图8-45所示。

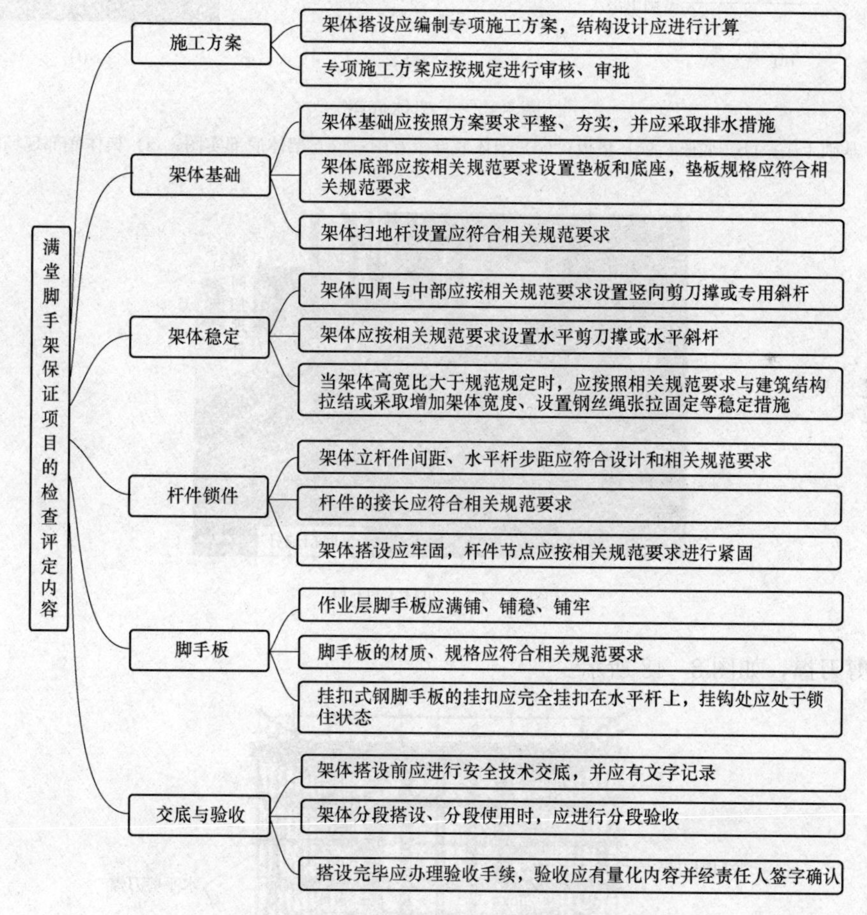
满堂脚手架保证项目的检查评定内容
施工方案
架体搭设应编制专项施工方案，结构设计应进行计算
专项施工方案应按规定进行审核、审批
架体基础
架体基础应按照方案要求平整、夯实，并应采取排水措施
架体底部应按相关规范要求设置垫板和底座，垫板规格应符合相关规范要求
架体扫地杆设置应符合相关规范要求
架体稳定
架体四周与中部应按相关规范要求设置竖向剪刀撑或专用斜杆
架体应按相关规范要求设置水平剪刀撑或水平斜杆
当架体高宽比大于规范规定时，应按照相关规范要求与建筑结构拉结或采取增加架体宽度、设置钢丝绳张拉固定等稳定措施
杆件锁件
架体立杆件间距、水平杆步距应符合设计和相关规范要求
杆件的接长应符合相关规范要求
架体搭设应牢固，杆件节点应按相关规范要求进行紧固
脚手板
作业层脚手板应满铺、铺稳、铺牢
脚手板的材质、规格应符合相关规范要求
挂扣式钢脚手板的挂扣应完全挂扣在水平杆上，挂钩处应处于锁住状态
交底与验收
架体搭设前应进行安全技术交底，并应有文字记录
架体分段搭设、分段使用时，应进行分段验收
搭设完毕应办理验收手续，验收应有量化内容并经责任人签字确认

图8-45 满堂脚手架保证项目的检查评定内容

(2) 架体底部与扫地杆，如图8-46、图8-47所示。

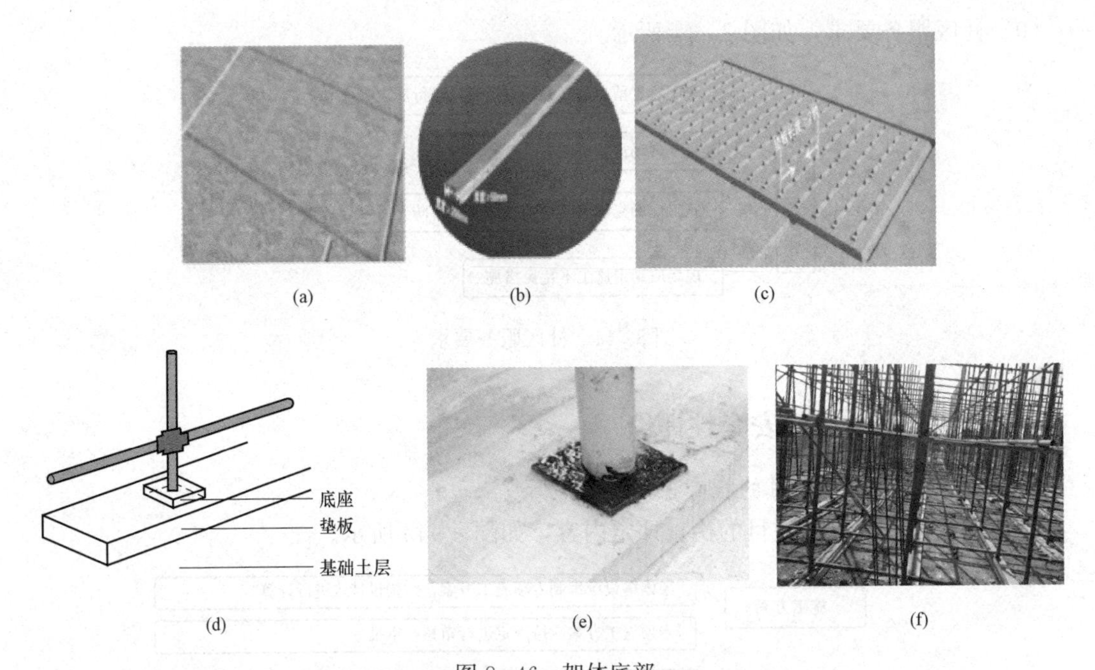
(a)
(b)
(c)
底座
垫板
基础土层
(d)
(e)
(f)

图 8-46 架体底部

（a）基础土层；（b）底座；（c）垫板；（d）架体底部示意图；（e）架体底部实图；（f）架体底部现场图

立杆
横向扫地杆
纵向扫地杆

图 8-47 架体扫地杆

（3）剪刀撑，如图 8-48 所示。

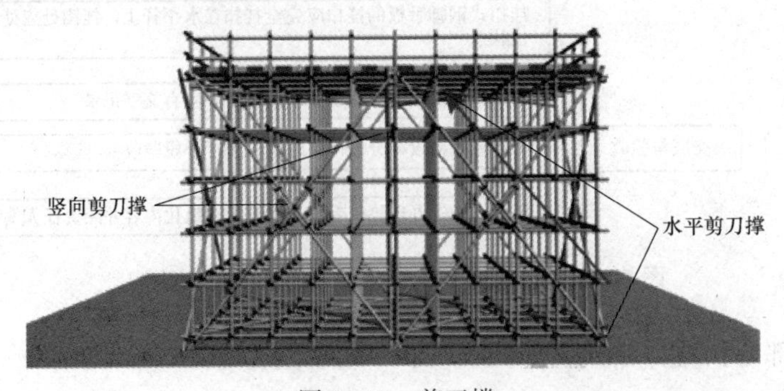
竖向剪刀撑
水平剪刀撑

图 8-48 剪刀撑

（4）设置钢丝绳张拉固定，如图8-49所示。

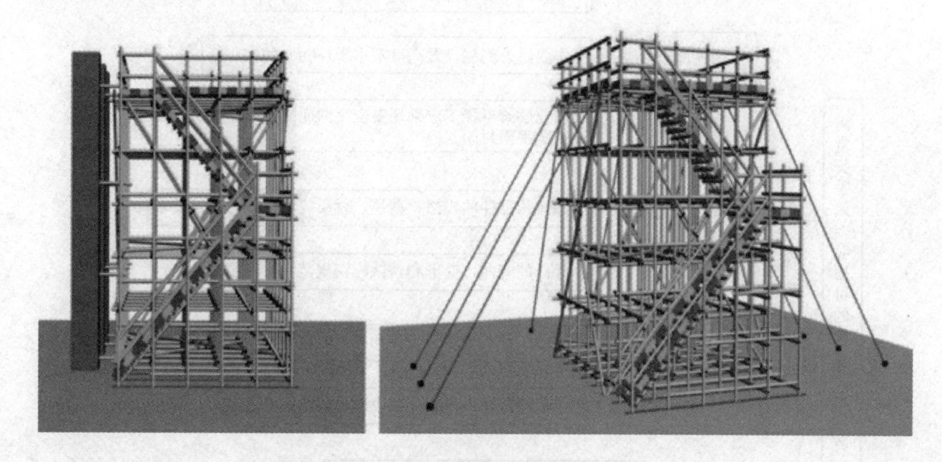

图8-49　设置钢丝绳张拉固定

（5）脚手板，如图8-50所示。

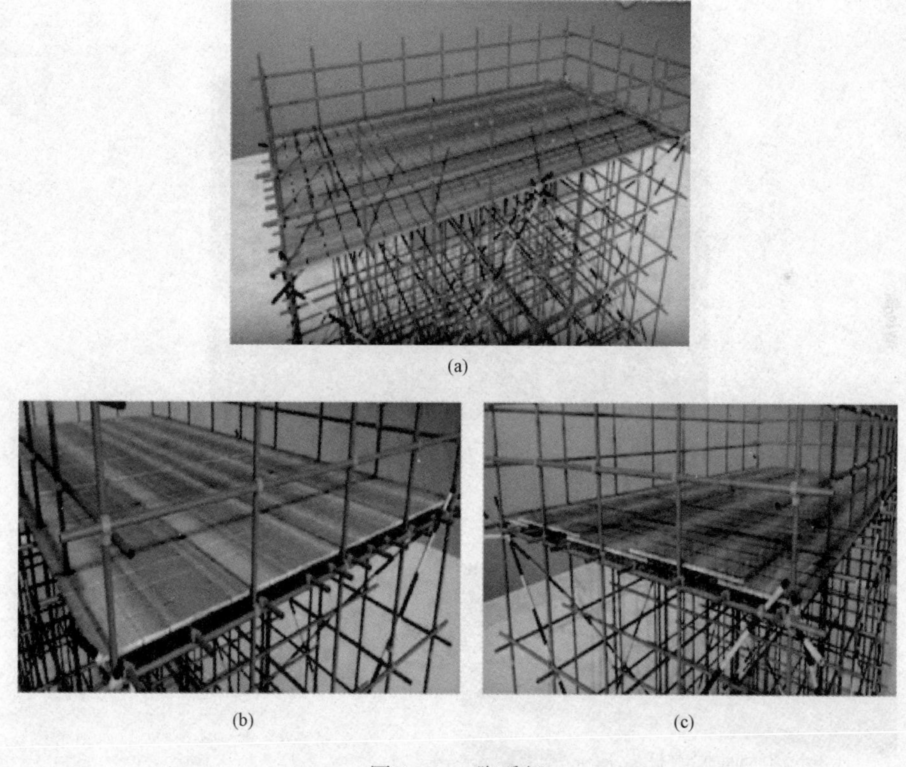

(a)

(b)　(c)

图8-50　脚手板

（a）脚手板要铺实；（b）对接平铺；（c）搭接铺设

2. 满堂脚手架一般项目的检查评定

（1）满堂脚手架一般项目的检查评定内容，如图8-51所示。

（2）架体防护栏杆，如图8-52所示。

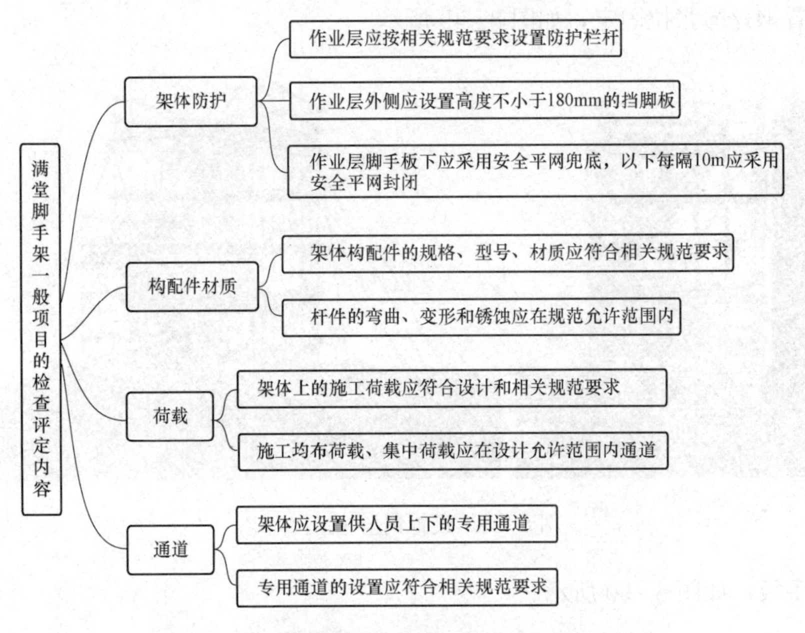
满堂脚手架一般项目的检查评定内容
架体防护
作业层应按相关规范要求设置防护栏杆
作业层外侧应设置高度不小于180mm的挡脚板
作业层脚手板下应采用安全平网兜底，以下每隔10m应采用安全平网封闭
构配件材质
架体构配件的规格、型号、材质应符合相关规范要求
杆件的弯曲、变形和锈蚀应在规范允许范围内
荷载
架体上的施工荷载应符合设计和相关规范要求
施工均布荷载、集中荷载应在设计允许范围内通道
通道
架体应设置供人员上下的专用通道
专用通道的设置应符合相关规范要求

图 8-51　满堂脚手架一般项目的检查评定内容

高度：12m

图 8-52　架体防护栏杆

（3）挡脚板，如图 8-53 所示。

不小于180mm的挡脚板

图 8-53　挡脚板

（4）安全平网兜底与封闭，如图 8-54 所示。

高度10m
以下每隔10m应采用安全平网封闭

图 8-54　安全平网兜底与封闭

（5）满堂脚手架的施工荷载和物料堆放设置，如图 8-55 所示。

图 8-55　满堂脚手架的施工荷载和物料堆放设置

（6）专用通道，如图 8-56 所示。

爬梯

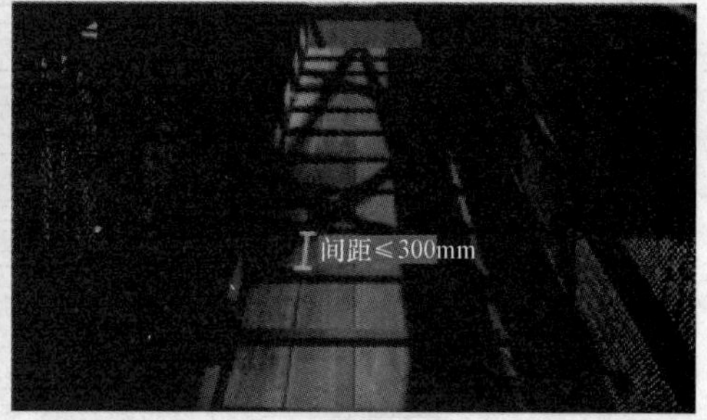
间距≤300mm
通道

图 8-56　专用通道

8.4　悬挑式脚手架的安全性评价

1. 悬挑式脚手架效果图与现场图

悬挑式脚手架效果图与现场图，如图 8-57 所示。

2. 悬挑式脚手架保证项目的检查评定

（1）悬挑式脚手架保证项目的检查评定内容，如图 8-58 所示。

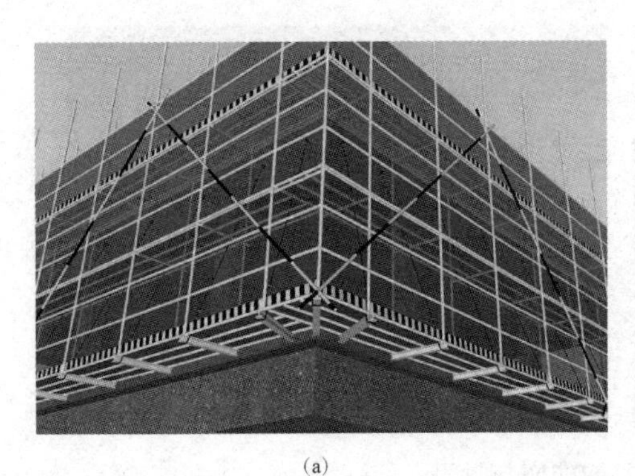
（a）

（b）

图 8-57 悬挑式脚手架效果图与现场图
（a）效果图；（b）现场图

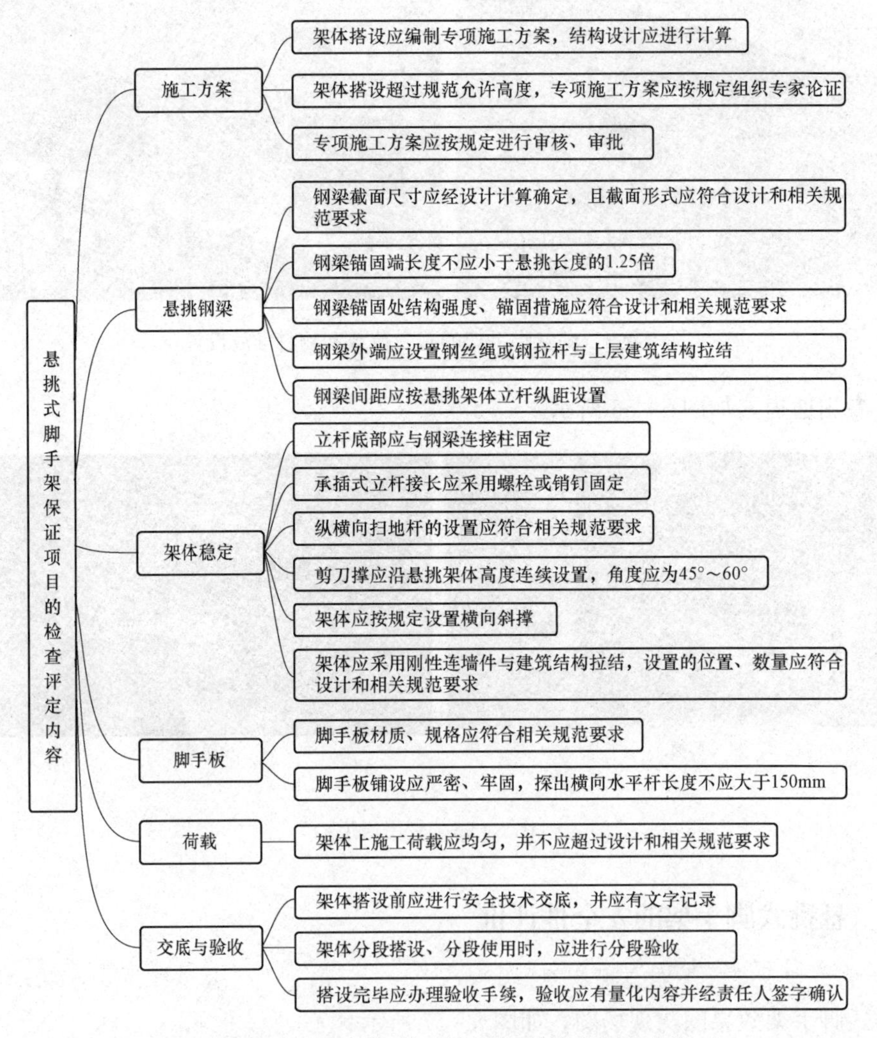
悬挑式脚手架保证项目的检查评定内容
施工方案
架体搭设应编制专项施工方案，结构设计应进行计算
架体搭设超过规范允许高度，专项施工方案应按规定组织专家论证
专项施工方案应按规定进行审核、审批
悬挑钢梁
钢梁截面尺寸应经设计计算确定，且截面形式应符合设计和相关规范要求
钢梁锚固端长度不应小于悬挑长度的1.25倍
钢梁锚固处结构强度、锚固措施应符合设计和相关规范要求
钢梁外端应设置钢丝绳或钢拉杆与上层建筑结构拉结
钢梁间距应按悬挑架体立杆纵距设置
架体稳定
立杆底部应与钢梁连接柱固定
承插式立杆接长应采用螺栓或销钉固定
纵横向扫地杆的设置应符合相关规范要求
剪刀撑应沿悬挑架体高度连续设置，角度应为45°～60°
架体应按规定设置横向斜撑
架体应采用刚性连墙件与建筑结构拉结，设置的位置、数量应符合设计和相关规范要求
脚手板
脚手板材质、规格应符合相关规范要求
脚手板铺设应严密、牢固，探出横向水平杆长度不应大于150mm
荷载
架体上施工荷载应均匀，并不应超过设计和相关规范要求
交底与验收
架体搭设前应进行安全技术交底，并应有文字记录
架体分段搭设、分段使用时，应进行分段验收
搭设完毕应办理验收手续，验收应有量化内容并经责任人签字确认

图 8-58 悬挑式脚手架保证项目的检查评定内容

（2）悬挑架，如图8-59所示。

图8-59　悬挑架

（3）悬挑钢梁，如图8-60所示。

固定段长度不应小于悬挑段长度的1.25倍

图8-60　悬挑钢梁

（4）立杆底部与钢梁连接柱固定，如图8-61所示。
（5）剪刀撑设置，如图8-62所示。

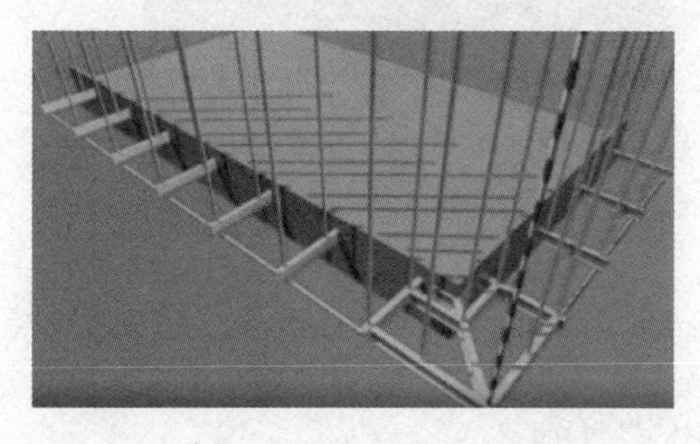

图8-61　立杆底部与钢梁连接柱固定

45°~60°

图8-62　剪刀撑设置

3. 悬挑式脚手架一般项目的检查评定
（1）悬挑式脚手架一般项目的检查评定内容，如图8-63所示。
（2）密目式安全网，如图8-64所示。
（3）架体底层封闭，如图8-65所示。

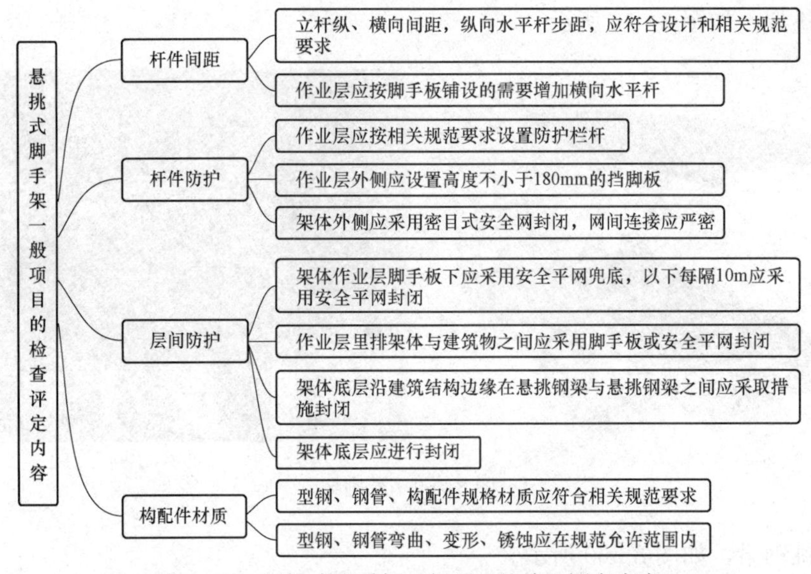
悬挑式脚手架一般项目的检查评定内容
杆件间距
立杆纵、横向间距，纵向水平杆步距，应符合设计和相关规范要求
作业层应按脚手板铺设的需要增加横向水平杆
杆件防护
作业层应按相关规范要求设置防护栏杆
作业层外侧应设置高度不小于180mm的挡脚板
架体外侧应采用密目式安全网封闭，网间连接应严密
层间防护
架体作业层脚手板下应采用安全平网兜底，以下每隔10m应采用安全平网封闭
作业层里排架体与建筑物之间应采用脚手板或安全平网封闭
架体底层沿建筑结构边缘在悬挑钢梁与悬挑钢梁之间应采取措施封闭
架体底层应进行封闭
构配件材质
型钢、钢管、构配件规格材质应符合相关规范要求
型钢、钢管弯曲、变形、锈蚀应在规范允许范围内

图 8 - 63　悬挑式脚手架一般项目的检查评定内容

图 8 - 64　密目式安全网

行为

图 8 - 65　架体底层封闭

8.5　扣件式钢管脚手架的安全性评价

1. 扣件式钢管脚手架现场图

扣件式钢管脚手架现场图，如图 8 - 66 所示。

图 8-66　扣件式钢管脚手架现场图

2. 扣件式钢管脚手架保证项目的检查评定

（1）扣件式钢管脚手架保证项目的检查评定内容，如图 8-67 所示。

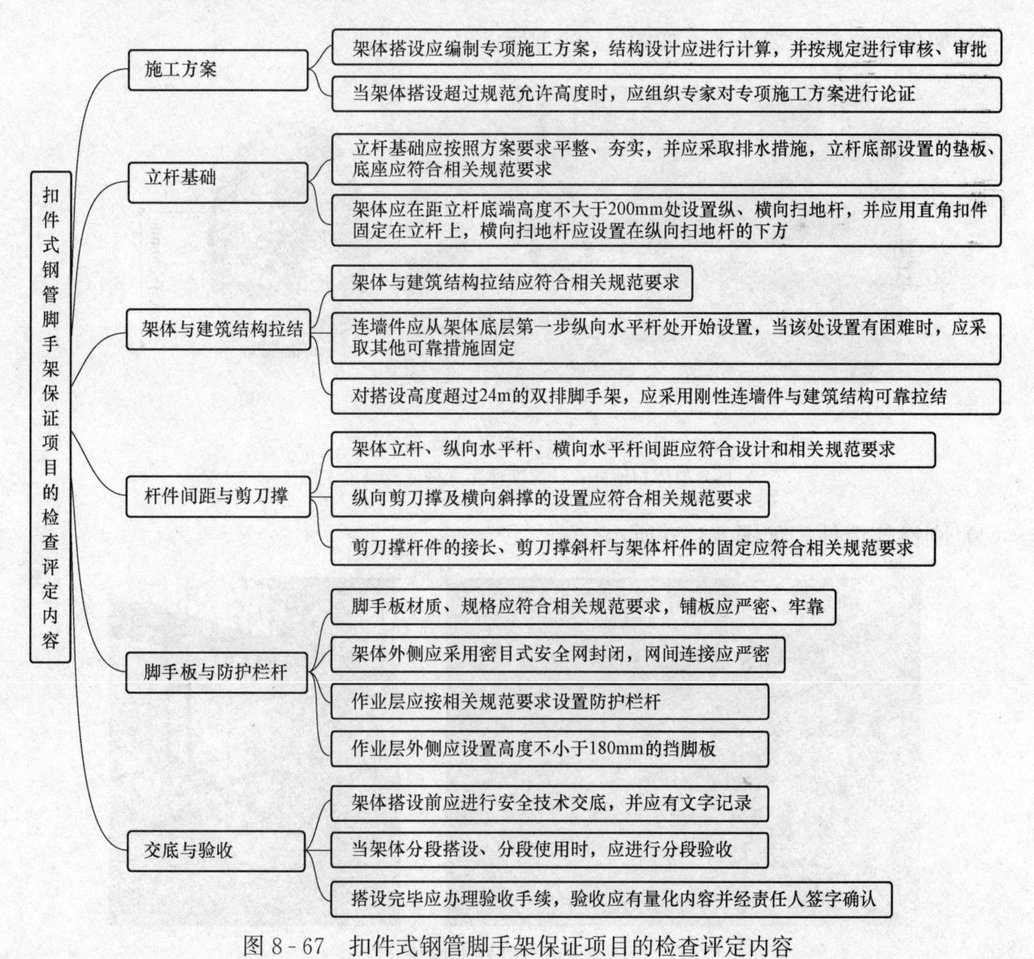
扣件式钢管脚手架保证项目的检查评定内容
施工方案
架体搭设应编制专项施工方案，结构设计应进行计算，并按规定进行审核、审批
当架体搭设超过规范允许高度时，应组织专家对专项施工方案进行论证
立杆基础
立杆基础应按照方案要求平整、夯实，并应采取排水措施，立杆底部设置的垫板、底座应符合相关规范要求
架体应在距立杆底端高度不大于200mm处设置纵、横向扫地杆，并应用直角扣件固定在立杆上，横向扫地杆应设置在纵向扫地杆的下方
架体与建筑结构拉结
架体与建筑结构拉结应符合相关规范要求
连墙件应从架体底层第一步纵向水平杆处开始设置，当该处设置有困难时，应采取其他可靠措施固定
对搭设高度超过24m的双排脚手架，应采用刚性连墙件与建筑结构可靠拉结
杆件间距与剪刀撑
架体立杆、纵向水平杆、横向水平杆间距应符合设计和相关规范要求
纵向剪刀撑及横向斜撑的设置应符合相关规范要求
剪刀撑杆件的接长、剪刀撑斜杆与架体杆件的固定应符合相关规范要求
脚手板与防护栏杆
脚手板材质、规格应符合相关规范要求，铺板应严密、牢靠
架体外侧应采用密目式安全网封闭，网间连接应严密
作业层应按相关规范要求设置防护栏杆
作业层外侧应设置高度不小于180mm的挡脚板
交底与验收
架体搭设前应进行安全技术交底，并应有文字记录
当架体分段搭设、分段使用时，应进行分段验收
搭设完毕应办理验收手续，验收应有量化内容并经责任人签字确认

图 8-67　扣件式钢管脚手架保证项目的检查评定内容

（2）立杆基础排水措施，如图 8-68 所示。

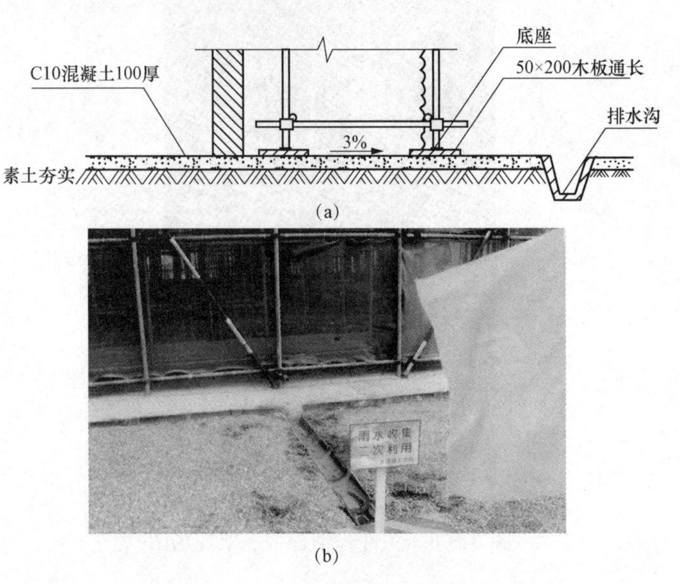
底座
50×200木板通长
C10混凝土100厚
排水沟
3%
素土夯实
雨水收集
二次利用

(a)

(b)

图 8-68 立杆基础排水措施

（a）立杆基础排水示意图；（b）立杆基础排水实图

（3）架体距立杆底端高度，如图 8-69 所示。

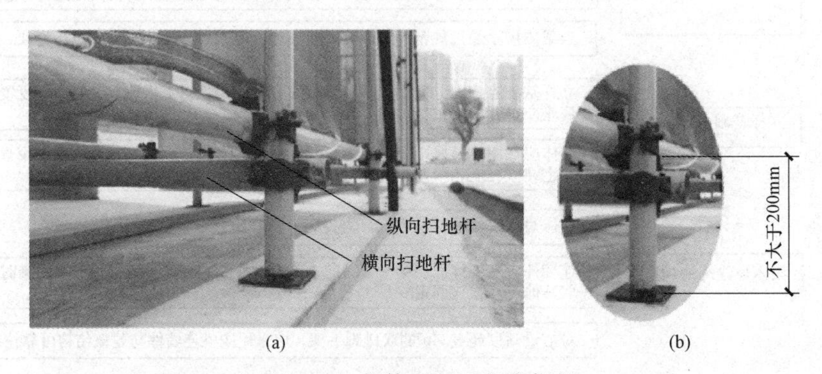
纵向扫地杆
横向扫地杆
不大于200mm

(a) (b)

图 8-69 架体距立杆底端高度

（a）架体扫地杆；（b）架体距立杆底端高度实图

（4）刚性连墙件，如图 8-70 所示。

图 8-70 刚性连墙件

3. 扣件式钢管脚手架一般项目的检查评定

（1）扣件式钢管脚手架一般项目的检查评定内容，如图8-71所示。

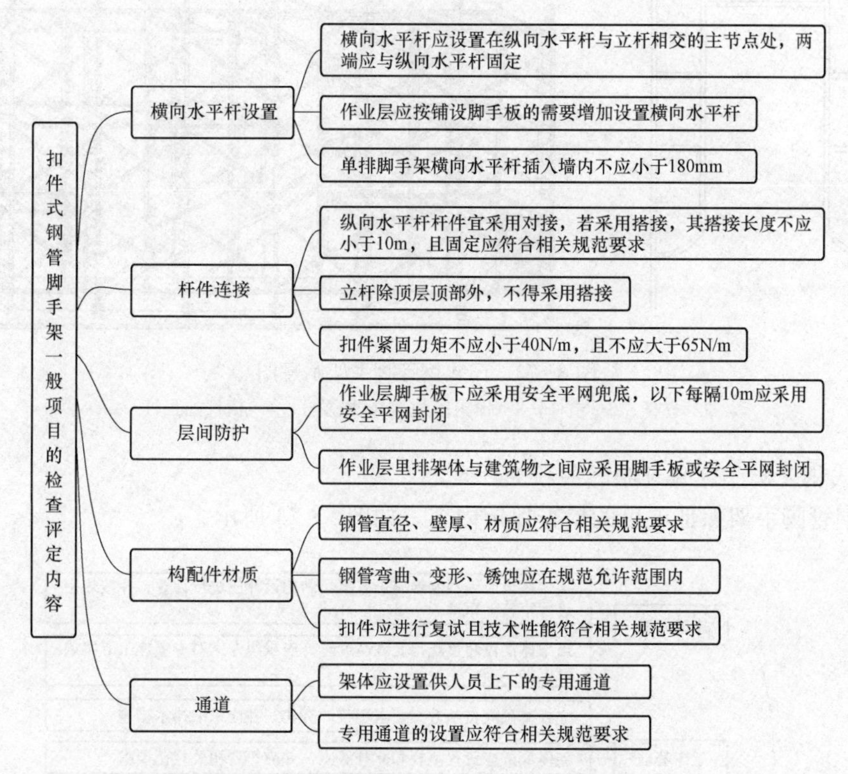
扣件式钢管脚手架一般项目的检查评定内容
横向水平杆设置
横向水平杆应设置在纵向水平杆与立杆相交的主节点处，两端应与纵向水平杆固定
作业层应按铺设脚手板的需要增加设置横向水平杆
单排脚手架横向水平杆插入墙内不应小于180mm
杆件连接
纵向水平杆杆件宜采用对接，若采用搭接，其搭接长度不应小于10m，且固定应符合相关规范要求
立杆除顶层顶部外，不得采用搭接
扣件紧固力矩不应小于40N/m，且不应大于65N/m
层间防护
作业层脚手板下应采用安全平网兜底，以下每隔10m应采用安全平网封闭
作业层里排架体与建筑物之间应采用脚手板或安全平网封闭
构配件材质
钢管直径、壁厚、材质应符合相关规范要求
钢管弯曲、变形、锈蚀应在规范允许范围内
扣件应进行复试且技术性能符合相关规范要求
通道
架体应设置供人员上下的专用通道
专用通道的设置应符合相关规范要求

图8-71　扣件式钢管脚手架一般项目的检查评定内容

（2）横向水平杆搭接，如图8-72所示。

主节点

图8-72　横向水平杆搭接

8.6　门式钢管脚手架的安全性评价

1. 门式钢管脚手架示意图

门式钢管脚手架示意图，如图8-73所示。

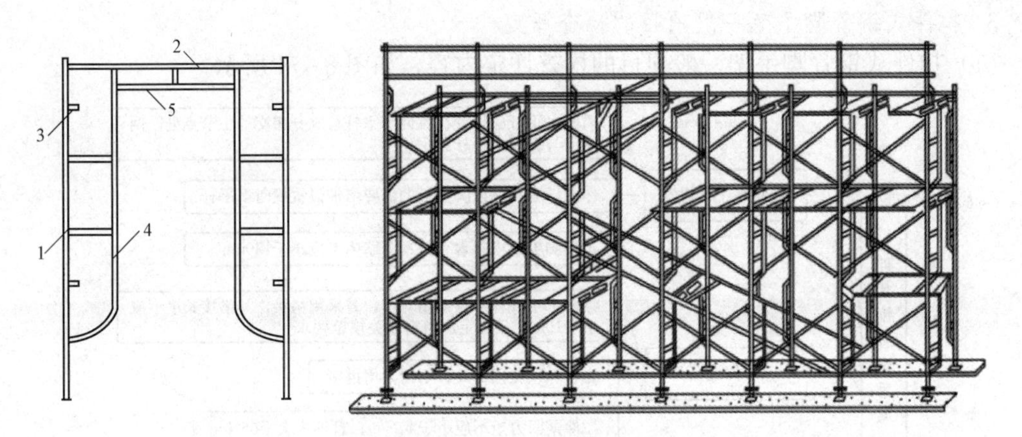
1
2
3
4
5
图 8-73　门式钢管脚手架示意图

1—立杆；2—横杆；3—锁销；4—立杆加强杆；5—横杆加强杆

2. 门式钢管脚手架保证项目的检查评定

门式钢管脚手架保证项目的检查评定内容，如图 8-74 所示。

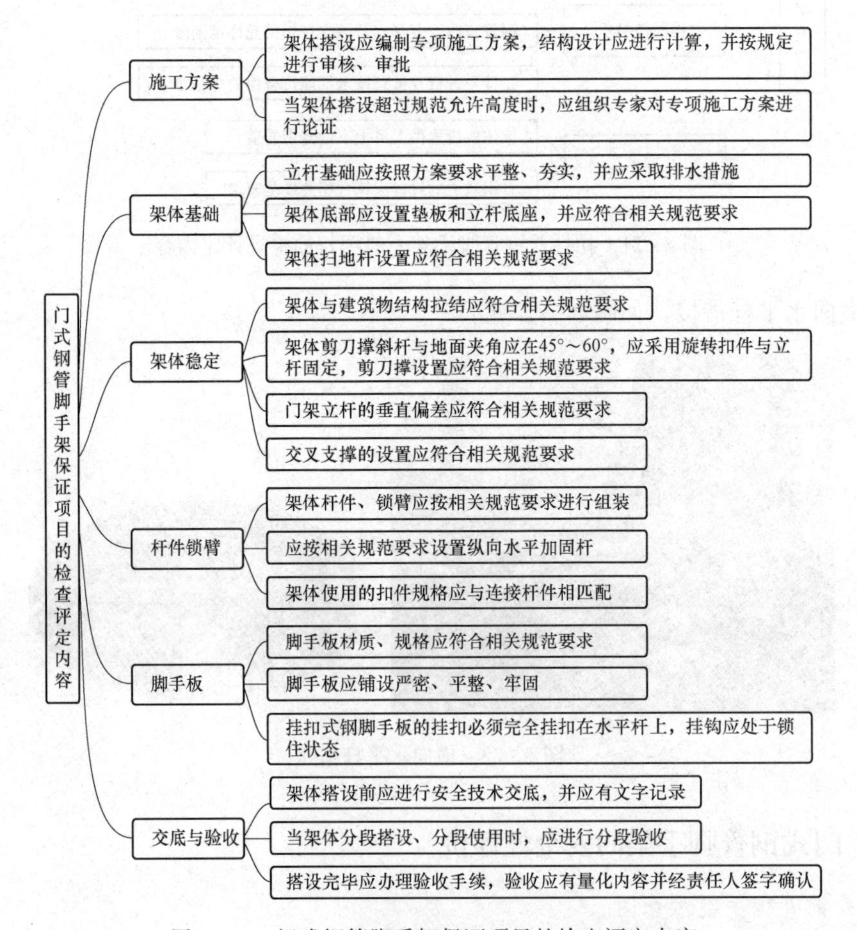
门式钢管脚手架保证项目的检查评定内容
施工方案
架体搭设应编制专项施工方案，结构设计应进行计算，并按规定进行审核、审批
当架体搭设超过规范允许高度时，应组织专家对专项施工方案进行论证
架体基础
立杆基础应按照方案要求平整、夯实，并应采取排水措施
架体底部应设置垫板和立杆底座，并应符合相关规范要求
架体扫地杆设置应符合相关规范要求
架体稳定
架体与建筑物结构拉结应符合相关规范要求
架体剪刀撑斜杆与地面夹角应在45°～60°，应采用旋转扣件与立杆固定，剪刀撑设置应符合相关规范要求
门架立杆的垂直偏差应符合相关规范要求
交叉支撑的设置应符合相关规范要求
杆件锁臂
架体杆件、锁臂应按相关规范要求进行组装
应按相关规范要求设置纵向水平加固杆
架体使用的扣件规格应与连接杆件相匹配
脚手板
脚手板材质、规格应符合相关规范要求
脚手板应铺设严密、平整、牢固
挂扣式钢脚手板的挂扣必须完全挂扣在水平杆上，挂钩应处于锁住状态
交底与验收
架体搭设前应进行安全技术交底，并应有文字记录
当架体分段搭设、分段使用时，应进行分段验收
搭设完毕应办理验收手续，验收应有量化内容并经责任人签字确认
图 8-74　门式钢管脚手架保证项目的检查评定内容

3. 门式钢管脚手架一般项目的检查评定

门式钢管脚手架一般项目的检查评定内容，如图 8-75 所示。

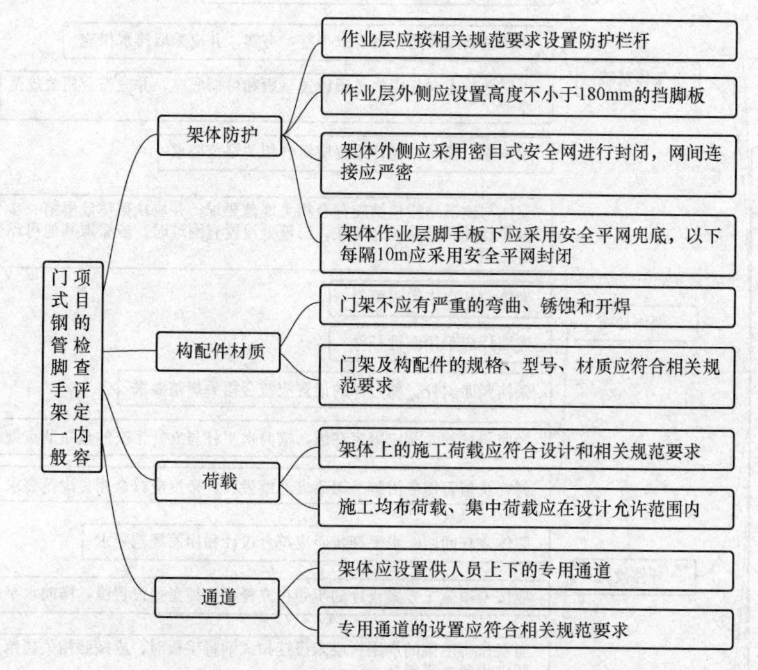
门式钢管脚手架一般项目的检查评定内容
架体防护
作业层应按相关规范要求设置防护栏杆
作业层外侧应设置高度不小于180mm的挡脚板
架体外侧应采用密目式安全网进行封闭，网间连接应严密
架体作业层脚手板下应采用安全平网兜底，以下每隔10m应采用安全平网封闭
构配件材质
门架不应有严重的弯曲、锈蚀和开焊
门架及构配件的规格、型号、材质应符合相关规范要求
荷载
架体上的施工荷载应符合设计和相关规范要求
施工均布荷载、集中荷载应在设计允许范围内
通道
架体应设置供人员上下的专用通道
专用通道的设置应符合相关规范要求

图 8-75　门式钢管脚手架一般项目的检查评定内容

8.7　承插型盘扣式钢管脚手架的安全性评价

1. 承插型盘扣式钢管脚手架搭设示意图

承插型盘扣式钢管脚手架搭设示意图，如图 8-76 所示。

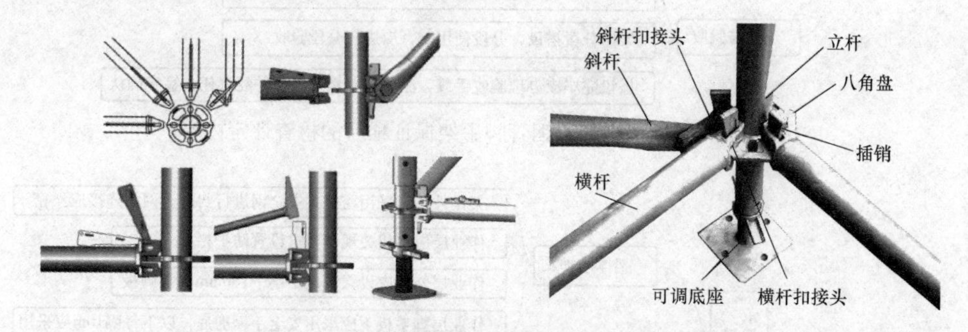
斜杆扣接头
斜杆
立杆
八角盘
插销
横杆
可调底座
横杆扣接头

图 8-76　承插型盘扣式钢管脚手架搭设示意图

2. 承插型盘扣式钢管脚手架保证项目的检查评定

承插型盘扣式钢管脚手架保证项目的检查评定内容，如图 8-77 所示。

3. 承插型盘扣式钢管脚手架一般项目的检查评定

承插型盘扣式钢管脚手架一般项目的检查评定内容，如图 8-78 所示。

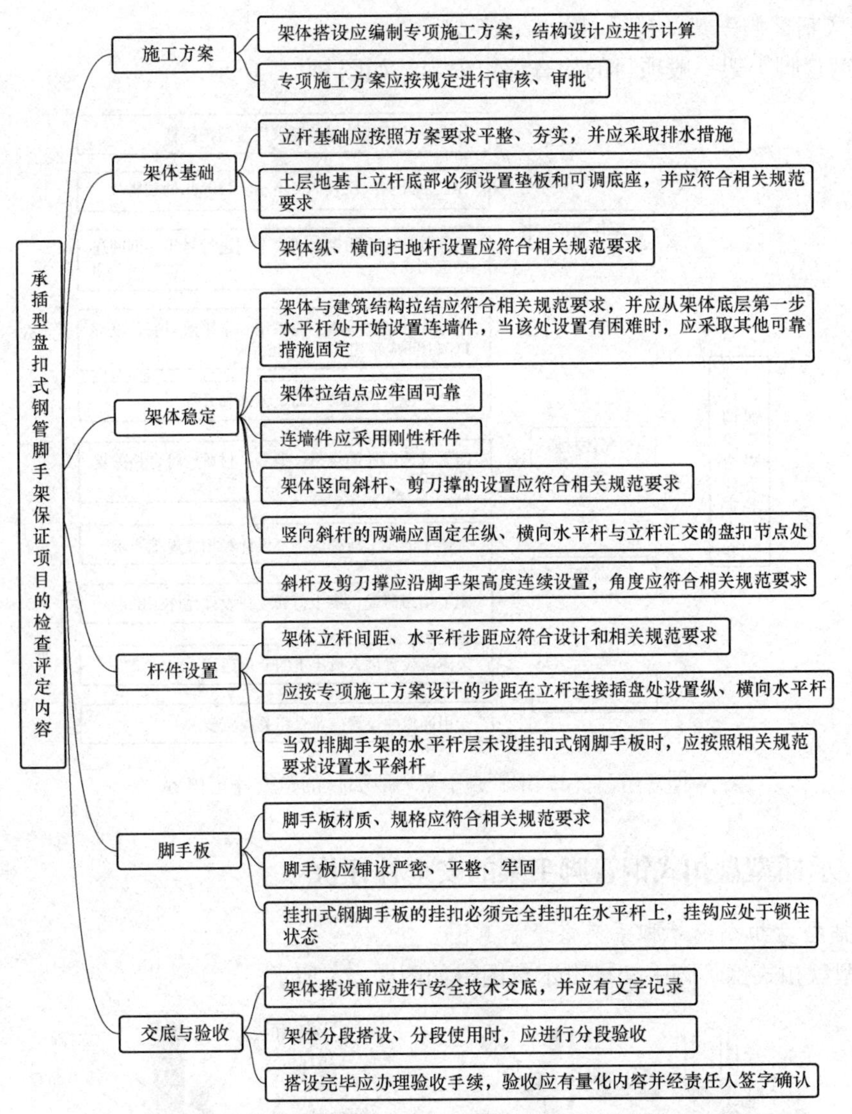
承插型盘扣式钢管脚手架保证项目的检查评定内容
施工方案
架体搭设应编制专项施工方案，结构设计应进行计算
专项施工方案应按规定进行审核、审批
架体基础
立杆基础应按照方案要求平整、夯实，并应采取排水措施
土层地基上立杆底部必须设置垫板和可调底座，并应符合相关规范要求
架体纵、横向扫地杆设置应符合相关规范要求
架体稳定
架体与建筑结构拉结应符合相关规范要求，并应从架体底层第一步水平杆处开始设置连墙件，当该处设置有困难时，应采取其他可靠措施固定
架体拉结点应牢固可靠
连墙件应采用刚性杆件
架体竖向斜杆、剪刀撑的设置应符合相关规范要求
竖向斜杆的两端应固定在纵、横向水平杆与立杆汇交的盘扣节点处
斜杆及剪刀撑应沿脚手架高度连续设置，角度应符合相关规范要求
杆件设置
架体立杆间距、水平杆步距应符合设计和相关规范要求
应按专项施工方案设计的步距在立杆连接插盘处设置纵、横向水平杆
当双排脚手架的水平杆层未设挂扣式钢脚手板时，应按照相关规范要求设置水平斜杆
脚手板
脚手板材质、规格应符合相关规范要求
脚手板应铺设严密、平整、牢固
挂扣式钢脚手板的挂扣必须完全挂扣在水平杆上，挂钩应处于锁住状态
交底与验收
架体搭设前应进行安全技术交底，并应有文字记录
架体分段搭设、分段使用时，应进行分段验收
搭设完毕应办理验收手续，验收应有量化内容并经责任人签字确认

图 8-77 承插型盘扣式钢管脚手架保证项目的检查评定内容

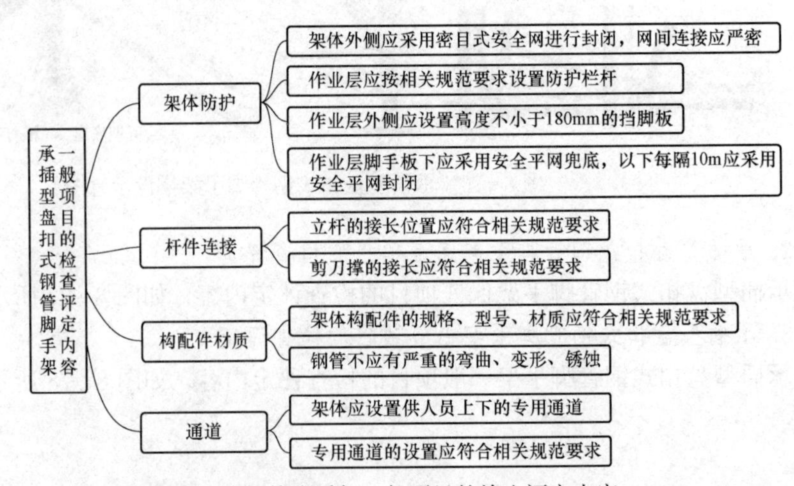
承插型盘扣式钢管脚手架一般项目的检查评定内容
架体防护
架体外侧应采用密目式安全网进行封闭，网间连接应严密
作业层应按相关规范要求设置防护栏杆
作业层外侧应设置高度不小于180mm的挡脚板
作业层脚手板下应采用安全平网兜底，以下每隔10m应采用安全平网封闭
杆件连接
立杆的接长位置应符合相关规范要求
剪刀撑的接长应符合相关规范要求
构配件材质
架体构配件的规格、型号、材质应符合相关规范要求
钢管不应有严重的弯曲、变形、锈蚀
通道
架体应设置供人员上下的专用通道
专用通道的设置应符合相关规范要求

图 8-78 承插型盘扣式钢管脚手架一般项目的检查评定内容

8.8　碗扣式钢管脚手架的安全性评价

1. 碗扣式钢管脚手架现场图

碗扣式钢管脚手架现场图，如图 8-79 所示。

图 8-79　碗扣式钢管脚手架现场图

2. 碗扣式钢管脚手架保证项目的检查评定

（1）碗扣式钢管脚手架保证项目的检查评定内容，如图 8-80 所示。

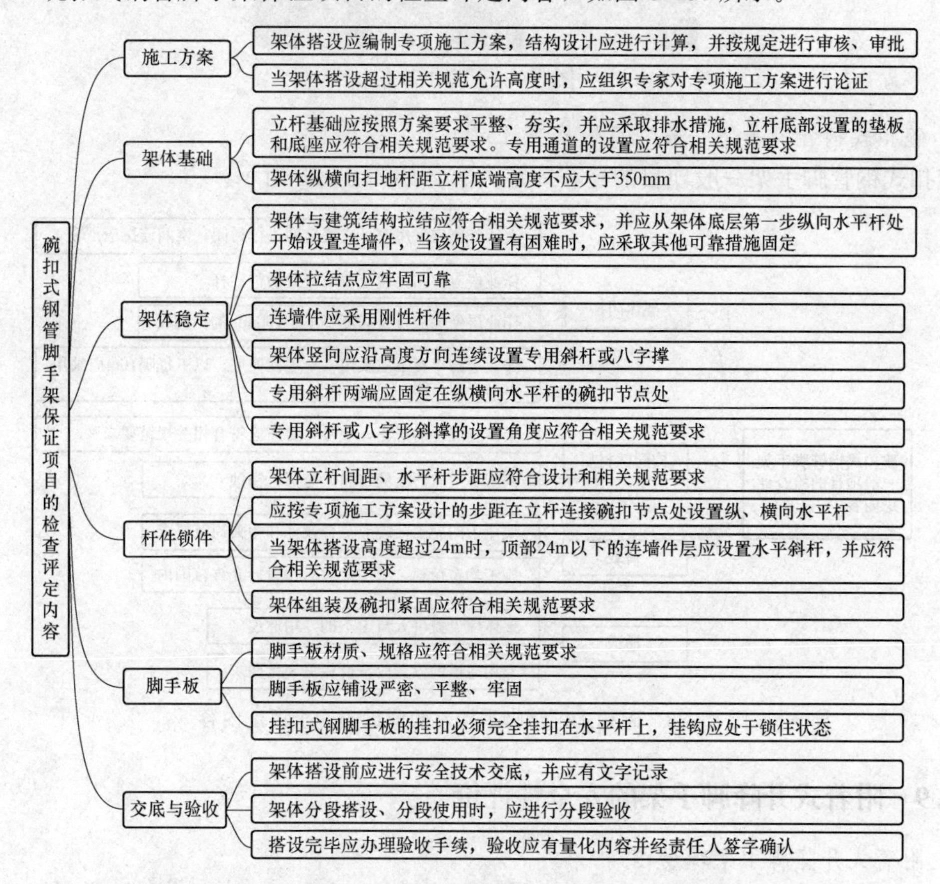
碗扣式钢管脚手架保证项目的检查评定内容
施工方案
架体搭设应编制专项施工方案，结构设计应进行计算，并按规定进行审核、审批
当架体搭设超过相关规范允许高度时，应组织专家对专项施工方案进行论证
架体基础
立杆基础应按照方案要求平整、夯实，并应采取排水措施，立杆底部设置的垫板和底座应符合相关规范要求。专用通道的设置应符合相关规范要求
架体纵横向扫地杆距立杆底端高度不应大于350mm
架体稳定
架体与建筑结构拉结应符合相关规范要求，并应从架体底层第一步纵向水平杆处开始设置连墙件，当该处设置有困难时，应采取其他可靠措施固定
架体拉结点应牢固可靠
连墙件应采用刚性杆件
架体竖向应沿高度方向连续设置专用斜杆或八字撑
专用斜杆两端应固定在纵横向水平杆的碗扣节点处
专用斜杆或八字形斜撑的设置角度应符合相关规范要求
杆件锁件
架体立杆间距、水平杆步距应符合设计和相关规范要求
应按专项施工方案设计的步距在立杆连接碗扣节点处设置纵、横向水平杆
当架体搭设高度超过24m时，顶部24m以下的连墙件层应设置水平斜杆，并应符合相关规范要求
架体组装及碗扣紧固应符合相关规范要求
脚手板
脚手板材质、规格应符合相关规范要求
脚手板应铺设严密、平整、牢固
挂扣式钢脚手板的挂扣必须完全挂扣在水平杆上，挂钩应处于锁住状态
交底与验收
架体搭设前应进行安全技术交底，并应有文字记录
架体分段搭设、分段使用时，应进行分段验收
搭设完毕应办理验收手续，验收应有量化内容并经责任人签字确认

图 8-80　碗扣式钢管脚手架保证项目的检查评定内容

（2）连墙件，如图 8-81 所示。

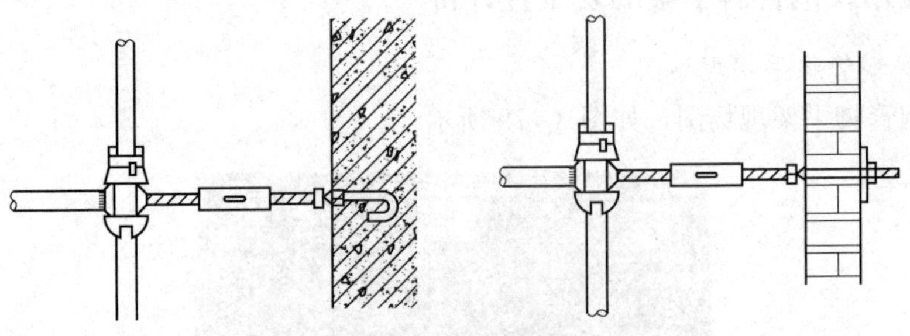

图 8-81 连墙件

（3）碗扣节点，如图 8-82 所示。

图 8-82 碗扣节点

3. 碗扣式钢管脚手架一般项目的检查评定

碗扣式钢管脚手架一般项目的检查评定内容，如图 8-83 所示。

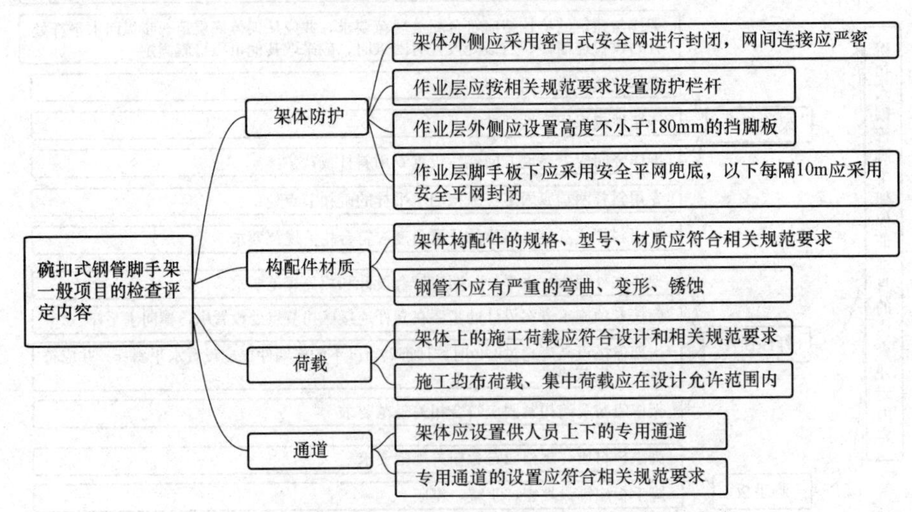
碗扣式钢管脚手架一般项目的检查评定内容
架体防护
架体外侧应采用密目式安全网进行封闭，网间连接应严密
作业层应按相关规范要求设置防护栏杆
作业层外侧应设置高度不小于180mm的挡脚板
作业层脚手板下应采用安全平网兜底，以下每隔10m应采用安全平网封闭
构配件材质
架体构配件的规格、型号、材质应符合相关规范要求
钢管不应有严重的弯曲、变形、锈蚀
荷载
架体上的施工荷载应符合设计和相关规范要求
施工均布荷载、集中荷载应在设计允许范围内
通道
架体应设置供人员上下的专用通道
专用通道的设置应符合相关规范要求

图 8-83 碗扣式钢管脚手架一般项目的检查评定内容

8.9 附着式升降脚手架的安全性评价

1. 附着式升降脚手架现场图

附着式升降脚手架现场图，如图 8-84 所示。

图 8-84　附着式升降脚手架现场图

2. 附着式升降脚手架保证项目的检查评定

(1) 附着式升降脚手架保证项目的检查评定内容，如图 8-85 所示。

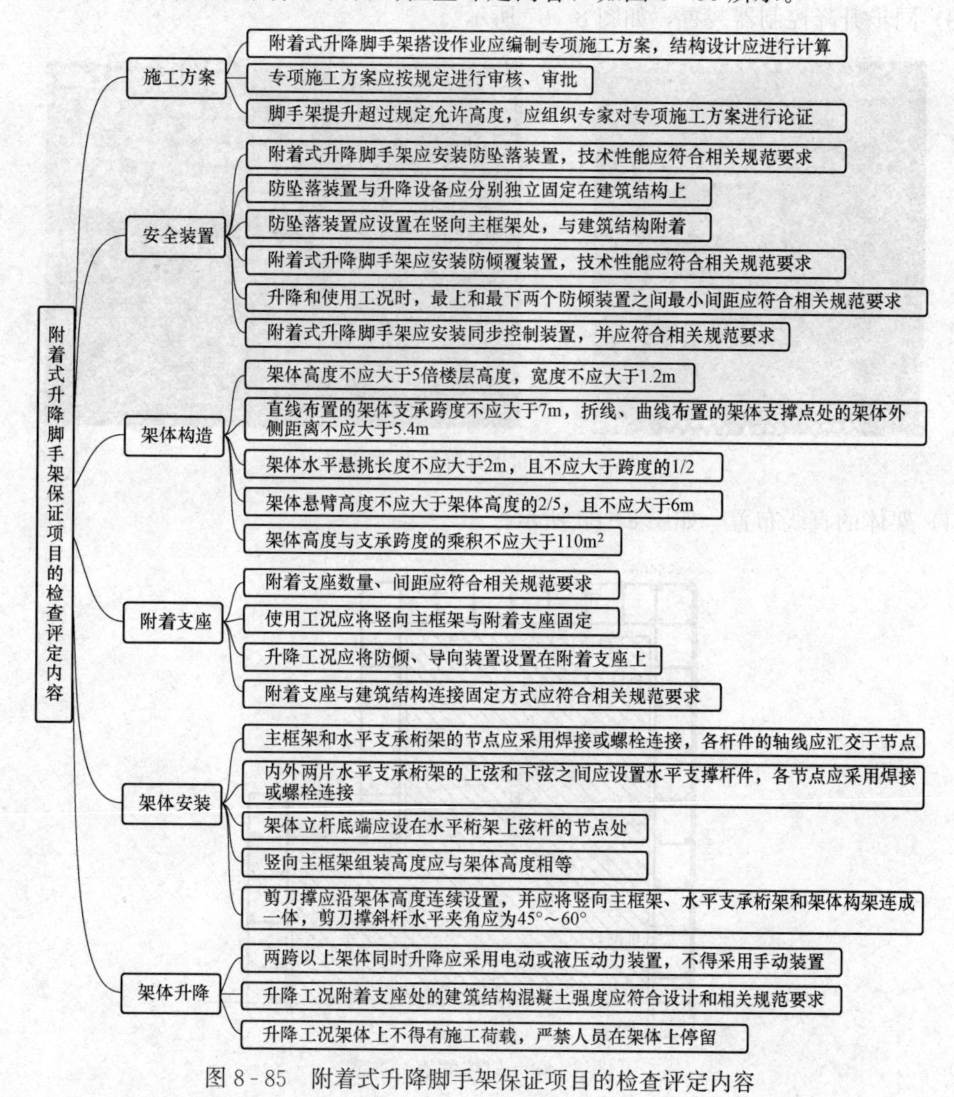
附着式升降脚手架保证项目的检查评定内容
施工方案
附着式升降脚手架搭设作业应编制专项施工方案，结构设计应进行计算
专项施工方案应按规定进行审核、审批
脚手架提升超过规定允许高度，应组织专家对专项施工方案进行论证
安全装置
附着式升降脚手架应安装防坠落装置，技术性能应符合相关规范要求
防坠落装置与升降设备应分别独立固定在建筑结构上
防坠落装置应设置在竖向主框架处，与建筑结构附着
附着式升降脚手架应安装防倾覆装置，技术性能应符合相关规范要求
升降和使用工况时，最上和最下两个防倾装置之间最小间距应符合相关规范要求
附着式升降脚手架应安装同步控制装置，并应符合相关规范要求
架体构造
架体高度不应大于5倍楼层高度，宽度不应大于1.2m
直线布置的架体支承跨度不应大于7m，折线、曲线布置的架体支撑点处的架体外侧距离不应大于5.4m
架体水平悬挑长度不应大于2m，且不应大于跨度的1/2
架体悬臂高度不应大于架体高度的2/5，且不应大于6m
架体高度与支承跨度的乘积不应大于110m²
附着支座
附着支座数量、间距应符合相关规范要求
使用工况应将竖向主框架与附着支座固定
升降工况应将防倾、导向装置设置在附着支座上
附着支座与建筑结构连接固定方式应符合相关规范要求
架体安装
主框架和水平支承桁架的节点应采用焊接或螺栓连接，各杆件的轴线应汇交于节点
内外两片水平支承桁架的上弦和下弦之间应设置水平支撑杆件，各节点应采用焊接或螺栓连接
架体立杆底端应设在水平桁架上弦杆的节点处
竖向主框架组装高度应与架体高度相等
剪刀撑应沿架体高度连续设置，并应将竖向主框架、水平支承桁架和架体构架连成一体，剪刀撑斜杆水平夹角应为45°～60°
架体升降
两跨以上架体同时升降应采用电动或液压动力装置，不得采用手动装置
升降工况附着支座处的建筑结构混凝土强度应符合设计和相关规范要求
升降工况架体上不得有施工荷载，严禁人员在架体上停留

图 8-85　附着式升降脚手架保证项目的检查评定内容

（2）附墙防倾防坠支座装置，如图 8-86 所示。

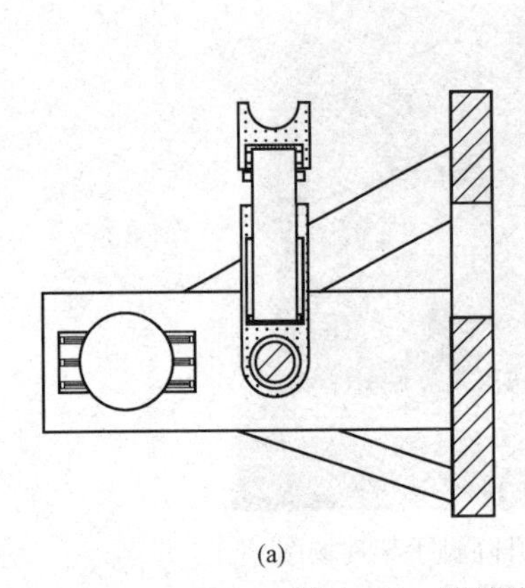

(a)

(b)

图 8-86　附墙防倾防坠支座装置

（a）附墙防倾防坠支座示意图；（b）附墙防倾防坠支座示例图

（3）同步升降控制器装置，如图 8-87 所示。

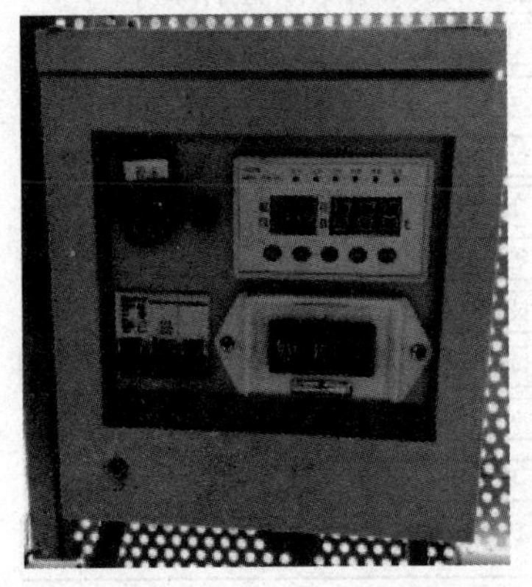

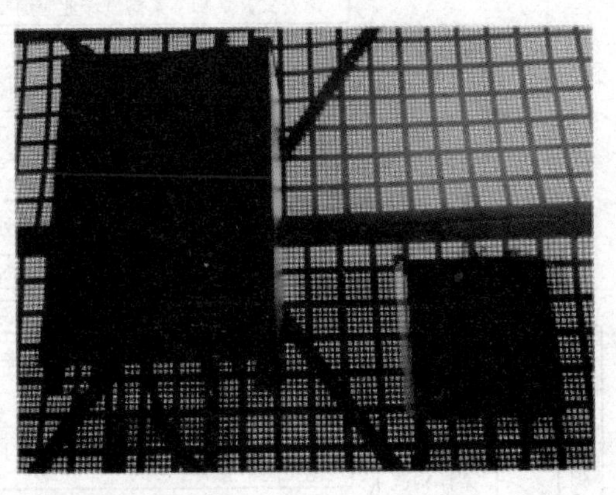

图 8-87　同步升降控制器装置

（4）架体的直线布置，如图 8-88 所示。

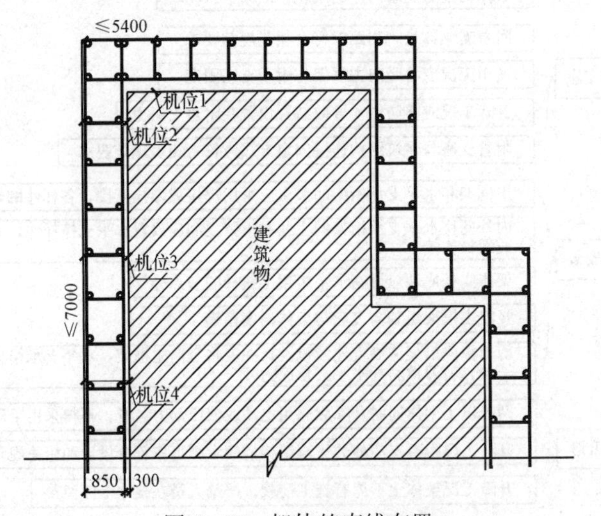
≤5400
机位1
机位2
建筑物
机位3
≤7000
机位4
850
300

图 8-88　架体的直线布置

（5）竖向主框架，如图 8 - 89 所示。

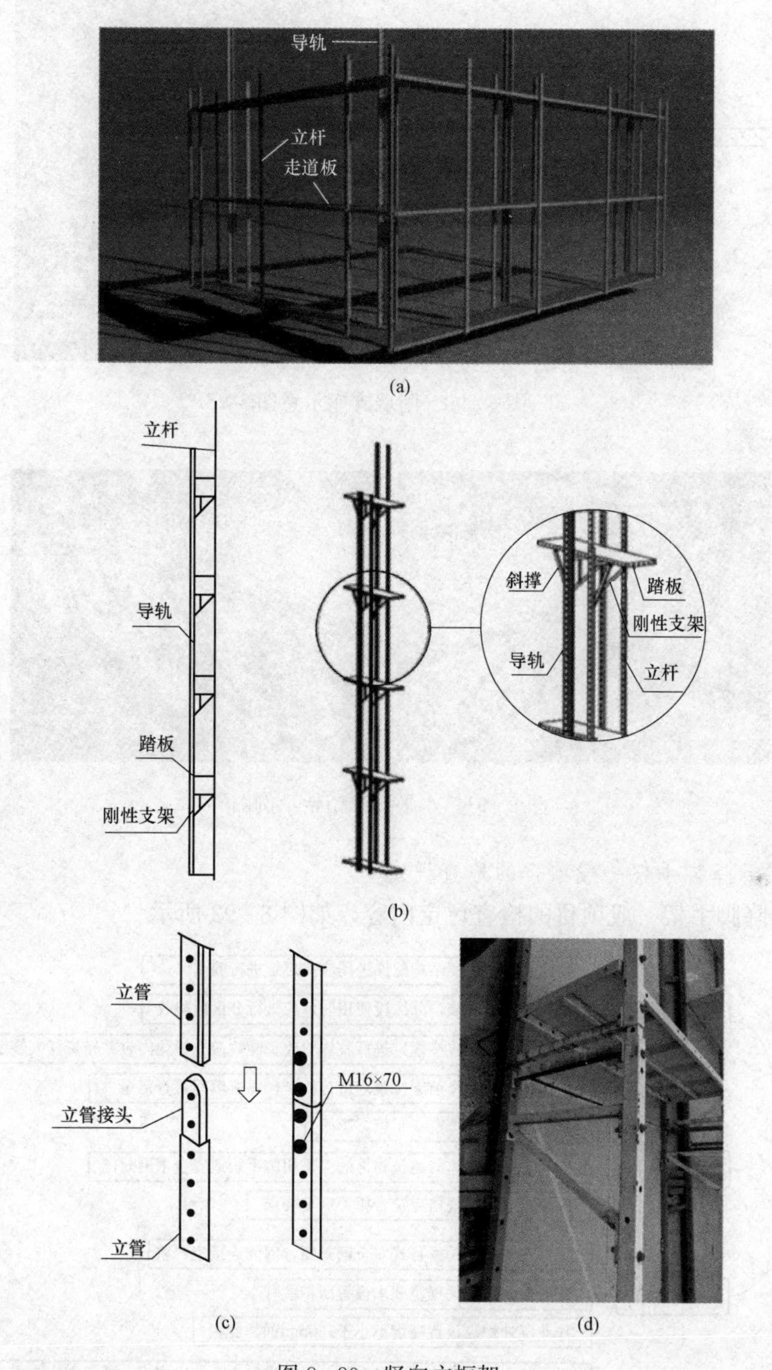
导轨
立杆
走道板
(a)
立杆
导轨
踏板
刚性支架
斜撑
踏板
刚性支架
导轨
立杆
(b)
立管
立管接头
立管
M16×70
(c)
(d)

图 8 - 89　竖向主框架

（a）主框架底节示意图；（b）主框架组装示意图；（c）竖向主框架接高示意图；（d）竖向主框架接高示例图

（6）附墙支座示意图，如图 8 - 90 所示。

（7）水平支撑桁架示例图，如图 8 - 91 所示。

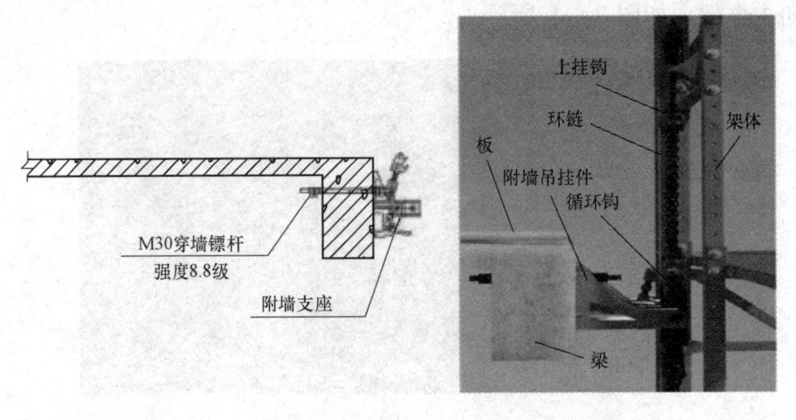
M30穿墙镙杆
强度8.8级
附墙支座
上挂钩
环链
架体
板
附墙吊挂件
循环钩
梁

图 8-90　附墙支座示意图

图 8-91　水平支撑桁架示例图

3. 附着式升降脚手架一般项目的检查评定

附着式升降脚手架一般项目的检查评定内容，如图 8-92 所示。

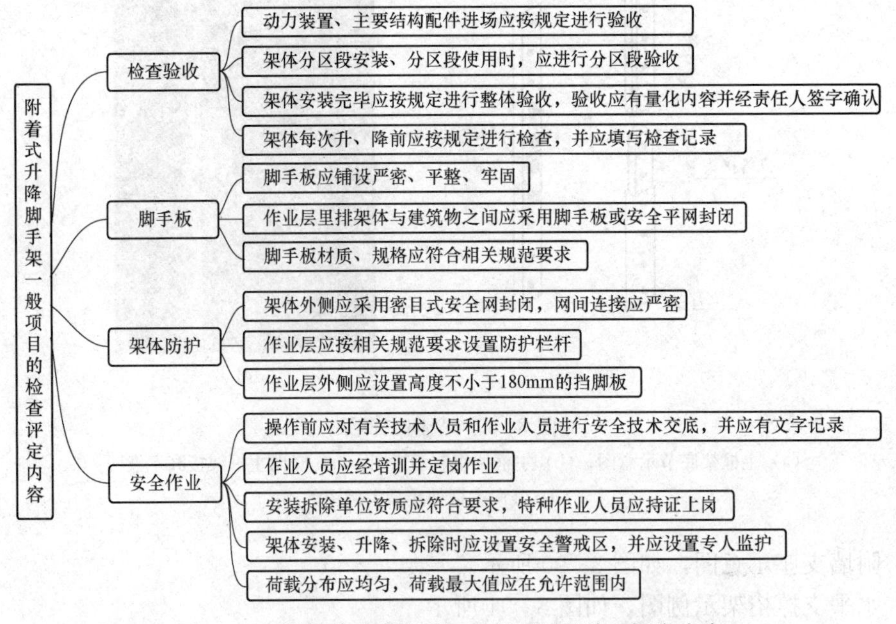
附着式升降脚手架一般项目的检查评定内容
检查验收
动力装置、主要结构配件进场应按规定进行验收
架体分区段安装、分区段使用时，应进行分区段验收
架体安装完毕应按规定进行整体验收，验收应有量化内容并经责任人签字确认
架体每次升、降前应按规定进行检查，并应填写检查记录
脚手板
脚手板应铺设严密、平整、牢固
作业层里排架体与建筑物之间应采用脚手板或安全平网封闭
脚手板材质、规格应符合相关规范要求
架体防护
架体外侧应采用密目式安全网封闭，网间连接应严密
作业层应按相关规范要求设置防护栏杆
作业层外侧应设置高度不小于180mm的挡脚板
安全作业
操作前应对有关技术人员和作业人员进行安全技术交底，并应有文字记录
作业人员应经培训并定岗作业
安装拆除单位资质应符合要求，特种作业人员应持证上岗
架体安装、升降、拆除时应设置安全警戒区，并应设置专人监护
荷载分布应均匀，荷载最大值应在允许范围内

图 8-92　附着式升降脚手架一般项目的检查评定内容

8.10　高处作业吊篮的安全性评价

1. 高处作业吊篮保证项目的检查评定

(1) 高处作业吊篮保证项目的检查评定内容，如图 8-93 所示。

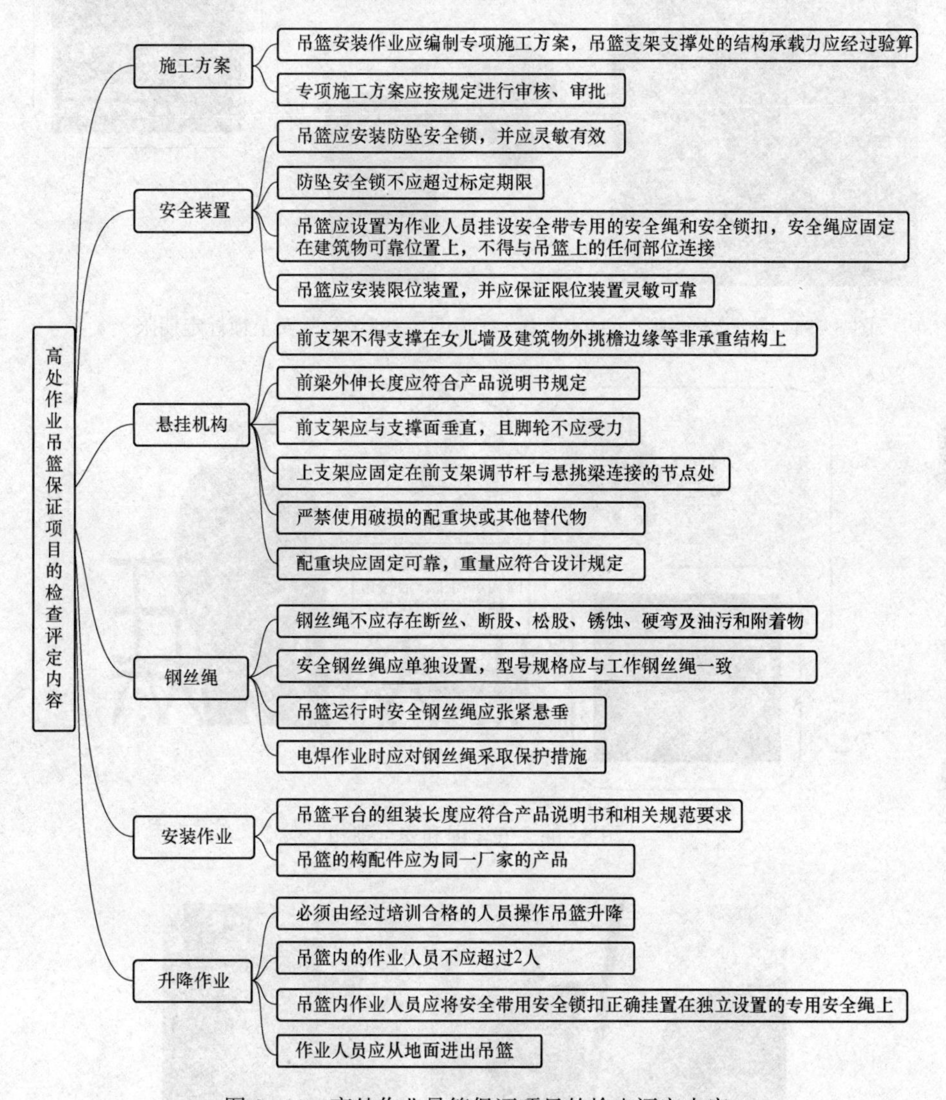
高处作业吊篮保证项目的检查评定内容
施工方案
吊篮安装作业应编制专项施工方案，吊篮支架支撑处的结构承载力应经过验算
专项施工方案应按规定进行审核、审批
安全装置
吊篮应安装防坠安全锁，并应灵敏有效
防坠安全锁不应超过标定期限
吊篮应设置为作业人员挂设安全带专用的安全绳和安全锁扣，安全绳应固定在建筑物可靠位置上，不得与吊篮上的任何部位连接
吊篮应安装限位装置，并应保证限位装置灵敏可靠
悬挂机构
前支架不得支撑在女儿墙及建筑物外挑檐边缘等非承重结构上
前梁外伸长度应符合产品说明书规定
前支架应与支撑面垂直，且脚轮不应受力
上支架应固定在前支架调节杆与悬挑梁连接的节点处
严禁使用破损的配重块或其他替代物
配重块应固定可靠，重量应符合设计规定
钢丝绳
钢丝绳不应存在断丝、断股、松股、锈蚀、硬弯及油污和附着物
安全钢丝绳应单独设置，型号规格应与工作钢丝绳一致
吊篮运行时安全钢丝绳应张紧悬垂
电焊作业时应对钢丝绳采取保护措施
安装作业
吊篮平台的组装长度应符合产品说明书和相关规范要求
吊篮的构配件应为同一厂家的产品
升降作业
必须由经过培训合格的人员操作吊篮升降
吊篮内的作业人员不应超过2人
吊篮内作业人员应将安全带用安全锁扣正确挂置在独立设置的专用安全绳上
作业人员应从地面进出吊篮

图 8-93　高处作业吊篮保证项目的检查评定内容

(2) 防坠安全锁及其标定期限，如图 8-94、图 8-95 所示。

(3) 安全绳和安全锁扣，如图 8-96 所示。

(4) 限位装置，如图 8-97 所示。

(5) 悬挂机构，如图 8-98 所示。

图 8-94 防坠安全锁

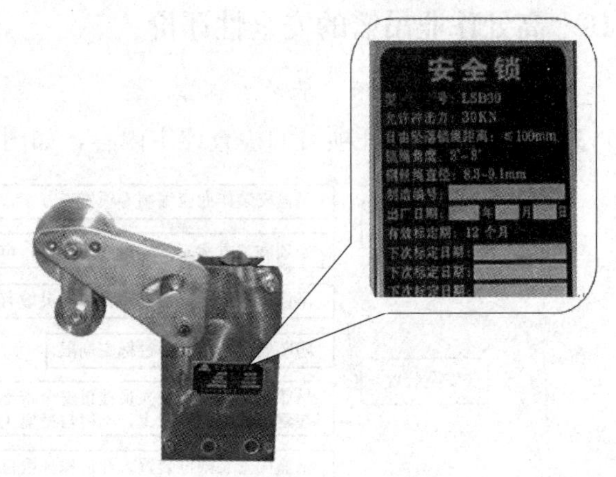
安全锁
型 号：LSB30
允许冲击力：30KN
自由坠落锁绳距离：≤100mm
锁绳角度：3°-8°
钢丝绳直径：8.3-9.1mm
制造编号：
出厂日期： 年 月 日
有效标定期：12 个月
下次标定日期：
下次标定日期：
下次标定日期：

图 8-95 防坠安全锁标定期限

安全绳单独固定在牢固构筑物上，遇棱角地方作防撞保护

图 8-96 安全绳和安全锁扣

(a)

限位挡块

(b)

图 8-97 限位装置

（a）电缆限位开关；（b）限位挡块

图 8-98　悬挂机构

（6）配重块，如图 8-99 所示。

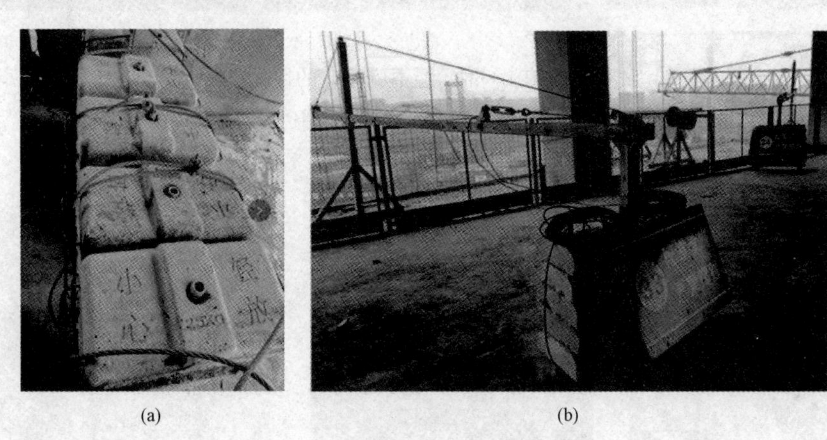

(a)　(b)

图 8-99　配重块

（a）配重上应有重量标识；（b）配重标识牌

（7）配重堆放，如图 8-100 所示。

图 8-100　配重堆放

（8）钢丝绳不应存在的情况，如图 8-101 所示。

(a)
(b)
(c)
(d)
(e)

图 8-101　钢丝绳不应存在的情况

（a）断丝；（b）松股；（c）硬弯；（d）锈蚀；（e）沾染油污

（9）安全钢丝绳设置，如图 8-102 所示。

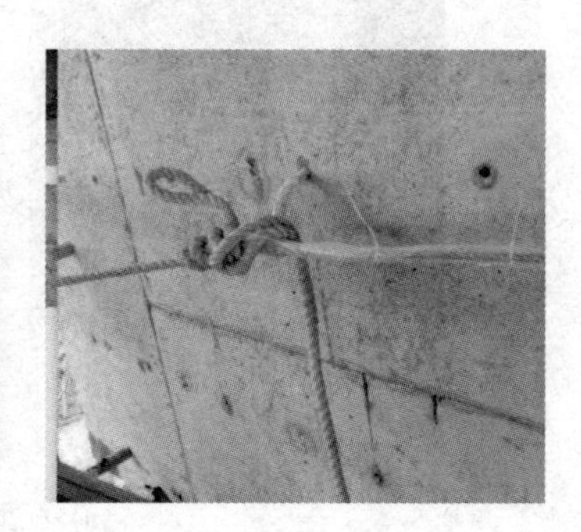

图 8-102　安全钢丝绳设置

2. 高处作业吊篮一般项目的检查评定

高处作业吊篮一般项目的检查评定内容，如图 8-103 所示。

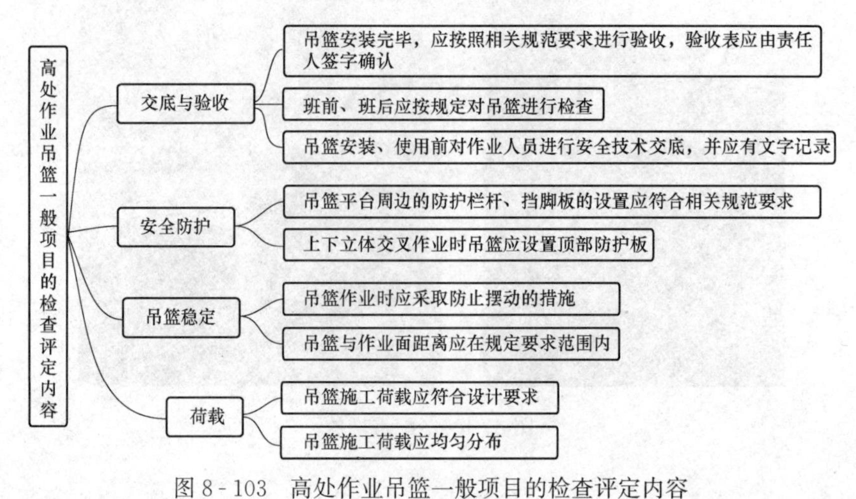
高处作业吊篮一般项目的检查评定内容
交底与验收
吊篮安装完毕，应按照相关规范要求进行验收，验收表应由责任人签字确认
班前、班后应按规定对吊篮进行检查
吊篮安装、使用前对作业人员进行安全技术交底，并应有文字记录
安全防护
吊篮平台周边的防护栏杆、挡脚板的设置应符合相关规范要求
上下立体交叉作业时吊篮应设置顶部防护板
吊篮稳定
吊篮作业时应采取防止摆动的措施
吊篮与作业面距离应在规定要求范围内
荷载
吊篮施工荷载应符合设计要求
吊篮施工荷载应均匀分布

图 8-103　高处作业吊篮一般项目的检查评定内容

8.11　施工过程中模板工程的安全性评价

1. 基坑工程保证项目的检查评定内容

（1）施工方案的检查评定内容，如图 8-104 所示。

施工方案的检查评定内容：

- 开挖深度超过3m(含3m)或虽未超过3m，但地质条件和周边环境复杂（或影响毗邻建、构筑物安全）的基坑（槽）的土方开挖、支护、降水工程，应单独编制专项施工方案。专项施工方案应按规定进行审核、审批
- 施工方案的制定必须针对施工工艺，结合作业条件，对施工过程中可能造成的坍塌因素和作业面人员安全及防止周边建筑、道路等产生不均匀沉降，设计制定具体可行措施，并在施工中付诸实施
- 开挖深度超过5m（含5m）的基坑（槽）的土方开挖、支护、降水工程应组织专家进行论证
- 高层建筑的箱形基础必须认真制定安全措施防止发生事故
    - 工程场地狭窄、邻近建筑物多、大面积基坑的开挖常使旧建筑物发生裂缝或不均匀沉降
    - 基坑的深度不同，如主楼较深，群房较浅，需仔细进行施工程序安排，有时先挖一部分浅坑，再加上支撑或采用悬臂板桩
    - 合理采用降水措施，以减少板桩上土压力
    - 当采用钢板桩时，合理解决位移和弯曲
    - 除降低地下水位外，基坑内还需设置明沟和集水井，以排除暴雨突然带来的明水
    - 大面积基坑应考虑配两路电源，当一路电源发生故障时，可以及时启用另一路电源，防止因停止降水而发生事故
- 当基坑周边环境或施工条件发生变化时，专项施工方案应重新进行审核、审批

图 8-104　施工方案的检查评定内容

（2）箱形基础，如图 8-105 所示。

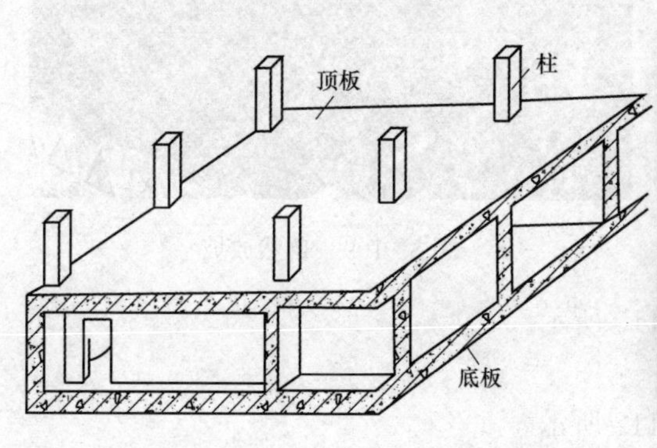
柱
顶板
底板

图 8-105　箱形基础

（3）明沟和集水井，如图 8-106 所示。

（4）基坑支护的检查评定内容，如图 8-107 所示。

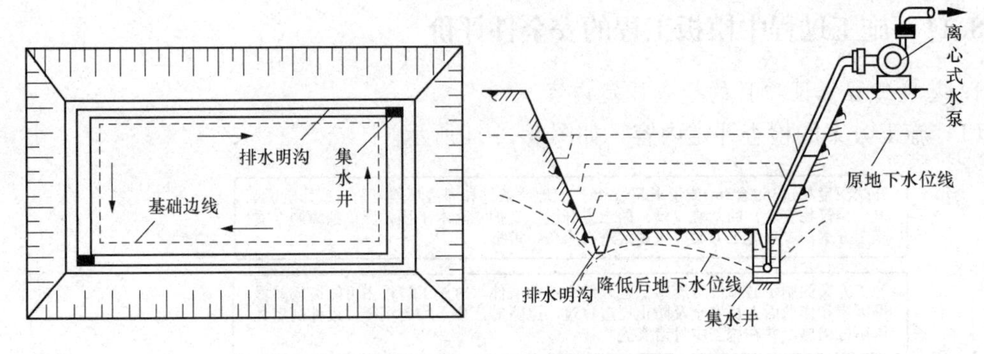

排水明沟
集水井
基础边线
离心式水泵
原地下水位线
排水明沟
降低后地下水位线
集水井

图 8-106　明沟和集水井

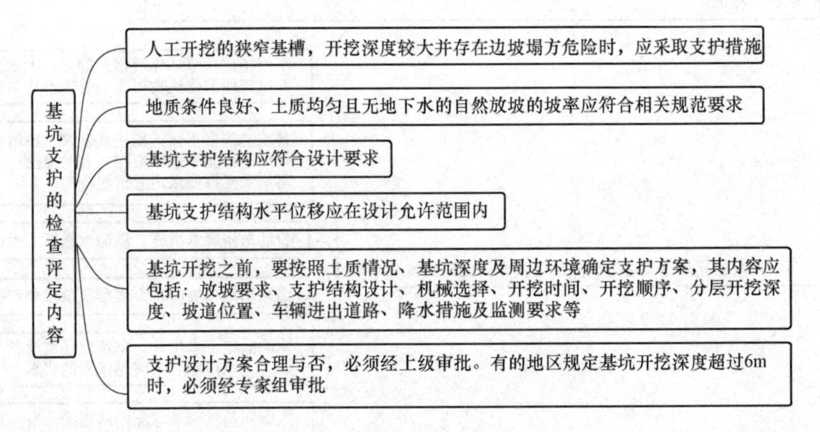

基坑支护的检查评定内容
人工开挖的狭窄基槽，开挖深度较大并存在边坡塌方危险时，应采取支护措施
地质条件良好、土质均匀且无地下水的自然放坡的坡率应符合相关规范要求
基坑支护结构应符合设计要求
基坑支护结构水平位移应在设计允许范围内
基坑开挖之前，要按照土质情况、基坑深度及周边环境确定支护方案，其内容应包括：放坡要求、支护结构设计、机械选择、开挖时间、开挖顺序、分层开挖深度、坡道位置、车辆进出道路、降水措施及监测要求等
支护设计方案合理与否，必须经上级审批。有的地区规定基坑开挖深度超过6m时，必须经专家组审批

图 8-107　基坑支护的检查评定内容

（5）钢支撑支护措施，如图 8-108 所示。

（6）自然放坡，如图 8-109 所示。

图 8-108　钢支撑支护措施

图 8-109　自然放坡

（7）降水排水的检查评定内容，如图 8-110 所示。

（8）排水沟，如图 8-111 所示。

（9）基坑开挖的检查评定内容，如图 8-112 所示。

（10）软土场地作业，如图 8-113 所示。

（11）坑底清理、边坡找平，如图 8-114 所示。

降水排水的检查评定内容

- 在基坑开挖深度范围内有地下水时，应采取有效降排水措施。对地下水的控制办法一般有排水、降水、隔渗
  - 排水。开挖深度较浅时，可采用明排。沿槽底挖出两道水沟，每隔30～40m设置一个集水井，用抽水设备将水抽走。有时深基坑施工，为排除雨期突然而来的明水，也采用明排
  - 降水。开挖深度大于3m时，可采用井点降水。在基坑外设置降水管，管壁有孔并有过滤网，可以防止抽水过程中将土粒带走，保持土体结构不被破坏。井点降水每级可降低水位4.5m，再深时，可采用多级降水，水量大时，也可采用深井降水。当降水可能引起周围建筑物不均匀沉降时，应在降水的同时采取回灌措施。回灌井是一个较长的穿孔井管，和井点的过滤管一样，井外填以适当级配的滤料，井口用黏土封口，防止空气进入。回灌与降水同时进行，并随时观测地下水位的变化，以保持原有地下水位不变
  - 隔渗。基坑隔渗是用高压旋喷、深层搅拌形成的水泥土墙和底板形成的止水帷幕，阻止地下水渗入基坑内。隔渗的抽水井可设在坑内，也可设在坑外
    - 坑内抽水：不会造成周边建筑物、道路等沉降，可以在坑外高水位坑内低水位干燥条件下作业。但在最后封井时应注意防漏。止水帷幕采用落底式，向下延伸插入不透水层以内，来对坑内进行封闭
    - 坑外抽水：含水层较厚，帷幕悬吊在透水层中。采用坑外抽水可减轻挡土桩的侧压力。但坑外抽水对周边建筑物有不利的沉降影响
- 基坑边沿周围地面应设排水沟。放坡开挖时，应对坡顶、坡面、坡脚采取降排水措施
- 基坑底四周应按专项施工方案设排水沟和集水井，并应及时排除积水

图8-110　降水排水的检查评定内容

图8-111　排水沟

基坑开挖的检查评定内容

- 基坑支护结构必须在达到设计要求强度后，方可开挖下层土方，严禁提前开挖和超挖
- 基坑开挖应按设计和施工方案要求，分层、分段、均衡开挖
- 基坑开挖应采取措施来防止碰撞支护结构、工程桩或扰动基底原状土土层
- 当采用机械在软土场地作业时，应采取铺设渣土或砂石等硬化措施
- 所有施工机械应按规定进场，经过有关部门组织验收确认合格，并有记录
- 机械挖土与人工配合操作挖土时，人员不得进入挖土机作业半径内，必须进入时，待挖土机作业停止后，人员方可进行坑底清理、边坡找平等作业
- 挖土机作业位置的土质及支护条件必须满足机械作业荷载标准，机械应保持水平位置和足够的工作面
- 挖土机司机属特种作业人员，应经专门培训，考试合格，持有操作证
- 挖土机不能超标高挖土，以免造成土体结构破坏，坑底最后留一步土方，由工人完成，并且人工挖土应在打垫层之前进行，以减少亮槽时间（减少土侧压力）

图8-112　基坑开挖的检查评定内容

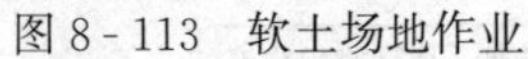

图 8-113　软土场地作业

图 8-114　坑底清理、边坡找平

（12）坑边荷载的检查评定内容，如图 8-115 所示。

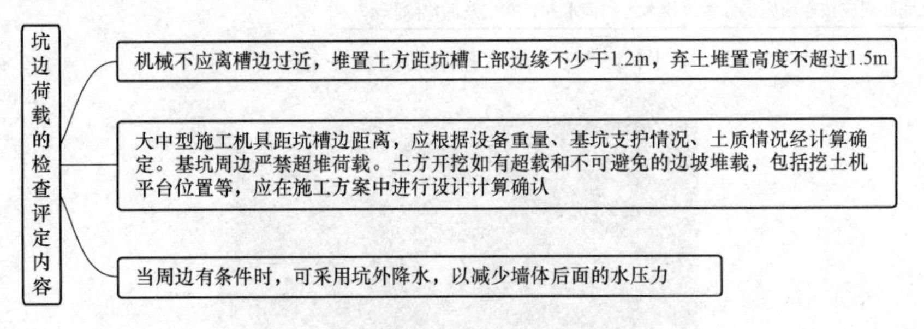
坑边荷载的检查评定内容
机械不应离槽边过近，堆置土方距坑槽上部边缘不少于1.2m，弃土堆置高度不超过1.5m
大中型施工机具距坑槽边距离，应根据设备重量、基坑支护情况、土质情况经计算确定。基坑周边严禁超堆荷载。土方开挖如有超载和不可避免的边坡堆载，包括挖土机平台位置等，应在施工方案中进行设计计算确认
当周边有条件时，可采用坑外降水，以减少墙体后面的水压力

图 8-115　坑边荷载的检查评定内容

（13）安全防护的检查评定内容，如图 8-116 所示。

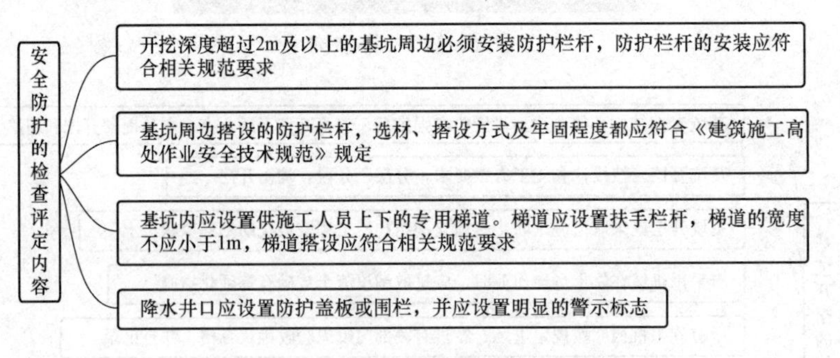
安全防护的检查评定内容
开挖深度超过2m及以上的基坑周边必须安装防护栏杆，防护栏杆的安装应符合相关规范要求
基坑周边搭设的防护栏杆，选材、搭设方式及牢固程度都应符合《建筑施工高处作业安全技术规范》规定
基坑内应设置供施工人员上下的专用梯道。梯道应设置扶手栏杆，梯道的宽度不应小于1m，梯道搭设应符合相关规范要求
降水井口应设置防护盖板或围栏，并应设置明显的警示标志

图 8-116　安全防护的检查评定内容

（14）防护栏杆的安装，如图 8-117 所示。

（15）基坑通道示意图，如图 8-118 所示。

（16）降水井口防护，如图 8-119 所示。

2. 基坑工程一般项目的检查评定内容

（1）基坑监测的安全检查评定，如图 8-120 所示。

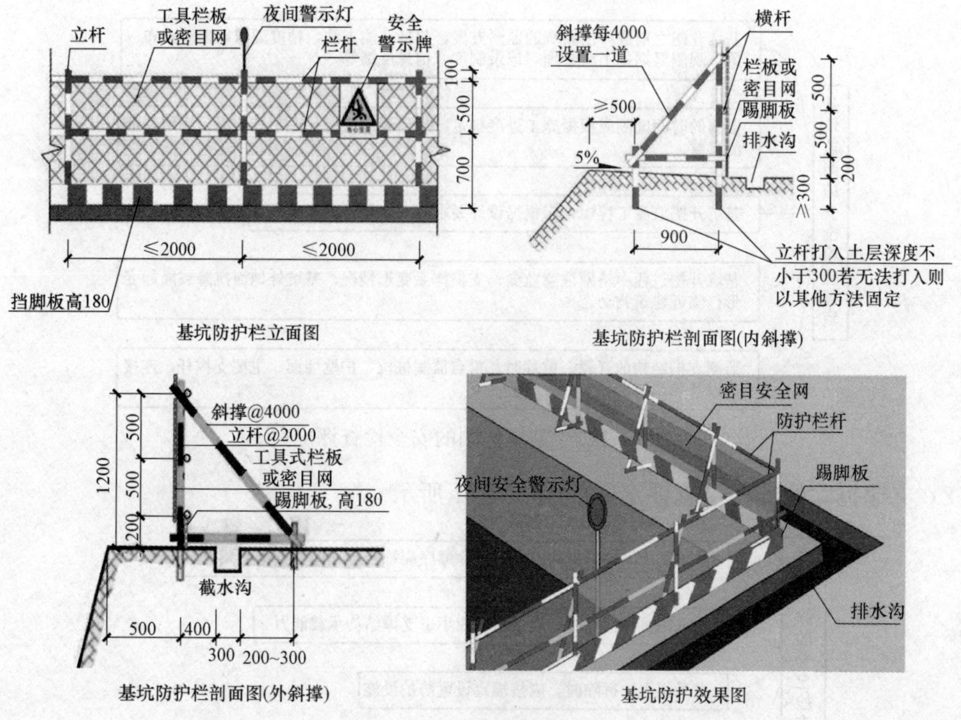
立杆
工具栏板
或密目网
夜间警示灯
栏杆
安全
警示牌
≤2000
≤2000
挡脚板高180
基坑防护栏立面图
斜撑每4000
设置一道
横杆
栏板或
密目网
踢脚板
排水沟
≥500
5%
900
立杆打入土层深度不
小于300若无法打入则
以其他方法固定
基坑防护栏剖面图(内斜撑)
斜撑@4000
立杆@2000
工具式栏板
或密目网
踢脚板, 高180
截水沟
基坑防护栏剖面图(外斜撑)
密目安全网
防护栏杆
踢脚板
夜间安全警示灯
排水沟
基坑防护效果图

图 8-117　防护栏杆的安装

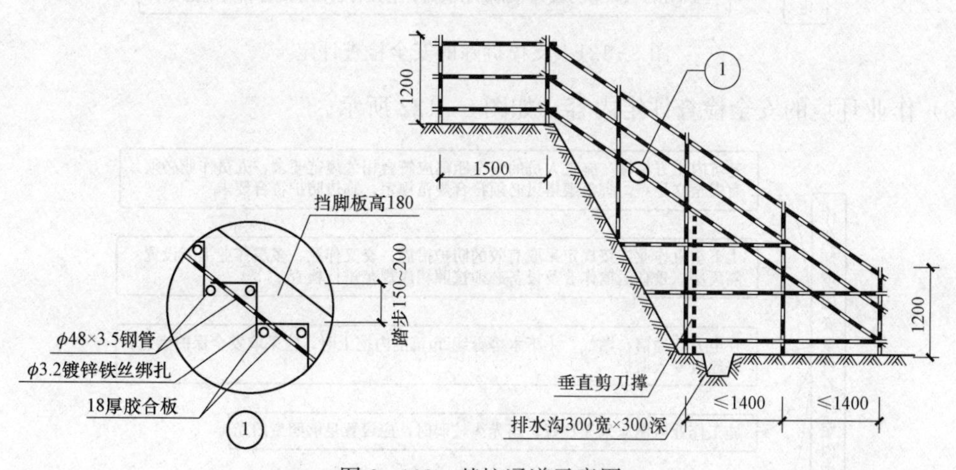
1200
1500
挡脚板高180
踏步150~200
φ48×3.5钢管
φ3.2镀锌铁丝绑扎
18厚胶合板
垂直剪刀撑
排水沟300宽×300深
≤1400
≤1400

图 8-118　基坑通道示意图

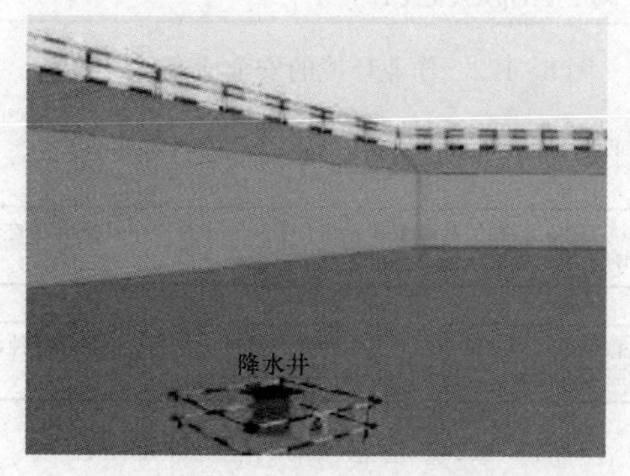
降水井

图 8-119　降水井口防护

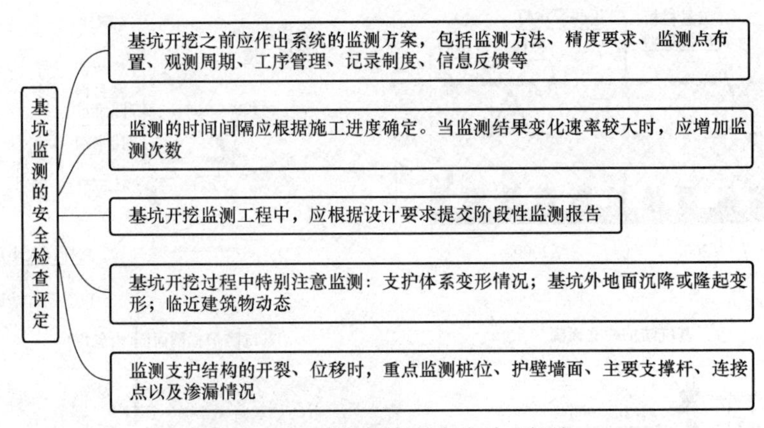
基坑监测的安全检查评定
基坑开挖之前应作出系统的监测方案，包括监测方法、精度要求、监测点布置、观测周期、工序管理、记录制度、信息反馈等
监测的时间间隔应根据施工进度确定。当监测结果变化速率较大时，应增加监测次数
基坑开挖监测工程中，应根据设计要求提交阶段性监测报告
基坑开挖过程中特别注意监测：支护体系变形情况；基坑外地面沉降或隆起变形；临近建筑物动态
监测支护结构的开裂、位移时，重点监测桩位、护壁墙面、主要支撑杆、连接点以及渗漏情况

图 8-120 基坑监测的安全检查评定

（2）支撑拆除的安全检查评定，如图 8-121 所示。

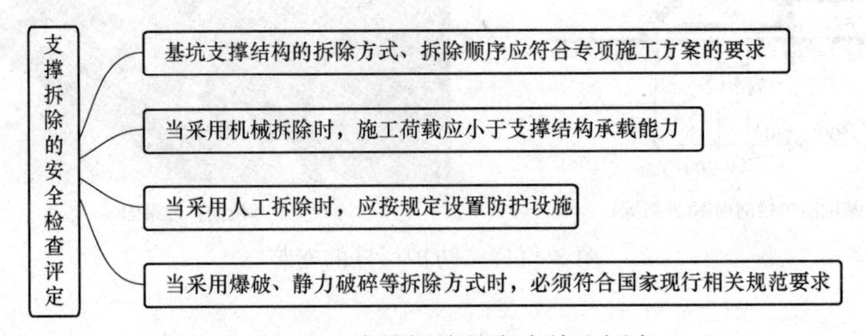
支撑拆除的安全检查评定
基坑支撑结构的拆除方式、拆除顺序应符合专项施工方案的要求
当采用机械拆除时，施工荷载应小于支撑结构承载能力
当采用人工拆除时，应按规定设置防护设施
当采用爆破、静力破碎等拆除方式时，必须符合国家现行相关规范要求

图 8-121 支撑拆除的安全检查评定

（3）作业环境的安全检查评定内容，如图 8-122 所示。

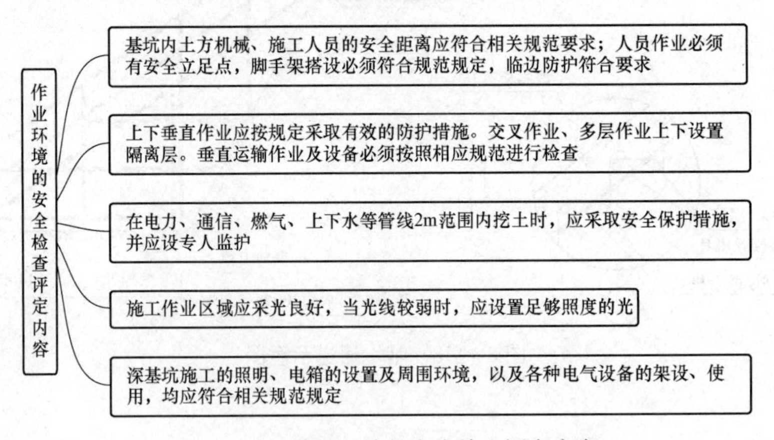
作业环境的安全检查评定内容
基坑内土方机械、施工人员的安全距离应符合相关规范要求；人员作业必须有安全立足点，脚手架搭设必须符合规范规定，临边防护符合要求
上下垂直作业应按规定采取有效的防护措施。交叉作业、多层作业上下设置隔离层。垂直运输作业及设备必须按照相应规范进行检查
在电力、通信、燃气、上下水等管线2m范围内挖土时，应采取安全保护措施，并应设专人监护
施工作业区域应采光良好，当光线较弱时，应设置足够照度的光
深基坑施工的照明、电箱的设置及周围环境，以及各种电气设备的架设、使用，均应符合相关规范规定

图 8-122 作业环境的安全检查评定内容

（4）应急预案的检查评定内容，如图 8-123 所示。

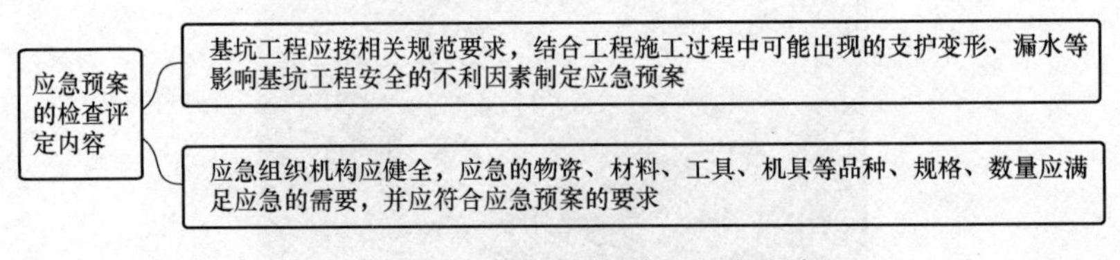
应急预案的检查评定内容
基坑工程应按相关规范要求，结合工程施工过程中可能出现的支护变形、漏水等影响基坑工程安全的不利因素制定应急预案
应急组织机构应健全，应急的物资、材料、工具、机具等品种、规格、数量应满足应急的需要，并应符合应急预案的要求

图 8-123 应急预案的检查评定内容

8.12　高处作业的安全性评价

1. 安全帽的检查评定内容

安全帽，如图 8-124 所示。

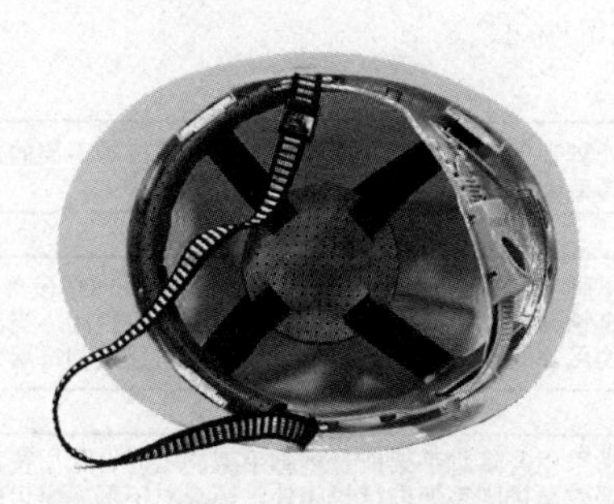

图 8-124　安全帽

（1）进入施工现场的人员必须正确佩戴安全帽。

（2）安全帽标准，如图 8-125 所示。

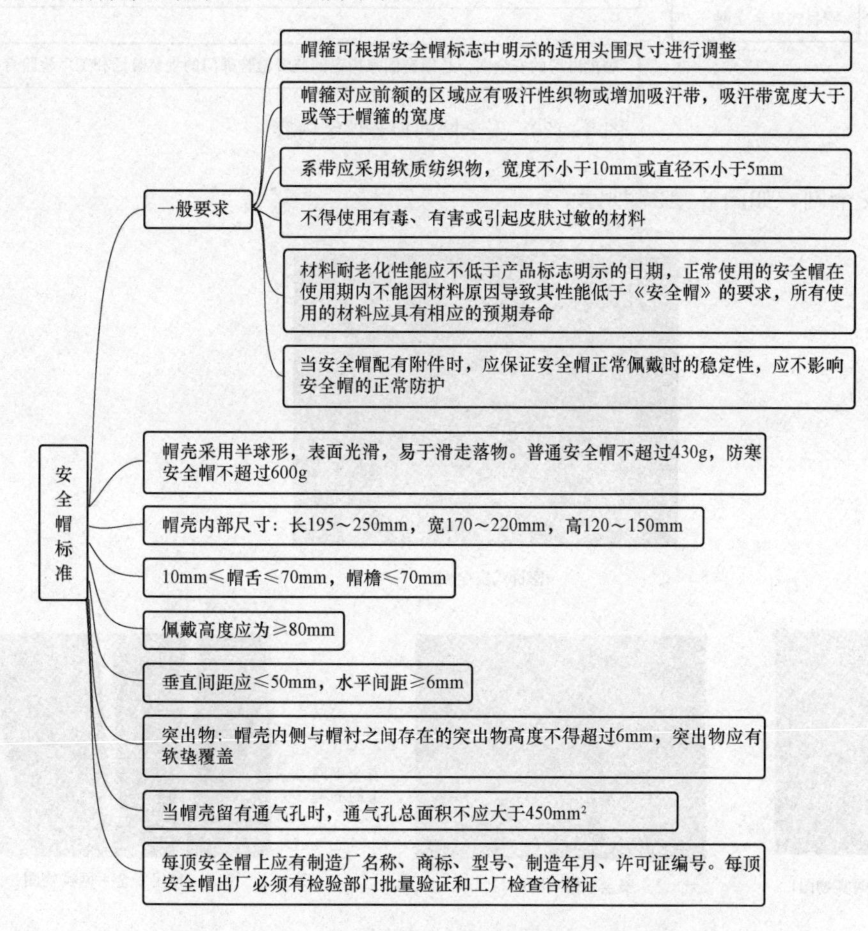
安全帽标准
一般要求
帽箍可根据安全帽标志中明示的适用头围尺寸进行调整
帽箍对应前额的区域应有吸汗性织物或增加吸汗带，吸汗带宽度大于或等于帽箍的宽度
系带应采用软质纺织物，宽度不小于10mm或直径不小于5mm
不得使用有毒、有害或引起皮肤过敏的材料
材料耐老化性能应不低于产品标志明示的日期，正常使用的安全帽在使用期内不能因材料原因导致其性能低于《安全帽》的要求，所有使用的材料应具有相应的预期寿命
当安全帽配有附件时，应保证安全帽正常佩戴时的稳定性，应不影响安全帽的正常防护
帽壳采用半球形，表面光滑，易于滑走落物。普通安全帽不超过430g，防寒安全帽不超过600g
帽壳内部尺寸：长195～250mm，宽170～220mm，高120～150mm
10mm≤帽舌≤70mm，帽檐≤70mm
佩戴高度应为≥80mm
垂直间距应≤50mm，水平间距≥6mm
突出物：帽壳内侧与帽衬之间存在的突出物高度不得超过6mm，突出物应有软垫覆盖
当帽壳留有通气孔时，通气孔总面积不应大于$450mm^2$
每顶安全帽上应有制造厂名称、商标、型号、制造年月、许可证编号。每顶安全帽出厂必须有检验部门批量验证和工厂检查合格证

图 8-125　安全帽标准

（3）戴安全帽时，必须系紧下颚系带，防止安全帽坠落失去防护作用。安全帽在冬季佩戴在防寒帽外时，应随头型大小调节紧牢帽箍，保留帽衬与帽壳之间有缓冲作用的空间。

2. 安全网的检查评定内容

（1）安全网的检查评定内容，如图 8-126 所示。

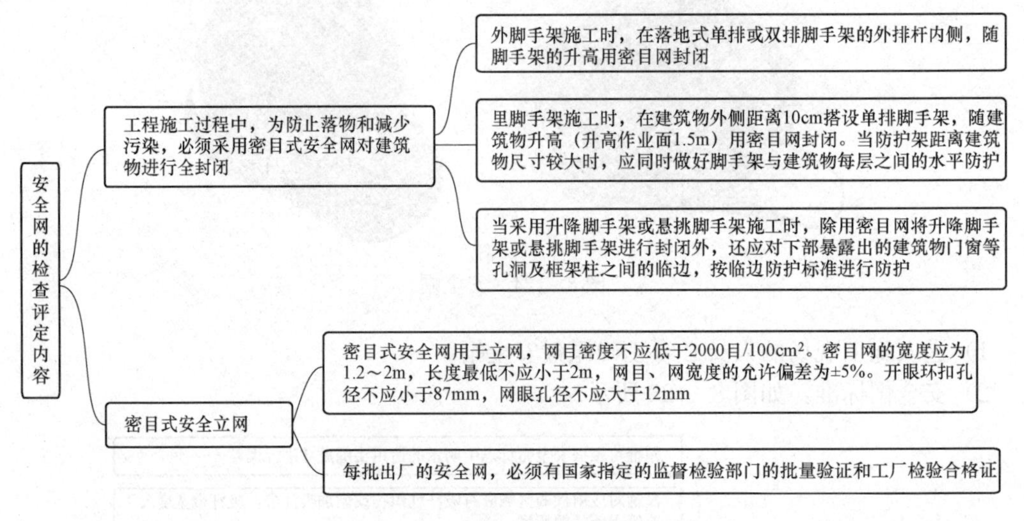
安全网的检查评定内容
工程施工过程中，为防止落物和减少污染，必须采用密目式安全网对建筑物进行全封闭
外脚手架施工时，在落地式单排或双排脚手架的外排杆内侧，随脚手架的升高用密目网封闭
里脚手架施工时，在建筑物外侧距离10cm搭设单排脚手架，随建筑物升高（升高作业面1.5m）用密目网封闭。当防护架距离建筑物尺寸较大时，应同时做好脚手架与建筑物每层之间的水平防护
当采用升降脚手架或悬挑脚手架施工时，除用密目网将升降脚手架或悬挑脚手架进行封闭外，还应对下部暴露出的建筑物门窗等孔洞及框架柱之间的临边，按临边防护标准进行防护
密目式安全立网
密目式安全网用于立网，网目密度不应低于2000目/100cm²。密目网的宽度应为1.2～2m，长度最低不应小于2m，网目、网宽度的允许偏差为±5%。开眼环扣孔径不应小于87mm，网眼孔径不应大于12mm
每批出厂的安全网，必须有国家指定的监督检验部门的批量验证和工厂检验合格证

图 8-126 安全网的检查评定内容

（2）安全网，如图 8-127 所示。

密目式安全网

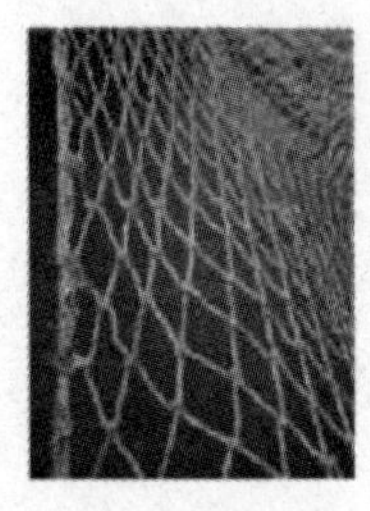

安全平网实物图1

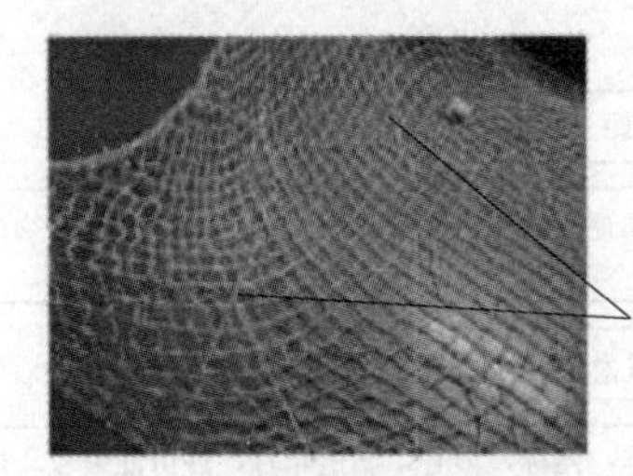
安全平网
上的筋绳

安全平网实物图2

使用安全平网实物图

图 8-127 安全网

3. 安全带的检查评定内容

(1) 安全带的检查评定内容，如图 8-128 所示。

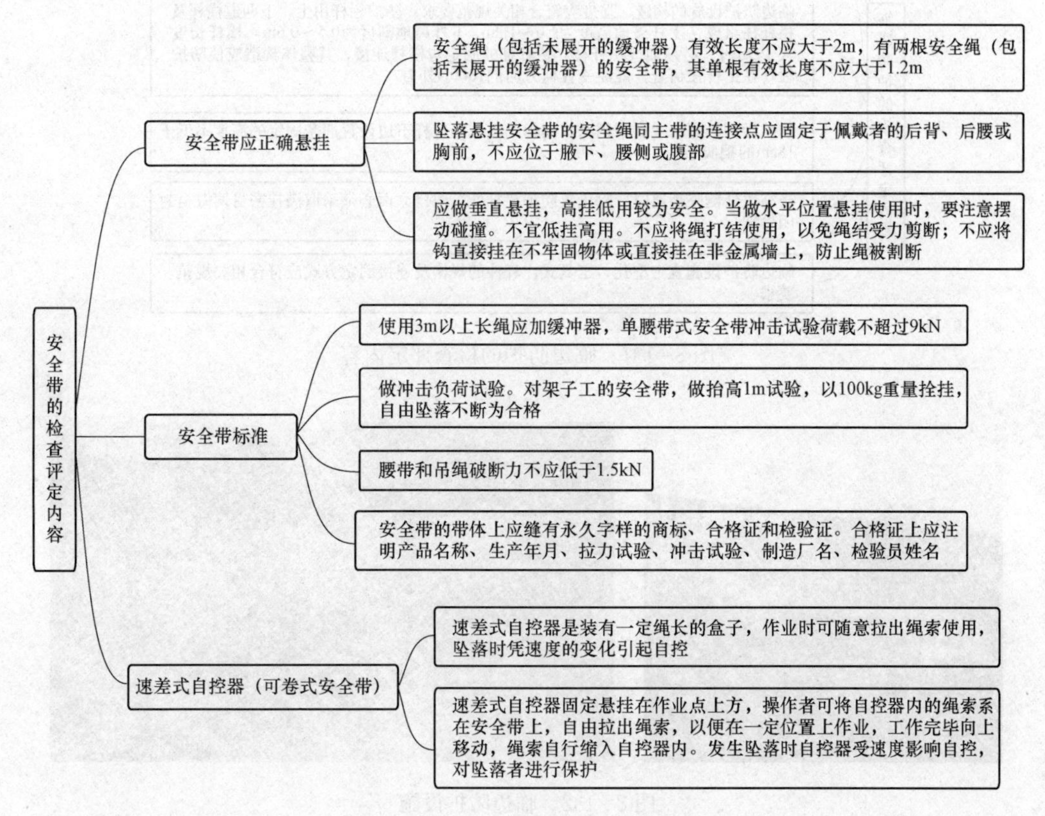
安全带的检查评定内容
安全带应正确悬挂
安全绳（包括未展开的缓冲器）有效长度不应大于2m，有两根安全绳（包括未展开的缓冲器）的安全带，其单根有效长度不应大于1.2m
坠落悬挂安全带的安全绳同主带的连接点应固定于佩戴者的后背、后腰或胸前，不应位于腋下、腰侧或腹部
应做垂直悬挂，高挂低用较为安全。当做水平位置悬挂使用时，要注意摆动碰撞。不宜低挂高用。不应将绳打结使用，以免绳结受力剪断；不应将钩直接挂在不牢固物体或直接挂在非金属墙上，防止绳被割断
安全带标准
使用3m以上长绳应加缓冲器，单腰带式安全带冲击试验荷载不超过9kN
做冲击负荷试验。对架子工的安全带，做抬高1m试验，以100kg重量拴挂，自由坠落不断为合格
腰带和吊绳破断力不应低于1.5kN
安全带的带体上应缝有永久字样的商标、合格证和检验证。合格证上应注明产品名称、生产年月、拉力试验、冲击试验、制造厂名、检验员姓名
速差式自控器（可卷式安全带）
速差式自控器是装有一定绳长的盒子，作业时可随意拉出绳索使用，坠落时凭速度的变化引起自控
速差式自控器固定悬挂在作业点上方，操作者可将自控器内的绳索系在安全带上，自由拉出绳索，以便在一定位置上作业，工作完毕向上移动，绳索自行缩入自控器内。发生坠落时自控器受速度影响自控，对坠落者进行保护

图 8-128　安全带的检查评定内容

(2) 安全带及高挂低用，如图 8-129、图 8-130 所示。

安全带高挂低用

图 8-129　安全带　　图 8-130　安全带高挂低用

4. 临边防护的检查评定内容

(1) 临边防护的检查评定内容，如图 8-131 所示。

(2) 临边防护设施，如图 8-132 所示。

临边防护的检查评定内容

- 作业面边沿应设置连续的临边防护设施
- 临边防护设施的构造、强度应符合相关规范要求。防护栏杆由上、下两道横杆及栏杆柱组成，上杆离地高度为1.0～1.2m。下杆离地高度为0.5～0.6m。横杆长度大于2m时，必须加设栏杆柱。栏杆柱的固定与横杆连接，其整体构造应使防护栏杆在上杆任何处，能经受任何方向的1000N外力
- 防护栏杆必须自上而下用密目网封闭，或在栏杆下边设置严密固定的高度不低于18cm的挡脚板
- 当临边外侧临街道时，除设置防护栏杆外，敞口立面必须采取满挂密目网做全封闭处理
- 临边防护设施宜定型化、工具式，杆件的规格及连接固定方式应符合相关规范要求

图 8－131　临边防护的检查评定内容

图 8－132　临边防护设施

5. 洞口防护的检查评定内容

洞口防护的检查评定内容，如图 8－133 所示。

洞口防护的检查评定内容

- 在建工程的预留洞口、楼梯口、电梯井口等孔洞应采取防护措施
- 防护设施宜定型化、工具式
- 电梯井内每隔两层且不大于10m处应设置安全平网防护
- 梯口应设置防护栏杆。电梯井口除设置固定栅门外（门栅高度不低于1.5m，网格的间距不应大于15cm），还应在电梯井内每隔两层（不大于10m）设置一道安全平网。平网内无杂物，网与井壁间隙不大于10cm。当防护高度超过一个标准层时，不得采用脚手板等硬质材料做水平防护
- 防护栏杆、防护栅门应符合规范规定，整齐牢固，与现场规范化管理相适应。防护设施应在施工组织设计中有设计、有图纸，并经验收形成工具化、定型化的防护用具，安全可靠、整齐美观，能周转使用
- 各类洞口的具体防护，应针对洞口大小及作业条件，在施工组织设计中分别进行设计规定，并在一个单位或在一个施工现场形成定型化做法。不允许由作业人员随意找材料盖上洞口，防止由于不严密、不牢固而存在事故隐患
- 较小的洞口可临时砌死或用定型盖板盖严。较大的洞口可采用贯穿于混凝土板内的钢筋构成防护网，上面满铺竹笆或脚手板。边长在1.5m以上的洞口，张挂安全平网，并在四周设防护栏杆或按作业条件设计更合理的防护措施

图 8－133　洞口防护的检查评定内容

6. 通道口防护的检查评定内容

（1）通道口防护的检查评定内容，如图 8 - 134 所示。

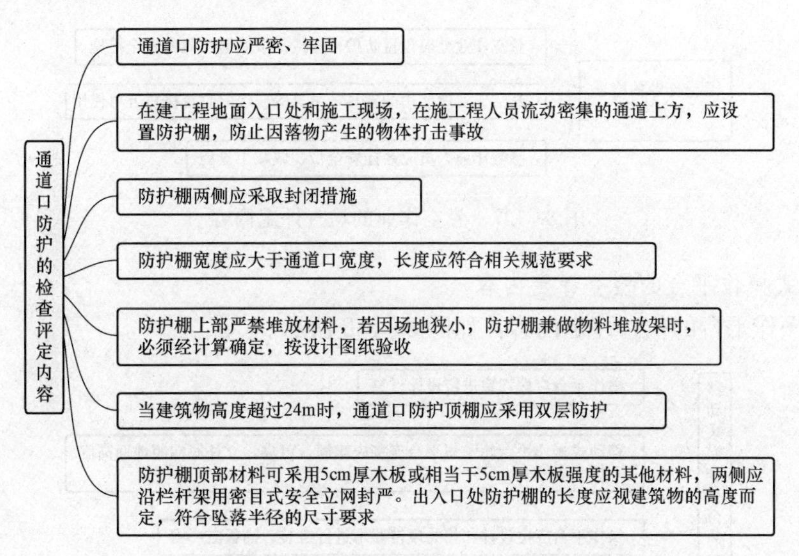
通道口防护的检查评定内容
通道口防护应严密、牢固
在建工程地面入口处和施工现场，在施工程人员流动密集的通道上方，应设置防护棚，防止因落物产生的物体打击事故
防护棚两侧应采取封闭措施
防护棚宽度应大于通道口宽度，长度应符合相关规范要求
防护棚上部严禁堆放材料，若因场地狭小，防护棚兼做物料堆放架时，必须经计算确定，按设计图纸验收
当建筑物高度超过24m时，通道口防护顶棚应采用双层防护
防护棚顶部材料可采用5cm厚木板或相当于5cm厚木板强度的其他材料，两侧应沿栏杆架用密目式安全立网封严。出入口处防护棚的长度应视建筑物的高度而定，符合坠落半径的尺寸要求

图 8 - 134　通道口防护的检查评定内容

（2）防护棚，如图 8 - 135 所示。

安 全 通 道
17号楼

图 8 - 135　防护棚

7. 攀登作业的检查评定内容

攀登作业的检查评定内容，如图 8 - 136 所示。

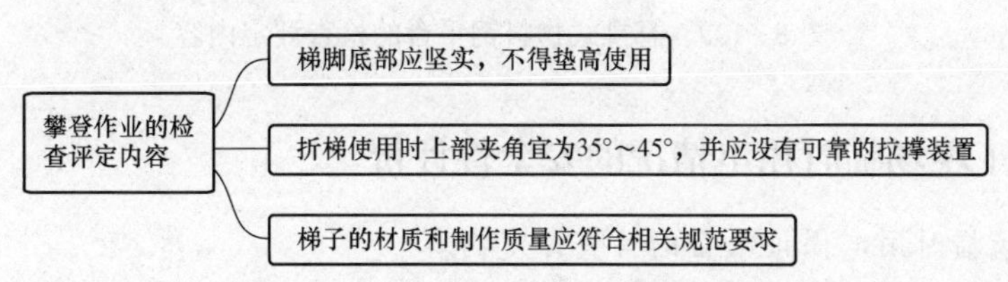
攀登作业的检查评定内容
梯脚底部应坚实，不得垫高使用
折梯使用时上部夹角宜为35°～45°，并应设有可靠的拉撑装置
梯子的材质和制作质量应符合相关规范要求

图 8 - 136　攀登作业的检查评定内容

8. 悬空作业的检查评定内容

悬空作业的检查评定内容，如图 8-137 所示。

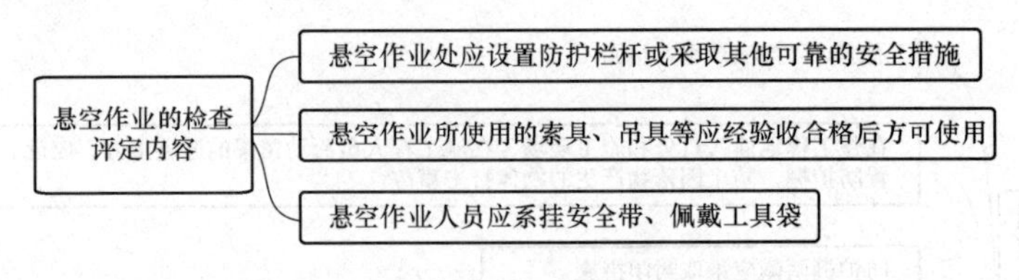
悬空作业的检查评定内容
悬空作业处应设置防护栏杆或采取其他可靠的安全措施
悬空作业所使用的索具、吊具等应经验收合格后方可使用
悬空作业人员应系挂安全带、佩戴工具袋

图 8-137 悬空作业的检查评定内容

9. 移动式操作平台的检查评定内容

移动式操作平台的检查评定内容，如图 8-138 所示。

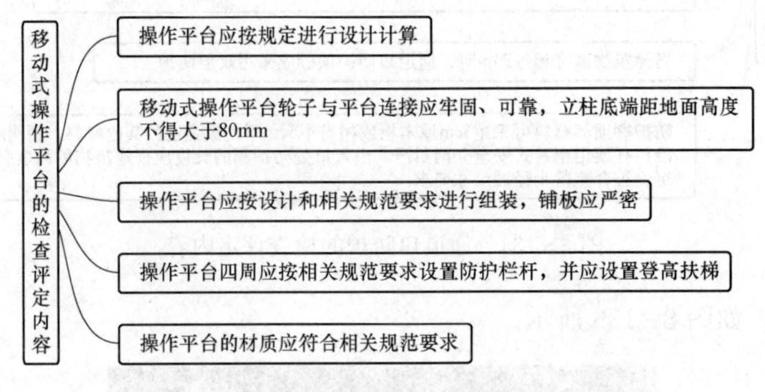
移动式操作平台的检查评定内容
操作平台应按规定进行设计计算
移动式操作平台轮子与平台连接应牢固、可靠，立柱底端距地面高度不得大于80mm
操作平台应按设计和相关规范要求进行组装，铺板应严密
操作平台四周应按相关规范要求设置防护栏杆，并应设置登高扶梯
操作平台的材质应符合相关规范要求

图 8-138 移动式操作平台的检查评定内容

10. 悬挑式物料钢平台的检查评定内容

悬挑式物料钢平台的检查评定内容，如图 8-139 所示。

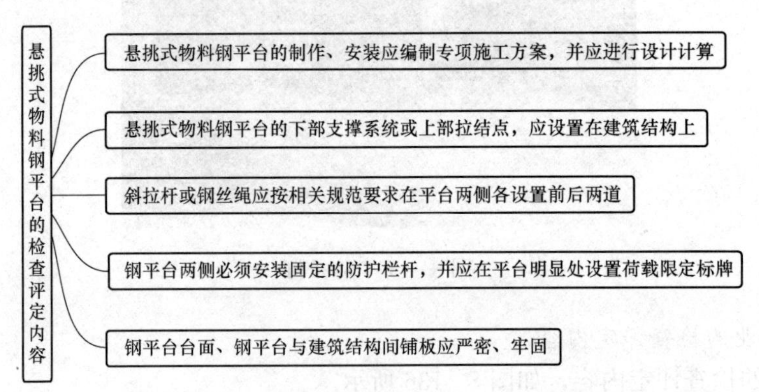
悬挑式物料钢平台的检查评定内容
悬挑式物料钢平台的制作、安装应编制专项施工方案，并应进行设计计算
悬挑式物料钢平台的下部支撑系统或上部拉结点，应设置在建筑结构上
斜拉杆或钢丝绳应按相关规范要求在平台两侧各设置前后两道
钢平台两侧必须安装固定的防护栏杆，并应在平台明显处设置荷载限定标牌
钢平台台面、钢平台与建筑结构间铺板应严密、牢固

图 8-139 悬挑式物料钢平台的检查评定内容

8.13 施工现场临时用电情况的安全性评价

1. 施工现场临时用电保证项目的检查评定内容

（1）外电防护。施工过程中必须与外电线路保持一定安全距离，当因受现场作业条件限制达不到安全距离时，必须采取屏护措施，防止发生因碰触造成的触电事故（图 8-140）。

1）在架空线路下方不得施工，不得建造临时建筑设施，不得堆放构件、材料等。

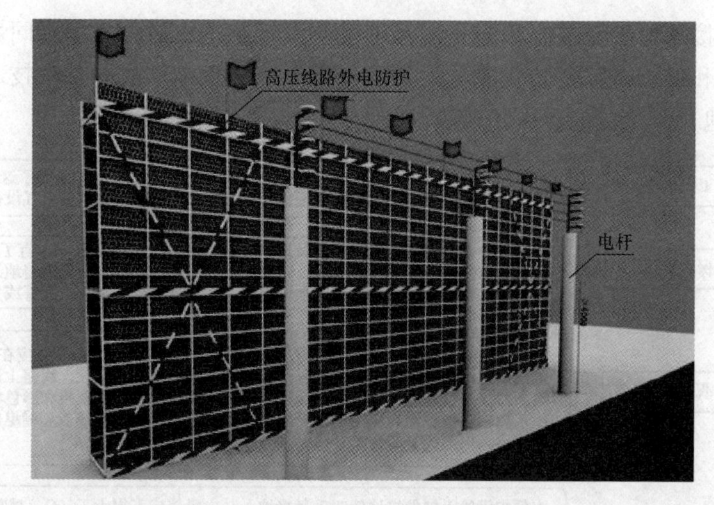
高压线路外电防护
电杆

图 8-140　外电防护

2）当在架空线路一侧作业时，必须保持安全操作距离。《施工现场临时用电安全技术规范》(JGJ 46—2005）规定了最小安全操作距离。主要考虑两个因素，如图 8-141 所示。

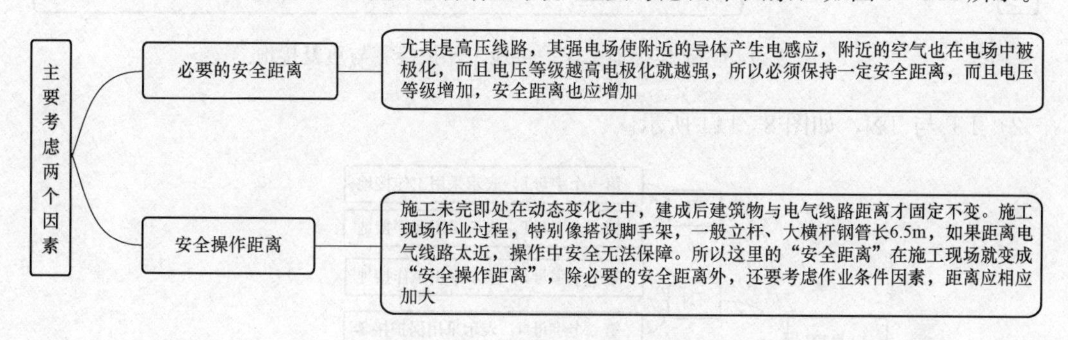
主要考虑两个因素
必要的安全距离
尤其是高压线路，其强电场使附近的导体产生电感应，附近的空气也在电场中被极化，而且电压等级越高电极化就越强，所以必须保持一定安全距离，而且电压等级增加，安全距离也应增加
安全操作距离
施工未完即处在动态变化之中，建成后建筑物与电气线路距离才固定不变。施工现场作业过程，特别像搭设脚手架，一般立杆、大横杆钢管长6.5m，如果距离电气线路太近，操作中安全无法保障。所以这里的“安全距离”在施工现场就变成“安全操作距离”，除必要的安全距离外，还要考虑作业条件因素，距离应相应加大

图 8-141　主要考虑两个因素

3）当由于条件所限不能满足最小安全操作距离时，必须采取绝缘隔离防护措施，并应悬挂明显的警示标志。防护设施与外电线路的安全距离应符合相关规范要求，并应坚固、稳定。

施工现场一般采取搭设防护架，其材料应使用木质等绝缘材料（见图 8-142)。当使用钢管等金属材料时，应做良好的接地。防护架距线路一般不小于 1m，必须停电搭设（拆除时也要停电)。防护架距作业区较近时，应用硬质绝缘材料封严，防止脚手管、钢筋等误穿越触电。

当架空线路在塔式起重机等起重机旋转半径范围内时，其线路的上方也应有防护措施，搭设成门形，其顶部可用 5cm 厚木板或相当 5cm 木板强度的材料盖严。为警示起重机作业，可在防护架上端间断设置小彩旗，夜间施工应有彩色灯泡（或红色灯泡)，其电源电压应为 36V。

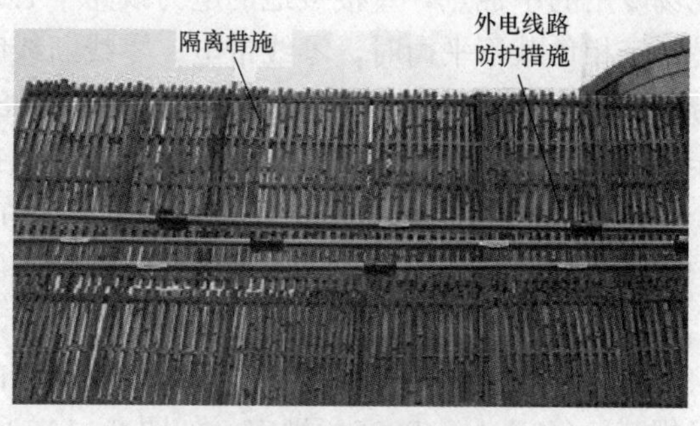
隔离措施
外电线路
防护措施

图 8-142　木质防护架

（2）接地与接零保护系统。为防止碰触带电体发生触电事故，根据不同情况应采取保护措施。保护接地和保护接零是防止电气设备意外带电造成触电事故的基本技术措施。

1）工作接地、保护接地、保护接零与重复接地，如图 8-143 所示。

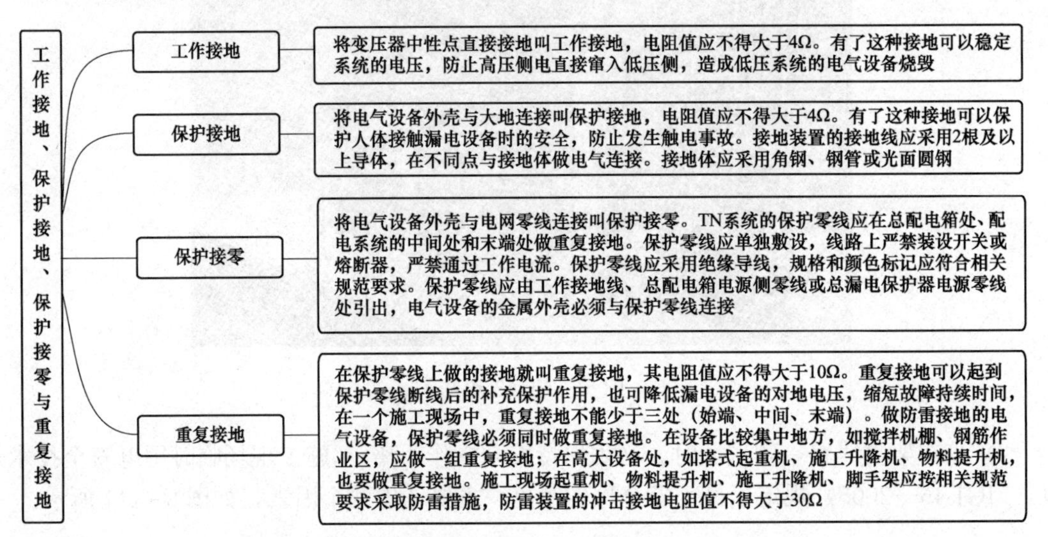
工作接地、保护接地、保护接零与重复接地
工作接地
将变压器中性点直接接地叫工作接地，电阻值应不得大于4Ω。有了这种接地可以稳定系统的电压，防止高压侧电直接窜入低压侧，造成低压系统的电气设备烧毁
保护接地
将电气设备外壳与大地连接叫保护接地，电阻值应不得大于4Ω。有了这种接地可以保护人体接触漏电设备时的安全，防止发生触电事故。接地装置的接地线应采用2根及以上导体，在不同点与接地体做电气连接。接地体应采用角钢、钢管或光面圆钢
保护接零
将电气设备外壳与电网零线连接叫保护接零。TN系统的保护零线应在总配电箱处、配电系统的中间处和末端处做重复接地。保护零线应单独敷设，线路上严禁装设开关或熔断器，严禁通过工作电流。保护零线应采用绝缘导线，规格和颜色标记应符合相关规范要求。保护零线应由工作接地线、总配电箱电源侧零线或总漏电保护器电源零线处引出，电气设备的金属外壳必须与保护零线连接
重复接地
在保护零线上做的接地就叫重复接地，其电阻值应不得大于10Ω。重复接地可以起到保护零线断线后的补充保护作用，也可降低漏电设备的对地电压，缩短故障持续时间，在一个施工现场中，重复接地不能少于三处（始端、中间、末端）。做防雷接地的电气设备，保护零线必须同时做重复接地。在设备比较集中地方，如搅拌机棚、钢筋作业区，应做一组重复接地；在高大设备处，如塔式起重机、施工升降机、物料提升机，也要做重复接地。施工现场起重机、物料提升机、施工升降机、脚手架应按相关规范要求采取防雷措施，防雷装置的冲击接地电阻值不得大于30Ω

图 8-143　工作接地、保护接地、保护接零与重复接地

2）TT 与 TN，如图 8-144 所示。

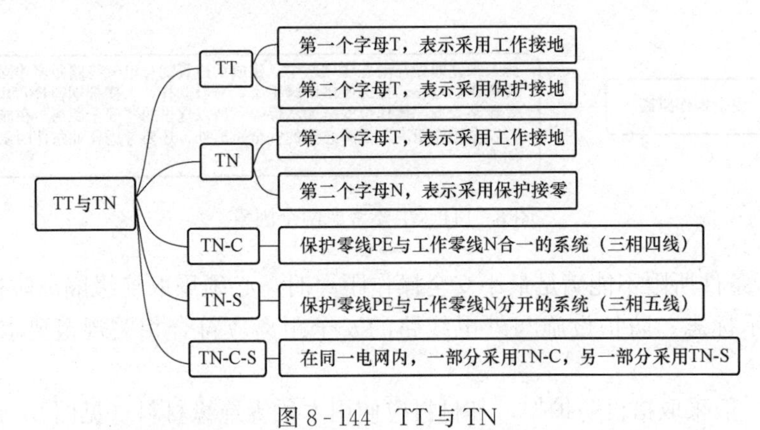
TT与TN
TT
第一个字母T，表示采用工作接地
第二个字母T，表示采用保护接地
TN
第一个字母T，表示采用工作接地
第二个字母N，表示采用保护接零
TN-C
保护零线PE与工作零线N合一的系统（三相四线）
TN-S
保护零线PE与工作零线N分开的系统（三相五线）
TN-C-S
在同一电网内，一部分采用TN-C，另一部分采用TN-S

图 8-144　TT 与 TN

3）应采用 TN-S，不应采用 TN-C。《施工现场临时用电安全技术规范》规定，在施工现场专用的中性点，直接接地的电力线路中必须采用 TN-S 接零保护系统。TN-C 的缺陷是：三相负载不平衡时，零线带电；零线断线时，单相设备的工作电流会导致电气设备外壳带电；给接装漏电保护器带来困难。而 TN-S 由于有专用保护零线，正常工作时不通过工作零线，工作零线与保护零线分开，可以顺利接装漏电保护器等。

4）工作零线与保护零线必须严格分开。在采用 TN-S 系统后，如果发生工作零线与保护零线错接，将导致设备外壳带电。

保护零线的要求，如图 8-145 所示。

采用 TN 系统还是采用 TT 系统，依现场的电源情况而定。《施工现场临时用电安全技术规范》（JGJ 46—2005）规定，如图 8-146 所示。

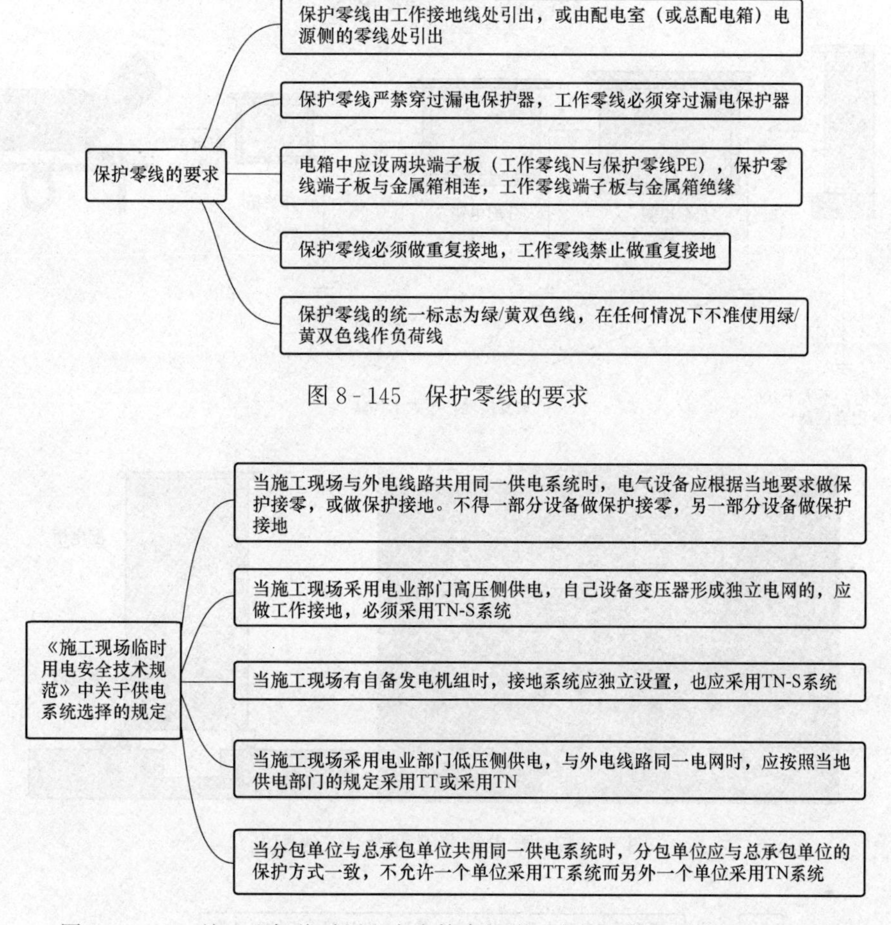
保护零线的要求
保护零线由工作接地线处引出，或由配电室（或总配电箱）电源侧的零线处引出
保护零线严禁穿过漏电保护器，工作零线必须穿过漏电保护器
电箱中应设两块端子板（工作零线N与保护零线PE），保护零线端子板与金属箱相连，工作零线端子板与金属箱绝缘
保护零线必须做重复接地，工作零线禁止做重复接地
保护零线的统一标志为绿/黄双色线，在任何情况下不准使用绿/黄双色线作负荷线
《施工现场临时用电安全技术规范》中关于供电系统选择的规定
当施工现场与外电线路共用同一供电系统时，电气设备应根据当地要求做保护接零，或做保护接地。不得一部分设备做保护接零，另一部分设备做保护接地
当施工现场采用电业部门高压侧供电，自己设备变压器形成独立电网的，应做工作接地，必须采用TN-S系统
当施工现场有自备发电机组时，接地系统应独立设置，也应采用TN-S系统
当施工现场采用电业部门低压侧供电，与外电线路同一电网时，应按照当地供电部门的规定采用TT或采用TN
当分包单位与总承包单位共用同一供电系统时，分包单位应与总承包单位的保护方式一致，不允许一个单位采用TT系统而另外一个单位采用TN系统

图 8-145　保护零线的要求

图 8-146　《施工现场临时用电安全技术规范》中关于供电系统选择的规定

（3）配电箱与开关箱。

1）“三级配电、两级保护”。

《施工现场临时用电安全技术规范》要求，配电箱应做分级设置，即在总配电箱下设分配电箱，分配电箱以下设开关箱，开关箱以下是电气设备，形成三级配电如图 8-147 所示。

“两级保护”主要指采用漏电保护措施，除在末级开关箱内加装漏电保护器外，还要在上一级分配电箱或总配电箱中再加装一级漏电保护器，总体上形成两级保护。

2）《施工现场临时用电安全技术规范》规定，施工现场所有用电设备，除做保护接零外，必须在设备负荷线路的首端处设置漏电保护装置。在加装漏电保护器时，不得拆除原有的保护接零（接地）。

3）漏电保护器的主要参数，如图 8-148 所示。

4）参数的选择与匹配。

两级漏电保护器应匹配：《施工现场临时用电安全技术规范》规定，总配电箱和开关箱中两级漏电保护器的额定漏电动作电流和额定漏电动作时间应合理配合，使之具有分级分段保护功能。

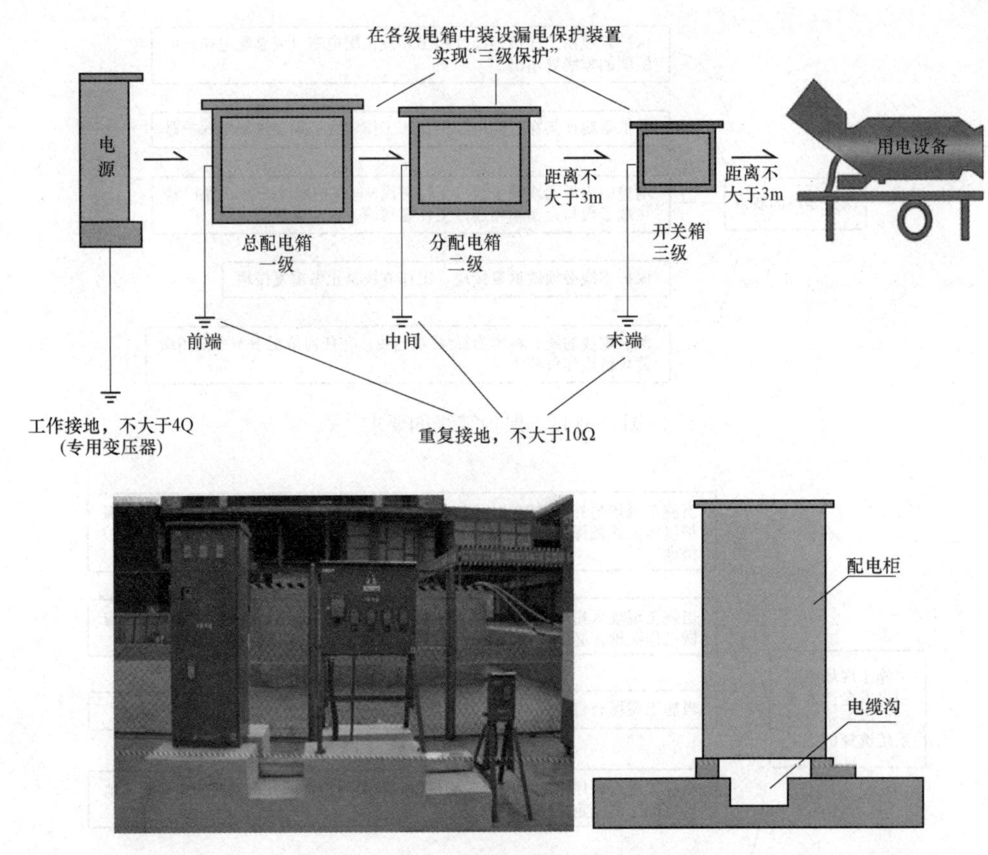
在各级电箱中装设漏电保护装置
实现“三级保护”
电
源
总配电箱
一级
分配电箱
二级
距离不
大于3m
开关箱
三级
距离不
大于3m
用电设备
前端
中间
末端
工作接地，不大于4Ω
(专用变压器)
重复接地，不大于10Ω
配电柜
电缆沟

图 8-147　配电箱分级设置（三级配电）

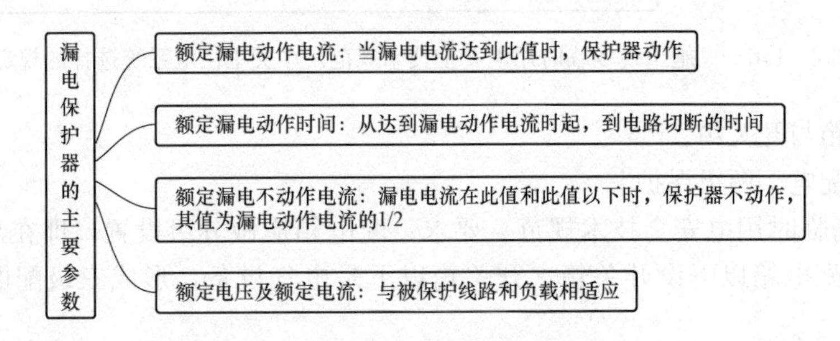
漏电保护器的主要参数
额定漏电动作电流：当漏电电流达到此值时，保护器动作
额定漏电动作时间：从达到漏电动作电流时起，到电路切断的时间
额定漏电不动作电流：漏电电流在此值和此值以下时，保护器不动作，
其值为漏电动作电流的1/2
额定电压及额定电流：与被保护线路和负载相适应

图 8-148　漏电保护器的主要参数

“两级保护”是指将电网的干线与分支线路作为第一级，线路末端作为第二级。第一级漏电保护区域较大，停电后影响也大。漏电保护器灵敏度不要求太高，其漏电动作电流和动作时间应大于后面的第二级保护，这一组保护主要提供间接保护和防止漏电火灾。如果选用参数过小就会导致误动作影响正常生产。

漏电保护器的漏电不动作电流应大于供电线路和用电设备的总泄漏电流值 2 倍以上，在电路末端安装漏电动作电流小于 30mA 动作型漏电保护器，这样形成分级分段保护，使线路电设备均有两级保护措施。

总分配电箱（第一级保护）如图 8-149 所示。总分配电箱一般不宜采用漏电掉闸型。

漏电保护器灵敏度不要求太高，可选用中灵敏度漏电报警和延时型保护器。漏电动作电流应按干线实测泄漏电流 2 倍选用，一般可选漏电动作电流值为 300～1000mA。

图 8-149　总分配电箱

分配电箱（第二级保护）如图 8-150 所示。分配电箱装设漏电保护器不但对线路和用电设备有监视作用，同时还可以对开关箱起补充保护作用。分配电箱漏电保护器主要提供间接保护作用，参数选择不能过于接近开关箱，应形成分级分段保护功能，选择参数太大会影响保护效果，选择参数太小会形成越级跳闸，分配电箱先于开关箱跳闸。分配电箱与开关箱间的距离不应超过 30m（图 8-151）。国际上把设计漏电保护器的安全限值定为 30mA/s，分配电箱漏电保护器主要是提供间接保护，其参数按支线实测泄漏电流值的 2.5 倍选用，一般可选漏电动作电流值为 100～200mA（不应超过 30mA/s 限值）。

分配箱
安全用电

动力分配电箱

照明分配电箱

图 8-150　分配电箱

开关箱（第三级保护）如图 8-152 所示。《施工现场临时用电安全技术规范》规定，开关箱内的漏电保护器其额定漏电动作电流应不大于 30mA，额定漏电动作时间应小于 0.1s。用于潮湿和有腐蚀介质场所的漏电保护器应采用防溅型产品，其额定漏电电流应不大于 15mA，额定漏电动作应小于 0.1s。开关箱与用电设备间的距离不应超过 3m（见图 8-153）。用于直接接触电击防护时，应选用高灵敏度、快速动作型

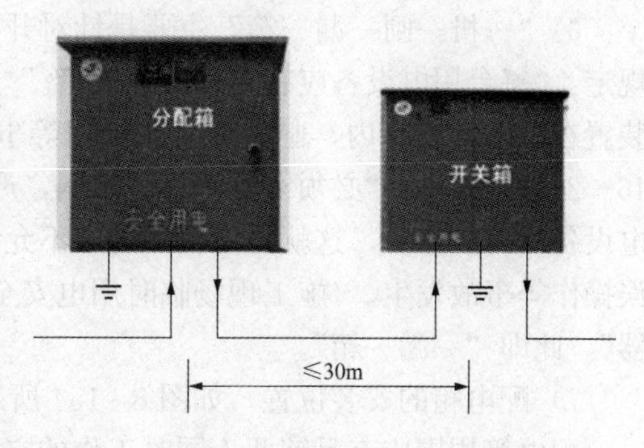
分配箱
安全用电
开关箱
≤30m

图 8-151　分配电箱与开关箱间的距离

的漏电保护器，动作电流不超过 30mA。漏电动作电流不应大于 15mA。

开关箱

图 8-152　开关箱

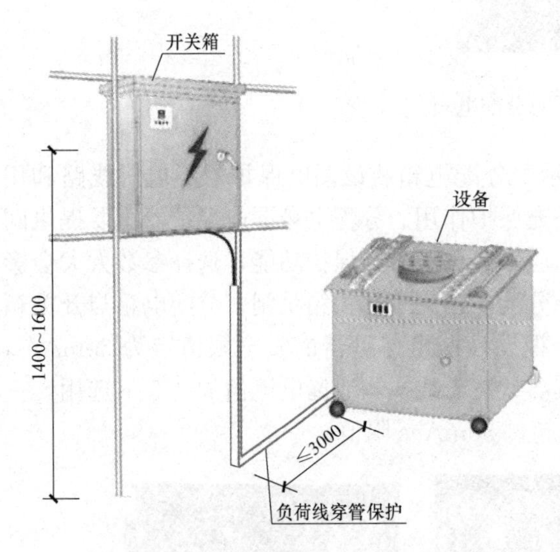
开关箱
设备
1400~1600
≤3000
负荷线穿管保护

图 8-153　开关箱与用电设备间的距离

漏电保护器的测试内容。测试连锁机构的灵敏度的测试方法为：按动漏电保护器的试验按钮三次；带负荷分、合开关三次，均不应有误动作。测试特性参数的测试内容为：漏电动作电流和分断时间，采用专用的漏电保护器测试仪测试。以上测试应该在安装后和使用前进行，漏电保护器投入运行后定期（每月）进行测试，雷雨季节应增加次数。

5）隔离开关。隔离开关多用于高压变配电装置中。必须在负荷开关切断以后，才能拉开隔离开关；只有先合上隔离开关后，再合负荷开关。

《施工现场临时用电安全技术规范》规定，总配电箱、分配电箱以及开关箱都要装设隔离开关，能在任何情况下都可以使用电设备实行电源隔离。

空气开关不能用作隔离开关。一般可将刀开关、刀形转换开关和熔断器用作电源隔离开关。刀开关和刀形转换开关可用于空载接通和分断电路的电源隔离开关，也可用于直接控制照明和不大于 5.5kW 的动力电路。熔断器主要用作电路保护，也可作为电源隔离开关使用。

6）“一机一闸一漏一箱”主要是针对开关箱而言的。《施工现场临时用电安全技术规范》规定：“每台用电设备应有专用的开关箱。”这就是一箱，不允许将两台用电设备的电气控制装置在一个开关箱内，避免发生误操作等事故。《施工现场临时用电安全技术规范》（JGJ 46—2005）规定：“必须实行一机一闸制，严禁同一个开关电器直接控制两台及两台以上用电设备（含插座）”。这就是一机一闸，不允许一闸多机或一闸控制多个插座，主要也是防止误操作等事故发生。《施工现场临时用电安全技术规范》规定：“开关箱中必须装设漏电保护器”。此即“一漏一箱”。

7）配电箱的安装位置，如图 8-154 所示。

配电管周围应有足够两人同时工作的空间和通道，如图 8-155 所示。

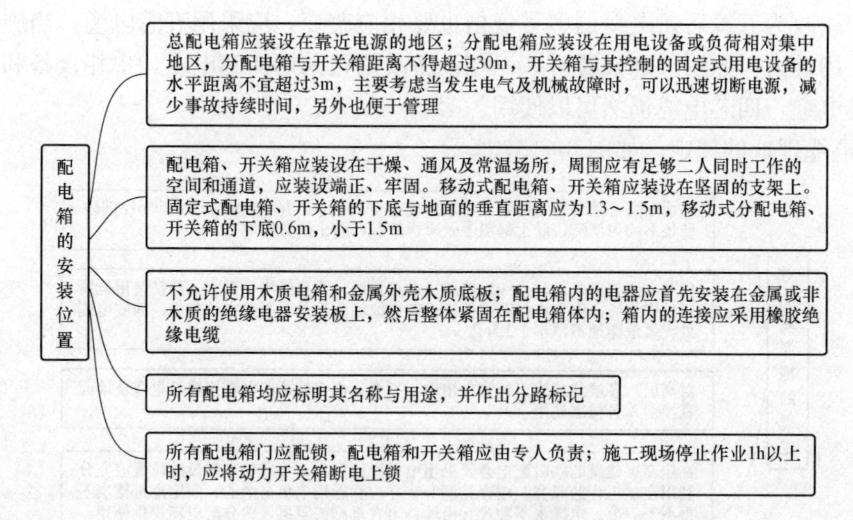
配电箱的安装位置
总配电箱应装设在靠近电源的地区；分配电箱应装设在用电设备或负荷相对集中地区，分配电箱与开关箱距离不得超过30m，开关箱与其控制的固定式用电设备的水平距离不宜超过3m，主要考虑当发生电气及机械故障时，可以迅速切断电源，减少事故持续时间，另外也便于管理
配电箱、开关箱应装设在干燥、通风及常温场所，周围应有足够二人同时工作的空间和通道，应装设端正、牢固。移动式配电箱、开关箱应装设在坚固的支架上。固定式配电箱、开关箱的下底与地面的垂直距离应为1.3～1.5m，移动式分配电箱、开关箱的下底0.6m，小于1.5m
不允许使用木质电箱和金属外壳木质底板；配电箱内的电器应首先安装在金属或非木质的绝缘电器安装板上，然后整体紧固在配电箱体内；箱内的连接应采用橡胶绝缘电缆
所有配电箱均应标明其名称与用途，并作出分路标记
所有配电箱门应配锁，配电箱和开关箱应由专人负责；施工现场停止作业1h以上时，应将动力开关箱断电上锁

图 8-154　配电箱的安装位置

(4) 配电线路。

1) 《施工现场临时用电安全技术规范》规定，架空线路必须采用绝缘铜线或绝缘铝线。

配电重地
闲人免进
消防器材
严禁挪用

图 8-155　配电箱周围的空间和通道

2) 《施工现场临时用电安全技术规范》(JGJ 46—2005) 规定，电缆干线应采用埋地或架空敷设，严禁沿地面明敷，并应避免机械伤害和介质腐蚀。穿越建筑物、构筑物、道路、易受机械损伤的场所及电缆引出地面从 2m 高度至地下 0.2m 处，必须加设防护套管。

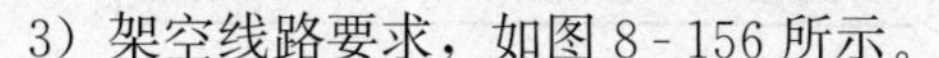

3) 架空线路要求，如图 8-156 所示。

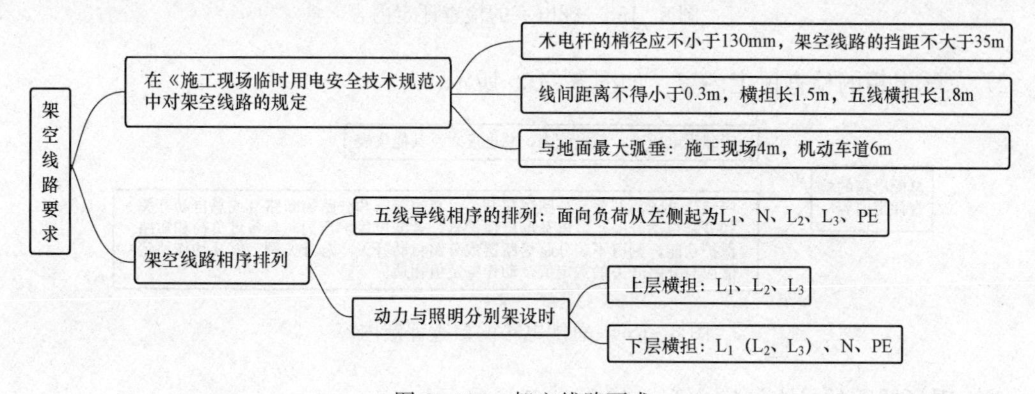
架空线路要求
在《施工现场临时用电安全技术规范》中对架空线路的规定
木电杆的梢径应不小于130mm，架空线路的挡距不大于35m
线间距离不得小于0.3m，横担长1.5m，五线横担长1.8m
与地面最大弧垂：施工现场4m，机动车道6m
架空线路相序排列
五线导线相序的排列：面向负荷从左侧起为L_1、N、L_2、L_3、PE
动力与照明分别架设时
上层横担：L_1、L_2、L_3
下层横担：L_1 (L_2、L_3)、N、PE

图 8-156　架空线路要求

4) 应采用五芯电缆。施工现场临时用电由 TN-C 改变为 TN-S 后，增加了一根专用保护零线，这根专用保护零线任何时候不允许有断线情况发生，否则将失去保护作用。施工现

场线路由四线改为五线后，电缆的型号规格也要相应改变，应采用五芯电缆。当施工现场的配电方式采用动力与照明分别设置时，三相设备线路可采用四芯电缆，单相设备和照明线路可采用三芯电缆，四芯电缆仍然可以使用。

5）对电缆埋地的规定，如图 8-157 所示。

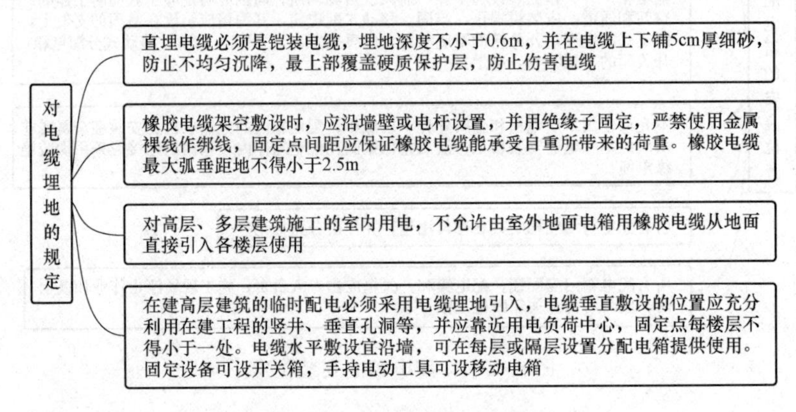
对电缆埋地的规定
直埋电缆必须是铠装电缆，埋地深度不小于0.6m，并在电缆上下铺5cm厚细砂，防止不均匀沉降，最上部覆盖硬质保护层，防止伤害电缆
橡胶电缆架空敷设时，应沿墙壁或电杆设置，并用绝缘子固定，严禁使用金属裸线作绑线，固定点间距应保证橡胶电缆能承受自重所带来的荷重。橡胶电缆最大弧垂距地不得小于2.5m
对高层、多层建筑施工的室内用电，不允许由室外地面电箱用橡胶电缆从地面直接引入各楼层使用
在建高层建筑的临时配电必须采用电缆埋地引入，电缆垂直敷设的位置应充分利用在建工程的竖井、垂直孔洞等，并应靠近用电负荷中心，固定点每楼层不得小于一处。电缆水平敷设宜沿墙，可在每层或隔层设置分配电箱提供使用。固定设备可设开关箱，手持电动工具可设移动电箱

图 8-157 对电缆埋地的规定

2. 施工现场临时用电一般项目的检查评定内容

(1) 配电室与配电装置。

1）配电室的检查评定内容，如图 8-158 所示。

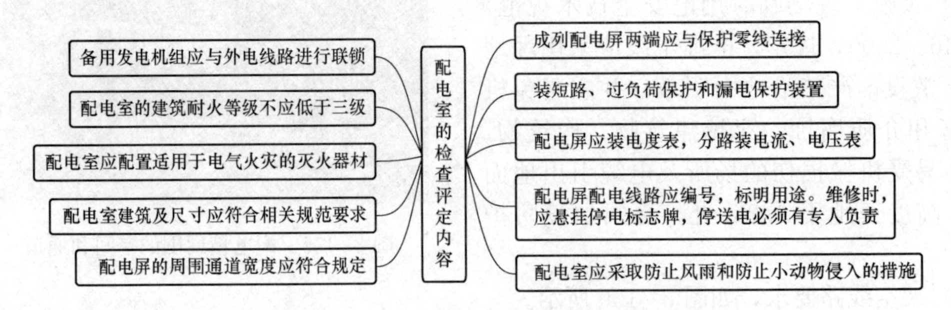
备用发电机组应与外电线路进行联锁
配电室的建筑耐火等级不应低于三级
配电室应配置适用于电气火灾的灭火器材
配电室建筑及尺寸应符合相关规范要求
配电屏的周围通道宽度应符合规定
配电室的检查评定内容
成列配电屏两端应与保护零线连接
装短路、过负荷保护和漏电保护装置
配电屏应装电度表，分路装电流、电压表
配电屏配电线路应编号，标明用途。维修时，应悬挂停电标志牌，停送电必须有专人负责
配电室应采取防止风雨和防止小动物侵入的措施

图 8-158 配电室的检查评定内容

2）总配电箱的检查评定内容，如图 8-159 所示。

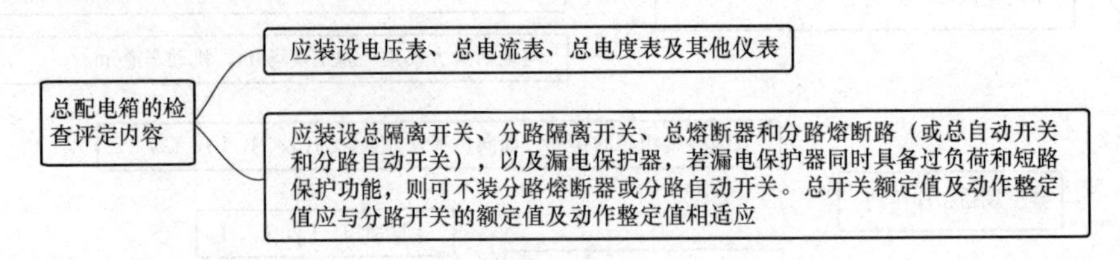
总配电箱的检查评定内容
应装设电压表、总电流表、总电度表及其他仪表
应装设总隔离开关、分路隔离开关、总熔断器和分路熔断路（或总自动开关和分路自动开关），以及漏电保护器，若漏电保护器同时具备过负荷和短路保护功能，则可不装分路熔断器或分路自动开关。总开关额定值及动作整定值应与分路开关的额定值及动作整定值相适应

图 8-159 总配电箱的检查评定内容

(2) 现场照明的检查评定内容，如图 8-160 所示。

(3) 应使用安全电压电源的情况，如图 8-161 所示。

(4) 用电档案的检查评定内容，如图 8-162 所示。

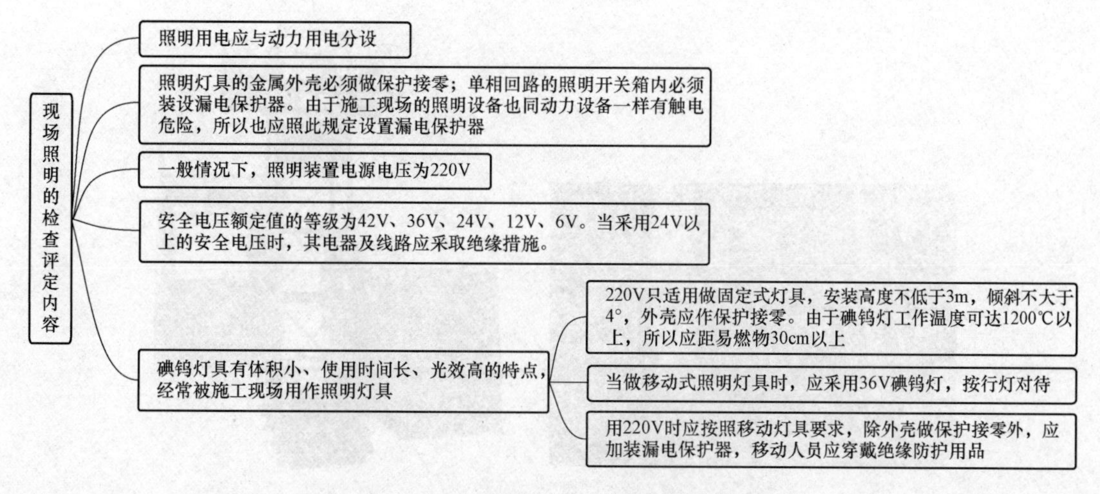
现场照明的检查评定内容
照明用电应与动力用电分设
照明灯具的金属外壳必须做保护接零；单相回路的照明开关箱内必须装设漏电保护器。由于施工现场的照明设备也同动力设备一样有触电危险，所以也应照此规定设置漏电保护器
一般情况下，照明装置电源电压为220V
安全电压额定值的等级为42V、36V、24V、12V、6V。当采用24V以上的安全电压时，其电器及线路应采取绝缘措施。
碘钨灯具有体积小、使用时间长、光效高的特点，经常被施工现场用作照明灯具
220V只适用做固定式灯具，安装高度不低于3m，倾斜不大于4°，外壳应作保护接零。由于碘钨灯工作温度可达1200℃以上，所以应距易燃物30cm以上
当做移动式照明灯具时，应采用36V碘钨灯，按行灯对待
用220V时应按照移动灯具要求，除外壳做保护接零外，应加装漏电保护器，移动人员应穿戴绝缘防护用品

图 8-160　现场照明的检查评定内容

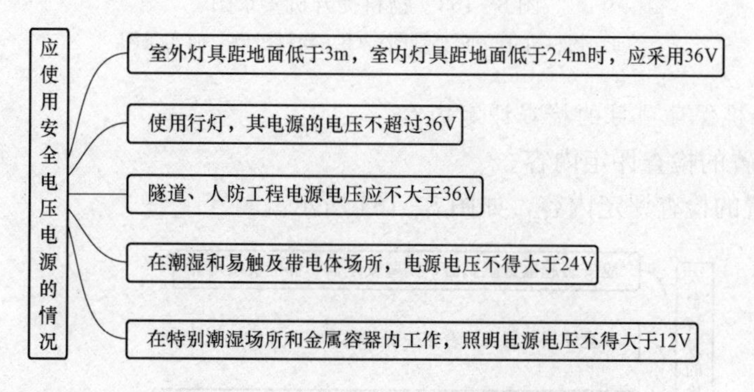
应使用安全电压电源的情况
室外灯具距地面低于3m，室内灯具距地面低于2.4m时，应采用36V
使用行灯，其电源的电压不超过36V
隧道、人防工程电源电压应不大于36V
在潮湿和易触及带电体场所，电源电压不得大于24V
在特别潮湿场所和金属容器内工作，照明电源电压不得大于12V

图 8-161　应使用安全电压电源的情况

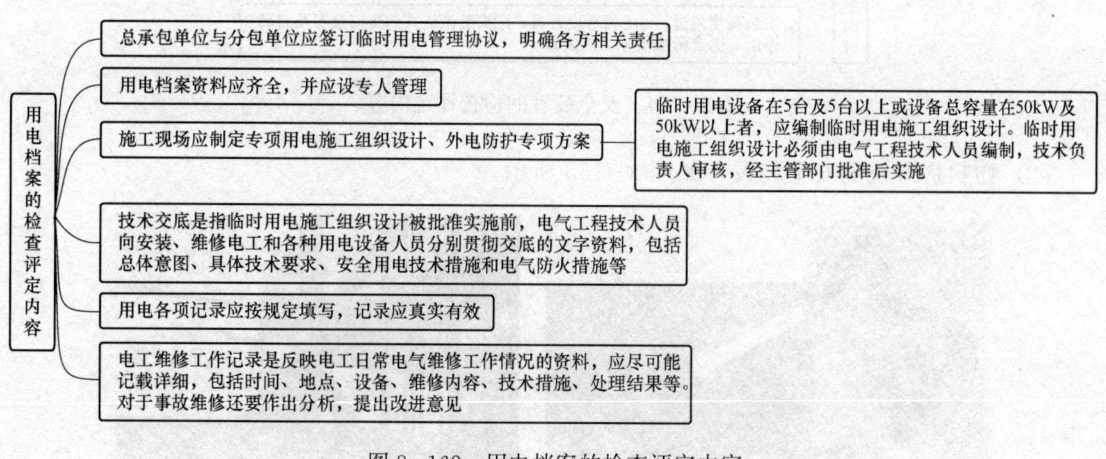
用电档案的检查评定内容
总承包单位与分包单位应签订临时用电管理协议，明确各方相关责任
用电档案资料应齐全，并应设专人管理
施工现场应制定专项用电施工组织设计、外电防护专项方案
临时用电设备在5台及5台以上或设备总容量在50kW及50kW以上者，应编制临时用电施工组织设计。临时用电施工组织设计必须由电气工程技术人员编制，技术负责人审核，经主管部门批准后实施
技术交底是指临时用电施工组织设计被批准实施前，电气工程技术人员向安装、维修电工和各种用电设备人员分别贯彻交底的文字资料，包括总体意图、具体技术要求、安全用电技术措施和电气防火措施等
用电各项记录应按规定填写，记录应真实有效
电工维修工作记录是反映电工日常电气维修工作情况的资料，应尽可能记载详细，包括时间、地点、设备、维修内容、技术措施、处理结果等。对于事故维修还要作出分析，提出改进意见

图 8-162　用电档案的检查评定内容

8.14　物料提升机的安全性评价

1. 物料提升机实景图

物料提升机实景图，如图 8-163 所示。

(a) (b)

图 8-163　物料提升机实景图

（a）物料机正立面实景图；（b）物料机侧立面实景图

2. 物料提升机保证项目的检查评定内容

(1) 安全装置的检查评定内容。

1）安全装置的检查评定内容，如图 8-164 所示。

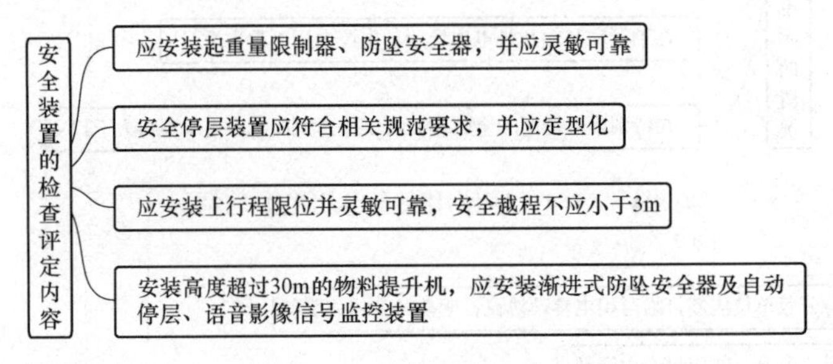
安全装置的检查评定内容
应安装起重量限制器、防坠安全器，并应灵敏可靠
安全停层装置应符合相关规范要求，并应定型化
应安装上行程限位并灵敏可靠，安全越程不应小于3m
安装高度超过30m的物料提升机，应安装渐进式防坠安全器及自动停层、语音影像信号监控装置

图 8-164　安全装置的检查评定内容

2）物料提升机的安全装置，如图 8-165 所示。

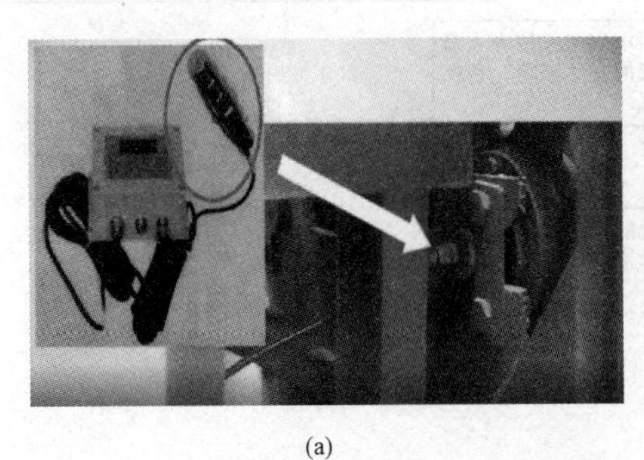

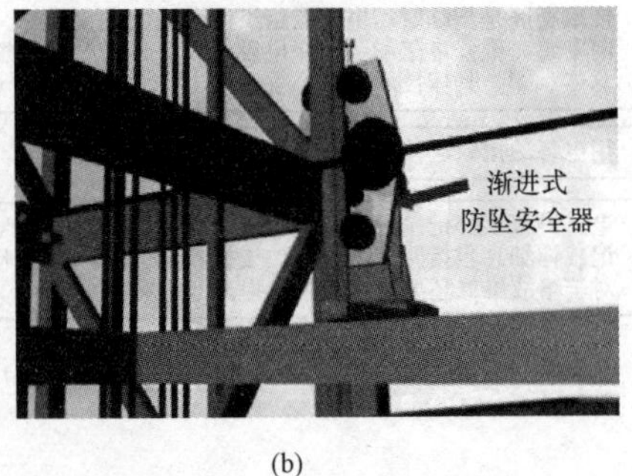
渐进式
防坠安全器

(a) (b)

图 8-165　物料提升机安全装置（一）

（a）限制器；（b）渐进式防坠安全器

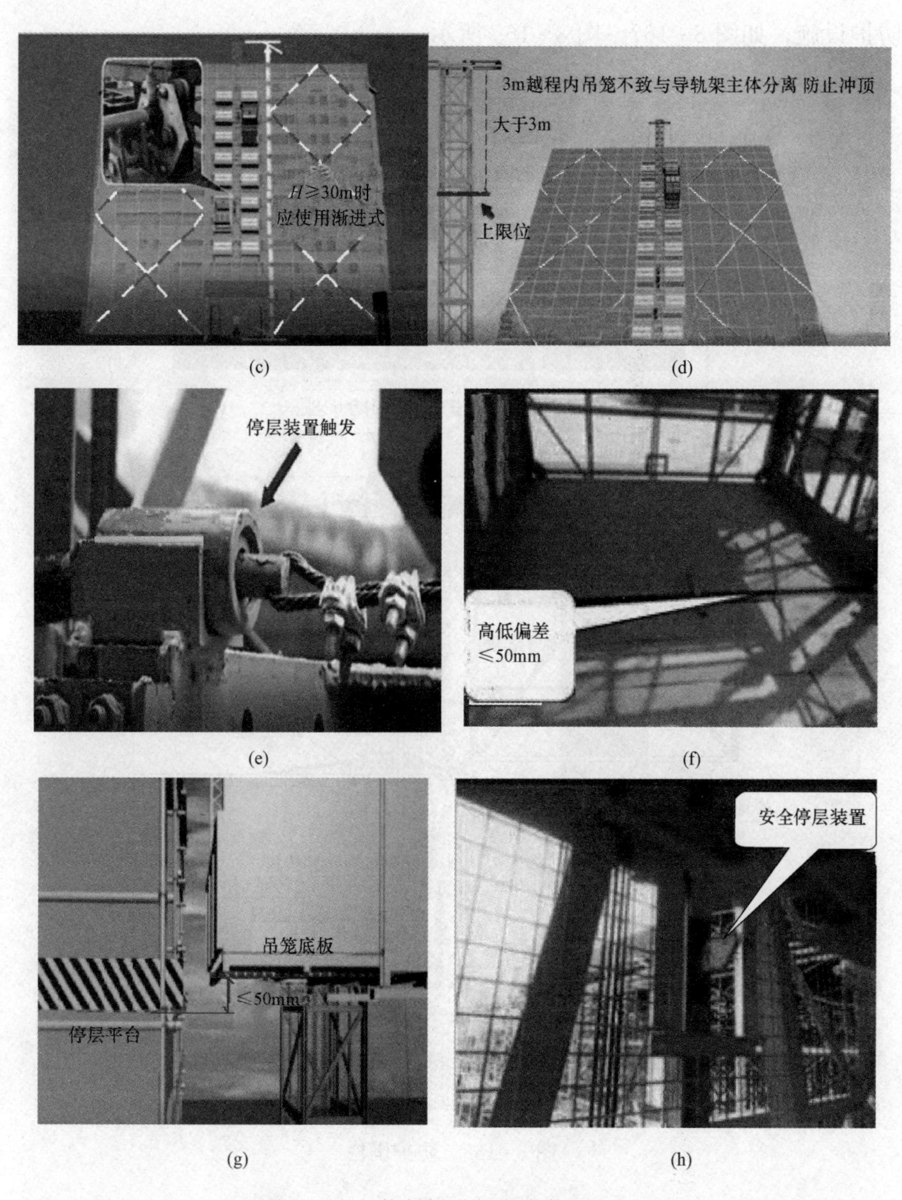
H≥30m时
应使用渐进式
3m越程内吊笼不致与导轨架主体分离 防止冲顶
大于3m
上限位
停层装置触发
高低偏差
≤50mm
吊笼底板
≤50mm
停层平台
安全停层装置

(c)　(d)　(e)　(f)　(g)　(h)

图8-165　物料提升机安全装置（二）

（c）$H\geqslant 30$m时使用渐进式防坠安全器；（d）上限位开关；（e）停层装置触发；
（f）底板与停层平台的垂直偏差（一）；（g）底板与停层平台的垂直偏差（二）；（h）安全停层装置

（2）防护设施的检查评定内容。

1）防护设施的检查评定内容，如图8-166所示。

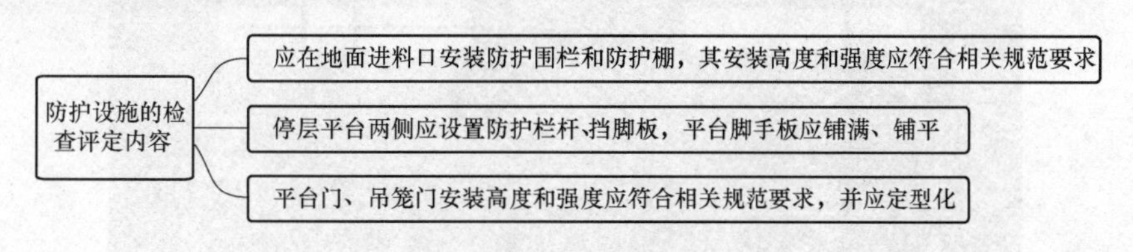
防护设施的检查评定内容
应在地面进料口安装防护围栏和防护棚，其安装高度和强度应符合相关规范要求
停层平台两侧应设置防护栏杆、挡脚板，平台脚手板应铺满、铺平
平台门、吊笼门安装高度和强度应符合相关规范要求，并应定型化

图8-166　防护设施的检查评定内容

2）防护设施，如图 8-167～图 8-169 所示。

600mm
高600 防护栏杆
顶部双层云防护
物料提升机
专用开关箱
宽度>吊笼宽度
长度>3m

图 8-167　防护围栏和防护棚

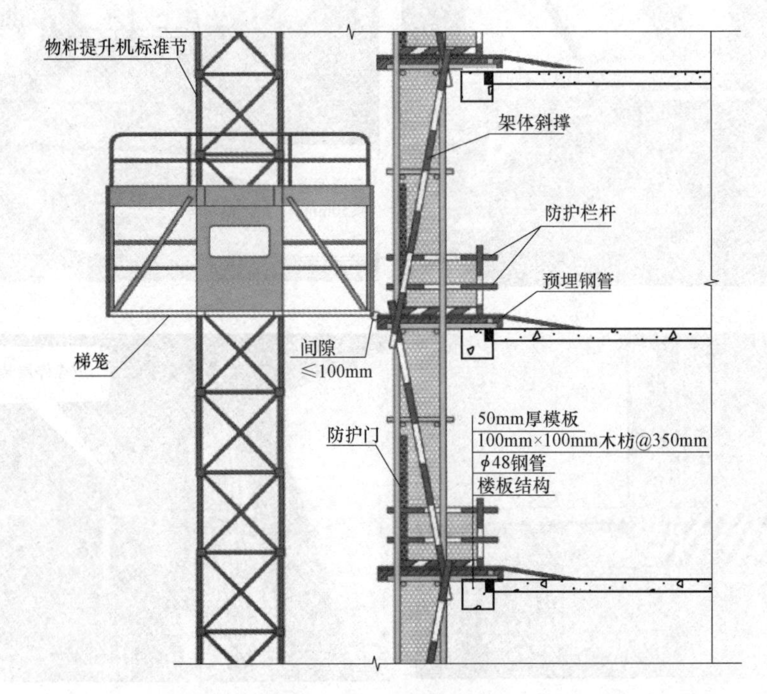
物料提升机标准节
架体斜撑
防护栏杆
预埋钢管
梯笼
间隙
≤100mm
防护门
50mm厚模板
100mm×100mm木枋@350mm
ϕ48钢管
楼板结构

图 8-168　防护围栏

不宜小于1.8m
随手关门
注意安全
随手关门
注意安全
与吊笼门宽度差
不应大于200mm

图 8-169　平台门、吊笼门

(3) 附墙架与缆风绳的检查评定内容。

1) 附墙架与缆风绳的检查评定内容，如图 8-170 所示。

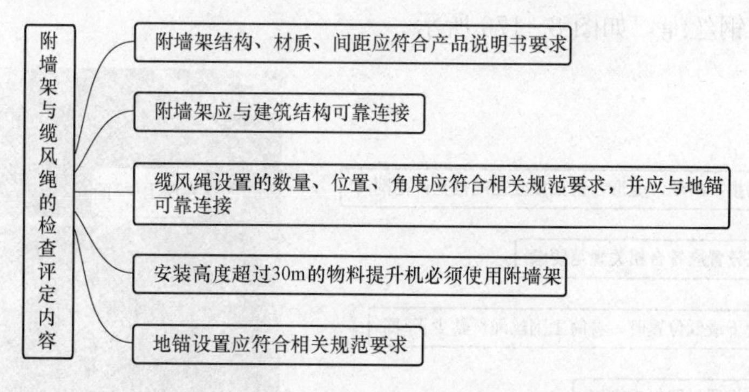
附墙架与缆风绳的检查评定内容
附墙架结构、材质、间距应符合产品说明书要求
附墙架应与建筑结构可靠连接
缆风绳设置的数量、位置、角度应符合相关规范要求，并应与地锚可靠连接
安装高度超过30m的物料提升机必须使用附墙架
地锚设置应符合相关规范要求

图 8-170　附墙架与缆风绳的检查评定内容

2) 附墙架与缆风绳，如图 8-171～图 8-174 所示。

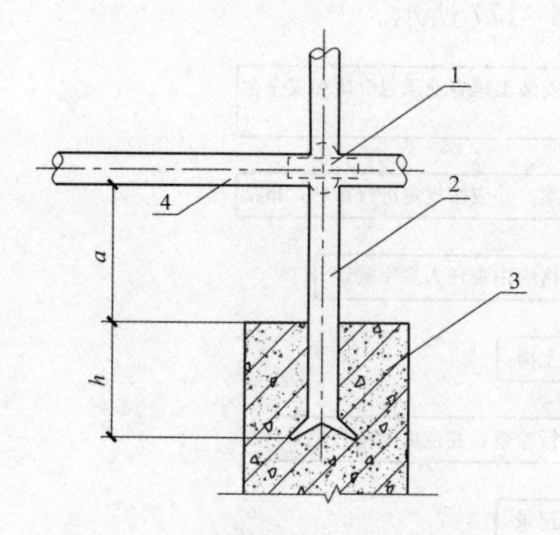
1
2
3
4
a
h

图 8-171　附墙架与建筑结构连接

1—预埋铁件；2—附墙架；3—龙门架立柱；4—吊笼

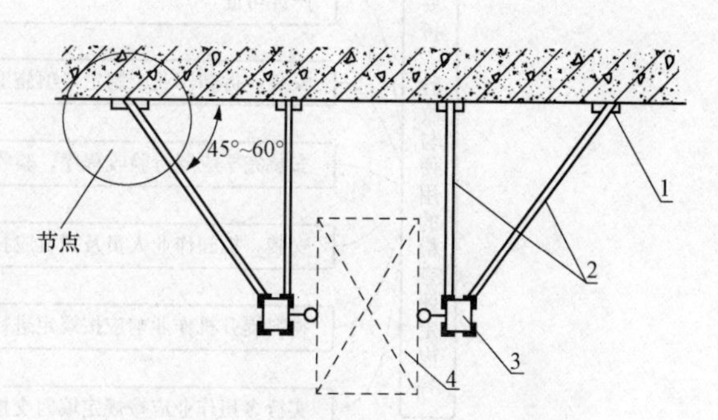
45°~60°
节点
1
2
3
4

图 8-172　型钢附墙架与埋件连接

1—预埋铁件；2—附墙架；3—龙门架立柱；4—吊笼

人人讲安全，家家保平安

图 8-173　附墙架

图 8-174　缆风绳

（4）钢丝绳的检查评定内容。

1）钢丝绳的检查评定内容，如图 8-175 所示。

2）卷筒上的钢丝绳，如图 8-176 所示。

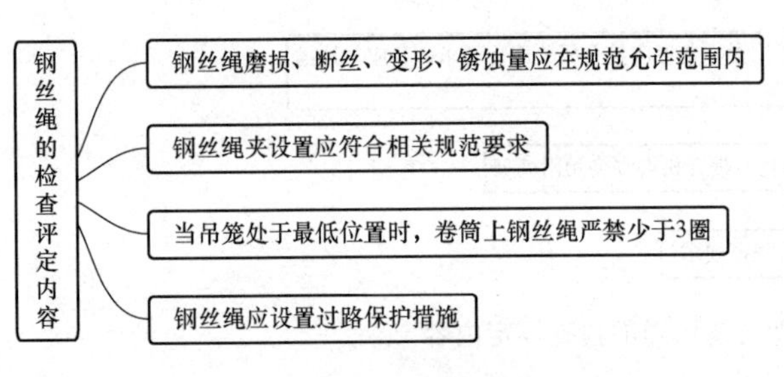
钢丝绳的检查评定内容
钢丝绳磨损、断丝、变形、锈蚀量应在规范允许范围内
钢丝绳夹设置应符合相关规范要求
当吊笼处于最低位置时，卷筒上钢丝绳严禁少于3圈
钢丝绳应设置过路保护措施

图 8-175　钢丝绳的检查评定内容

卷筒上≥3圈

图 8-176　卷筒上的钢丝绳

（5）安拆、验收与使用的检查评定内容，如图 8-177 所示。

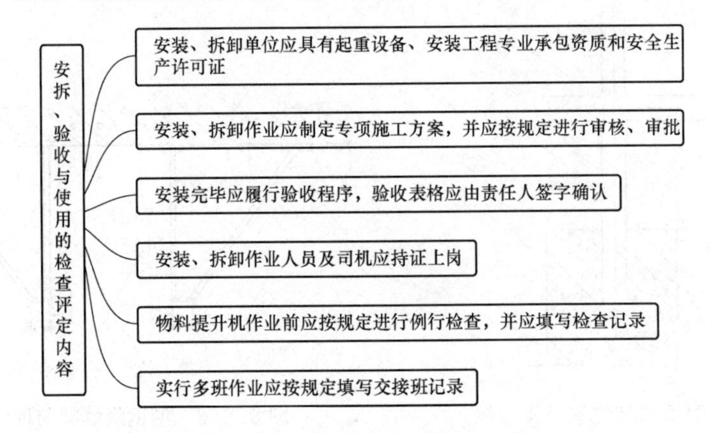
安拆、验收与使用的检查评定内容
安装、拆卸单位应具有起重设备、安装工程专业承包资质和安全生产许可证
安装、拆卸作业应制定专项施工方案，并应按规定进行审核、审批
安装完毕应履行验收程序，验收表格应由责任人签字确认
安装、拆卸作业人员及司机应持证上岗
物料提升机作业前应按规定进行例行检查，并应填写检查记录
实行多班作业应按规定填写交接班记录

图 8-177　安拆、验收与使用的检查评定内容

3. 物料提升机一般项目的检查评定

（1）基础与导轨架的检查评定内容，如图 8-178 所示。

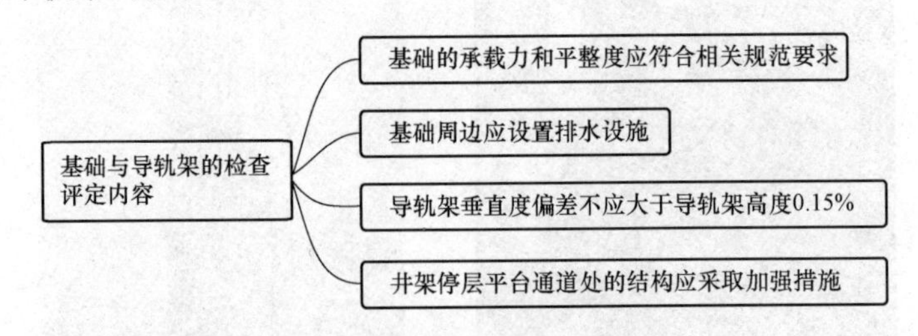
基础与导轨架的检查评定内容
基础的承载力和平整度应符合相关规范要求
基础周边应设置排水设施
导轨架垂直度偏差不应大于导轨架高度0.15%
井架停层平台通道处的结构应采取加强措施

图 8-178　基础与导轨架的检查评定内容

（2）动力与传动的检查评定内容。

1）动力与传动的检查评定内容，如图 8-179 所示。

2）动力与传动示意图，如图 8-180 所示。

3）卷扬机与曳引机，如图 8-181、图 8-182 所示。

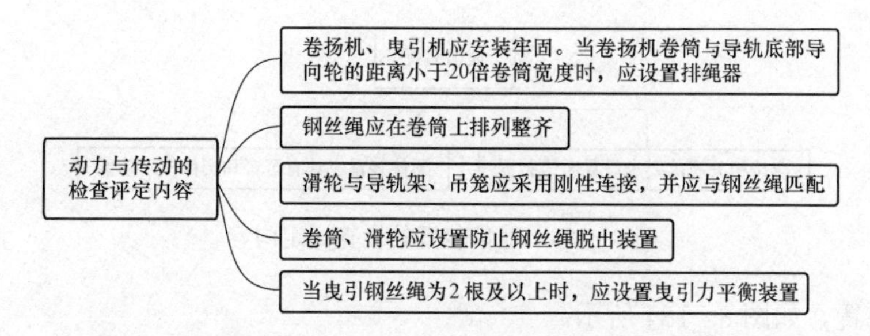
动力与传动的检查评定内容
卷扬机、曳引机应安装牢固。当卷扬机卷筒与导轨底部导向轮的距离小于20倍卷筒宽度时，应设置排绳器
钢丝绳应在卷筒上排列整齐
滑轮与导轨架、吊笼应采用刚性连接，并应与钢丝绳匹配
卷筒、滑轮应设置防止钢丝绳脱出装置
当曳引钢丝绳为2根及以上时，应设置曳引力平衡装置

图8-179　动力与传动的检查评定内容

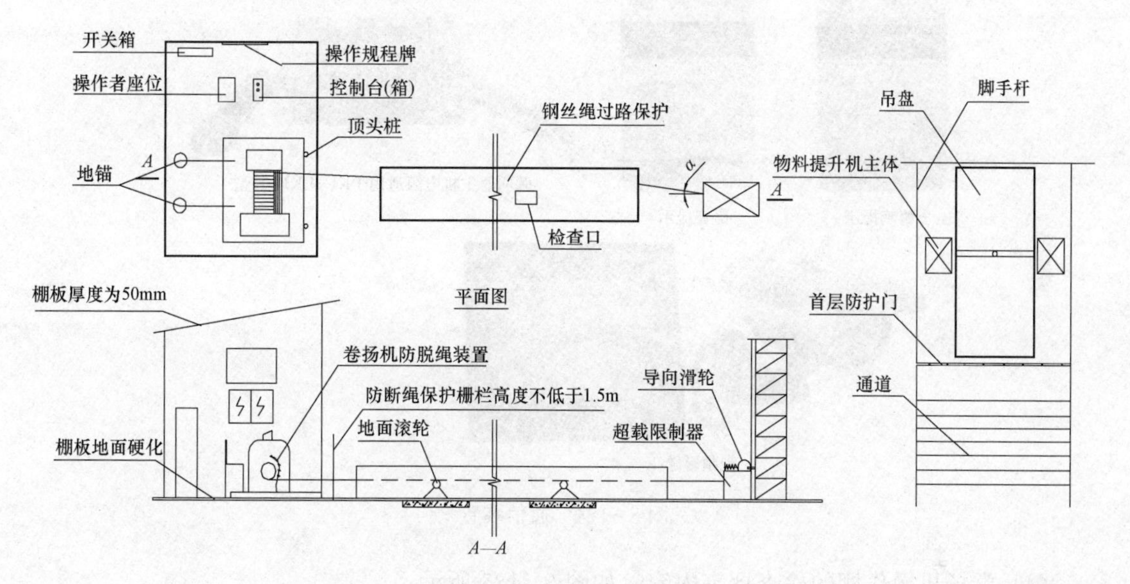
开关箱
操作规程牌
操作者座位
控制台(箱)
顶头桩
地锚
钢丝绳过路保护
检查口
吊盘
脚手杆
物料提升机主体
棚板厚度为50mm
平面图
卷扬机防脱绳装置
防断绳保护栅栏高度不低于1.5m
地面滚轮
导向滑轮
超载限制器
棚板地面硬化
首层防护门
通道
A—A

图8-180　动力与传动示意图

图8-181　卷扬机

图8-182　曳引机

(3) 通信装置的检查评定内容。

1) 通信装置的检查评定内容，如图8-183所示。

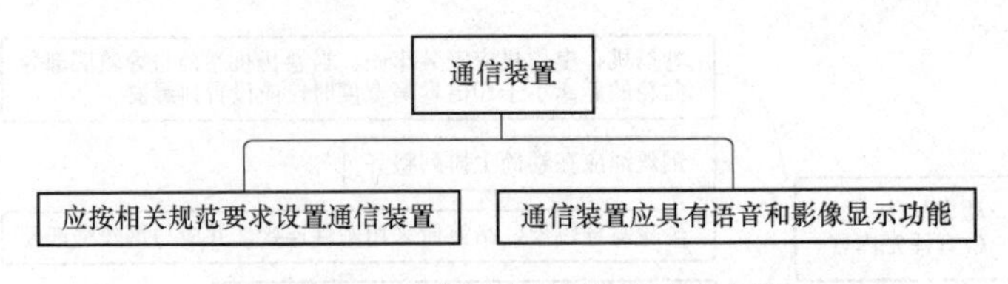
通信装置
应按相关规范要求设置通信装置
通信装置应具有语音和影像显示功能

图 8-183　通信装置的检查评定内容

2）通信装置，如图 8-184 所示。

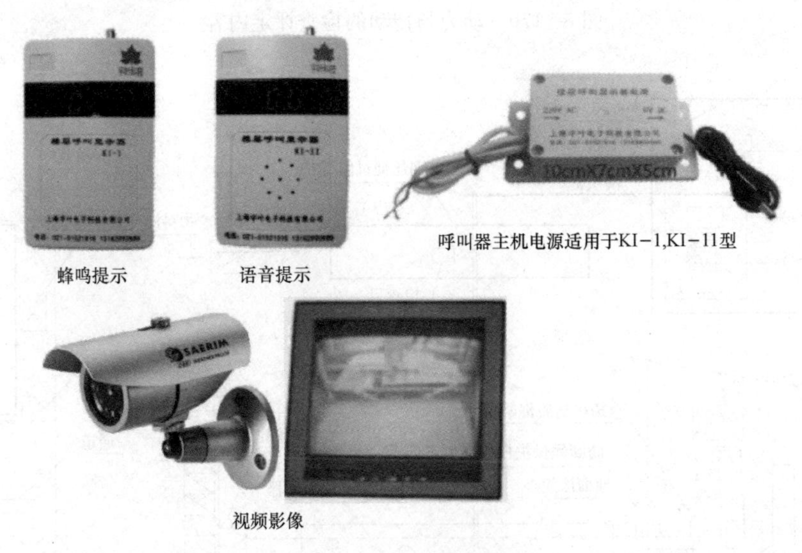
10cmX7cmX5cm
呼叫器主机电源适用于KI-1,KI-11型
蜂鸣提示
语音提示
视频影像

图 8-184　通信装置

（4）卷扬机操作棚的检查评定内容，如图 8-185 所示。

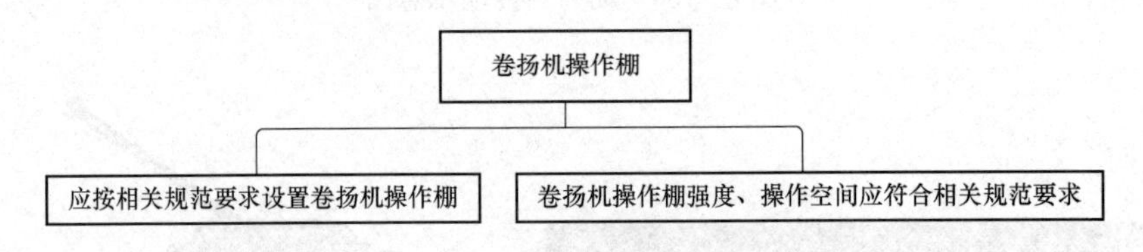
卷扬机操作棚
应按相关规范要求设置卷扬机操作棚
卷扬机操作棚强度、操作空间应符合相关规范要求

图 8-185　卷扬机操作棚的检查评定内容

（5）避雷装置的检查评定内容，如图 8-186 所示。

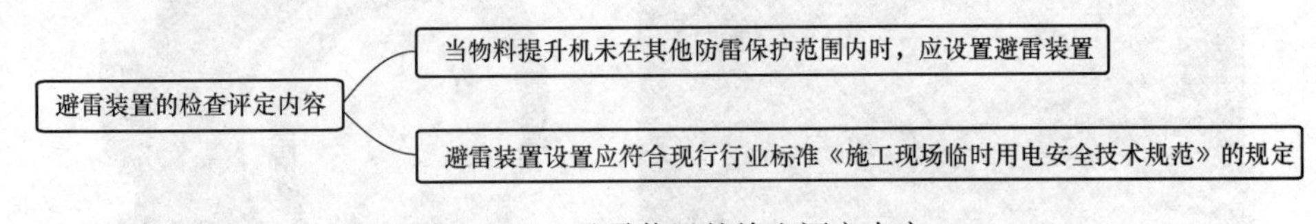
避雷装置的检查评定内容
当物料提升机未在其他防雷保护范围内时，应设置避雷装置
避雷装置设置应符合现行行业标准《施工现场临时用电安全技术规范》的规定

图 8-186　避雷装置的检查评定内容

8.15　施工升降机的安全性评价

1. 施工升降机示意图与实景图

施工升降机示意图与实景图，如图 8-187 所示。

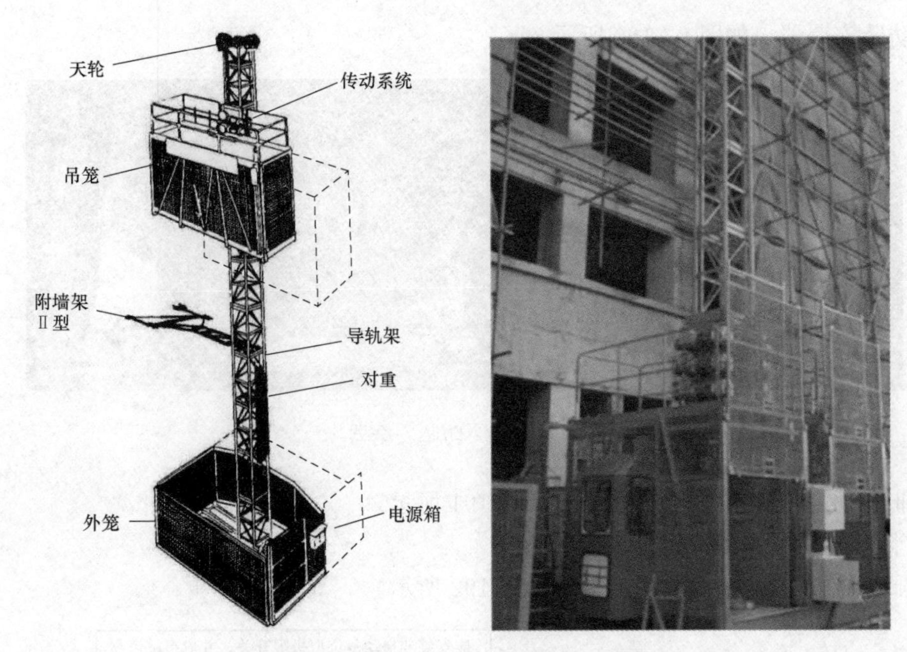
天轮
传动系统
吊笼
附墙架
Ⅱ型
导轨架
对重
外笼
电源箱

图 8 - 187　施工升降机示意图与实景图

2. 施工升降机保证项目的检查评定内容

(1) 安全装置的检查评定内容。

1) 安全装置的检查评定内容，如图 8 - 188 所示。

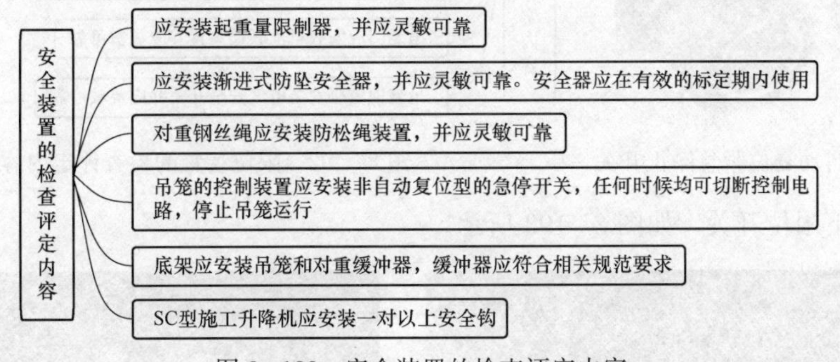
安全装置的检查评定内容
应安装起重量限制器，并应灵敏可靠
应安装渐进式防坠安全器，并应灵敏可靠。安全器应在有效的标定期内使用
对重钢丝绳应安装防松绳装置，并应灵敏可靠
吊笼的控制装置应安装非自动复位型的急停开关，任何时候均可切断控制电路，停止吊笼运行
底架应安装吊笼和对重缓冲器，缓冲器应符合相关规范要求
SC型施工升降机应安装一对以上安全钩

图 8 - 188　安全装置的检查评定内容

2) 重量限制器，如图 8 - 189 所示。

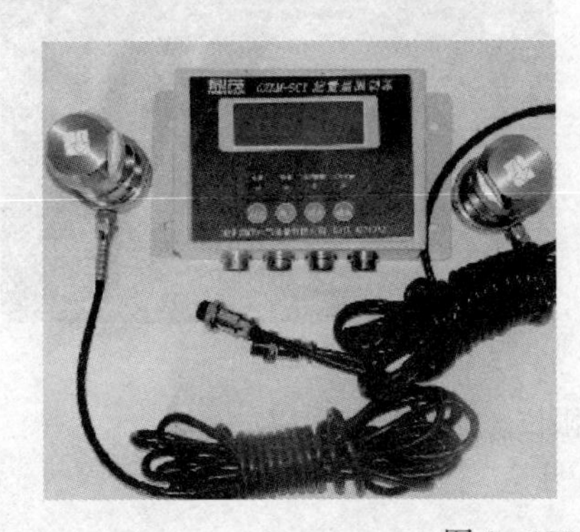

图 8 - 189　重量限制器

3）防坠安全器，如图 8-190 所示。

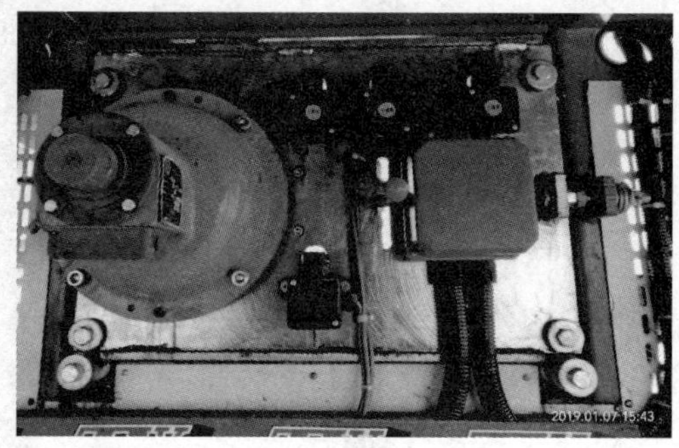

图 8-190　防坠安全器

4）非自动复位紧急停止开关，如图 8-191 所示。

（2）限位装置的检查评定内容。

1）限位装置的检查评定内容，如图 8-192 所示。

图 8-191　非自动复位紧急停止开关

限位装置的检查评定内容

- 应安装非自动复位型极限开关，并应灵敏可靠
- 应安装自动复位型上、下限位开关，并应灵敏可靠。上、下限位开关安装位置应符合相关规范要求
- 上极限开关与上限位开关之间的安全越程不应小于0.15m
- 极限开关、限位开关应设置独立的触发元件
- 吊笼门应安装机电联锁装置并应灵敏可靠
- 吊笼顶窗应安装电气安全开关并应灵敏可靠

图 8-192　限位装置的检查评定内容

2）上、下限位开关，如图 8-193 所示。

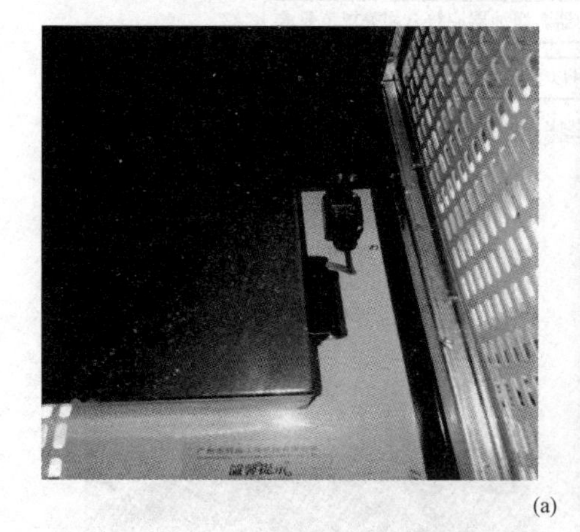

上限位

(a)

图 8-193　上、下限位开关（一）

（a）上限位开关

(b)

图 8 - 193　上、下限位开关（二）

(b) 下限位开关

(3) 防护设施的检查评定内容。

1) 防护设施的检查评定内容，如图 8 - 194 所示。

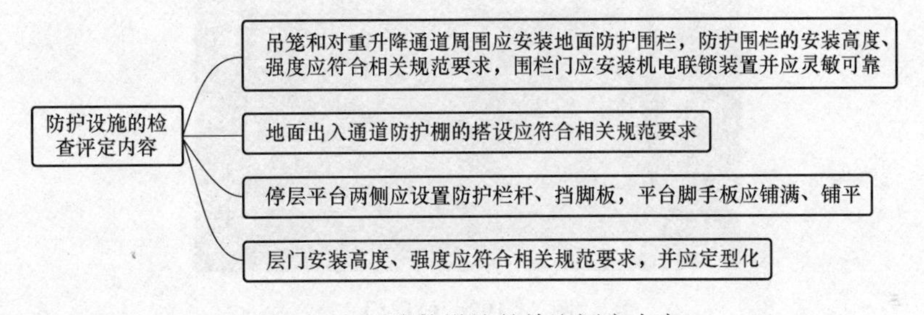
防护设施的检查评定内容
吊笼和对重升降通道周围应安装地面防护围栏，防护围栏的安装高度、强度应符合相关规范要求，围栏门应安装机电联锁装置并应灵敏可靠
地面出入通道防护棚的搭设应符合相关规范要求
停层平台两侧应设置防护栏杆、挡脚板，平台脚手板应铺满、铺平
层门安装高度、强度应符合相关规范要求，并应定型化

图 8 - 194　防护设施的检查评定内容

2) 地面防护围栏，如图 8 - 195 所示。

2000
1500

图 8 - 195　地面防护围栏

3) 地面出入通道防护棚，如图 8 - 196 所示。

4) 楼层门，如图 8 - 197 所示。

17#楼施工电梯

图 8 - 196　地面出入通道防护棚

图 8 - 197　楼层门

（4）附墙架的检查评定内容。

1）附墙架的检查评定内容，如图 8 - 198 所示。

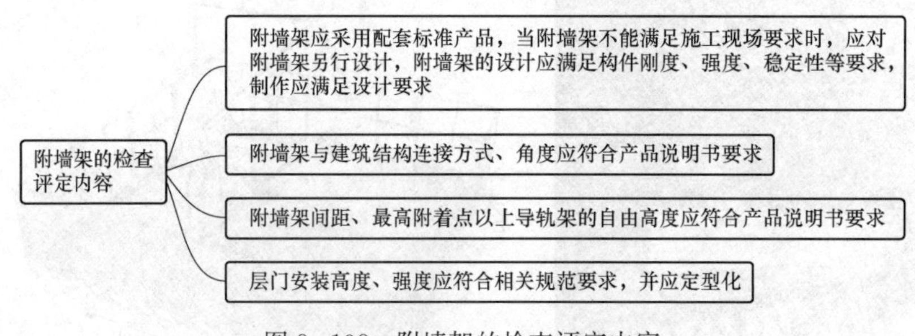
附墙架的检查评定内容
附墙架应采用配套标准产品，当附墙架不能满足施工现场要求时，应对附墙架另行设计，附墙架的设计应满足构件刚度、强度、稳定性等要求，制作应满足设计要求
附墙架与建筑结构连接方式、角度应符合产品说明书要求
附墙架间距、最高附着点以上导轨架的自由高度应符合产品说明书要求
层门安装高度、强度应符合相关规范要求，并应定型化

图 8 - 198　附墙架的检查评定内容

2）附墙架与导轨架，如图 8 - 199、图 8 - 200 所示。

（5）钢丝绳、滑轮与对重的检查评定内容，如图 8 - 201 所示。

（6）安拆、验收与使用的检查评定内容，如图 8 - 202 所示。

3. 施工升降机一般项目的检查评定内容

（1）导轨架的检查评定内容，如图 8 - 203 所示。

图 8 - 199　附墙架

图 8 - 200　导轨架

钢丝绳、滑轮与对重的检查评定内容

- 对重钢丝绳绳数不得少于2根，且应相互独立
- 钢丝绳磨损、变形、锈蚀应在规范允许范围内
- 钢丝绳的规格、固定应符合产品说明书及相关规范要求
- 滑轮应安装钢丝绳防脱装置，并应符合相关规范要求
- 对重量、固定应符合产品说明书要求
- 对重除导向轮、滑靴外应设有防脱轨保护装置

图 8 - 201　钢丝绳、滑轮与对重的检查评定内容

安拆、验收与使用的检查评定内容

- 安装、拆卸单位应具有起重设备安装工程专业承包资质和安全生产许可证
- 安装、拆卸应制定专项施工方案，并经过审核、审批
- 安装完毕应履行验收程序，验收表格应由责任人签字确认
- 安装、拆卸作业人员及司机应持证上岗
- 施工升降机作业前应按规定进行例行检查，并应填写检查记录
- 实行多班作业，应按规定填写交接班记录

图 8 - 202　安拆、验收与使用的检查评定内容

导轨架的检查评定内容

- 导轨架垂直度应符合相关规范要求
- 标准节的质量应符合产品说明书及相关规范要求
- 对重导轨应符合相关规范要求
- 标准节连接螺栓使用应符合产品说明书及相关规范要求

图 8 - 203　导轨架的检查评定内容

（2）基础的检查评定内容。

1）基础的检查评定内容，如图 8 - 204 所示。

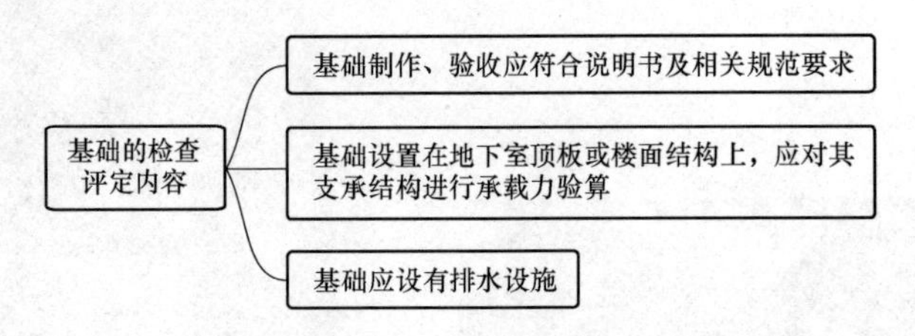
基础的检查评定内容
基础制作、验收应符合说明书及相关规范要求
基础设置在地下室顶板或楼面结构上，应对其支承结构进行承载力验算
基础应设有排水设施

图 8 - 204　基础的检查评定内容

2）升降机基础，如图 8 - 205 所示。

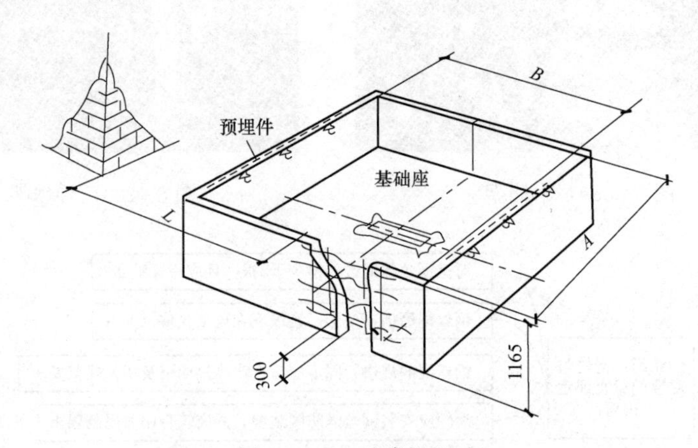
B
预埋件
基础座
L
A
300
1165

图 8 - 205　升降机基础

（3）电气安全的检查评定内容，如图 8 - 206 所示。

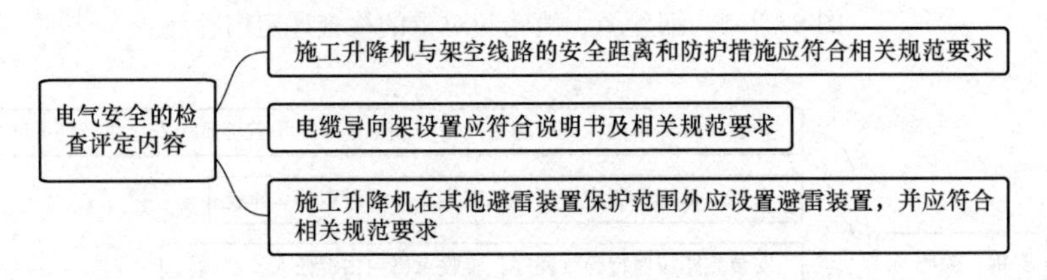
电气安全的检查评定内容
施工升降机与架空线路的安全距离和防护措施应符合相关规范要求
电缆导向架设置应符合说明书及相关规范要求
施工升降机在其他避雷装置保护范围外应设置避雷装置，并应符合相关规范要求

图 8 - 206　电气安全的检查评定内容

（4）通信装置的检查评定内容。应安装楼层信号联络装置，并应清晰有效。

8.16　塔式起重机使用情况的安全性评价

1. 塔式起重机保证项目的检查评定内容

（1）载荷限制装置的检查评定内容。

1）载荷限制装置的检查评定内容，如图 8 - 207 所示。

2）起重限制器，如图 8 - 208 所示。

（2）行程限位装置的检查评定内容。

1）行程限位装置的检查评定内容，如图 8 - 209 所示。

载荷限制装置的检查评定内容

- 应安装起重量限制器并应灵敏可靠。当起重量大于相应挡位的额定值并小于该额定值的110%时，应切断上升方向上的电源，但机构可作下降方向的运动
- 应安装起重力矩限制器，并应灵敏可靠。当起重力矩大于相应工况下的额定值并小于该额定值的110%，应切断上升和幅度增大方向的电源，但机构可作下降和减小幅度方向的运动
- 塔式起重机在转换场地重新组装、变换倍率及改变起重臂长度时，必须调整力矩限制器，电子型超载报警点必须以实际作业半径和实际重量试吊重新进行标定。对小车变幅的塔式起重机，选用机械型力矩限制器时，必须和该塔式起重机相适应
- 装有机械型力矩限制器的动臂变幅式塔式起重机，在每次变幅后，必须及时对超载限位的吨位，按照作业半径的允许载荷进行调整
- 进行安全检查时，若无条件测试力矩限制器的可靠性，可对该机安装后进行的试运转记录进行检查，确认该机当时对力矩限制器的测试结果符合要求，力矩限制器系统综合精度满足±5%的规定

图 8 - 207　载荷限制装置的检查评定内容

图 8 - 208　起重限制器

行程限位装置的检查评定内容

- 超高限位器。也称上升极限位置限制器，即当塔式起重机钩上升到极限位置时，自动切断起升机构的上升电源，机构可以做下降运动。安全检查时，应做动作试验验证
- 变幅限位器。包括小车变幅和动臂变幅。安全检查时应做试验验证
  - 小车变幅。塔式起重机采用水平臂架，吊重悬挂在起重小车上，靠小车在臂架上水平移动实现变幅。小车变幅限位器是利用安装在起重臂头部和根部的两个行程开关及缓冲装置，对小车运行位置进行限定
  - 动臂变幅。塔式起重机变换作业半径（幅度）是依靠改变起重臂的仰角来实现的，通过装置触点的变化，将灯光信号传递到司机的指示盘上，并指示仰角度数。当控制起重臂的仰角分别到了上、下限位时，则分别压下限位开关切断电源，防止超过仰角造成塔式起重机失稳。现场做动作验证时，应由有经验的人员做监护指挥，防止发生事故
- 行走限位器。对轨道式塔式起重机进行控制，保证运行时不发生出轨事故。安全检查时，应进行塔式起重机行走动作试验，碰撞限位器验证可靠性

图 8 - 209　行程限位装置的检查评定内容

2）上升极限位置限制器，如图 8 - 210 所示。

图 8-210 上升极限位置限制器

（3）保护装置的检查评定内容，如图 8-211 所示。

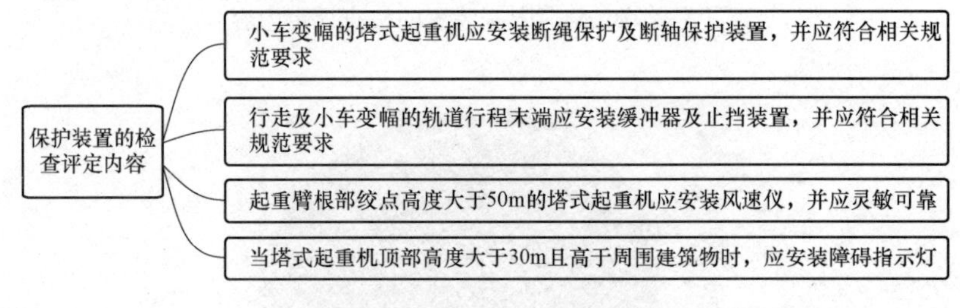
保护装置的检查评定内容
小车变幅的塔式起重机应安装断绳保护及断轴保护装置，并应符合相关规范要求
行走及小车变幅的轨道行程末端应安装缓冲器及止挡装置，并应符合相关规范要求
起重臂根部绞点高度大于50m的塔式起重机应安装风速仪，并应灵敏可靠
当塔式起重机顶部高度大于30m且高于周围建筑物时，应安装障碍指示灯

图 8-211 保护装置的检查评定内容

（4）吊钩、滑轮、卷筒与钢丝绳的检查评定内容，如图 8-212 所示。

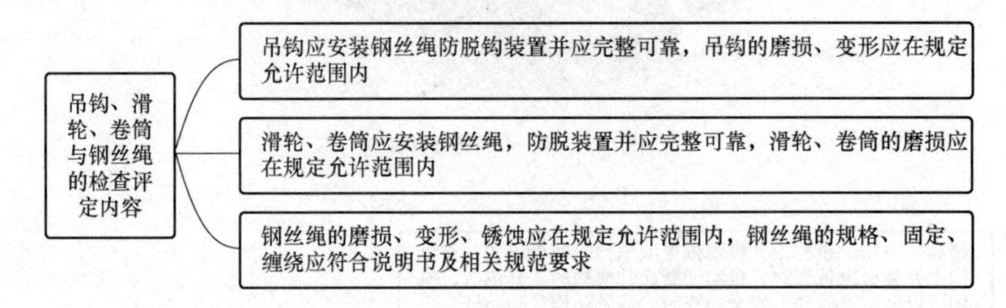
吊钩、滑轮、卷筒与钢丝绳的检查评定内容
吊钩应安装钢丝绳防脱钩装置并应完整可靠，吊钩的磨损、变形应在规定允许范围内
滑轮、卷筒应安装钢丝绳，防脱装置并应完整可靠，滑轮、卷筒的磨损应在规定允许范围内
钢丝绳的磨损、变形、锈蚀应在规定允许范围内，钢丝绳的规格、固定、缠绕应符合说明书及相关规范要求

图 8-212 吊钩、滑轮、卷筒与钢丝绳的检查评定内容

（5）多塔作业的检查评定内容，如图 8-213 所示。

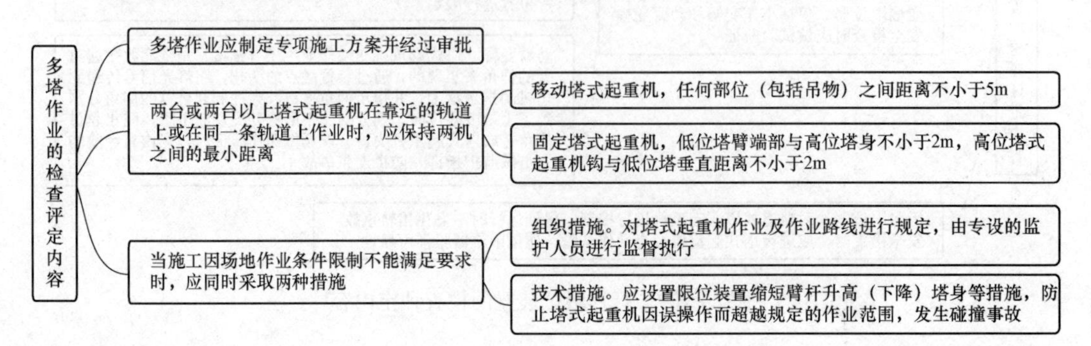
多塔作业的检查评定内容
多塔作业应制定专项施工方案并经过审批
两台或两台以上塔式起重机在靠近的轨道上或在同一条轨道上作业时，应保持两机之间的最小距离
移动塔式起重机，任何部位（包括吊物）之间距离不小于5m
固定塔式起重机，低位塔臂端部与高位塔身不小于2m，高位塔式起重机钩与低位塔垂直距离不小于2m
当施工因场地作业条件限制不能满足要求时，应同时采取两种措施
组织措施。对塔式起重机作业及作业路线进行规定，由专设的监护人员进行监督执行
技术措施。应设置限位装置缩短臂杆升高（下降）塔身等措施，防止塔式起重机因误操作而超越规定的作业范围，发生碰撞事故

图 8-213 多塔作业的检查评定内容

（6）安拆、验收与使用的检查评定内容，如图8-214所示。

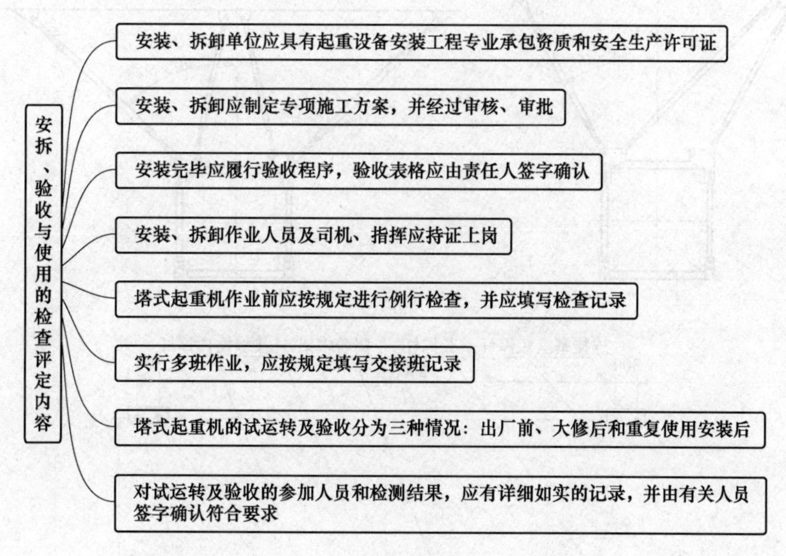
安拆、验收与使用的检查评定内容
安装、拆卸单位应具有起重设备安装工程专业承包资质和安全生产许可证
安装、拆卸应制定专项施工方案，并经过审核、审批
安装完毕应履行验收程序，验收表格应由责任人签字确认
安装、拆卸作业人员及司机、指挥应持证上岗
塔式起重机作业前应按规定进行例行检查，并应填写检查记录
实行多班作业，应按规定填写交接班记录
塔式起重机的试运转及验收分为三种情况：出厂前、大修后和重复使用安装后
对试运转及验收的参加人员和检测结果，应有详细如实的记录，并由有关人员签字确认符合要求

图8-214　安拆、验收与使用的检查评定内容

重复使用安装，这里主要指重复使用安装后试运转的作业范围，如图8-215所示。

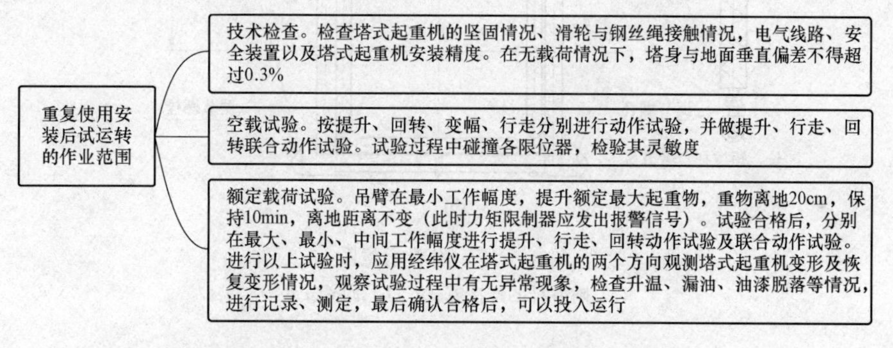
重复使用安装后试运转的作业范围
技术检查。检查塔式起重机的坚固情况、滑轮与钢丝绳接触情况，电气线路、安全装置以及塔式起重机安装精度。在无载荷情况下，塔身与地面垂直偏差不得超过0.3%
空载试验。按提升、回转、变幅、行走分别进行动作试验，并做提升、行走、回转联合动作试验。试验过程中碰撞各限位器，检验其灵敏度
额定载荷试验。吊臂在最小工作幅度，提升额定最大起重物，重物离地20cm，保持10min，离地距离不变（此时力矩限制器应发出报警信号）。试验合格后，分别在最大、最小、中间工作幅度进行提升、行走、回转动作试验及联合动作试验。进行以上试验时，应用经纬仪在塔式起重机的两个方向观测塔式起重机变形及恢复变形情况，观察试验过程中有无异常现象，检查升温、漏油、油漆脱落等情况，进行记录、测定，最后确认合格后，可以投入运行

图8-215　重复使用安装后试运转的作业范围

2. 塔式起重机一般项目的检查评定内容

（1）附着的检查评定内容。

1）附着的检查评定内容，如图8-216所示。

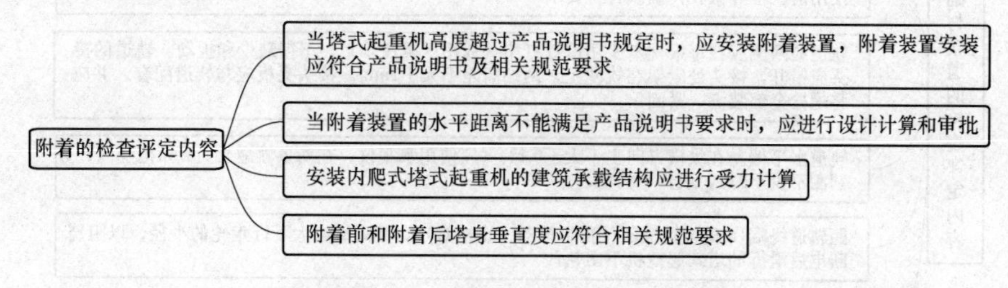
附着的检查评定内容
当塔式起重机高度超过产品说明书规定时，应安装附着装置，附着装置安装应符合产品说明书及相关规范要求
当附着装置的水平距离不能满足产品说明书要求时，应进行设计计算和审批
安装内爬式塔式起重机的建筑承载结构应进行受力计算
附着前和附着后塔身垂直度应符合相关规范要求

图8-216　附着的检查评定内容

2）附着示意图，如图8-217所示。

（2）基础与轨道的检查评定内容，如图8-218所示。

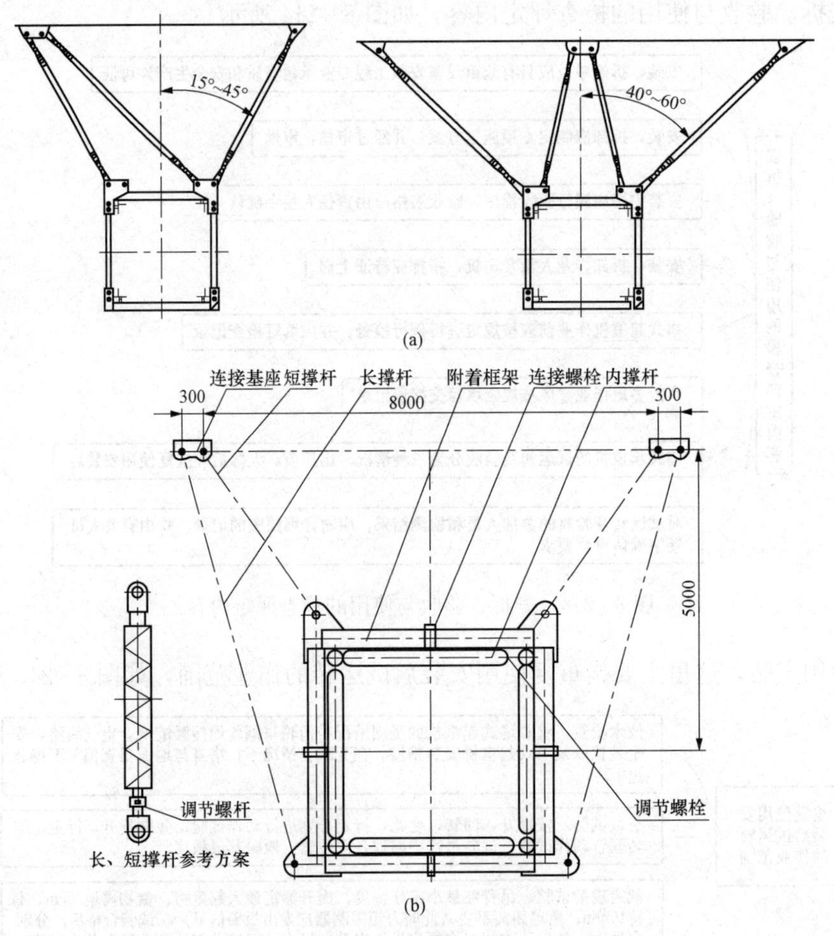
15°~45°
40°~60°
(a)
连接基座短撑杆
长撑杆
附着框架
连接螺栓
内撑杆
300
8000
300
5000
调节螺杆
长、短撑杆参考方案
调节螺栓
(b)

图 8-217 附着示意图

（a）附着杆的连接方式；（b）附着安装

基础与轨道的检查评定内容

- 塔式起重机的基础和轨道的铺设，必须严格按照其说明书规定进行。一般情况下，基础土壤承载能力：中型塔（3～15t）0.12～0.16MPa，重型塔（15t以上）>0.2MPa。基础应整修平整压实，其上铺砂、碴石，并有排水措施
- 枕木材料可用木材、钢筋混凝土或钢枕木，截面尺寸按说明书规定（如160mm×240mm、180mm×260mm）。枕木长度应至少比轨距尺寸大1200mm。当使用一长两短枕木排列时，应每隔6m左右加设1根槽钢拉杆以确保轨距。枕木间距为600mm。当使用定型路基箱时，使用前应检查验收，确认符合要求
- 轨道的两侧应在每根枕木上用道钉钉牢（或用压板压牢），不得缺少和扳动。轨道的接头应错开，接头处应架在轨枕上，两端高差不大于2mm。接头夹板应与轨道配套，并应将螺栓全部装满、紧固
- 轨道水平偏差在纵横方向上不大于0.1%（应使用水平仪，在两条轨道上，10m范围内，分别测不少于3点，取其平均值）
- 距轨道终端1m处设置极限位置阻挡器（止挡器），其高度应大于行走轮的半径，以阻挡断电后滑行的塔式起重机不出轨
- 固定式塔式起重机的基础施工应按设计图纸进行，其设计计算和施工详图应列入塔式起重机的专项施工组织设计内容之一，施工后应验收并有记录

图 8-218 基础与轨道的检查评定内容

（3）结构设施的检查评定内容，如图8-219所示。

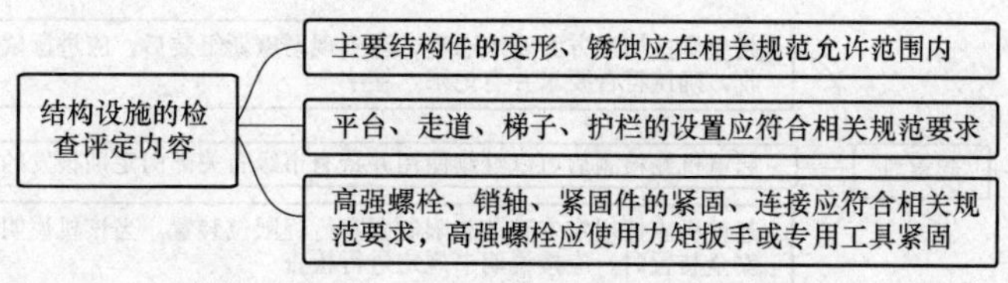
结构设施的检查评定内容
主要结构件的变形、锈蚀应在相关规范允许范围内
平台、走道、梯子、护栏的设置应符合相关规范要求
高强螺栓、销轴、紧固件的紧固、连接应符合相关规范要求，高强螺栓应使用力矩扳手或专用工具紧固

图8-219　结构设施的检查评定内容

（4）电气安全的检查评定内容，如图8-220所示。

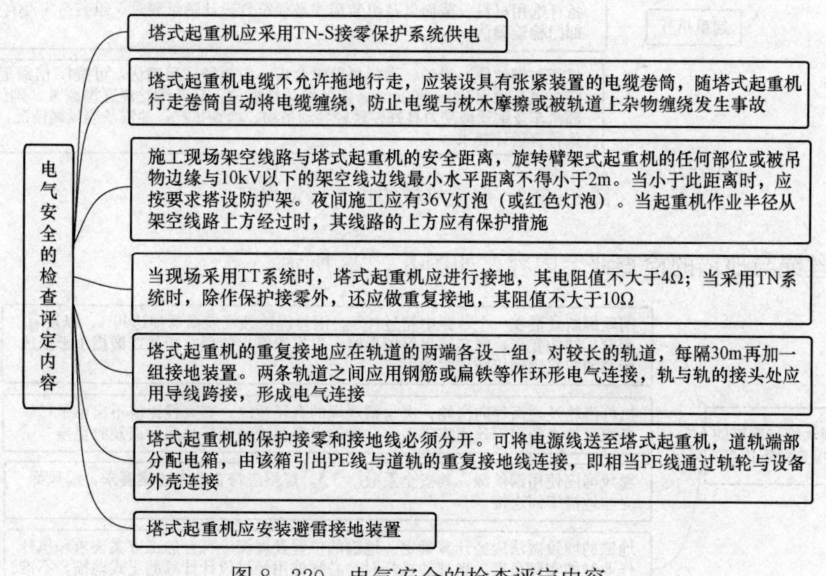
电气安全的检查评定内容
塔式起重机应采用TN-S接零保护系统供电
塔式起重机电缆不允许拖地行走，应装设具有张紧装置的电缆卷筒，随塔式起重机行走卷筒自动将电缆缠绕，防止电缆与枕木摩擦或被轨道上杂物缠绕发生事故
施工现场架空线路与塔式起重机的安全距离，旋转臂架式起重机的任何部位或被吊物边缘与10kV以下的架空线边线最小水平距离不得小于2m。当小于此距离时，应按要求搭设防护架。夜间施工应有36V灯泡（或红色灯泡）。当起重机作业半径从架空线路上方经过时，其线路的上方应有保护措施
当现场采用TT系统时，塔式起重机应进行接地，其电阻值不大于4Ω；当采用TN系统时，除作保护接零外，还应做重复接地，其阻值不大于10Ω
塔式起重机的重复接地应在轨道的两端各设一组，对较长的轨道，每隔30m再加一组接地装置。两条轨道之间应用钢筋或扁铁等作环形电气连接，轨与轨的接头处应用导线跨接，形成电气连接
塔式起重机的保护接零和接地线必须分开。可将电源线送至塔式起重机，道轨端部分配电箱，由该箱引出PE线与道轨的重复接地线连接，即相当PE线通过轨轮与设备外壳连接
塔式起重机应安装避雷接地装置

图8-220　电气安全的检查评定内容

8.17　施工现场起重吊装机械的安全性评价

1. 起重吊装保证项目的检查评定内容

（1）施工方案的检查评定内容，如图8-221所示。

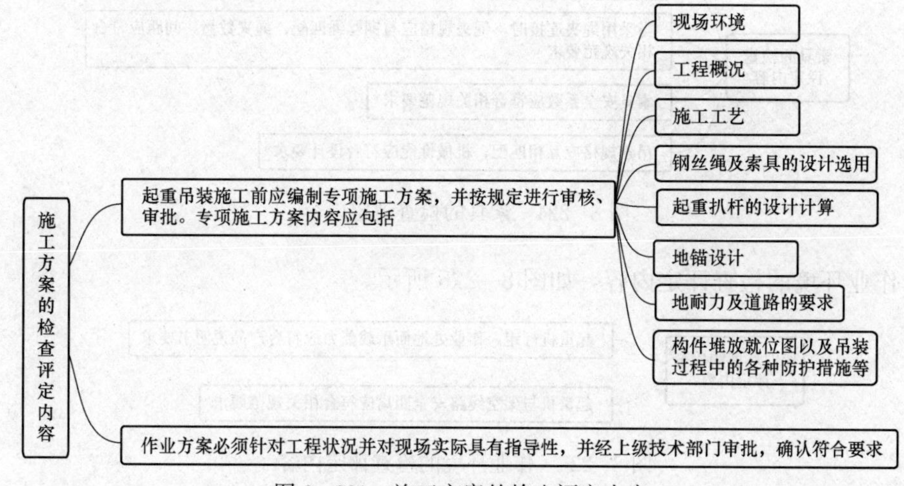
施工方案的检查评定内容
起重吊装施工前应编制专项施工方案，并按规定进行审核、审批。专项施工方案内容应包括
现场环境
工程概况
施工工艺
钢丝绳及索具的设计选用
起重扒杆的设计计算
地锚设计
地耐力及道路的要求
构件堆放就位图以及吊装过程中的各种防护措施等
作业方案必须针对工程状况并对现场实际具有指导性，并经上级技术部门审批，确认符合要求

图8-221　施工方案的检查评定内容

（2）起重机械的检查评定内容，如图 8-222 所示。

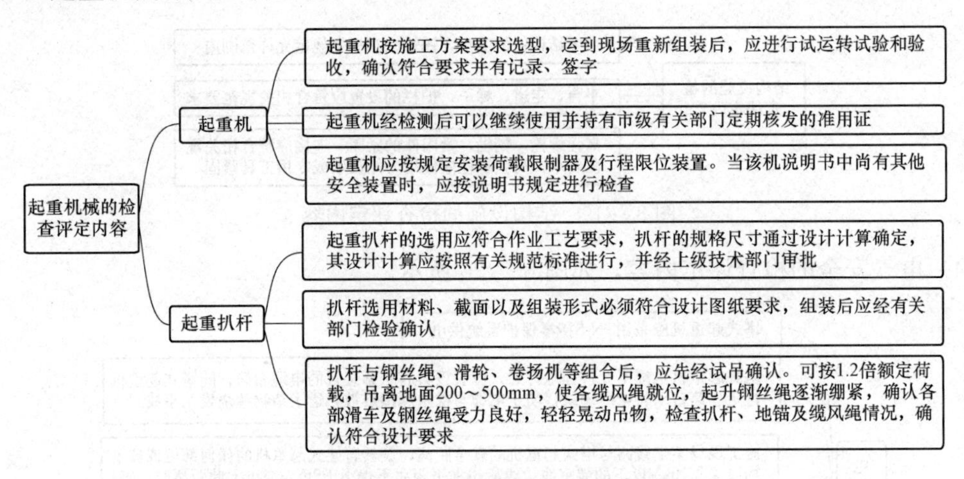
起重机械的检查评定内容
起重机
起重机按施工方案要求选型，运到现场重新组装后，应进行试运转试验和验收，确认符合要求并有记录、签字
起重机经检测后可以继续使用并持有市级有关部门定期核发的准用证
起重机应按规定安装荷载限制器及行程限位装置。当该机说明书中尚有其他安全装置时，应按说明书规定进行检查
起重扒杆
起重扒杆的选用应符合作业工艺要求，扒杆的规格尺寸通过设计计算确定，其设计计算应按照有关规范标准进行，并经上级技术部门审批
扒杆选用材料、截面以及组装形式必须符合设计图纸要求，组装后应经有关部门检验确认
扒杆与钢丝绳、滑轮、卷扬机等组合后，应先经试吊确认。可按1.2倍额定荷载，吊离地面200～500mm，使各缆风绳就位，起升钢丝绳逐渐绷紧，确认各部滑车及钢丝绳受力良好，轻轻晃动吊物，检查扒杆、地锚及缆风绳情况，确认符合设计要求

图 8-222　起重机械的检查评定内容

（3）钢丝绳与地锚的检查评定内容，如图 8-223 所示。

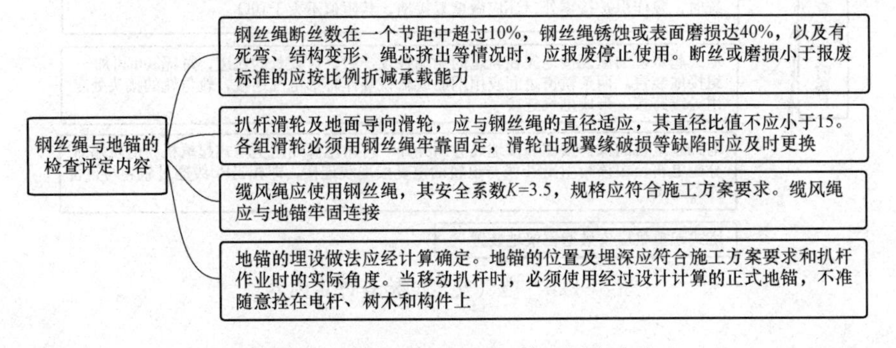
钢丝绳与地锚的检查评定内容
钢丝绳断丝数在一个节距中超过10%，钢丝绳锈蚀或表面磨损达40%，以及有死弯、结构变形、绳芯挤出等情况时，应报废停止使用。断丝或磨损小于报废标准的应按比例折减承载能力
扒杆滑轮及地面导向滑轮，应与钢丝绳的直径适应，其直径比值不应小于15。各组滑轮必须用钢丝绳牢靠固定，滑轮出现翼缘破损等缺陷时应及时更换
缆风绳应使用钢丝绳，其安全系数K=3.5，规格应符合施工方案要求。缆风绳应与地锚牢固连接
地锚的埋设做法应经计算确定。地锚的位置及埋深应符合施工方案要求和扒杆作业时的实际角度。当移动扒杆时，必须使用经过设计计算的正式地锚，不准随意拴在电杆、树木和构件上

图 8-223　钢丝绳与地锚的检查评定内容

（4）索具的检查评定内容，如图 8-224 所示。

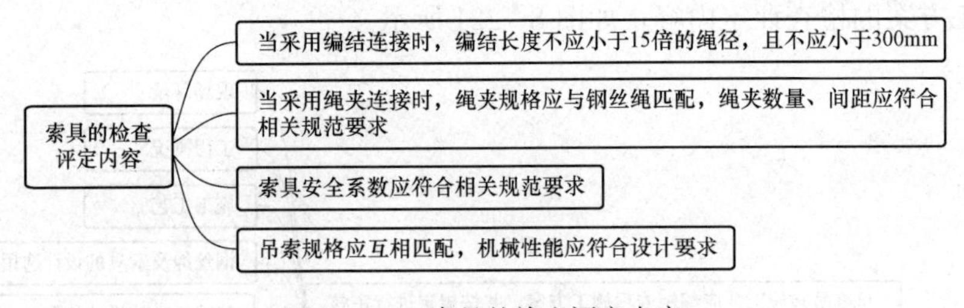
索具的检查评定内容
当采用编结连接时，编结长度不应小于15倍的绳径，且不应小于300mm
当采用绳夹连接时，绳夹规格应与钢丝绳匹配，绳夹数量、间距应符合相关规范要求
索具安全系数应符合相关规范要求
吊索规格应互相匹配，机械性能应符合设计要求

图 8-224　索具的检查评定内容

（5）作业环境的检查评定内容，如图 8-225 所示。

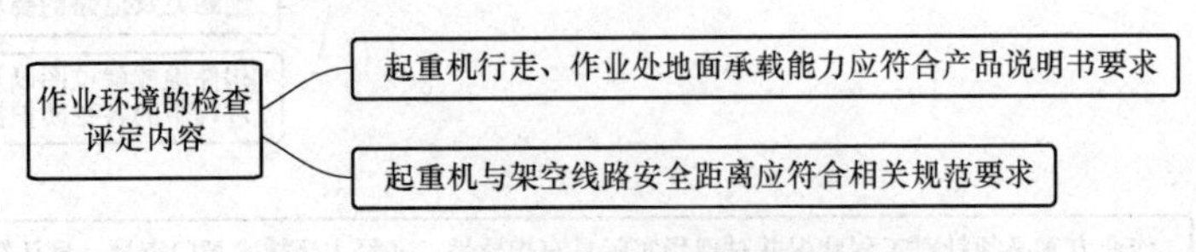
作业环境的检查评定内容
起重机行走、作业处地面承载能力应符合产品说明书要求
起重机与架空线路安全距离应符合相关规范要求

图 8-225　作业环境的检查评定内容

（6）作业人员的检查评定内容，如图 8-226 所示。

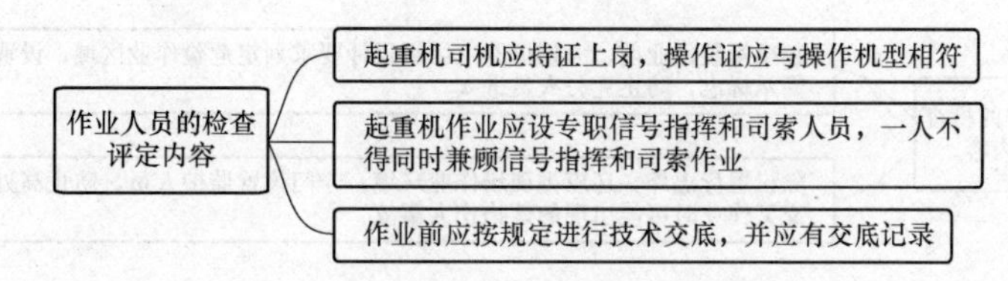
作业人员的检查评定内容
起重机司机应持证上岗，操作证应与操作机型相符
起重机作业应设专职信号指挥和司索人员，一人不得同时兼顾信号指挥和司索作业
作业前应按规定进行技术交底，并应有交底记录

图 8-226　作业人员的检查评定内容

2. 起重吊装一般项目的检查评定内容

（1）起重吊装的检查评定内容，如图 8-227 所示。

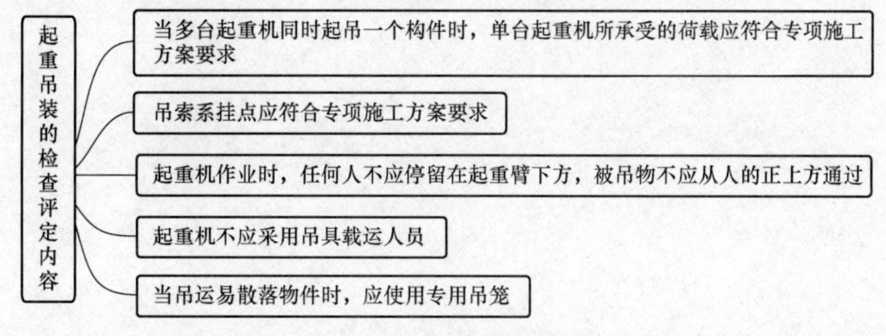
起重吊装的检查评定内容
当多台起重机同时起吊一个构件时，单台起重机所承受的荷载应符合专项施工方案要求
吊索系挂点应符合专项施工方案要求
起重机作业时，任何人不应停留在起重臂下方，被吊物不应从人的正上方通过
起重机不应采用吊具载运人员
当吊运易散落物件时，应使用专用吊笼

图 8-227　起重吊装的检查评定内容

（2）高处作业的检查评定内容，如图 8-228 所示。

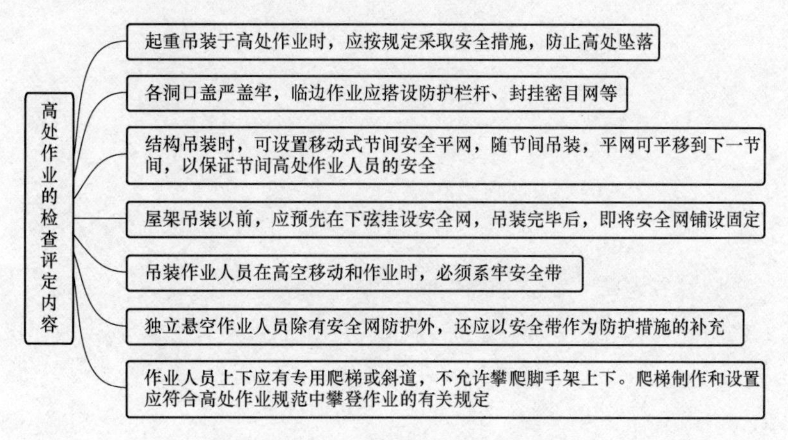
高处作业的检查评定内容
起重吊装于高处作业时，应按规定采取安全措施，防止高处坠落
各洞口盖严盖牢，临边作业应搭设防护栏杆、封挂密目网等
结构吊装时，可设置移动式节间安全平网，随节间吊装，平网可平移到下一节间，以保证节间高处作业人员的安全
屋架吊装以前，应预先在下弦挂设安全网，吊装完毕后，即将安全网铺设固定
吊装作业人员在高空移动和作业时，必须系牢安全带
独立悬空作业人员除有安全网防护外，还应以安全带作为防护措施的补充
作业人员上下应有专用爬梯或斜道，不允许攀爬脚手架上下。爬梯制作和设置应符合高处作业规范中攀登作业的有关规定

图 8-228　高处作业的检查评定内容

（3）构件码放的检查评定内容，如图 8-229 所示。

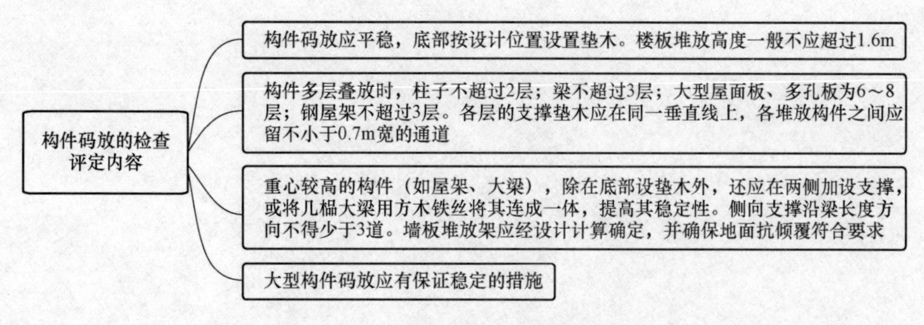
构件码放的检查评定内容
构件码放应平稳，底部按设计位置设置垫木。楼板堆放高度一般不应超过1.6m
构件多层叠放时，柱子不超过2层；梁不超过3层；大型屋面板、多孔板为6～8层；钢屋架不超过3层。各层的支撑垫木应在同一垂直线上，各堆放构件之间应留不小于0.7m宽的通道
重心较高的构件（如屋架、大梁），除在底部设垫木外，还应在两侧加设支撑，或将几榀大梁用方木铁丝将其连成一体，提高其稳定性。侧向支撑沿梁长度方向不得少于3道。墙板堆放架应经设计计算确定，并确保地面抗倾覆符合要求
大型构件码放应有保证稳定的措施

图 8-229　构件码放的检查评定内容

（4）警戒监护的检查评定内容，如图 8-230 所示。

警戒监护的检查评定内容	
	起重吊装作业前，应根据施工组织设计要求划定危险作业区域，设置醒目的警示标志，防止无关人员进入
	除设置标志外，还应视现场作业环境，专门设置监护人员，防止高处作业或交叉作业时可能出现的落物伤人事故

图 8-230 警戒监护的检查评定内容

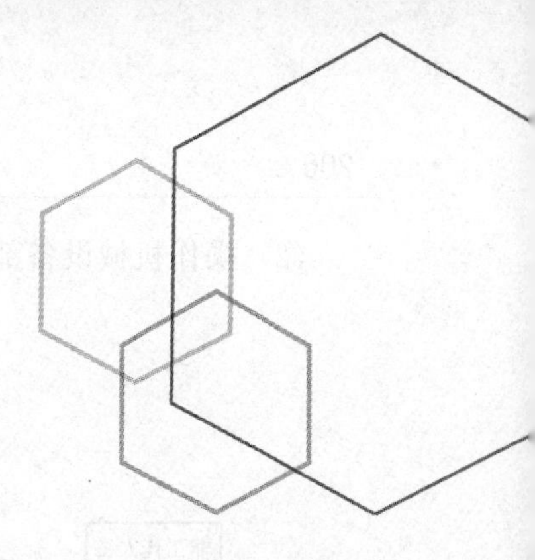

第 9 章　建筑工程施工现场安全事故防范措施

9.1　从机械设备上坠落事故的防范措施

（1）从机械设备上坠落事故的防范措施，如图 9-1 所示。

从机械设备上坠落事故的防范措施：

- 起重机顶升操作的人员必须是经专业培训考试合格的专业人员，并分工明确，专人指挥，非操作人员不得登上顶升套架的操作台，操作室内只准一人操作，必须听从指挥
- 禁止乘坐非乘人的垂直运输设备上下
- 吊装作业时，塔式起重机操作室内，无关人员不得进入，起重机严禁乘运或提升人员，任何人不得站在被吊物体上随上随下
- 塔式起重机安装、拆卸的人员，应身体健康，并应每年进行一次体检，凡患有高血压、心脏病、色盲、高度近视、耳背、癫痫、晕高或严重关节炎等疾病者，不宜从事此项操作
- 塔式起重机司机必须经扶梯上下，上下扶梯时严禁手携工具、物品
- 施工电梯司机必须经专门安全技术培训，考试合格，持证上岗。另外，司机必须身体健康，两眼视力均不得低于1.0，无色盲、听力障碍、高血压、心脏病、癫痫病、眩晕、突发性昏厥及其他影响起重吊装作业的疾病与生理缺陷。严格禁止酒后作业
- 电梯调试过程中，在任何情况下，不得跨于轿厢与厅门门口之间进行工作。严禁探头于中间梁下、门厅口下、各种支架之下进行操作。遇特殊情况，必须切断电源
- 施工电梯梯笼乘人、载物时必须使荷载均匀分布，严禁超载作业
- 电梯调试过程中，当轿厢上行时，轿顶上的操作人员必须站好位置，停止其他工作，轿厢行驶中，严禁人员出入
- 雨天、雾天及6级及以上大风天气，不得进行施工电梯的安装与拆卸。安装、拆卸和维修的人员在井架上作业时，必须穿防滑鞋，系安全带。不得以投掷方法传递工具和器件。紧固或松开螺栓时，严禁双手操作，应一手扳扳手，一手握住井架杆件
- 挖掘机作业时，不得用铲斗吊运物料，严禁任何人乘坐铲斗上下
- 推土机作业前应清除推土机行走道路上的障碍物。路面应比机身宽2m，行驶前严禁有人站在履带或刀片的支架上，确认安全方可启动。推土机行驶中，司机和随机人员不得上下车或坐立在驾驶室以外的其他部分。行驶和转弯中应观察四周有无障碍
- 龙门架、井架首层进料口一侧应搭设长度不小于2m的安全防护棚，另三侧必须采取封闭措施。每层卸料平台和吊笼（盘）出入口必须安装安全门，吊笼（盘）运行中不准乘人
- 跟随汽车、拖拉机运料的人员，车辆未停稳不得上下车。装卸材料时禁止抛掷，并应按次序码放整齐。随车运料人员不得坐在物料前方

图 9-1　从机械设备上坠落事故的防范措施

（2）操作机械设备部分禁止行为，如图 9-2、图 9-3 所示。

非工作人员

图 9-2　非操作人员不得登上顶升套架的操作台

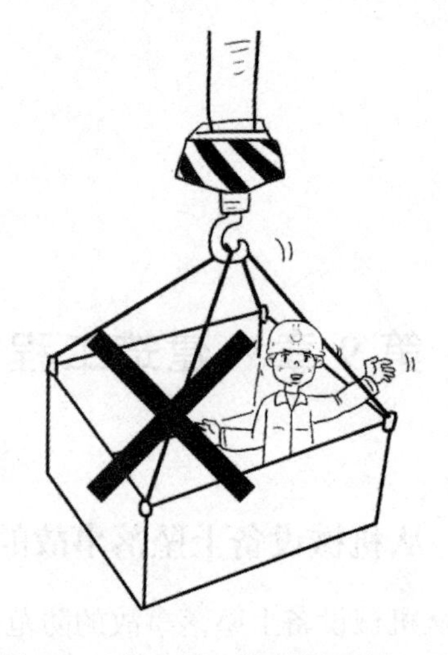

图 9-3　禁止乘坐物料提升机上下

9.2　从脚手架上坠落事故的防范措施

（1）从脚手架上坠落事故的防范措施，如图 9-4 所示。

从脚手架上坠落事故的防范措施

- 架子工的学徒工必须办理学习证，在技工带领、指导下操作，非架子工未经同意不得单独进行作业
- 进入施工现场的作业人员，必须首先参加安全教育培训，考试合格方可上岗作业，未经培训或考试不合格者，不得上岗作业
- 所有施工人员均应服从领导、听从指挥，特别是在脚手架上作业时，严禁酒后作业
- 各类脚手架材料必须符合规范要求，安全平网、立网的挂设应符合安全技术要求，未经验收合格前严禁上架子作业，验收使用后不准随便拆改或移动
- 安全网下方不得堆物品
- 严禁在脚手架、操作平台上坐、躺和背靠防护栏杆休息
- 吊篮架子升降由架子工负责，非架子工不得擅自拆改或升降。作业过程中遇有脚手架影响正常施工时，未经领导同意，严禁拆除。必要时由架子工负责采取加固措施后方可拆除
- 脚手架上的工具、材料要分散放稳，不得超过允许荷载
- 阳台通廊部位抹灰，外侧必须挂设安全网。严禁踩踏脚手架的护身栏杆和阳台栏板进行操作
- 作业人员采用在高凳上铺脚手板时，宽度不得少于2块（一般为50cm）脚手板，间距不得大于2m，移动高凳时上面不得站人，作业人员最多不得超过2人。高度超过2m时，应由架子工搭设脚手架
- 高度2m以下的作业可使用人字梯，超过2m按规定搭设脚手架。人字梯上搭铺脚手板，脚手板两端搭接长度不得小于20cm。脚手板中间不得同时两人操作，梯子挪动时，作业人员必须下来，严禁站在梯子上踩高跷式挪动。人字梯顶部铰轴不准站人、不准铺设脚手板
- 玻璃工悬空高处作业必须系好安全带，严禁腋下挟住玻璃，手扶梯攀登上下。玻璃幕墙安装应利用外脚手架或吊篮架子从上往下逐层安装，抓拿玻璃时应用橡皮吸盘
- 升降吊篮时，必须同时摇动所有手扳葫芦或拉动倒链，各吊点必须同时升降，保持吊篮平衡。吊篮升降时不要碰撞建筑物，特别是阳台、窗户等部位，应有专人负责推动吊篮，防止吊篮挂碰建筑物
- 脚手架拆除应按由上而下按层按步的拆除程序，先拆护身栏、脚手板和横向水平杆，再依次拆剪刀撑的上部扣件和接杆。拆除剪刀撑、抛撑以前，必须搭设临时加固斜支撑，预防架子倾倒

图 9-4　从脚手架上坠落事故的防范措施

（2）脚手架上作业部分禁止的行为，如图 9-5、图 9-6 所示。

没有经过
领导同意
别过来，这
已经两个人！

图 9-5　未经领导同意，严禁拆除　　　图 9-6　作业人员最多不得超过 2 人

9.3　从平地坠落沟槽、基坑、井孔等事故的防范措施

（1）从平地坠落沟槽、基坑、井孔等事故的防范措施，如图 9-7 所示。

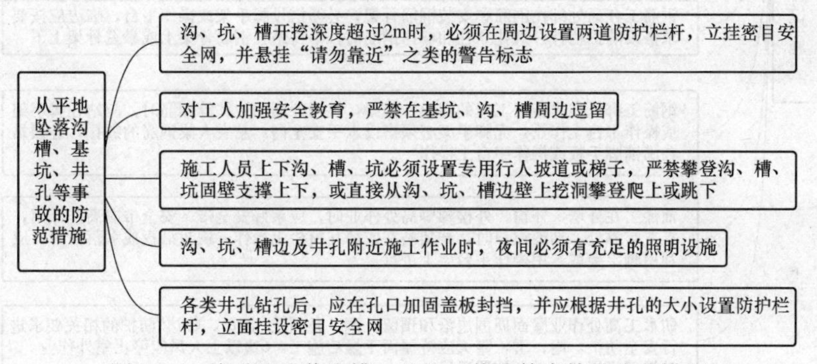
从平地坠落沟槽、基坑、井孔等事故的防范措施
沟、坑、槽开挖深度超过2m时，必须在周边设置两道防护栏杆，立挂密目安全网，并悬挂“请勿靠近”之类的警告标志
对工人加强安全教育，严禁在基坑、沟、槽周边逗留
施工人员上下沟、槽、坑必须设置专用行人坡道或梯子，严禁攀登沟、槽、坑固壁支撑上下，或直接从沟、坑、槽边壁上挖洞攀登爬上或跳下
沟、坑、槽边及井孔附近施工作业时，夜间必须有充足的照明设施
各类井孔钻孔后，应在孔口加固盖板封挡，并应根据井孔的大小设置防护栏杆，立面挂设密目安全网

图 9-7　从平地坠落沟槽、基坑、井孔等事故的防范措施

（2）警告标志，如图 9-8 所示。

图 9-8　警告标志

9.4　从楼面、屋顶、高台等临边坠落事故的防范措施

（1）从楼面、屋顶、高台等临边坠落事故的防范措施，如图 9-9 所示。

从楼面、屋顶、高台等临边坠落事故的防范措施

- 安全网的外边沿要明显高于内边沿50～60cm，在建工程周边也必须交圈封闭设置
- 20m以上建筑施工的安全网一律用组合钢管角架挑支，用钢丝绳绷拉，其外沿要高于内口，并尽量绷直，内口要与建筑锁牢
- 工具式脚手架必须立挂密目安全网，沿外排架子内侧进行封闭，并按标准搭设水平安全网防护
- 屋面上瓦应两坡同时进行，保持屋面受力均衡，瓦要放稳。屋面无望板时，应铺设通道，不准在桁条、瓦条上行走。檐口应搭设防护栏杆，并立挂密目安全网。在坡度大于25°的屋面操作，应设防滑板梯，系好保险绳，穿软底防滑鞋，檐口处应按规定设安全防护栏杆，并立挂密目安全网。操作人员移动时，不得直立着在屋面上行走，严禁背向檐口边倒退
- 在楼面、屋顶、高台等临边作业时，必须正确使用个人安全防护用品，必须着装灵便，在高处作业时，必须系挂安全带与已搭好的立、横杆挂牢，穿防滑鞋
- 木工在支设独立梁模时应搭设临时操作平台，不得站在柱模上操作和在梁底模上行走和立侧模
- 在没有望板的轻型屋面上安装石棉瓦等，应在屋架下弦支设水平安全网。钉房檐板应站在脚手架上，严禁在屋面上探身操作
- 钢筋工在高处绑扎钢筋和安装钢筋骨架，必须搭设脚手架或操作平台，临边应按要求搭设防护栏杆。绑扎立柱和墙体钢筋时，不得站在钢筋骨架上或攀登骨架上下
- 钢筋工绑扎在建施工工程的圈梁、挑梁、挑檐外墙和边柱等钢筋时，应站在脚手架或操作平台上作业。无脚手架必须搭设水平安全网。悬空大梁钢筋的绑扎，必须站在满铺脚手板或操作平台上操作
- 油漆工在外墙、外窗、外楼梯等高处作业时，应系好安全带。安全带应高挂低用，挂在牢靠处。油漆窗户时，严禁站在或骑在窗栏上操作，刷封沿板或水落管时，应利用脚手架或专用操作平台架上进行
- 防水工高处作业屋面周围边沿和预留孔洞，必须按“洞口、临边”防护的相关要求进行安全防护。雨、雪、霜天应待屋面干燥后施工。6级以上大风应停止室外作业。油桶下设桶垫，必须放置平稳

图 9-9　从楼面、屋顶、高台等临边坠落事故的防范措施

（2）临边作业防范措施部分操作禁忌，如图 9-10、图 9-11 所示。

图 9-10　在刚砌好的墙上行走

啊！脚底打滑了！

图 9-11　未穿防滑鞋

9.5 从洞口坠落事故的防范措施

从洞口坠落事故的防范措施，如图9-12所示。

从洞口坠落事故的防范措施

- 在施工程楼梯口必须设置防护栏杆进行防护，楼梯踏步临空侧应设置临时防护栏杆。电梯井口必须设置固定栅门，栅门网格间距不应大于15cm，同时电梯井内应每隔10m设一道水平安全网
- 在施工程的电梯井、采光井、螺旋式楼梯口，除必须设金属可开启式安全防护门外，还应在井口内首层并每隔4层且不大于10m固定一道水平安全网
- 下边沿至楼板或底面低于80cm的窗台等竖向洞口，如侧面落差大于2m时，应加设1.2m高的防护栏杆
- 边长小于50cm的预留洞口应用坚实的木板盖实，盖板必须能保持四周搁置均衡，并应有防止滑脱的措施及警示标志；边长在50～150cm之间的预留洞口，必须设置钢管扣件形成的网格并用夹板严密覆盖或采用贯穿于混凝土板内的钢筋构成防护网，并用模板覆盖严密；边长大于150cm的洞口，除用木板固定覆盖外，还应在洞口周边设置1.2m高的防护栏杆，立面挂密目安全网，必要时应设置18cm高的挡脚板
- 现场通道附近的各种洞口与坑槽等处，除设置防护设施与安全标志外，夜间还应设置红灯示警
- 井架、施工电梯等各楼层运料平台通道口，应设置安全防护门，并做到定型化、工具化
- 垃圾井道或烟道应随楼层砌筑或安装而消除洞口，或参照预留洞口做好防护措施；管道井施工时，除做好防护措施外，还应加设明显的警示标志，如有临时拆移，应经施工管理人员同意，工作完毕后必须按要求恢复防护设施
- 对邻近的人与物有坠落危险性的其他竖向孔、洞口，应予以盖没或加以防护，并有防止滑脱的固定措施
- 位于车辆行驶道旁边的洞口、深沟与管道坑、槽等处，在其上面所加的防护盖板两侧，必须有防止被任意拖动的措施，其材质必须能够承受不小于当地卡车后轮额定有效承载力2倍的荷载

图9-12 从洞口坠落事故的防范措施

9.6 滑跌、踩空、拖带、碰撞引起坠落事故的防范措施

(1) 滑跌、踩空、拖带、碰撞引起坠落事故的防范措施，如图9-13所示。

(2) 脚手架上作业的部分操作禁忌，如图9-14所示。

滑跌、踩空、拖带、碰撞引起坠落事故的防范措施

- 严禁在脚手架、操作平台上坐、躺和背靠防护栏杆休息
- 脚手板铺设于架子的作业层上，必须满铺、铺严、铺稳，不得有探头板和飞跳板
- 铺脚手板可对头或搭接铺设，对头铺脚手板，搭接处必须是双横向水平杆，且两根间隙200～250mm，有门窗口的地方应设吊杆和支柱，吊杆间距超过1.5m时，必须增加支柱
- 搭接铺脚手板时，两块板端头的搭接长度应不小于200mm，如有不平之处，要用木块垫在纵、横水平杆相交处，并应有固定措施，不得用碎砖块塞垫
- 浇灌混凝土脚手架的横向水平杆间距不得大于1m。脚手板铺对头板，板端底下设双横向水平杆，板铺严、铺牢。脚手板搭接铺设时，端头必须压过横向水平杆150mm
- 坡道（斜道）脚手架运料坡道宽度不得小于1.5m，坡度以1∶6（高∶长）为宜。人行坡道，宽度不得小于1m，坡度不得大于1∶3.5
- 坡道（斜道）脚手板应铺严、铺牢
- 坡道及平台必须绑两道护身栏杆和180mm高度的挡脚板。之字坡道的转弯处应搭设平台，平台面积应根据施工需要，但宽度不得小于1.5m。平台应绑剪刀撑或八字戗
- 挖扩桩孔作业后，下班（完工）离开前必须将孔口盖严、盖牢，或采取其他防止人员坠落的措施
- 槽、坑、沟必须设置人员上下坡道或安全梯。坡道和安全梯应保持清洁，人员上下时应注意防止滑倒。间歇时，不得在槽、坑坡脚下休息
- 混凝土工浇灌高度2m以上的框架梁、柱混凝土应搭设操作平台，不得站在模板或支撑上操作。不得直接在钢筋上踩踏、行走
- 屋面上瓦施工操作过程中，屋面无望板时，应铺设通道，不准在桁条、瓦条上行走
- 阳台通廊部位抹灰，外侧必须挂设安全网。严禁踩踏脚手架的护身栏杆和阳台栏板进行操作
- 弯曲好的钢筋应堆放整齐，弯钩不得朝上
- 模板工程操作人员登高必须走人行梯道，严禁利用模板支撑攀登上下，不得在墙顶、独立梁及其他高处狭窄而无防护的模板面上行走
- 电焊工施工时，焊接电缆应绑紧在固定处，严禁绕在身上或搭在背上作业

图 9-13　滑跌、踩空、拖带、碰撞引起坠落事故的防范措施

图 9-14　在墙顶、独立梁及其他高处狭窄而无防护的模板面上行走

9.7　物件反弹造成物体打击事故的防范措施

物件反弹造成物体打击事故的防范措施，如图 9-15 所示。

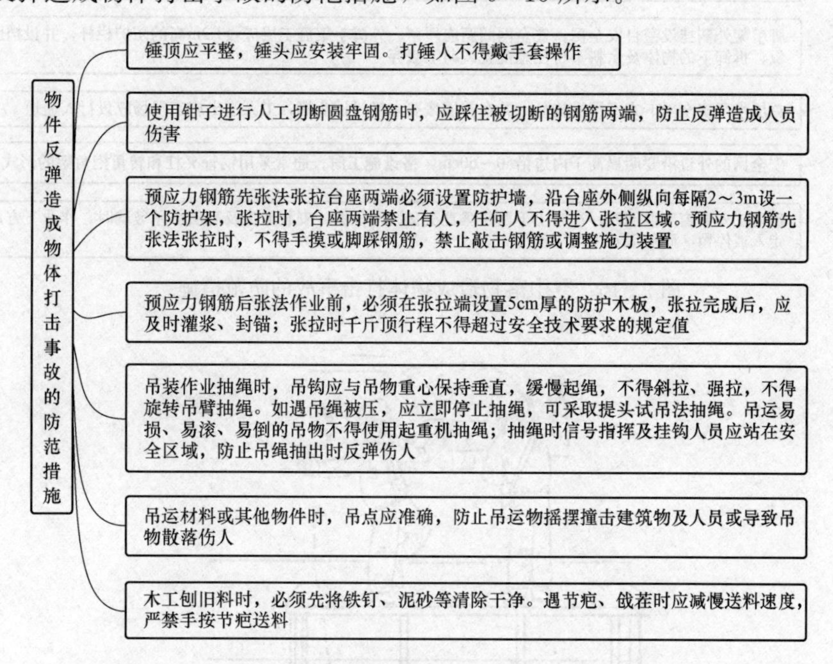
物件反弹造成物体打击事故的防范措施
锤顶应平整，锤头应安装牢固。打锤人不得戴手套操作
使用钳子进行人工切断圆盘钢筋时，应踩住被切断的钢筋两端，防止反弹造成人员伤害
预应力钢筋先张法张拉台座两端必须设置防护墙，沿台座外侧纵向每隔2～3m设一个防护架，张拉时，台座两端禁止有人，任何人不得进入张拉区域。预应力钢筋先张法张拉时，不得手摸或脚踩钢筋，禁止敲击钢筋或调整施力装置
预应力钢筋后张法作业前，必须在张拉端设置5cm厚的防护木板，张拉完成后，应及时灌浆、封锚；张拉时千斤顶行程不得超过安全技术要求的规定值
吊装作业抽绳时，吊钩应与吊物重心保持垂直，缓慢起绳，不得斜拉、强拉，不得旋转吊臂抽绳。如遇吊绳被压，应立即停止抽绳，可采取提头试吊法抽绳。吊运易损、易滚、易倒的吊物不得使用起重机抽绳；抽绳时信号指挥及挂钩人员应站在安全区域，防止吊绳抽出时反弹伤人
吊运材料或其他物件时，吊点应准确，防止吊运物摇摆撞击建筑物及人员或导致吊物散落伤人
木工刨旧料时，必须先将铁钉、泥砂等清除干净。遇节疤、戗茬时应减慢送料速度，严禁手按节疤送料

图 9-15　物件反弹造成物体打击事故的防范措施

9.8　空中落物造成物体打击事故的防范措施

(1) 空中落物造成物体打击事故的防范措施，如图 9-16 所示。

(2) 高处作业防护措施操作禁忌，如图 9-17～图 9-21 所示。

空中落物造成物体打击事故的防范措施

- 在同一垂直面上上下交叉作业时，必须设置安全隔离层，并保证防砸措施有效
- 站在操作架子上进行砌筑施工时，禁止向外侧斩砖，应把砖头斩在架子上，挂线用的坠物必须绑扎牢固
- 用起重机吊运砖时，当采用砖笼往楼板上放砖时，要均匀分布，并必须预先在楼板底下加设支柱及横木承载。砖笼严禁直接吊放在脚手架上
- 瓷砖墙面作业时，瓷砖碎片不得向窗外抛扔
- 基础及地下工程模板安装，必须检查基坑土壁边坡的稳定状况，基坑上口边沿1m以内不得堆放模板及材料。向槽（坑）内运送模板构件时，严禁抛掷
- 拆模作业时，必须设警戒区，严禁下方有人进入
- 高处作业人员所使用的工具必须放进工具袋或采取防坠落措施，严禁到处乱放
- 高处作业临时使用的材料必须放置整齐稳固，且放置位置安全可靠，所有有坠落可能的物件，应先行撤除或加以固定
- 高处作业上下传递物体禁止抛掷，拆除施工时应设置溜放槽，以便散碎废料顺槽溜下，楼层内清运垃圾必须从垃圾溜放槽溜下或采取容器运下，禁止从窗口等处抛扔
- 起吊重物时，不得提升悬挂不稳的重物，严禁在提升的物体上附加重物，起吊零散物料或异形构件时，必须用容器集装或钢丝绳捆绑牢固，应先将重物吊离地面约50cm停住，确定制动、物料绑扎和吊索具，确认无误后方可指挥起升
- 脚手架外侧挂设密目安全网，安全网间距应严密，外脚手架施工层应设1.2m高的防护栏杆，并设挡脚板；拆卸下的物体及余料不得任意乱置或向下丢弃
- 首层水平安全网下方不得堆物品。并在首层按要求搭设护头棚，工人进出施工现场应设行人通道
- 安全网的外边沿要明显高于内边沿50～60cm。搭设施工时，通常采用钢管夹杠和转角抱角架的形式
- 玻璃工安装窗扇玻璃时，严禁上下两层垂直交叉同时作业。安装天窗及高层房屋玻璃时，作业下方严禁走入或停留。碎玻璃不得向下抛掷

图 9-16　空中落物造成物体打击事故的防范措施

图 9-17　未设置安全隔离层

图9-18　瓷砖碎片向窗外抛扔

禁止入内
图9-19　拆模作业未设警戒区

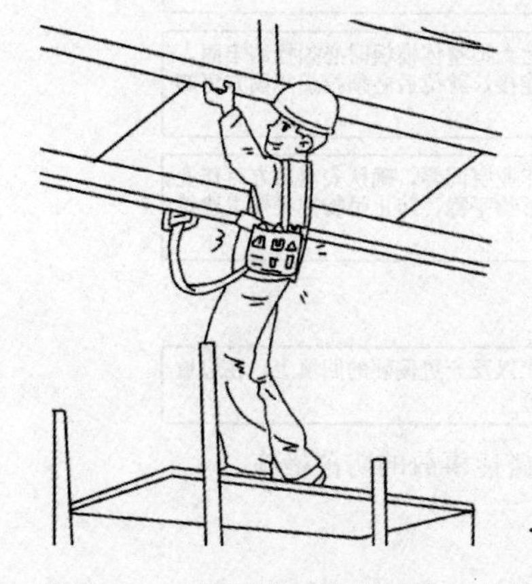
图9-20　使用的工具未放进工具袋

图9-21　高处作业临时使用的材料未放置整齐稳固

9.9　各种碎屑、碎片飞溅对人体造成伤害事故的防范措施

各种碎屑、碎片飞溅对人体造成伤害事故的防范措施，如图9-22所示。

各种碎屑、碎片飞溅对人体造成伤害事故的防范措施

- 进入施工现场的人员必须正确佩戴安全帽，系好下颌带
- 使用钢筋除锈机的操作人员必须束紧袖口，戴防尘口罩、手套和防护眼镜
- 严禁将弯钩成型的钢筋上机除锈，弯度过大的钢筋宜在基本调直后除锈。整根长钢筋除锈应由两人配合操作，互相呼应
- 外墙剔凿时应有防止剔除物坠落伤人的措施
- 木工使用平刨刨旧料时，必须先将铁钉、泥砂等清除干净。遇节疤、戗茬时应减慢送料速度，严禁手按节疤送料
- 处理输送混凝土泵管道堵塞排除时，应疏散周围的人员。拆卸管道清洗前应采用反抽方法，清除输送管道内的压力，拆卸时严禁管口对人
- 遇4级以上强风，停止筛灰
- 设备安装施工进行剔凿、打洞时，必须戴防护眼镜，锤子柄不得松动。錾子不得卷边、裂纹。打过墙、楼板透眼时，墙体后面、楼板下面不得有人靠近
- 混凝土喷射机运行过程中，喷嘴前及左右5m范围内不得有人，作业间歇时，喷嘴不得对人。输料管发生堵塞时，排除故障前必须停机

图9-22　各种碎屑、碎片飞溅对人体造成伤害事故的防范措施

9.10 材料、器具等硬物对人体造成碰撞事故的防范措施

材料、器具等硬物对人体造成碰撞事故的防范措施，如图 9-23 所示。

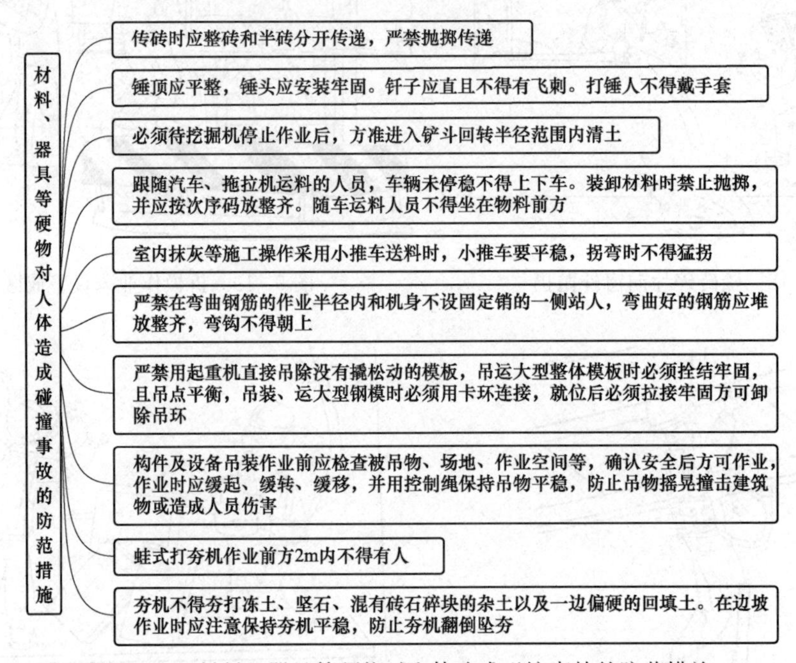
材料、器具等硬物对人体造成碰撞事故的防范措施
传砖时应整砖和半砖分开传递，严禁抛掷传递
锤顶应平整，锤头应安装牢固。钎子应直且不得有飞刺。打锤人不得戴手套
必须待挖掘机停止作业后，方准进入铲斗回转半径范围内清土
跟随汽车、拖拉机运料的人员，车辆未停稳不得上下车。装卸材料时禁止抛掷，并应按次序码放整齐。随车运料人员不得坐在物料前方
室内抹灰等施工操作采用小推车送料时，小推车要平稳，拐弯时不得猛拐
严禁在弯曲钢筋的作业半径内和机身不设固定销的一侧站人，弯曲好的钢筋应堆放整齐，弯钩不得朝上
严禁用起重机直接吊除没有撬松动的模板，吊运大型整体模板时必须拴结牢固，且吊点平衡，吊装、运大型钢模时必须用卡环连接，就位后必须拉接牢固方可卸除吊环
构件及设备吊装作业前应检查被吊物、场地、作业空间等，确认安全后方可作业，作业时应缓起、缓转、缓移，并用控制绳保持吊物平稳，防止吊物摇晃撞击建筑物或造成人员伤害
蛙式打夯机作业前方2m内不得有人
夯机不得夯打冻土、坚石、混有砖石碎块的杂土以及一边偏硬的回填土。在边坡作业时应注意保持夯机平稳，防止夯机翻倒坠夯

图 9-23 材料、器具等硬物对人体造成碰撞事故的防范措施

9.11 临时建筑、设施坍塌事故的防范措施

临时建筑、设施坍塌事故的防范措施，如图 9-24 所示。

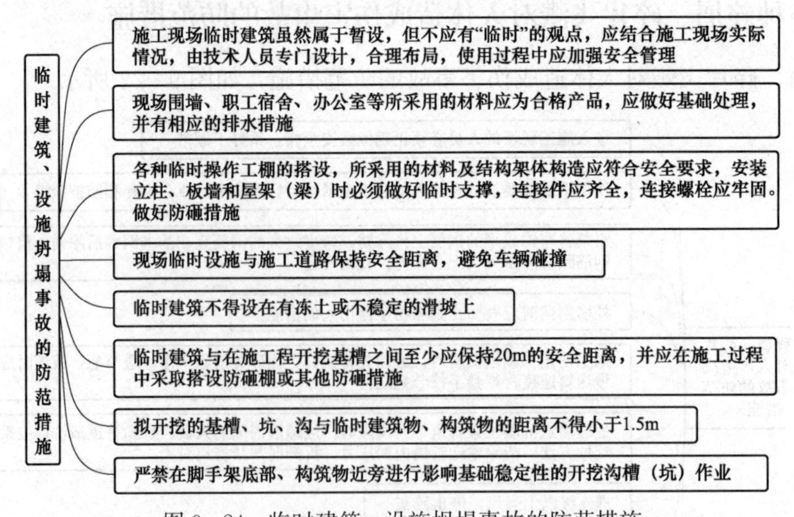
临时建筑、设施坍塌事故的防范措施
施工现场临时建筑虽然属于暂设，但不应有“临时”的观点，应结合施工现场实际情况，由技术人员专门设计，合理布局，使用过程中应加强安全管理
现场围墙、职工宿舍、办公室等所采用的材料应为合格产品，应做好基础处理，并有相应的排水措施
各种临时操作工棚的搭设，所采用的材料及结构架体构造应符合安全要求，安装立柱、板墙和屋架（梁）时必须做好临时支撑，连接件应齐全，连接螺栓应牢固。做好防砸措施
现场临时设施与施工道路保持安全距离，避免车辆碰撞
临时建筑不得设在有冻土或不稳定的滑坡上
临时建筑与在施工程开挖基槽之间至少应保持20m的安全距离，并应在施工过程中采取搭设防砸棚或其他防砸措施
拟开挖的基槽、坑、沟与临时建筑物、构筑物的距离不得小于1.5m
严禁在脚手架底部、构筑物近旁进行影响基础稳定性的开挖沟槽（坑）作业

图 9-24 临时建筑、设施坍塌事故的防范措施

9.12 堆置物坍塌事故的防范措施

堆置物坍塌事故的防范措施，如图 9-25 所示。

堆置物坍塌事故的防范措施

- 现场堆放材料的场地必须根据现场实际情况做好各类材料区的平面规划，地面应整平夯实，并做好排水措施
- 严格按照相关安全规程进行操作，所有材料码放都应整齐稳固
- 加气块或其他砌块的码放高度不得超过1.8m，并应与施工车辆通道保持安全距离，防止车辆碰撞导致倒塌
- 搬运袋装水泥时，必须逐层从上往下阶梯式搬运，严禁从下抽拿。存放水泥时，必须压渣码放，并不得码放过高，一般不超过10袋为宜。水泥袋码放不得靠近墙壁
- 小钢模码放高度不超过1m，脚手架上放砖的高度不得超过三层侧砖
- 大模板存放在封闭的模板存放区内，面对面放置，将地脚螺栓提上去，保持70°～80°的自稳角度。下面应垫铺通长木方。无腿模板应放置在专用的模板插放架内，严禁靠放在其他大模板或不稳定的建、构筑物上
- 各种外墙板、内墙板应堆放在型钢制作或钢管搭设的专用堆放架内
- 为了防止大模板在安装过程中发生倾翻事故，在模板吊装就位后禁止使用铅丝或钢丝做临时固定，应设置专用的大模板钢丝绳固定索扣做临时固定。大模板钢丝绳固定索扣及临时钢丝绳固定位置。使用过程中应经常检查，确保U形卡扣不松动、滑脱，禁止利用钢丝绳固定索扣吊运模板

图 9 - 25　堆置物坍塌事故的防范措施

9.13　基坑、基槽、井孔壁等土方坍塌事故的防范措施

基坑、基槽、井孔壁等土方坍塌事故的防范措施，如图 9 - 26 所示。

基坑、基槽、井孔壁等土方坍塌事故的防范措施

- 大型土方和开挖较深的基坑工程，施工前要认真研究整个施工区域和施工场地内的工程地质和水文资料、邻近建筑物或构筑物的质量和分布状况、挖土和弃土要求、施工环境及气候条件等，编制专项施工组织设计或施工方案，制定有针对性的安全技术措施，并对作业人员进行安全教育，严禁盲目施工
- 槽、坑、沟必须设置人员上下坡道或安全梯。间歇时，不得在槽、坑坡脚下休息
- 严禁掏洞挖土，搜底挖槽
- 当挖土深度超过5m或发现有地下水以及土质发生特殊变化等情况时，应先停止挖土作业，由技术人员根据土的实际性能计算其稳定性，再确定边坡坡度
- 在饱和黏性土、粉土的施工现场不得边打桩边开挖基坑，应待桩全部打完并间歇一段时间后再开挖，以免影响边坡或基坑的稳定性，并应防止开挖基坑可能引起的基坑内外的桩产生过大位移、倾斜或断裂
- 山区施工，应事先了解当地地形地貌、地质构造、地层岩性、水文地质等，如因土石方施工可能产生滑坡时，应采取可靠的安全技术措施。在陡峻山坡脚下施工，应事先检查山坡坡面情况，如有危岩、孤石、崩塌体、古滑坡体等不稳定迹象时，应妥善处理后，才能施工
- 基坑开挖应严格按要求放坡，操作时应随时注意边坡的稳定情况，如发现有裂纹或部分塌落现象，要及时进行支撑或改缓放坡，并注意支撑的稳固和边坡的变化。挖土要自上而下，逐层进行，严禁先挖坡脚的危险作业
- 槽、坑、沟边1m以内不得堆土、堆料、停置机具。堆土高度不得超过1.5m。槽、坑、沟与建筑物、构筑物的距离不得小于1.5m
- 在密集群桩上开挖基坑时，应在打桩完成后间隔一段时间，再对称挖土，邻近四周不得有震动作用。挖土宜分层进行，并应注意基坑土体的稳定，加强土体变形监测，防止由于挖土过快或边坡过陡使基坑卸载过速、土体失稳等原因而引起桩身上浮、倾斜、位移、断裂等事故
- 深基坑或雨期施工的浅基坑的边坡开挖以后，必须随即采取护坡措施，以免边坡坍塌或滑移。护坡方法视土质条件、施工季节、工期长短等情况，可采用塑料布和聚丙烯编织物等不透水薄膜加以覆盖、砂袋护坡、碎石铺砌、喷抹水泥砂浆、钢丝网水泥浆抹面等，并应防止地表水或渗漏水冲刷边坡

图 9 - 26　基坑、基槽、井孔壁等土方坍塌事故的防范措施

9.14 脚手架、井架坍塌事故的防范措施

脚手架、井架坍塌事故的防范措施，如图 9-27 所示。

脚手架、井架坍塌事故的防范措施

- 脚手架的搭设、拆除施工，必须由经专业安全技术培训、考试合格、持特种作业操作证的架子工按照专项安全技术方案的具体要求来完成
- 脚手架钢管、扣件、脚手板等材料必须符合规范要求。脚手架未经验收合格前严禁上架子作业
- 结构承重的单、双排脚手架立杆间距、水平杆步距等应满足设计要求，立杆应纵成线、横成方，垂直偏差不得大于架高1/2000。立杆接长应使用对接扣件连接，相邻的两根立杆接头应错开500mm，不得在同一步架内。立杆下脚应设纵、横向扫地杆
- 结构承重的单、双排脚手架架高20m以上时，从两端每7根立杆（一组）从下到上设连续式的剪刀撑，架高20m以下可设间断式剪刀撑（斜支撑），即从架子两端转角处开始，每7根立杆为一组，从下到上连续设置。
- 剪刀撑钢管接长应用两只旋转扣件搭接，接头长度不小于500mm，剪刀撑与地面夹角为45°～60°
- 剪刀撑每节两端应用旋转扣件与立杆或横向水平杆扣牢。脚手架与在建建筑物之间必须按设计要求设置拉接措施，拉接材料及拉接点的布置等应符合设计要求
- 吊篮搭设构造必须遵照专项安全施工组织设计或施工方案规定，组装或拆除时，应3人配合操作，严格按搭设程序作业，任何人不允许改变方案
- 脚手架搭设场地应进行清理、平整夯实，并做好排水
- 地基基础施工应按门架专项安全施工组织设计或施工方案和安全技术措施进行。基础上应先弹出门架立杆位置线，垫板、底座安放位置应准确
- 不配套的门架与配件不得混合使用于同一脚手架。门架安装应自一端向另一端延伸，不得相对进行。搭完一步后，应检查、调整其水平度与垂直度
- 墙件的搭设必须随脚手架搭设同步进行，严禁滞后设置或搭设完毕后补做。当脚手架作业层高出相邻连墙件已两步的，应采取确保稳定的临时拉接措施，直到连墙搭设完毕后，方可拆除
- 外电架空线路安全防护架应使用剥皮杉木、落叶松等作为杆件，腐朽、折裂、枯节等易折木杆和易导电材料不得使用
- 组装三角柱式龙门架，每节立柱两端焊法兰盘。拼装三角柱架时，必须检查各部件焊口牢固，各节点螺栓必须拧紧。两根三角立柱应连接在地梁上，地梁底部要有锚铁并埋入地下防止滑动，埋地梁时地基要平整并应夯实

图 9-27 脚手架、井架坍塌事故的防范措施

参 考 文 献

［1］本书编委会．员工安全管理与教育知识［M］．北京：中国劳动社会保障出版社，2016.

［2］张立新．建设工程施工现场安全技术管理［M］．北京：中国电力出版社，2009.

［3］郭爱云．施工现场管理一学就会［M］．北京：中国电力出版社，2014.

［4］张晓艳．安全员岗位实务知识［M］．北京：中国建筑工业出版社，2007.

［5］杨勇．安全管理18讲［M］．北京：中国劳动社会保障出版社，2020.

［6］刘景良．安全管理［M］.4版．北京：化学工业出版社，2021.

［7］代洪伟，牛恒茂．高职高专土建类专业系列教材 建筑工程安全管理［M］．北京：机械工业出版社，2020.